"十二五"职业教育国家规划教材
经全国职业教育教材审定委员会审定

分析化学

（第二版）

符明淳　王　霞　主　编

化学工业出版社
·北京·

《分析化学》（第二版）分为理论和实验两大部分。为适应职业教育需要，本书的理论部分增加了分离、富集、分析等方法，减少了“纯化学”的理论内容，降低了难度，增强了实用性。主要内容有：定性分析、误差与数据处理、滴定分析法、酸碱滴定法、氧化还原滴定法、配位滴定法、沉淀滴定法、重量分析法、吸光光度法、常用的分离富集方法、定量分析的一般步骤及复杂物质分析示例。为满足高职强调实验操作训练的要求，教材加大了实验部分内容，包括实验基础知识、常用基本仪器及操作和实验项目，各学校可根据实际情况选用实验项目。

《分析化学》（第二版）主要适用于高职高专院校食品、轻工、农林、生物技术类专业，材料、环境等相关专业也可选用。

图书在版编目（CIP）数据

分析化学/符明淳，王霞主编．—2版．—北京：化学工业出版社，2015.9（2022.1重印）
“十二五”职业教育国家规划教材
ISBN 978-7-122-24836-7

Ⅰ.①分…　Ⅱ.①符…②王…　Ⅲ.①分析化学-高等职业教育-教材　Ⅳ.①O65

中国版本图书馆CIP数据核字（2015）第179196号

责任编辑：李植峰　迟　蕾　　装帧设计：张　辉
责任校对：边　涛

出版发行：化学工业出版社（北京市东城区青年湖南街13号　邮政编码100011）
印　　装：三河市延风印装有限公司
787mm×1092mm　1/16　印张18¼　字数485千字　2022年1月北京第2版第8次印刷

购书咨询：010-64518888　　售后服务：010-64518899
网　　址：http://www.cip.com.cn
凡购买本书，如有缺损质量问题，本社销售中心负责调换。

定　　价：48.00元

《分析化学》（第二版）编写人员

主　　编　符明淳（河南质量工程职业学院）

　　　　　　王　霞（河南质量工程职业学院）

副 主 编　王花丽（河南质量工程职业学院）

　　　　　　陶玉霞（黑龙江职业学院）

　　　　　　潘维成（中州大学）

　　　　　　林常青（漳州职业技术学院）

参编人员（按姓名笔画排序）

　　　　　　王花丽（河南质量工程职业学院）

　　　　　　王　霞（河南质量工程职业学院）

　　　　　　刘彦钊（河南质量工程职业学院）

　　　　　　孙明哲（长春职业技术学院）

　　　　　　苏连民（济宁职业技术学院）

　　　　　　林常青（漳州职业技术学院）

　　　　　　武爱群（安徽粮食工程职业学院）

　　　　　　陶玉霞（黑龙江职业学院）

　　　　　　顾晓玲（河北交通职业技术学院）

　　　　　　符明淳（河南质量工程职业学院）

　　　　　　潘维成（中州大学）

前　言

本书第一版自2008年出版以来，受到相关专业院校师生的关注与好评，作为化学化工、食品检测、环保及冶金类等专业使用的专业基础课程教材，在提高教学质量方面发挥了积极作用。该教材2010年荣获“中国石油和化学工业优秀出版物奖”二等奖。

由于各行业迅速发展，各类新技术新方法日新月异，企业对于人才基本技能和综合素质的要求也在不断提高；与此同时高职高专的教育理念及教学方法也在不断变化以与之适应，编者近几年在第一版教材的使用过程中，一直注重搜集和整理学生的反馈和使用本教材的各位教师的意见和建议，同时以教育部高等职业学校专业教学标准为参考，结合近年教育部主办的高等职业院校职业技能大赛对学生的技能要求，在第一版的基础上对部分内容进行了调整、充实，并增加了新的内容；为使教材生动有趣，在每一节后面，添加了相关的阅读材料，使教材更具有实用性和趣味性；根据职业技能大赛的要求，在实验部分针对性地增加了实验实训项目。为了方便教学，提高教学效果，本课程建设有丰富的立体化教学资源，可以下载使用。

在编写过程中，得到了编者所在院校领导的支持和关怀，在此表示感谢！

限于编者的水平，恳切欢迎读者就书中不妥之处提出批评和意见（联系方法：pdsfmc@126.com），以使本书不断完善和提高。

编者

2015年3月

第一版前言

分析化学是食品、化工、材料、环保、冶金和农业等质检类专业的重要专业基础课程。随着高职高专教育的迅猛发展和教育体制改革的深入，必然要求相关课程作相应的调整，而教材的编写是高职高专教学工作改革的重要组成部分。本书依据教育部有关高职高专教育基础课程教学的基本要求为原则，结合编者多年教学经验和教学改革实践的体会而编写，可作为相关专业的教材使用。

在编写中，力求突出实践能力的培养，强调理论知识的应用。对于基础理论以“应用”为目的，以“必需”、“够用”为度，省略不必要的推导过程，重在讲清概念，紧贴实际应用。文字叙述力求简洁、明晰。每章前有“学习目标”，供学生在学习中把握重点，章后附有习题及答案。全书由理论部分和实验部分组成，这给学生的使用提供了方便。内容安排上，以化学分析为主，考虑到定性分析在化学分析中的重要性和系统性，将其安排在第一章；由于仪器分析独立设置课程，本书只讲授在化学分析中应用极为普遍的分光光度法，将其安排在第九章；教材使用时，可根据实际情况，灵活掌握。本书适用80～100学时范围（含实验），其中，实验学时应占总学时的50%以上。

本书由符明淳（河南质量工程职业学院）编写绪论，理论部分的第六章，实验部分的第一、第二章和第四章的实验十九～实验二十五，王霞、谢红涛（河南质量工程职业学院）合编理论部分第五、第八章及附录，王花丽（河南质量工程职业学院）编写理论部分第三、第四章，陶玉霞（黑龙江职业学院）编写理论部分第九、第十章，顾晓玲（河北交通职业技术学院）编写理论部分第一、第十一章，苏连民（济宁职业技术学院）编写理论部分第二、第七章，卢培浩（河南质量工程职业学院）编写实验部分第四章的实验一～实验十八，刘彦钊（河南质量工程职业学院）编写实验部分的第三章。全书由符明淳、王霞统稿。

在编写过程中，得到了编者所在院校领导的支持和关怀，在此表示感谢！同时也参考了大量的公开发行的教材、书刊，在此也向有关作者和出版社表示深切的感谢！

化学工业出版社为本书的编辑出版做了大量的工作，在此谨表示衷心的感谢！

限于编者的水平，恳切欢迎读者就书中不妥之处提出批评和意见，以使本书不断完善和提高。

编者

2007年10月

目录

理论部分

实 验 部 分

附　　录

绪　论

第一节　分析化学的任务和作用

分析化学是化学的一个重要分支，它是研究物质的组成、含量、结构和形态等化学信息的分析方法及有关理论的一门科学。通过采用各种分析方法和手段，得到完整的分析数据，可用于：

① 确定物质的组成——定性分析；

② 测量各组分的相对含量——定量分析；

③ 表征物质化学结构和形态——结构分析。

以上即为分析化学的任务。结构分析的任务是研究物质的分子结构或晶体结构，定性分析的任务是鉴定物质所含的组分，而定量分析的任务则是确定各组分的相对含量，其中定性和定量分析构成分析化学最基本的内容，也是本书的主要内容。通常物质所含的组分可以是元素、离子、官能团或化合物。

若待测试样的组分未知，则需先作定性分析，在此基础上，定量分析方法的选择和制定才能进行，当然，对于已知组分的样品，可直接进行定量分析。

分析化学在国民经济建设中应用广泛，具有重要的地位和作用。例如，在农业生产方面，土壤的性质、化肥、农药及作物生长过程的研究、农产品质量检验都要应用分析化学。在工业生产方面，能源开发、矿资源探测、工业原料的选择、工艺流程控制、半成品和成品的检验、新产品的试制以及环境保护监测等也都必须以分析结果为重要依据。在国防建设方面，如武器装备生产研制、原子能材料、航天技术等也经常需要分析化学的紧密配合。

分析化学在科学研究方面也具有重要的意义。早期化学的发展，分析化学起着关键作用，如质量守恒定律，就是在严格的定量分析基础上得出的结论，定比定律、原子论、分子论的创立、原子量的测定及周期律的建立等都与分析化学密不可分。现代化学学科的发展中，分析手段尤其重要，要求也越来越高，其他科学领域如生物学、医药学、考古学、天文学、矿物学、地质学、海洋学也广泛应用到分析化学。

分析化学是许多专业特别是化工、食品类专业的重要基础课，也是一门实践性很强的学科，通过本课程的学习，要求学生掌握分析化学的基本原理，树立准确“量”的概念，正确、熟练地掌握分析化学基本操作技能，自觉养成严谨的科学态度和良好的工作习惯。

第二节　分析方法的分类

根据分析对象、操作方法、测定原理和具体要求的不同，分析方法可分为许多种类。

1. 无机分析和有机分析

根据分析对象的不同，可将分析化学分为无机分析和有机分析。无机分析的对象为无机物，而有机分析的对象为有机物。对象不同，分析要求也有差异。由于无机物所含元素种类多，因此通常要求鉴定试样含有哪些组分，各组分的含量是多少？在有机分析中组成有机物的元素虽为数很少，但结构很复杂，存在大量的同分异构现象，所以不仅要鉴定试样含有哪些元素，更重要的是进行官能团分析和结构分析。

2. 化学分析和仪器分析

以物质的化学反应为基础的分析方法称为化学分析法。此法历史悠久，是分析化学的基础，所以又称为经典化学分析。主要有称量分析法（重量分析）、滴定分析法（容量分析）。

以物质的物理和物理化学性质为基础的分析方法称为物理和物理化学法，由于这两类方法都需要较特殊的仪器，故一般又称为仪器分析法。仪器分析主要有光学分析法、电化学分析法、色谱分析法、质谱分析和放射化学分析法等，种类很多，而且新的分析方法不断出现。

3. 常量分析、半微量分析和微量分析

根据试样的用量多少，可将分析方法分为常量分析、半微量分析、微量分析和超微量分析。如表1所示。

表1 根据试样的用量划分的分析方法

分析方法名称	常量分析	半微量分析	微量分析	超微量分析
固态试样质量	＞0.1g	0.01～0.1g	10^{-4}～10^{-2}g	＜10^{-4}g
液态试样体积	＞10mL	1～10mL	0.01～1mL	＜0.01mL

注意，此分类方法并非绝对。另外，也可以按被测组分含量范围划分：常量组分分析（＞1%）、微量组分分析（1%～0.01%）和痕量组分分析（＜0.01%）。

4. 例行分析、快速分析和仲裁分析

例行分析是指一般化验室日常生产中的分析，又称常规分析。快速分析是例行分析的一种，主要用于生产过程控制。如炼钢厂炉前快速分析要求尽量短时间内报出结果，分析误差允许较大。裁判分析是指不同单位对分析结果有争论时，要求有关单位用指定的方法进行准确分析，又称“仲裁分析”，它要求较高的准确度。

第三节 分析化学的发展趋势

20世纪以来，分析化学的发展经历了三次巨大的变革。第一次在20世纪初，物理化学的发展（溶液理论）为分析方法提供了理论基础，使分析化学从一门技术变成一门科学。第二次在第二次世界大战后，特点是仪器分析方法的大发展、物理学和电子学的发展促进了分析化学的发展。从20世纪70年代末以来，分析化学处于新的历史发展阶段，它面临着材料科学、环境科学、生命科学和生产实际提出的新的、复杂的任务和要求，于是就产生了以与数学、生物学和计算机等学科相结合为特征的第三次变革。

分析化学发展至今天，自动、快速、简便、准确的仪器分析技术相继出现，各种分析仪器的计算机化、智能化是分析化学发展的一个明显趋势，如生产控制分析的自动化，环境监测中的连续监测，半导体技术中原子级加工，地质勘探工作中获得的成千上万个数据，从非破坏性采样、分析、处理数据到传输结果报告，需要全自动化。不仅如此，分析化学不再限于测定组分含量，还要知道更多的如结构、价态、状态等信息。

多种分析仪器的结合联用将是分析化学发展的重要方向。没有一种仪器是万能的，对于任何分析都可以提供完整的数据。多种仪器联用，相互取长补短，一定程度上可以解决此问题。例如，气相色谱-质谱联仪既有气相色谱的高分离效能，又保持了质谱的高鉴别能力，是自动、连续、快速分析的典型，使原有方法更为迅速有效，极大提高了分析工作的水平。

不断吸收新的科技成果、改进乃至创新的仪器也是分析发展的重要趋势。例如铌锡、铌钛等超导材料的应用使核磁共振仪摆脱了永磁电磁式磁铁的状态，传感技术作为采集信息的工具，极大地推动了分析仪器的发展。

总之，随着科技的迅速发展，分析化学也正发生着深刻的变化。尽管如此，许多仪器分析方法都离不开化学处理和溶液平衡理论的应用，化学分析仍然是分析化学的基础。

理论部分

第一章　化学定性分析

知识与技能目标

1. 了解定性分析中灵敏度与选择性、空白实验与对照实验、系统分析与分别分析等基本概念和基本原理。

2. 了解常见阳离子（25 种）和阴离子（13 种）的分析方法。特别关注的是：阳离子 H_2S 系统分组方案、反应进行的条件及离子的鉴定反应；阴离子的特性分析及分别鉴定。

3. 理解定性分析一般步骤的内容，尤其是初步实验和分析步骤。

第一节　概　　述

定性分析的任务是鉴定物质中所含的化学成分。根据分析对象的不同，可分为无机定性分析和有机定性分析。对于无机定性分析来说，其组分通常为元素或离子，而在有机定性分析中，所鉴定的通常是元素、官能团或结构。

定性分析方法可采用化学分析法和仪器分析法。化学分析法依据的是物质的化学反应。如果反应是在溶液中进行的，称为湿法；如果反应是在固体之间进行的，则称为干法，例如焰色反应、熔珠试验等，但是这种方法还有待于完善，鉴定的元素也少，只能作为辅助试验方法。因此，本章所介绍的主要是湿法。

一、定性分析反应进行的条件

定性分析中应用的化学反应有两大类，一类用来分离或掩蔽离子，反应要进行得完全，有足够的速度，用起来方便；另一类用于鉴定离子，而鉴定反应大都是在水溶液中进行，不仅要求反应灵敏、迅速，而且具有明显的外观特征。如沉淀的生成或溶解，溶液颜色的改变，气体的排出或特殊气味的产生等。

分析反应最重要的条件是：溶液的酸度、反应离子的浓度、温度及干扰离子的影响。

1. 溶液的酸度

许多分离和鉴定只能在一定酸度下进行。如生成 $PbCrO_4$（黄色）沉淀的反应只能在中性或微酸性溶液中进行。酸度高时，CrO_4^{2-} 大部分转化为 $HCrO_4^-$，降低了溶液中 CrO_4^{2-} 的浓度，以至于得不到 $PbCrO_4$ 沉淀。若溶液的碱性过强，则可能析出 $Pb(OH)_2$ 沉淀，也得不到 $PbCrO_4$ 沉淀。可见，溶液的酸度是分析反应重要条件之一。适宜的反应酸度可以通过加入酸碱来调节或使用缓冲溶液来控制。

2. 溶液的浓度

根据化学平衡理论，溶液中反应物离子浓度必须足够大，鉴定反应才能显著进行，并产生明显的现象。例如对于沉淀反应，不仅要求参加反应的离子浓度乘积大于该温度下沉淀的溶度积，析出沉淀，而且要求析出足够量的沉淀，以便于观察。在实际的鉴定反应中，被测离子的浓度往往要比理论值大得多，反应才能得出肯定的结果。

3. 溶液的温度

溶液的温度主要影响化学反应的速率以及难溶物的溶解度。例如，100℃时 $PbCl_2$ 沉淀的溶解度是室温时的 3 倍多，当以沉淀的形式分离它时，要注意降低试液的温度，不能在热溶液中进行。又如，在室温下，有些鉴定反应尤其是某些氧化还原反应的反应速率很慢，通常需将溶液加热以加快反应速率。

4. 溶剂的影响

一般的化学反应都是在水溶液中进行的。在进行分离或鉴定时，如果生成物的溶解度较大或不稳定，可通过改变溶剂的方法加以改变。例如向水溶液中加入乙醇，$CaSO_4$ 的溶解度就显著降低。又如以生成过氧化铬 CrO_5 的方法鉴定 Cr^{3+} 时，可在水溶液中加入少量乙醚或戊醇，可将 CrO_5 萃取到有机层中，观察到 CrO_5 稳定的特征性蓝色。

5. 干扰物质的影响

影响待测离子鉴定的其他离子称为干扰离子。它的存在，严重影响分析反应的准确性，甚至会得出错误的结论。某一鉴定反应能否成功地鉴定某离子，除上述诸因素外，还应考虑干扰物质是否存在。例如以 H_2SO_4 鉴定 Pb^{2+} 时，如果仅仅根据白色沉淀而判断有 Pb^{2+}，那就很不可靠，因为 Ba^{2+}、Sr^{2+}、Hg_2^{2+} 等也生成类似的白色沉淀。又如，用 NH_4SCN 鉴定 Fe^{3+} 时，F^- 不应存在，因为它与 Fe^{3+} 生成稳定的 FeF_6^{3-} 配离子，溶液中 Fe^{3+} 的浓度大为降低，从而使鉴定反应失败。

二、鉴定反应的灵敏度和选择性

1. 鉴定反应的灵敏度

对于同一种离子，可能有几种或多种不同的鉴定反应。而不同的鉴定方法检出同一离子的灵敏度是不一样的，在定性分析中，灵敏度常常以最低浓度和检出限量来表示。

(1) 最低浓度　在一定反应条件下，某鉴定方法使被测离子能够得出肯定结果的最低浓度，一般以 ρ_B 或 $1:G$ 表示。ρ_B 是以 $\mu g \cdot mL^{-1}$ 为单位，G 是含有 1g 被鉴定离子的溶剂的质量。它们之间的关系为：

$$\rho_B G = 10^6$$

在实际计算中，由于溶液很稀，把 G 看做溶液的质量、溶剂的体积（mL）或溶液的体积（mL）都没有多大关系。ρ_B 越小或 G 越大，表示溶液越稀，反应越灵敏。

反应的灵敏度是用逐步降低被测离子浓度的方法由实验得到的。例如以 $Na_3Co(NO_2)_6$（亚硝酸钴钠）为试剂鉴定 K^+ 时，在中性或弱酸性溶液中可以得到黄色沉淀，表示有 K^+ 存在：

$$2K^+ + Na^+ + [Co(NO_2)_6]^{3-} = K_2Na[Co(NO_2)_6]\downarrow \text{（黄色）}$$

每次将平行取出的多个含 K^+ 的试液逐级稀释，再取 1 滴（约 0.055mL）进行鉴定，发现直到 K^+ 浓度稀释至 1∶12500（1g K^+ 溶在 12500mL 水中）之前，都可得到肯定的结果。再继续稀释下去，则平行实验中有的得到肯定结果，有的得到否定结果。而通常把实验总数的半数能得到肯定结果的浓度定为最低的限度。上例中便是 1∶12500，若再继续稀释下去，得到肯定结果的机会就少于半数了，鉴定反应已不可靠。因此，1∶12500 这个浓度就是该鉴定方法所能达到的浓度极限，称为此鉴定反应的最低浓度。

(2) 检出限量　在一定的反应条件下，某鉴定方法能检出某离子的最小质量称为检出限量。通常用符号 m 表示，以微克（μg）为单位。显然，检出限量越小，反应越灵敏。

仅仅用一个量来表示鉴定反应的灵敏度是不全面的。一方面尽管被检离子存在足够的量，但溶液太稀时，达不到“最低浓度”，观察不到反应的产物。另一方面，虽然试液的浓度达到“最低浓度”，但是试液取样量太少，被测离子的含量达不到“检出限量”，也难以观察到反应的外部特征。因此，只有同时指出最低浓度（相对量）和检出限量（绝对量），才能确切地反映鉴定反应的灵敏程度。

上述鉴定 K^+ 时，每次取出试液 1 滴（约 0.05mL），其中含 K^+ 的质量 m 为：

$$1g : 12500mL = m : 0.05mL$$

于是

$$m = \frac{1g \times 0.05mL}{12500mL} = 4 \times 10^{-6}g = 4\mu g$$

一般地，在定性分析中，最低浓度低于 $1mg \cdot mL^{-1}$（1∶1000），即检出限量大于 $50\mu g$ 的方法已难于满足鉴定的要求。

2. 鉴定反应的选择性

所谓选择性就是指鉴定反应中，所使用的试剂能与其他离子起反应数目的多少。在定性分析中，鉴定反应不仅要求灵敏，而且希望能在其他离子共存时不受干扰。具备这一条件的反应称为特效反应，所使用的试剂称为特效试剂。实际上，一种试剂往往能同若干种离子起作用。而发生某一选择性反应的离子数目越少，则反应的选择性越高，越容易创造条件成为特效反应。通常提高鉴定反应选择性的途径主要有以下几种。

（1）控制溶液的酸度　例如，在中性或弱碱性溶液中 $BaCl_2$ 能与 SO_4^{2-}、SO_3^{2-}、$S_2O_3^{2-}$、PO_4^{3-}、CO_3^{2-} 和 SiO_3^{2-} 等阴离子生成白色沉淀。若将试液经 HNO_3 酸化后，只有白色晶型沉淀 $BaSO_4$ 生成，该反应成为 SO_4^{2-} 特效反应。

（2）加入掩蔽剂　例如用 SCN^- 鉴定 Co^{2+}，生成天蓝色的 $[Co(SCN)_4]^{2-}$，而 Fe^{3+} 能与 SCN^- 生成血红色的配合物，干扰 Co^{2+} 的检验。此时如加入大量 F^- 作为掩蔽剂，使之形成稳定无色的 FeF_6^{3-}，则消除了 Fe^{3+} 的干扰。

（3）分离干扰离子　使干扰离子或待测离子生成沉淀，并进行分离，或进行萃取。

三、系统分析和分别分析

1. 系统分析

根据离子化学性质的差异，按一定的操作步骤和顺序向试液中加入某种试剂，将性质相近的离子依次分组分离，再进行组内分离直至个别鉴定的方法，称为系统分析。用于分组的试剂称为组试剂。组试剂一般为沉淀剂。理想的组试剂应分离完全；反应迅速；沉淀与溶液易于分开；组内离子的种类不宜太多，以便鉴定。

2. 分别分析

在其他离子共存时，不需要经过分离，而是直接检查待检出离子的方法，称为分别分析法。实际上分别反应采用了特效反应，鉴定的准确度高，且操作简单迅速，在被检离子较少情况下使用比较简便。

一般来说，阳离子分析主要采用系统分析法，阴离子分析则主要采用分别分析法。而在实际分析中，系统分析和分别分析总是结合起来使用。

四、空白实验和对照实验

在定性分析中，一方面，当试样中不含某种离子时，而蒸馏水、辅助试剂或器皿中却含有这种杂质离子，则会当作待检测离子鉴定出来，这一情况称为过检。另一方面，当试样中含有某种离子时，由于试剂变质失效或反应条件控制不当，误认为这种离子不存在而出现漏检。

1. 空白实验

在相同条件下，用蒸馏水代替试液进行的实验称为空白实验。例如，用硫氰酸盐法检测试液中微量 Fe^{3+} 时，用 HCl 酸化后加入 NH_4SCN，得到浅红色溶液，表示有微量 Fe^{3+} 存在。但不能确定是试样中原有的，还是蒸馏水中带入的，可做空白实验。另取少量配制试样溶液的蒸馏水，加入同量的 HCl 和 NH_4SCN 溶液，如果得到同样的浅红色或更深的红色，说明试样中并不含有 Fe^{3+}，而是蒸馏水不符合要求，就查明原因并加以更换；如果得到更浅的红色或近无色，说明试样中确实有 Fe^{3+} 存在。

2. 对照实验

在相同的条件下，用已知离子的溶液代替试液进行的实验称为对照实验。例如，用 $SnCl_2$ 溶液鉴定 Hg^{2+} 时，未出现灰黑色沉淀，则认为无 Hg^{2+} 存在。如果在试样鉴定和空白实验中均没有出现灰黑色的沉淀，而在对照实验中也没有出现灰黑色沉淀，说明 $SnCl_2$ 已氧化失效，必须重新配制溶液。

阅读材料　分析化学发展过程中的重要历史人物

1. 玻意耳；2. 马格拉夫；3. 日夫鲁瓦；4. 贝格曼；5. 克拉普罗特；6. 贝托莱；7. 普鲁斯特；8. 盖·吕萨克；9. 莫尔；10. 贝采利乌斯；11. 罗塞；12. 比拉迪尼；13. 李比希；14. 本生；15. 弗雷泽纽斯；16. 马格里特；17. 勒克；18. 贝仑特；19 奥斯特瓦尔得；20. 高贝尔斯莱德；21. 茨维特；22. 埃米希；23. 理查兹；24. 普雷格尔；25. 阿斯顿；26. 法伊格尔；27. 科尔托夫；28. 海洛夫斯基；29. 马丁；30. 沃尔什；31. 蒂塞利乌斯；32. 施瓦岑巴赫。

第二节　阳离子分析

一、常见阳离子的分组

（一）分组依据及分组方法

一般地，常见阳离子有以下 25 种。即：Ag^+、Hg_2^{2+}、Pb^{2+}、Bi^{3+}、Cu^{2+}、Cd^{2+}、Hg^{2+}、As（Ⅲ、Ⅴ）、Sb（Ⅲ、Ⅴ）、Sn（Ⅱ、Ⅳ）、Al^{3+}、Cr^{3+}、Fe^{3+}、Fe^{2+}、Mn^{2+}、Zn^{2+}、Co^{2+}、Ni^{2+}、Ba^{2+}、Sr^{2+}、Ca^{2+}、Mg^{2+}、K^+、Na^+ 和 NH_4^+。

不同离子的盐酸盐、硫酸盐、硫化物、氢氧化物溶解性的差异，硫化物酸碱性的不同，氢氧化物两性的不同等均为常见阳离子的分离提供了基础。

根据以上特点，可选择性地加入几种试剂，将这些阳离子分为若干组，依次分批沉淀分离，然后在各组中进行离子鉴定。目前常见的分组方案有两种。即硫化氢系统分组法和两酸两碱系统分组法。而应用广泛的硫化氢系统是目前较为完善的一种分组方案。本章主要介绍硫化氢系统的分组方法。

（二）常见阳离子的主要鉴定反应

1. 与 HCl 反应

常见阳离子只有 Ag^+、Pb^{2+}、Hg_2^{2+} 与 HCl 作用，生成氯化物沉淀：

$$\left.\begin{array}{l}Ag^+\\Pb^{2+}\\Hg_2^{2+}\end{array}\right\}\xrightarrow{HCl}\begin{array}{ll}AgCl\downarrow & \text{白，溶于氨水}\\PbCl_2\downarrow & \text{白，溶于热水}\\Hg_2Cl_2\downarrow & \text{白}\end{array}$$

2. 与 H_2SO_4 反应

在常见阳离子中，只有 Ba^{2+}、Sr^{2+}、Ca^{2+}、Pb^{2+} 与 H_2SO_4 形成硫酸盐沉淀：

$$\left.\begin{array}{l}Ba^{2+}\\Sr^{2+}\\Ca^{2+}\\Pb^{2+}\end{array}\right\}\xrightarrow{H_2SO_4}\left\{\begin{array}{ll}BaSO_4 & \text{白}\downarrow\\SrSO_4 & \text{白}\downarrow\\CaSO_4 & \text{白}\downarrow\\PbSO_4 & \text{白}\downarrow\text{，溶于热的 }NH_4Ac\text{ 或 }NaOH\text{ 溶液}\end{array}\right.$$

3. 与 NaOH 反应

许多金属阳离子能与 NaOH 作用，生成氢氧化物或碱式盐沉淀。

（1）生成两性氢氧化物沉淀，能溶于过量 NaOH 的有：

Al^{3+}、Cr^{3+}、Zn^{2+}、Pb^{2+}、Sb^{3+}、Sn^{2+}、Sn^{4+}、Cu^{2+} $\xrightarrow[NaOH]{适量}$

- $Al(OH)_3\downarrow$ 白
- $Cr(OH)_3\downarrow$ 灰绿
- $Zn(OH)_2\downarrow$ 白
- $Pb(OH)_2\downarrow$ 白
- $SbO(OH)\downarrow$ 白
- $Sn(OH)_2\downarrow$ 白
- $Sn(OH)_4\downarrow$ 白

$\xrightarrow[NaOH]{适量}$

- AlO_2^- 无色
- CrO_2^- 亮绿
- ZnO_2^{2-} 无色
- PbO_2^{2-} 无色
- SbO_2^- 无色
- SnO_2^{2-} 无色
- SnO_3^{2-} 无色

$Cu(OH)_2\downarrow$ 浅蓝 $\xrightarrow{浓 NaOH,\triangle}$ 部分溶解，生成 CuO_2^{2-} 蓝色

（2）生成氢氧化物、氧化物或碱式盐沉淀，不溶于过量 NaOH 的有：

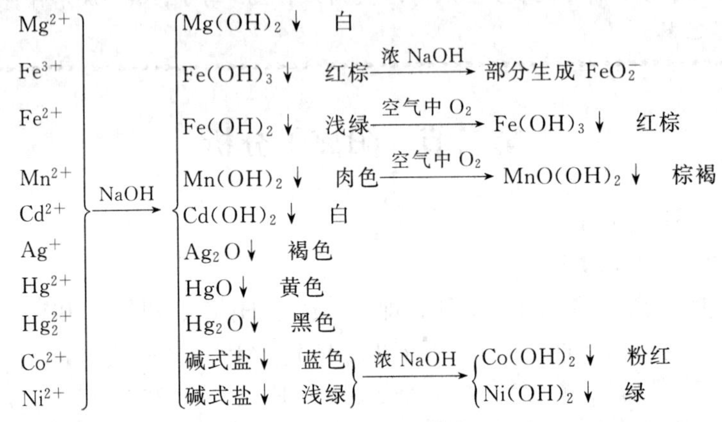

4. 与 NH_3 反应

（1）生成氢氧化物、氧化物或碱式盐沉淀，能溶于过量氨水，生成配合物的有：

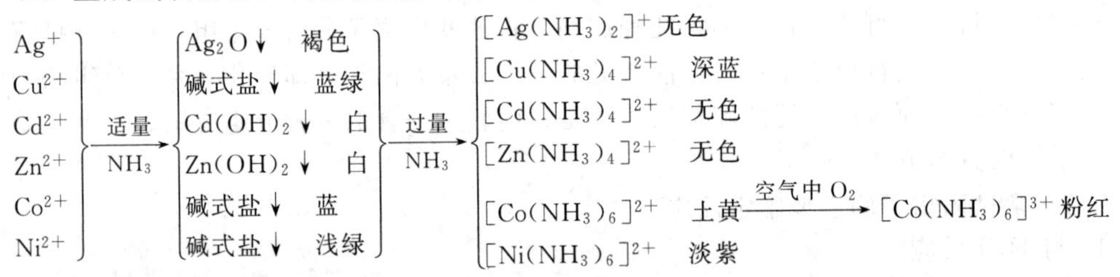

（2）生成氢氧化物或碱式盐沉淀，不与过量的 NH_3 生成配合物的有：

Al^{3+}、Cr^{3+}、Fe^{3+}、Fe^{2+}、Mn^{2+}、Sn^{2+}、Sn^{4+}、Pb^{2+}、Mg^{2+}、Hg^{2+}、Hg_2^{2+} $\xrightarrow{NH_3}$

- $Al(OH)_3\downarrow$ 白
- $Cr(OH)_3\downarrow$ 灰绿
- $Fe(OH)_3\downarrow$ 红棕
- $Fe(OH)_2\downarrow$ 浅绿 $\xrightarrow{空气中 O_2}$ $Fe(OH)_3\downarrow$ 红棕
- $Mn(OH)_2\downarrow$ 肉色 $\xrightarrow{空气中 O_2}$ $MnO(OH)_2\downarrow$ 棕褐
- $Sn(OH)_2\downarrow$ 白色
- $Sn(OH)_4\downarrow$ 白色
- 碱式盐↓ 白
- $Mg(OH)_2\downarrow$ 白
- $HgNH_2Cl\downarrow$ 白
- $HgNH_2Cl\downarrow$ 白 + $Hg\downarrow$ 黑

5. 与 $(NH_4)_2CO_3$ 反应

（1）Ba^{2+}、Sr^{2+}、Ca^{2+}、Mn^{2+}、Ag^+ 与 $(NH_4)_2CO_3$ 反应，生成白色的碳酸盐沉淀。

（2）Pb^{2+}、Bi^{3+}、Cu^{2+}、Cd^{2+}、Hg^{2+}、Fe^{3+}、Fe^{2+}、Zn^{2+}、Co^{2+}、Ni^{2+}、Mg^{2+}与$(NH_4)_2CO_3$反应，生成碱式碳酸盐沉淀。

（3）Al^{3+}、Cr^{3+}、Sn^{2+}、Sn^{4+}、Sb^{3+}与$(NH_4)_2CO_3$反应，生成氢氧化物沉淀。

（4）Hg_2^{2+}与$(NH_4)_2CO_3$反应，先生成Hg_2CO_3，迅速分解变黑，反应式如下：

$$Hg_2^{2+} + CO_3^{2-} \longrightarrow Hg_2CO_3\downarrow \text{淡黄色}$$

$$\longrightarrow HgO\ \text{黄} + Hg\downarrow\ \text{黑} + CO_2$$

6. 与H_2S或$(NH_4)_2S$反应

（1）在0.3mol·L^{-1} HCl溶液中通入H_2S，可生成沉淀的有：

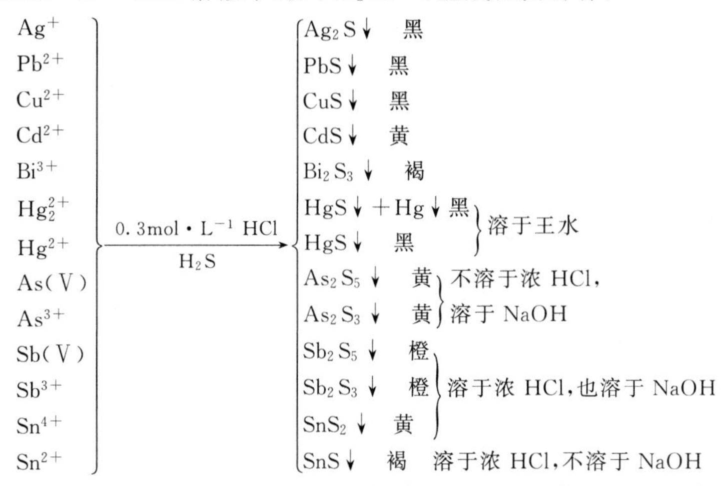

其中，As_2S_3、Sb_2S_3、HgS和SnS_2还可以溶解在Na_2S中，生成可溶性的硫代酸盐。

$$\left.\begin{matrix}As_2S_3\\Sb_2S_3\\HgS\\SnS_2\end{matrix}\right\}\xrightarrow{Na_2S}\left\{\begin{matrix}AsS_3^{3-}\\SbS_3^{3-}\\HgS_2^{2-}\\SnS_3^{2-}\end{matrix}\right.$$

（2）在0.3mol·L^{-1} HCl溶液中通入H_2S，沉淀分出后，再加$(NH_4)_2S$或在氨性溶液中通入H_2S，可生成沉淀的有：

$$\left.\begin{matrix}Mn^{2+}\\Fe^{2+}\\Fe^{3+}\\Zn^{2+}\\Co^{2+}\\Ni^{2+}\\Al^{3+}\\Cr^{3+}\end{matrix}\right\}\xrightarrow{(NH_4)_2S}\left\{\begin{matrix}MnS\downarrow\ \text{肉色}\\FeS\downarrow\ \text{黑色}\\Fe_2S_3+FeS\downarrow\ \text{黑}\\ZnS\ \text{白}\\\alpha\text{-}CoS\ \text{黑}\\\alpha\text{-}NiS\ \text{黑}\\Al(OH)_3\downarrow\ \text{白}\\Cr(OH)_3\downarrow\ \text{灰绿}\end{matrix}\right.$$

MnS、FeS、Fe_2S_3+FeS、ZnS、α-CoS、α-NiS：溶于稀 HCl；α-CoS、α-NiS $\xrightarrow{\text{放置或}\triangle}$ β-CoS、β-NiS：不溶于稀 HCl，溶于 HNO_3

$Al(OH)_3$、$Cr(OH)_3$：溶于强碱及稀 HCl

二、第一组阳离子的分析

（一）本组离子的特征

本组包括Ag^+、Hg_2^{2+}、Pb^{2+}三种离子，它们的共同特点是都能与盐酸作用生成AgCl、Hg_2Cl_2、$PbCl_2$沉淀，在系统分析中首先从试液中被分离出来，称为第一组。所用组试剂为盐酸，又称为盐酸组或银组。

1. 离子的存在形式

三种离子均为无色。其中银和铅主要以简单的Ag^+、Pb^{2+}形式存在，而亚汞离子是以共价键结合的双聚离子 Hg^+：Hg^+ 存在，记为 Hg_2^{2+}，两个汞离子间的共价键并不牢固，在水溶液中存在如下平衡：

$$Hg_2^{2+} \rightleftharpoons Hg^{2+} + Hg\downarrow$$

当在水溶液中加入能与 Hg^{2+} 生成难溶化合物或配合物的试剂时，则平衡向右移动，生成二价汞的化合物和黑色的金属汞。

$$Hg_2^{2+} + H_2S \rightleftharpoons HgS\downarrow + Hg\downarrow + 2H^+$$

2. 难溶化合物

本组具有分析意义的难溶物主要有氯化物、硫化物、铬酸盐等。氯化物中只有 $PbCl_2$ 的溶解度较大，并且在热溶液中 $PbCl_2$ 的溶解度相当大，而 AgCl、Hg_2Cl_2 溶解度很小，可沉淀完全。利用这一特点，可在组内进一步分离。

3. 配合物

本组中 Ag^+ 具有较强的配位能力，利用 Ag^+、Hg_2^{2+} 与氨水的反应可实现二者的分离。而 Pb^{2+} 配位能力较差。

（二）组试剂与分离条件

本组离子的组试剂是 HCl，它与 Ag^+、Hg_2^{2+}、Pb^{2+} 形成氯化物沉淀。但是分离条件应注意以下几方面。

1. 沉淀的溶解度

本组离子与组试剂盐酸的反应为：

$$Ag^+ + Cl^- = AgCl\downarrow$$ （白色凝乳状，遇光变紫、变黑）

$$Hg_2^{2+} + 2Cl^- = Hg_2Cl_2\downarrow$$ （白色粉末状）

$$Pb^{2+} + 2Cl^- = PbCl_2\downarrow$$ （白色针状或片状结晶）

在沉淀过程中，根据同离子效应，加入过量的盐酸对减小沉淀的溶解度是有利的。但沉淀剂也不可过量太多，以免造成高浓度的 Cl^- 与沉淀物发生配位反应。而盐效应的影响又会导致沉淀溶解度的增大。实验指出沉淀本组离子时，Cl^- 的浓度以 0.5mol·L^{-1} 为宜，此时，Ag^+、Hg_2^{2+} 都能沉淀完全，但 Pb^{2+} 还不能沉淀完全，部分进到第二组中去。需要在第二组鉴定中进一步确定 Pb^{2+} 是否存在。

2. 保持溶液较大的酸度，防止 Bi^{3+}、Sb^{3+} 的水解

当溶液酸度不够高时，第二组离子中的 Bi^{3+}、Sb^{3+} 有较强的水解倾向，会生成白色的碱式盐沉淀而混入第一组中。为避免发生这一情况，应控制溶液中 H^+ 的浓度在 2.0～2.4mol·L^{-1} 范围内，若 Cl^- 浓度已达到 0.5mol·L^{-1}，但酸度不够时，可补加适量 HNO_3 达到目的。

3. 防止生成胶体沉淀

氯化银容易生成胶体沉淀，使沉淀难以分离，加入适当过量的 HCl，起到电解质的作用，促使胶体凝聚。

（三）本组离子的分析

室温下加入适当过量的 HCl 溶液，使 Cl^- 的浓度为 0.5mol·L^{-1}，溶液的酸度为 2.0～2.4mol·L^{-1}，此时若有白色沉淀生成，示有本组离子存在。沉淀经离心分离，并用 HCl 酸化后留作第一组阳离子定性分析用。

1. Pb^{2+} 的分离和鉴定

在已经形成的氯化物沉淀中加水并用水浴加热，使 $PbCl_2$ 溶解于热水之中。趁热分离，用 HAc 酸化离心液，加入 K_2CrO_4 试剂，如析出黄色沉淀，表示有 Pb^{2+}（$PbCrO_4$）存在。

2. Ag^+ 与 Hg_2^{2+} 的分离及 Hg_2^{2+} 的鉴定

分出 $PbCl_2$ 后的沉淀用热水洗涤干净，然后加入氨水，AgCl 溶解生成 $[Ag(NH_3)_2]^+$，

Hg_2Cl_2 与氨水作用则生成 $HgNH_2Cl$ 和 Hg 灰黑色混合物沉淀。

3. Ag^+ 的鉴定

将以上分出的氨性溶液用 HNO_3 酸化，如重新得到白色沉淀，示有 Ag^+ 存在。

三、第二组阳离子的分析

（一）本组离子的特征

本组包括 Pb^{2+}、Bi^{3+}、Cu^{2+}、Cd^{2+}、Hg^{2+}、As(Ⅲ，Ⅴ)、Sb(Ⅲ，Ⅴ）和 Sn(Ⅱ，Ⅳ）离子，称为铜锡组。Pb^{2+} 虽然在第一组中析出一部分 $PbCl_2$ 沉淀，但由于沉淀作用不完全，溶液中还剩有相当量的 Pb^{2+}，所以第二组中也包括 Pb^{2+}。本组离子的共同特性是与 H_2S 反应生成硫化物沉淀。按本组被分出的顺序，称为第二组，按所用的试剂称为硫化氢组。

1. 离子的存在形式

本组离子除 Cu^{2+} 为蓝色外，其余均无色。铅、铋、铜、镉、汞具有显著的金属性质，在水溶液中主要以金属离子的形式存在；而砷、锑、锡三种元素则表现出不同程度的非金属性质，它们在溶液中的主要存在形式随酸碱环境而不同。

2. 氧化还原性质

砷、锑、锡三种元素均具有两种稳定的价态，这在分析中都有重要意义。一般对砷、锑、锡的鉴定，只做元素测定，不要求价态与存在形式，例如，As(Ⅴ）在浓 HCl 溶液中，被 H_2S 沉淀为 As_2S_5，而且这个过程速率较慢，为了加速反应，必须先使用 NH_4I 将 As(Ⅴ）还原为 As(Ⅲ)；但在冷而稀的 HCl 溶液中，As(Ⅴ）与 H_2S 通过一系列反应，最终得到的是 $As_2S_3\downarrow$，不是 $As_2S_5\downarrow$。

3. 配合物

本组离子一般都能生成多种配合物，有一定的分析应用价值。

（二）组试剂与分离条件

在稀 HCl 溶液中通入 H_2S，本组离子均生成硫化物沉淀，从而与三、四、五组离子分离。而各种硫化物的溶度积差别很大，因此，本组离子与第三、四、五组离子分离的依据是硫化物溶解度的差异。

首先，第二组中溶解度最大的硫化物沉淀是 CdS（$K_{sp}=7.1\times10^{-28}$），第三组中溶解度最小的硫化物沉淀是 ZnS（$K_{sp}=1.2\times10^{-23}$），按照沉淀规律，溶解度小的先沉淀，溶解度大的不沉淀留在溶液中，从而达到分离的目的。即第二组中最难沉淀的 CdS 沉淀完全时，第二组其他离子早已沉淀完全。此时，第三组中最容易沉淀的 ZnS 还没有开始沉淀，当然其他离子也没开始沉淀。

H_2S 是弱酸，$[S^{2-}]$ 随溶液酸度的变化而变化，因此，可以通过调节 H^+ 来控制溶液中 S^{2-} 的浓度，从而达到沉淀、分离的目的。实验指出，分离第二、三组最适宜的酸度是 $0.3mol\cdot L^{-1}$ HCl。如果酸度过高，第二组中溶解度较大的可能沉淀不完全，若酸度过低，第三组中溶解度最小的则可能析出沉淀；而且砷、锑和锡只有在强酸性溶液中才能提供简单阳离子，生成硫化物沉淀。

其次，由于沉淀反应 $M^{2+}+H_2S\longrightarrow MS+2H^+$ 不断放出 H^+，使酸度略有提高，所以沉淀后期应将溶液稀释一倍后，再通 H_2S。

再则，砷、锑和锡的硫化物形成胶体的倾向很大。使溶液保持适当的酸度，并在热溶液中通入 H_2S 进行沉淀，可以起到促进胶体凝聚的作用。但加热会使 H_2S 的溶解度减小，因而降低溶液中 S^{2-} 的浓度。为保证溶解度大的 PbS、CdS 等沉淀完全，应该将溶液冷却至室温后，稀释一倍，再通 H_2S 至沉淀完全。

本组离子的沉淀中包括八种元素所形成的硫化物，种类较多，在分析中相互间的干扰较大。因此，为了定性分析的方便，可以根据硫化物的酸碱性不同将它们进一步分成两个小组。

（三）铜组（ⅡA）与锡组（ⅡB）的分离

铅、铋、铜、镉的硫化物属于碱性硫化物，它们不溶于 $NaOH$、Na_2S 和 $(NH_4)_2S$ 等碱性试剂，这些离子属于铜组（ⅡA）；砷、锑和锡（Ⅳ）的硫化物属于两性硫化物，其酸性更为明显，能溶于上述几种碱性试剂中，属于锡组（ⅡB）。汞的硫化物酸性较弱，只能溶解在含有高浓度 S^{2-} 的试剂 Na_2S 中。所以 HgS 属于ⅡB 组。ⅡB 组硫化物与 Na_2S 的溶解反应如下：

$$HgS+S^{2-} = HgS_2^{2-} \qquad As_2S_3+3S^{2-} = 2AsS_3^{3-}$$

$$Sb_2S_3+3S^{2-} = 2SbS_3^{3-} \qquad SnS_2+S^{2-} = SnS_3^{2-}$$

离心分离，离心液留作锡组离子的分析鉴定，沉淀用于铜组的分析。可见，用 Na_2S 可把ⅡA 组与ⅡB 组分离。

（四）铜组（ⅡA）的分析

1. 铜组硫化物的溶解

将锡组分出后，其沉淀可能含有 PbS、Bi_2S_3、CuS 和 CdS。用含 NH_4Cl 的水洗涤干净后，加 $6mol \cdot L^{-1}$ HNO_3 并加热溶解：

$$3PbS+2NO_3^-+8H^+ = 3Pb^{2+}+3S\downarrow+2NO\uparrow+4H_2O$$

$$Bi_2S_3+2NO_3^-+8H^+ = 2Bi^{3+}+3S\downarrow+2NO\uparrow+4H_2O$$

$$3CuS+2NO_3^-+8H^+ = 3Cu^{2+}+3S\downarrow+2NO\uparrow+4H_2O$$

$$3CdS+2NO_3^-+8H^+ = 3Cd^{2+}+3S\downarrow+2NO\uparrow+4H_2O$$

2. Cd^{2+} 的分离与鉴定

在铜组离子的硝酸溶液中加入甘油（1∶1）和过量的浓 $NaOH$ 溶液，Pb^{2+}、Bi^{3+}、Cu^{2+} 与甘油生成甘油化合物留在溶液中，只有 Cd^{2+} 生成白色 $Cd(OH)_2$ 沉淀。溶于 $3mol \cdot L^{-1}$ HCl 溶液中，用水稀释试液至酸度约为 $0.3mol \cdot L^{-1}$，加硫代乙酰胺（TAA）并于沸水浴上加热，如有黄色沉淀（CdS）析出示有 Cd^{2+}。

3. Cu^{2+} 的鉴定

分出 Cd^{2+} 的离心液，以 HAc 酸化后，加入 $K_4Fe(CN)_6$，如生成红棕色沉淀 $[Cu_2Fe(CN)_6]$，示有 Cu^{2+} 存在。

4. Pb^{2+} 的鉴定

取上述离心液少许，用 HAc 酸化后，加入 K_2CrO_4 溶液，如有黄色沉淀（$PbCrO_4$）生成，则示有 Pb^{2+} 存在。

5. Bi^{3+} 的鉴定

将以上离心液滴加至新配制的 Na_2SnO_2 溶液中，如有黑色物质生成，则示有 Bi^{3+}。

（五）锡组（ⅡB）的分析

1. 锡组的沉淀

在用 Na_2S 溶出的锡组硫代酸盐溶液中，逐滴加入浓 HAc 至呈酸性，硫代酸盐即被分解，析出相应的硫化物。

$$2AsS_3^{3-}+6HAc = As_2S_3\downarrow+3H_2S\uparrow+6Ac^-$$

$$2SbS_3^{3-}+6HAc = Sb_2S_3\downarrow+3H_2S\uparrow+6Ac^-$$

$$SnS_3^{2-}+2HAc = SnS_2\downarrow+H_2S\uparrow+2Ac^-$$

$$HgS_2^{2-}+2HAc = HgS\downarrow+H_2S\uparrow+2Ac^-$$

2. 汞、砷与锑、锡的分离

将 $8mol \cdot L^{-1}$ HCl 溶液加在上述硫化物沉淀上并加热，锑和锡的硫化物则因生成配离子而溶解，而 HgS 与 As_2S_3 不溶解。

$$Sb_2S_3 + 6H^+ + 12Cl^- = 2SbCl_6^{3-} + 3H_2S\uparrow$$

$$SnS_2 + 4H^+ + 6Cl^- = SnCl_6^{2-} + 2H_2S\uparrow$$

3. 砷与汞的分离和鉴定

锑和锡从ⅡB组中以溶液形式分出，在剩下的沉淀上加入过量的12%$(NH_4)_2CO_3$，As_2S_3 即可溶解，而 HgS 不溶，离心分离。取少量离心液，加稀盐酸酸化，如有黄色沉淀（As_2S_3）生成，显示砷的存在。

把剩下的残渣洗涤后以王水溶解。加热数分钟除去过量王水，再加入 $SnCl_2$，沉淀由白变黑，则表示有汞。

4. Sn 的鉴定

在已被 $8mol \cdot L^{-1}$ HCl 溶解的可能含有锡、锑的溶液中，铁丝将 Sn（Ⅳ）还原为 Sn（Ⅱ），再加入 $HgCl_2$ 溶液，有灰色（Hg_2Cl_2 + Hg）或黑色（Hg）沉淀生成，表示有 Sn 存在。

5. Sb 的鉴定

取少量可能含有 Sb(Ⅴ) 的浓 HCl 离心液，加入红色的罗丹明 B 溶液，将看到不溶于水的紫色或蓝色离子缔合物，用苯萃取后苯层显紫红色。

四、第三组阳离子的分析

（一）本组离子的特征

本组包括 Al^{3+}、Cr^{3+}、Fe^{3+}、Fe^{2+}、Mn^{2+}、Zn^{2+}、Co^{2+}、Ni^{2+} 八种离子。它们的共同特性是氯化物溶于水，在 $0.3mol \cdot L^{-1}$ HCl 溶液中不形成硫化物沉淀，但在 $pH \approx 9$（NH_3-NH_4Cl）的介质中通入 H_2S，也可与 $(NH_4)_2S$ 或硫代乙酰胺反应生成硫化物或氢氧化物沉淀。依分组顺序称为第三组，按所用试剂称为硫化铵组。

1. 离子的颜色

本组离子中除 Al^{3+}、Zn^{2+} 外，各离子均具有不同的颜色。

2. 离子的价态

本组离子除 Al^{3+}、Zn^{2+} 外，其他离子都能改变价态，因而具有氧化还原性。

3. 形成配合物的能力

本组离子形成配合物的能力较强。例如，在一定条件下，Fe^{3+} 和 Co^{2+} 与 NH_4SCN 形成有色配合物。其性质可用于相应离子的鉴定；Zn^{2+}、Co^{2+}、Ni^{2+} 与 NH_3 生成配离子的性质可用于与其他离子的分离。

（二）组试剂与分离条件

在 NH_3-NH_4Cl 介质中，向本组离子加入 $(NH_4)_2S$ 或硫代乙酰胺（加热），则分别生成硫化物或氢氧化物沉淀，如 MnS（肉色）、ZnS（白）、CoS（黑）、NiS（黑）、FeS（黑）、Fe_2S_3（黑）、$Al(OH)_3$（白）、$Cr(OH)_3$（灰绿）。

1. 酸度要适当

溶液酸度不能太高，否则本组离子沉淀不完全；溶液酸度也不能太低，否则本组的两性物质 $Al(OH)_3$、$Cr(OH)_3$ 可能溶解。而且部分 Mg^{2+} 可能生成 $Mg(OH)_2$ 沉淀。因此，沉淀本组离子最适宜的酸度为 $pH \approx 9.0$，需加入 NH_3-NH_4Cl 予以控制，以保证 Al^{3+} 和 Cr^{3+} 沉淀完全并防止 Mg^{2+} 析出沉淀。

2. 防止硫化物形成胶体

NiS 等硫化物易形成胶体，可加入电解质 NH_4Cl，并将溶液加热，以促进硫化物和氢氧化物胶体的凝聚。

（三）本组离子的分析

分出第二组阳离子硫化物沉淀后，试液呈酸性。要先用氨水调至碱性，并加入适量 NH_4Cl，再加 $(NH_4)_2S$ 或 TAA，且加热到本组离子沉淀完全。离心分离后的沉淀留作本组离子的分析。

沉淀立即用热的稀 HNO_3 溶解。一般地，本组离子有较好的鉴定方法，不必过多分离，便可用分别分析的方法鉴定。

1. Fe^{2+} 的鉴定

（1）铁氰化钾法　在酸性溶液中，Fe^{2+} 与铁氰化钾反应生成深蓝色沉淀，而其他阳离子与该试剂生成的沉淀颜色较浅，故一般不干扰此反应。

$$Fe^{2+} + K_3Fe(CN)_6 = KFe[Fe(CN)_6]\downarrow + 2K^+$$

（2）邻二氮菲法　Fe^{2+} 与邻二氮菲在弱酸性溶液中生成稳定橘红色配合物，其他离子一般不干扰此反应。

2. Fe^{3+} 的鉴定

（1）NH_4SCN 法　NH_4SCN 与 Fe^{3+} 在稀 HCl 溶液中生成血红色配合物。

（2）亚铁氰化钾　Fe^{3+} 与亚铁氰化钾生成深蓝色沉淀，其他离子一般含量时不干扰鉴定。

$$Fe^{3+} + K_4Fe(CN)_6 = KFe[Fe(CN)_6]\downarrow + 3K^+$$

3. Mn^{2+} 的鉴定

在强酸性溶液中，Mn^{2+} 被 $NaBiO_3$ 氧化成 MnO_4^-，出现紫红色。

$$2Mn^{2+} + 5NaBiO_3 + 14H^+ = 2MnO_4^- + 5Bi^{3+} + 5Na^+ + 7H_2O$$

Mn^{2+} 浓度不应太大，否则生成的 MnO_4^- 又与未被氧化的 Mn^{2+} 反应，生成 $MnO_2 \cdot nH_2O$ 沉淀。还原性离子有干扰，可多加试剂消除。

4. Cr^{3+} 的鉴定

在强碱性介质中，Cr^{3+} 被 H_2O_2 氧化为 CrO_4^{2-}，过量的 H_2O_2 可加热分解。生成的 CrO_4^{2-} 与 Pb^{2+} 生成黄色 $PbCrO_4$ 沉淀，示有 Cr^{3+} 存在。

$$Cr^{3+} + 4OH^- = CrO_2^- + 2H_2O$$

$$2CrO_2^- + 3H_2O_2 + 2OH^- = 2CrO_4^{2-}(\text{黄}) + 4H_2O$$

$$CrO_4^{2-} + Pb^{2+} = PbCrO_4\downarrow(\text{黄})$$

5. Ni^{2+} 的鉴定

当酸度在 pH=5～10（中性、HAc 性或氨性溶液）范围时，Ni^{2+} 与丁二酮肟生成鲜红色螯合物沉淀。而 Fe^{2+}、Fe^{3+}、Mn^{2+}、Cu^{2+}、Co^{2+}、Cr^{3+} 等离子妨碍 Ni^{2+} 的鉴定。可加 H_2O_2 将 Fe^{2+} 氧化成 Fe^{3+}。Fe^{3+} 和其他干扰离子可加柠檬酸（或酒石酸）进行掩蔽。

6. Co^{2+} 的鉴定

在酸性溶液中，Co^{2+} 与固体 NH_4SCN 或其饱和溶液生成蓝色配合物 $[Co(SCN)_4]^{2-}$。加入丙酮，以提高配合物的稳定性。Fe^{3+} 干扰此反应，可加入 NaF 生成无色 FeF_6^{3-} 配合物，将 Fe^{3+} 掩蔽。

7. Zn^{2+} 的鉴定

在中性或弱酸性溶液中，Zn^{2+} 与 $(NH_4)_2Hg(SCN)_4$ 生成白色结晶型沉淀。

$$Zn^{2+} + [Hg(SCN)_4]^{2-} = Zn[Hg(SCN)_4]\downarrow(\text{白})$$

0.02% $CoCl_2$ 与 $[Hg(SCN)_4]^{2-}$ 长时间静置形成蓝色结晶。但 Zn^{2+} 存在时，由于 Zn^{2+} 与 $[Hg(SCN)_4]^{2-}$ 生成 $Zn[Hg(SCN)_4]$ 白色结晶，加速 $Co[Hg(SCN)_4]$ 蓝色结晶的生成，二者形成蓝色混晶。

$$Zn^{2+} + [Hg(SCN)_4]^{2-} = Zn[Hg(SCN)_4]\downarrow(\text{白色})$$

$$Co^{2+} + [Hg(SCN)_4]^{2-} = Co[Hg(SCN)_4]\downarrow(\text{蓝色})$$

大量 Co^{2+} 以及 Cu^{2+}、Ni^{2+} 有干扰，Fe^{3+} 的干扰可加 NH_4F 掩蔽。

8. Al^{3+} 的鉴定

在 pH 为 4～9 的介质中，Al^{3+} 和茜素磺酸钠（茜素 S）形成红色螯合物沉淀。加氨水使溶液成碱性并加热，可促进鲜红色絮状沉淀生成。

若有其他干扰离子，如 Fe^{3+}、Cr^{3+}、Mn^{2+} 等，可加试液 Na_2CO_3-Na_2O_2 处理，Cr^{3+} 以 CrO_4^{2-} 形式与 AlO_2^- 一起留在溶液里，但不干扰 Al^{3+} 的鉴定。其余离子则沉淀为氢氧化物或碳酸盐。

五、第四组阳离子的分析

（一）本组离子的特征

本组离子包括 Ba^{2+}、Ca^{2+}、Sr^{2+} 三种离子，按顺序称为第四组，又称钙组。其氯化物和硫化物都溶于水，也称为可溶组。

1. 离子价态的稳定性

本组离子均无色，价态稳定，每种离子只有一种价态。其离子在水溶液中不被还原性金属（如锌末）还原，所以可利用锌末除去干扰本组鉴定的重金属离子。

2. 难溶化合物

本组离子有碳酸盐、铬酸盐、硫酸盐、草酸盐和磷酸盐等沉淀，但其溶解度相差较大。

3. 配合物

本组离子生成配合物的倾向很小，除了与氨羧配位剂形成配合物外，Ca^{2+} 能与 SO_4^{2-} 形成配离子 $Ca(SO_4)_2^{2-}$，可用于组内分离。

（二）本组离子的沉淀

在分出第三组沉淀的离心液中应立即加入浓 HAc 酸化，加热煮沸除去 H_2S 的试液中要加氨水至微碱性，再加入 $(NH_4)_2CO_3$，沉淀本组离子。但应注意，第一，铵盐浓度要适当。第二，溶液要适当加热。

离子沉淀条件：在适量 NH_4Cl 存在下的氨性溶液中加入碳酸铵，然后在 60℃ 加热几分钟。

（三）本组离子的分析

1. Ba^{2+} 的分离与鉴定

（1）K_2CrO_4 法　Ba^{2+} 和 Sr^{2+} 均可以与 CrO_4^{2-} 形成沉淀，但 $BaCrO_4$ 与 $SrCrO_4$ 的溶度积差别较大，可利用分步沉淀原理，使 Ba^{2+} 与 Sr^{2+} 分开。一般地，是用 HAc NaAc 溶液控制溶液的 pH≈4，加入适当过量的 $0.01mol \cdot L^{-1}$ K_2CrO_4 作沉淀剂，如 Ba^{2+} 存在，则生成黄色的 $BaCrO_4$。因为 $BaCrO_4$ 的溶度积比 $SrCrO_4$ 溶度积要小得多，此时如有 Sr^{2+} 存在，亦不会产生沉淀，从而将 Ba^{2+} 分离沉淀。

（2）玫瑰红酸钠法　Ba^{2+} 与玫瑰红酸钠在中性溶液中生成红棕色沉淀，加入稀盐酸后，沉淀会变得更细小，颜色会变为鲜红色。

2. Ca^{2+} 的鉴定

（1）$(NH_4)_2C_2O_4$ 法　当 pH>4 时，Ca^{2+} 与 $(NH_4)_2C_2O_4$ 生成白色结晶型沉淀。此沉淀能溶于强酸，但不溶于醋酸。

Ba^{2+}、Sr^{2+} 也能生成草酸盐沉淀，但 BaC_2O_4 溶于醋酸，SrC_2O_4 稍溶于醋酸，可见，在草酸介质中不干扰鉴定。

（2）GBHA 法　Ca^{2+} 与乙二醛双缩［2-羟基苯胺］（GBHA）在碱性溶液中生成红色螯合物沉淀。Ba^{2+}、Sr^{2+} 在相同条件下与该试剂反应产生橙色和红色沉淀，但加入 Na_2CO_3 后，Ba^{2+} 与 GBHA 生成的螯合物分解，Sr^{2+} 与 GBHA 生成的螯合物颜色变浅。而 Ca^{2+} 与 GBHA 生成的螯合物颜色基本不变。

3. Sr^{2+}鉴定

(1) 与玫瑰红酸钠反应　玫瑰红酸钠与Sr^{2+}在中性溶液中生成红棕色沉淀，此沉淀溶于稀 HCl 溶液中。

(2) 焰色反应　锶盐焰色呈很深的猩红色。

六、第五组阳离子的分析

（一）本组离子的特征

在分离了第一、二、三、四组阳离子后，溶液中只剩下Mg^{2+}、K^+、Na^+和NH_4^+离子，称为钠组。本组没有组试剂。

（二）本组离子的分析

1. Mg^{2+}的鉴定

在碱性溶液中，对硝基偶氮间苯二酚（镁试剂）呈紫红色，在酸性溶液中为黄色。Mg^{2+}与镁试剂在碱性溶液中生成天蓝色螯合物沉淀。

重金属离子有干扰，可用加锌粉（微酸性）和形成硫化物（氨性）的方法除去。若存在大量铵盐，必须事先除去。

2. Na^+的鉴定

在中性或醋酸缓冲溶液中，Na^+与醋酸铀酰锌生成淡黄色结晶状醋酸铀酰锌钠沉淀。

$$Na^+ + Zn^{2+} + 3UO_2^{2+} + 9Ac^- + 9H_2O = NaAc \cdot Zn(Ac)_2 \cdot 3UO_2(Ac)_2 \cdot 9H_2O \downarrow$$

3. K^+的鉴定

(1) 亚硝酸钴钠法　在中性或弱酸性溶液中，亚硝酸钴钠与K^+作用，生成亮黄色结晶型沉淀。

$$2K^+ + Na^+ + [Co(NO_2)_6]^{3-} = K_2Na[Co(NO_2)_6] \downarrow$$

(2) 四苯硼酸钠法　在碱性、中性或 HAc 性溶液中，四苯硼酸钠与K^+反应生成白色沉淀。

$$K^+ + [B(C_6H_5)_4]^- = K[B(C_6H_5)_4] \downarrow$$

NH_4^+与此也有类似反应，因此，在鉴定K^+前应将NH_4^+转变为NH_4NO_3，再加热分解除去。Ag^+、Hg^{2+}的影响可加 KCN 消除。

4. NH_4^+的鉴定（气室法）

$$NH_4^+ + OH^- \longrightarrow NH_3 \uparrow + H_2O$$

NH_3遇潮湿的 pH 试纸显碱色，pH 值在 10 以上。

七、硫代乙酰胺简介

1. 简介

H_2S气体毒性较大，又有臭味，制备也不方便，因此，一般常采用其代用品——硫代乙酰胺（CH_3CSNH_2，简写为 TAA）的水溶液作沉淀剂。它在不同介质中加热时发生不同的水解反应。

在酸性溶液中，TAA 水解生成H_2S，因此可代替H_2S沉淀第Ⅱ组阳离子。水解反应如下：

$$CH_3CSNH_2 + H^+ + 2H_2O = CH_3COOH + NH_4^+ + H_2S \uparrow$$

在碱性溶液中，TAA 水解除生成S^{2-}外，还生成一部分有氧化性的多硫化物，故可代替Na_2S使ⅡA 与ⅡB 分离，且事先不用加H_2O_2。TAA 的水解反应如下：

$$CH_3CSNH_2 + 3OH^- = CH_3COO^- + NH_3 + H_2O + S^{2-}$$

在氨性溶液中，TAA 水解生成HS^-，相当于$(NH_4)_2S$的作用，所以可以代替

$(NH_4)_2S$ 沉淀第Ⅲ组阳离子。水解反应如下：

$$CH_3CSNH_2 + 2NH_3 \xlongequal{} CH_3C(NH_2)NH + NH_4^+ + HS^-$$

2. 硫代乙酰胺作为组试剂的主要特点

（1）可减少有毒气体 H_2S 的逸出，降低实验室空气污染程度。

（2）金属硫化物以均匀沉淀的方式得到，沉淀较纯净，不易形成胶体，而且共沉淀较少，便于分离。

3. 硫代乙酰胺作为沉淀剂时的注意事项

（1）在加入 TAA 以前，必须预先除去氧化性物质，以免部分 TAA 被氧化成 SO_4^{2-}，使第Ⅳ组阳离子过早沉淀。

（2）TAA 应适当过量，使水解后溶液中有足够的 H_2S，以保证硫化物沉淀完全。

（3）沉淀作用要在沸水浴中加热并在沸腾的温度下加热适当长的时间，以促进 TAA 的水解，保证硫化物沉淀完全。

（4）为避免溶液中残留的 TAA 氧化成 SO_4^{2-}，而使第Ⅳ阳离子过早沉淀，应立刻进行第Ⅳ组阳离子分析。

八、阳离子Ⅰ～Ⅴ组 H_2S 系统的分析简表

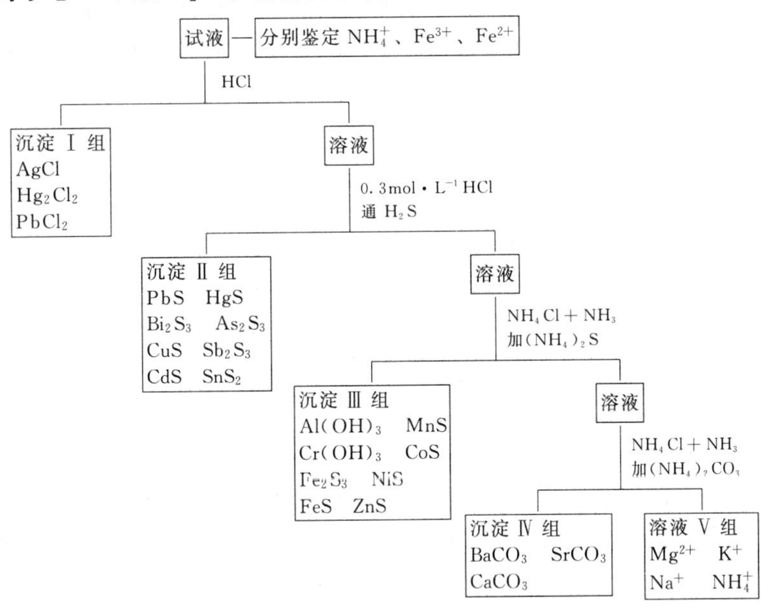

阅读材料　弗雷泽纽斯对分析化学的贡献

弗雷泽纽斯，C. R. Fresenius（1818—1897 年），是 19 世纪分析化学的杰出人物之一，1841 年发表《定性化学分析导论》一书，提出“阳离子系统定性分析法”，其阳离子分析方案一直沿用。该书于 19 世纪中叶被译成中文，书名《化学考质》。他创立了一所分析化学专业学校，至今此校仍存在；并于 1862 年创办德文的《分析化学》杂志，由其后人继续任主编至今。他编写的《定性分析》、《定量分析》两书曾译为多种文字，包括晚清时代出版的中译本，分别定名为《化学考质》和《化学求数》。他将定性分析的阳离子硫化氢系统修订为目前的五组，还注意到酸碱度对金属硫化物沉淀的影响。在容量分析中，他提出用二氯化锡滴定三价铁至黄色消失的方法。

第三节　阴离子分析

常见的阴离子有：SO_4^{2-}、SO_3^{2-}、$S_2O_3^{2-}$、S^{2-}、SiO_3^{2-}、CO_3^{2-}、PO_4^{3-}、Cl^-、Br^-、I^-、NO_3^-、NO_2^-和 Ac^- 13 种。常见的阴离子有哪些特征呢？尽管组成阴离子的元素并不多，可阴离子的数目却很多。这是因为有时组成元素是相同的，但却以多种形式存在，从而构成了多种阴离子。

一、阴离子的特征

1. 与酸反应

在前述阳离子分析中，常常将试样制成酸性溶液，但是酸性溶液不适宜用作阴离子分析用，这是因为有些阴离子在酸性溶液中会放出气体或产生沉淀。例如：

$$S_2O_3^{2-}+2H^+ = S\downarrow +SO_2\uparrow +H_2O$$

$$SiO_3^{2-}+2H^+ = H_2SiO_3\downarrow$$

2. 氧化还原性

在酸性溶液中，多数阳离子可以共存，而有些阴离子却不能共存，它们彼此间可能发生氧化还原反应而改变存在形式。在碱性溶液中，阴离子的氧化还原活性较低。一般常见的阴离子都可以共存。

3. 形成配合物

有些阴离子，例如 Cl^-、Br^-、I^-、PO_4^{3-}、$S_2O_3^{2-}$ 等，能与阳离子形成配合物。这样，对阴、阳离子鉴定都有干扰。而重金属离子的颜色、氧化还原性及可能与阴离子生成沉淀的阳离子在制备阴离子分析试液时，都要事先除去。

在分析过程中，阴离子容易发生变化而不利于系统分析，同时，一直也没有理想的组试剂。因此，在阴离子分析中主要采用分别分析法进行；在同一种试样中，由于各种阴离子间相互作用，所以可能共存的阴离子并不很多。

二、阴离子分析试液的制备

从以上对阴离子特征的分析可知，要制备阴离子分析试液，必须除去碱金属以外的全部阳离子；同时，还要在碱性溶液中制备试液，以保持阴离子原来的存在状态。

一般是利用饱和 Na_2CO_3（或 Na_2CO_3 粉末）溶液与试样共煮，由于复分解反应，通过转化作用，绝大多数阳离子与 Na_2CO_3 生成沉淀。而阴离子则进入碱性溶液，状态稳定。但仍有一些两性金属进入 Na_2CO_3 溶液，而一些微溶物中的阴离子也不能转化出来。所以某些阴离子在溶液中不一定能检出，可另取原试样直接进行鉴定。而且由于 Na_2CO_3 的加入，CO_3^{2-} 也需另取原试样进行鉴定。

三、阴离子的初步检验

在阴离子分析中，通常采用"消去法"进行初步检验。也就是说利用阴离子与酸作用生成挥发性物质、与试剂作用产生沉淀或表现出氧化还原性质，来初步检验可能存在的阴离子，从而缩小鉴定范围。一般阴离子的初步实验包括分组实验、挥发性实验、氧化性和还原性实验等。

1. 分组实验

阴离子与某些试剂的反应可大致分成三组，组试剂只起到查明是否有该组离子存在的作用。见表 1-1。

表 1-1　分组实验

组别	组试剂	组的特性	组中包括的阴离子
1	$BaCl_2$① (中性或弱碱性)	钡盐难溶于水	SO_4^{2-}、SO_3^{2-}、$S_2O_3^{2-}$(浓度大)、SiO_3^{2-}、CO_3^{2-}、PO_4^{3-}
2	$AgNO_3$ (HNO_3 存在下)	银盐难溶于水和稀 HNO_3	Cl^-、Br^-、I^-、S^{2-}($S_2O_3^{2-}$ 浓度小)
3	—	钡盐和银盐都溶于水	NO_3^-、NO_2^-、Ac^-

① 当试液中含有第一组阳离子时，应改用 $Ba(NO_3)_2$。

向试液中加入组试剂时，如有沉淀生成表示该组阴离子存在，若没有沉淀生成，则可排除该组离子。各组包含的阴离子归纳如下：第一组有 2 价、3 价含氧酸根离子；第二组为简单阴离子；第三组是 1 价含氧酸根离子，但本组离子不能简单得出结论。

当 $S_2O_3^{2-}$ 浓度较大时，与 Ag^+ 生成 $[Ag(S_2O_3)_2]^{3-}$ 配离子而不产生沉淀；当 $S_2O_3^{2-}$ 浓度较小时，则可能在第二组中检出。

(1) 与 $BaCl_2$ 作用　试液用 HCl 酸化，加热除去 CO_2，加氨水呈碱性，加 $BaCl_2$ 溶液，生成白色沉淀，表示可能有 SO_4^{2-}、SO_3^{2-}、CO_3^{2-}、PO_4^{3-}、SiO_3^{2-} 等离子存在。$S_2O_3^{2-}$ 浓度大时，才生成白色 BaS_2O_3 沉淀。

(2) 与 HNO_3+AgNO_3 作用　在试液中加入 $AgNO_3$ 和稀 HNO_3，如果生成白色沉淀 AgCl，可能有 Cl^-，产生淡黄色沉淀 AgBr，可能有 Br^-，出现黄色沉淀 AgI，可能有 I^-，形成黑色沉淀 Ag_2S，可能有 S^{2-}。若开始生成白色沉淀，很快变为橙色、褐色，最后变为黑色，则表示有 $S_2O_3^{2-}$ 存在。

2. 与酸反应

在试样中加稀 H_2SO_4，并加热，如产生气泡，表示可能含有 CO_3^{2-}、SO_3^{2-}、$S_2O_3^{2-}$、NO_2^- 和 S^{2-} 等离子。根据气泡的性质，可初步判断含有什么阴离子。

CO_2：无色无味，使 $Ca(OH)_2$ 或 $Ba(OH)_2$ 溶液变浑浊，可能有 CO_3^{2-} 存在。

SO_2：有刺激性气味。具有还原性，能使 $K_2Cr_2O_7$ 溶液变绿，可能有 SO_3^{2-} 或 $S_2O_3^{2-}$ 存在。

H_2S：臭鸡蛋气味，能使湿润的 $Pb(Ac)_2$ 试纸变黑，可能有 S^{2-} 存在。

NO_2：红棕色气体，有氧化性。可与 KI 作用生成 I_2，可能有 NO_2^- 存在。

3. 氧化性与还原性实验

(1) 氧化性阴离子　常见的 13 种阴离子中，具有氧化性的只有 NO_2^-，它能将 I^- 氧化为 I_2，试液用 H_2SO_4 酸化，加入 KI 溶液，再加入淀粉，溶液显蓝色。

(2) 强还原性阴离子　试液用 H_2SO_4 酸化后，加含 KI 的 0.1%碘-淀粉溶液，若蓝色褪去，则可能有 SO_3^{2-}、$S_2O_3^{2-}$、S^{2-} 存在。

(3) 还原性阴离子　试液用 H_2SO_4 酸化后，加入 0.03% $KMnO_4$ 溶液，如果使 $KMnO_4$ 的紫红色褪去，则试液中可能有 SO_3^{2-}、$S_2O_3^{2-}$、S^{2-}、Br^-、I^-、NO_2^-、Cl^- 存在。

四、阴离子的分别鉴定

1. SO_4^{2-} 的鉴定

SO_4^{2-} 在水溶液中为无色。将试液用 HCl 酸化，然后加入 $BaCl_2$ 溶液，生成 $BaSO_4$ 白色沉淀，表示有 SO_4^{2-} 存在。

$$SO_4^{2-}+Ba^{2+} = BaSO_4\downarrow$$

应该注意的是：若溶液中存在 $S_2O_3^{2-}$ 或 SiO_3^{2-} 时，$S_2O_3^{2-}$ 在酸性溶液中有白色乳状的硫缓慢析出；而大量 SiO_3^{2-} 存在时，与酸生成 H_2SiO_3 白色冻状胶体。

2. SiO_3^{2-} 的鉴定

在试液中加稀 HNO_3 至微酸性，加热除去溶液中的 CO_2，冷却后加稀氨水变为碱性，再加入饱和 NH_4Cl 溶液并加热。由于 NH_4^+ 与 SiO_3^{2-} 作用，生成白色胶状的硅酸沉淀：

$$SiO_3^{2-}+2NH_4^+ \xlongequal{} H_2SiO_3\downarrow+2NH_3$$

3. PO_4^{3-} 的鉴定

PO_4^{3-} 在水溶液中是无色的。在硝酸溶液中，PO_4^{3-} 与过量的钼酸铵反应生成黄色的磷钼酸铵沉淀。该沉淀溶于氨水或碱中，但不溶于酸。因此，生成黄色沉淀则表示有 PO_4^{3-} 存在。

$$PO_4^{3-}+3NH_4^++12MoO_4^{2-}+24H^+ \xlongequal{} (NH_4)_3PO_4\cdot12MoO_3\cdot6H_2O\downarrow(黄)+6H_2O$$

4. S^{2-} 的鉴定

(1) S^{2-} 的鉴定　S^{2-} 在碱性溶液中与亚硝酰铁氰化钠 $Na_2[Fe(CN)_5NO]$ 反应生成紫色配合物：

$$S^{2-}+4Na^++[Fe(CN)_5NO]^{2-} \xlongequal{} Na_4[Fe(CN)_5NOS]$$

(2) S^{2-} 的除去　S^{2-} 的存在妨碍 SO_3^{2-} 和 $S_2O_3^{2-}$ 的检出。如果 S^{2-} 是过量的，就检不出 SO_3^{2-}；若 SO_3^{2-} 是过量的，则产物是 S 和 SO_2，而 S 与 SO_2 正是 $S_2O_3^{2-}$ 与酸作用的产物，这样会误认为试液中存在 $S_2O_3^{2-}$。因此，在鉴定 SO_3^{2-} 和 $S_2O_3^{2-}$ 之前，必须先把 S^{2-} 除去。具体做法是：取少量试液，加入固体 $CdCO_3$，由于 CdS 的溶解度较 $CdCO_3$ 小，所以 $CdCO_3$ 则转化为 CdS 而被除去。

$$S^{2-}+CdCO_3 \xlongequal{} CdS\downarrow+CO_3^{2-}$$

而 SO_3^{2-} 和 $S_2O_3^{2-}$ 仍留在溶液中。

5. $S_2O_3^{2-}$ 的鉴定

在已除去 S^{2-} 的试液中加入稀 HCl（或稀 H_2SO_4）溶液，并加热，溶液变浑浊，表示有 $S_2O_3^{2-}$ 存在。这是因为 $S_2O_3^{2-}$ 在酸性溶液中生成不稳定的 $H_2S_2O_3$，然后逐渐分解析出 S 和 SO_2，使溶液呈白色浑浊状。

$$S_2O_3^{2-}+2H^+ \xlongequal{} H_2S_2O_3$$

$$H_2S_2O_3 \xlongequal{} SO_2\uparrow+S\downarrow+H_2O$$

6. SO_3^{2-} 的鉴定

$S_2O_3^{2-}$ 的存在会妨碍 SO_3^{2-} 的鉴定，所以在检出 SO_3^{2-} 之前应先将 $S_2O_3^{2-}$ 除去。即在除去 S^{2-} 的试液中加入 $Sr(NO_3)_2$ 溶液，缓慢生成 $SrSO_3$ 沉淀（一般需 5～10min），而 SrS_2O_3 是可以溶于水的。沉淀分离洗涤后，用稀 HCl 溶解，加碘-淀粉溶液，由 SO_3^{2-} 生成的 SO_2 将 I_2 还原为 I^- 而使蓝紫色褪去。

7. CO_3^{2-} 的鉴定

另取原试样后，加入稀 HCl，用 $Ba(OH)_2$ 溶液检验反应中所产生的气体。若溶液变浑浊（$BaCO_3$），则表示有 CO_3^{2-} 存在。如果初步检验有 $S_2O_3^{2-}$ 或 SO_3^{2-} 存在，则在加 HCl 前加 3%的 H_2O_2 将其氧化。因为 SO_3^{2-}、$S_2O_3^{2-}$ 与酸作用生成的 SO_2 也能使 $Ba(OH)_2$ 溶液变浑（$BaSO_3$）。

8. Cl^-、Br^-、I^- 的鉴定

强还原性的 S^{2-}、SO_3^{2-}、$S_2O_3^{2-}$ 干扰 Br^- 和 I^- 的鉴定，因此，首先把 Cl^-、Br^-、I^- 沉淀为银盐可与它们分开。在试液中加入 HNO_3 和 $AgNO_3$，加热，所得沉淀用来分析 Cl^-、Br^-、I^-。

(1) Cl^-的鉴定 以上所得沉淀用12% $(NH_4)_2CO_3$溶液处理。$(NH_4)_2CO_3$水解而得的NH_3可使部分AgCl溶解，生成$[Ag(NH_3)_2]^+$。将离心液酸化，又重新析出白色沉淀(AgCl)，表示有Cl^-存在。

(2) I^-、Br^-的鉴定 在$(NH_4)_2CO_3$溶液处理后的残渣（可能含有AgI和AgBr）上加锌粉和水并加热，I^-、Br^-即转入溶液：

$$2AgBr + Zn = 2Ag\downarrow + Zn^{2+} + 2Br^-$$

$$2AgI + Zn = 2Ag\downarrow + Zn^{2+} + 2I^-$$

取离心分离液加H_2SO_4酸化，同时加入几滴CCl_4，并逐滴加入新鲜氯水，由于I^-的还原性比Br^-强，所以首先被氧化。

$$2I^- + Cl_2 = I_2 + 2Cl^-$$

此时，CCl_4层呈紫色，表示有I^-存在。

继续滴加氯水，Br^-被氧化成Br_2，而I_2被氧化成IO_3^-，这时CCl_4层I_2的紫色消失。CCl_4层因有Br_2而呈红褐色。

9. NO_2^-的鉴定

(1) 试液用HAc酸化，加对氨基苯磺酸和α-萘胺，生成红色偶氮染料，则表示有NO_2^-存在。

(2) 由于NO_2^-在酸性介质中可将I^-氧化成I_2。因此，用HAc酸化试液，加入KI溶液和CCl_4，振摇后CCl_4层呈紫色，则表示有NO_2^-存在。

$$2NO_2^- + 2I^- + 4H^+ = 2NO\uparrow + I_2 + 2H_2O$$

10. NO_3^-的鉴定

(1) 还原为NO_2^-法 在HAc溶液中，可用金属Zn将NO_3^-还原为NO_2^-：

$$NO_3^- + Zn + 2HAc = NO_2^- + Zn^{2+} + 2Ac^- + H_2O$$

再用对氨基苯磺酸和α-萘胺检验NO_2^-。如试液中原来存在NO_2^-，必须事先除去。

(2) 二苯胺法 用H_2SO_4酸化试液后，加入二苯胺的浓H_2SO_4溶液，溶液变为深蓝色，示有NO_3^-存在。此反应受NO_2^-干扰，必须事先在酸性溶液中加入尿素，并加热使其分解。

$$2NO_2^- + CO(NH_2)_2 + 2H^+ = CO_2\uparrow + 2N_2\uparrow + 3H_2O$$

11. Ac^-鉴定

在含有Ac^-的试液中加入浓H_2SO_4和戊醇，并加热促进反应，可生成乙酸戊酯$CH_3COOC_5H_{11}$，产生特殊的水果香味：

$$2CH_3COONa + H_2SO_4 = Na_2SO_4 + 2CH_3COOH$$

$$CH_3COOH + C_5H_{11}OH = CH_3COOC_5H_{11} + H_2O$$

阅读材料 贝格曼对分析化学的贡献

贝格曼，T. O. Bergman (1735—1784年)，瑞典分析化学家。1735年3月9日生于卡特琳娜贝里，1784年7月8日卒于梅德维。他曾在乌普萨拉大学学习。1761年任该校数学教授，1767年任化学教授。

贝格曼可称为无机定性、定量分析的奠基人。他首先提出金属元素除金属态外，也可以其他形式分析和称量，特别是水中难溶的形式，这是重量分析中湿法的起源。当时还没有原子量，也没有化合物的分子式。

贝格曼一生做了大量分析工作，对化学分析做过很多改进。1775年他编制出在当时完备的亲和力表，表中将各种元素按亲和力（即反应和取代化合物中其他元素的能力）的大小顺序排列。此表受到广泛的赞扬。他曾多次分析矿泉水的矿物成分。过去为了测定化合物中金属的含量，必须先将它还原为金属单质，方法十分繁琐费力。贝格曼提出了一种新的方法，只需将金属成分以沉淀化合物的形式分离出来，如果事先已测知沉淀的组成，即可算出金属的含量。

他在1780年出版的《矿物的湿法分析》一书中，提供了那一时期矿石重量分析法的丰富资料。这本著作涉及银、铅、锌及铁的矿物通过湿法过程的重量分析法。所介绍的测定组分包括金、银、铂、汞、铅、铜、铁、锡、铋、镍、钴、锌、锑、镁和砷。此外，他还曾编著过一些书，系统地总结了当时分析化学发展所取得的成就。在书中介绍了许多检定反应，例如：用黄血盐检定铁、铜和锰，用草酸和磷酸铵钠检定钙，用硫酸检定钡和碳酸盐，用石灰水检验碳酸盐等。他还曾根据蓝色试纸遇酸变红的特性检验出“固定空气”（二氧化碳）具有酸性，称它为“气酸”。他在分析工作中广泛使用过吹管分析，认为吹管是化学分析上很有价值的工具。他的论文收集在6卷本的《物理和化学论文集》中。

第四节　定性分析的一般步骤

前面学习了常见阳离子和阴离子的定性分析方法，那么如何对一个未知样品进行全面系统地分析呢？一般来说包括以下几个步骤：试样的外表观察与制样、初步实验、阳离子分析、阴离子分析以及分析结果的判断。

一、试样的外表观察与制样

当采集到试样后，首先要做的是对试样的外表进行初步观察。虽然这不能代替以后的分析工作，但是准确认真的观察却能提供一些重要的参考资料，有利于以后工作的顺利进行。对于分析工作者来说，既要弄清楚试样中“有什么”；同样也要搞清楚它“没有什么”。这样，才能简化分析步骤，节省时间和精力，使分析工作做得更好、更准确。

1. 组成

对于固体试样，首先要观察它的组成是否均匀、特征怎样，如果不是一种颗粒，可以把它们分拨开，然后分别加以观察，看它们是结晶型的，还是无定形的，是否存在着风化或潮解等现象。也可以用湿润的pH试纸检查其酸碱性。对于液体试样，则要观察其颜色，有无悬浮物、臭味及溶液酸碱性。以上观察对定性分析很有价值，它既可以提供线索，也可以同分析结果对照，从而增加分析结果的可靠性。

2. 颜色

根据物质的颜色，可以大致确定试样的组成。这是鉴别物质的重要性质之一。必须认真加以观察和研究。如果一种物质的晶体无色，那么这不仅划定了可能有的离子范围，也排除了一大批构成有色物质的离子。另外，人工制成的和天然产的物质颜色常有不同。如HgS沉淀是黑色的，而天然的HgS（砂）则是鲜艳的红色。

3. 试样的准备

当对试样进行了外表观察后，下一步工作就是准备用于分析的试样了。试样要求其组成均匀，易于溶解或熔融。如果试样是液态物质，可直接取用或将其稀释为适当的浓度。如果试样为固体物质，则必须首先充分研细。这样既可以使各种组分均匀混合，又可以使颗粒细小的样品易于与溶剂或熔剂作用，便于溶解或熔融。研细并混合均匀的固体试样可用“四分法”缩分到适宜的试样量。然后将准备好的试样分作四份：第一份进行初步实验，第二份用作阳离子分析，第三份用作阴离子分析，第四份则保留备用。

二、初步实验

1. 焰色反应

某些元素可以使无色火焰呈现出具有特征的颜色，可以通过火焰的颜色，推断样品的组成。这种性质对于分析单一化合物很有帮助，但是复杂物质中如果存在着几种具有焰色反应的物质，则因颜色的互相干扰而难以得到满意的结果。

另外，焰色反应要求被实验的物质具有较大的挥发性。因此，除用铂丝蘸取试样外，还要蘸取浓 HCl；或用浓 HCl 润湿试样后，再以铂丝蘸取。这样，灼烧时便产生挥发性较大的氯化物，焰色反应较为明显。

2. 灼烧实验

将少量试样装入一端封闭的硬质玻璃管中，开始缓缓加热，然后灼烧。观察玻璃管中的变化。如发现炭化、燃烧以及放出焦味、焦油黏附管壁等，表示存在有机物。在加热过程中要观察是否有升华现象、挥发物情况及颜色的变化，从而对物质的组成做出初步的判断。

3. 溶解实验

定性分析主要采用的是湿法分析，即将样品制成溶液。而研究各种溶剂对试样的作用是初步实验的最重要的内容。它不仅可以提供很多关于试样组成的资料，而且还可以选择出溶解试样的最适合溶剂，从而制备出理想的分析试液。

在定性分析中，将样品溶解时采用的溶剂顺序一般有：水、稀盐酸、稀硝酸、浓盐酸、浓硝酸、王水等。采用每种试剂溶解样品时，一般是先常温溶解，后加热溶解；先单一酸再混合酸；先非氧化性酸再氧化性酸。如果样品既溶于水也溶于酸，则用水。如果样品既溶于盐酸，也溶于硝酸，一般选用硝酸，因为有些金属氯化物挥发性较大，同时，硝酸也便于破坏有机物。

三、阳离子分析

经过初步试验后，已经清楚试样溶于哪种溶剂，现根据可能出现的几种情况分述如下。

1. 溶于水的试样

这一情况最为简单，可直接取 20～30mg 试样，溶于 1mL 水中，按阳离子分析方案进行分析。

如果试样部分溶于水，可将溶于水的部分单独加以分析，而不溶于水的部分另作处理。最后再把分别得到的结果加以综合判断，作出结论。

2. 不溶于水但溶于酸的试样

溶解试样的酸包括盐酸、硝酸和王水，硫酸因有较多的沉淀作用，不适于作溶剂。

当盐酸和硝酸都可用于溶解试样时，如果考虑防止挥发损失，则一般应选择硝酸，因为硝酸盐不像氯化物那样易于挥发，在蒸发除去过量酸时不致受到较大的损失；而王水只有在两种酸都不溶的情况才使用。含有有机物的样品应该用浓硫酸和浓硝酸在通风橱中处理，用直火加热到冒白烟为止，使试液变为黄色或无色。

一般地，在使用溶解试样的酸时，要尽量用稀酸并力求不太过量。因为酸过量太多，尤其是浓酸，会给后来的分析带来一系列麻烦。

3. 不溶于水也不溶于酸的试样

如果试样不溶于水也不溶于酸，在定性分析中称为不溶物。而不溶物包括以下几类物质，可分别对它们进行处理。

(1) 卤化银　卤化银包括 AgCl、AgBr、AgI 等。如 AgCl 可用氨水溶解，然后用 HNO_3 酸化，如有白色沉淀生成，则表示有 AgCl。

(2) 难溶硫酸盐　包括 $BaSO_4$、$SrSO_4$、$CaSO_4$、$PbSO_4$ 等，其中 $PbSO_4$ 溶于 NH_4Ac 或 NaOH；$BaSO_4$、$SrSO_4$、$CaSO_4$ 可加浓 Na_2CO_3 多次处理，使之转化为碳酸盐，然后以稀 HNO_3 溶解。

(3) 某些氧化物　某些天然产物或经过灼烧的氧化物，例如 Al_2O_3、Cr_2O_3、Fe_2O_3、SnO_2、SiO_2 等是很难溶的，对于这些氧化物，只能采用熔融的方法。

(4) 硅酸盐　硅酸盐可用碱性熔剂（$Na_2CO_3+K_2CO_3$）熔融，使其转化为硅酸钠，再用水溶解。

四、阴离子分析

一般来说，制备阴离子试液的原则是维持试液的碱性。这样既可以使阴离子最大限度地共存，也可以使大多数阳离子因沉淀而分离，减少干扰。通常采用的方法是将试样与 Na_2CO_3 溶液共煮，加入适量的 HAc，使溶液呈微碱性。再利用阴离子的特征进行分别鉴定。

阴离子的定性分析常常放在阳离子分析之后进行。在分析阴离子时，有可能是在阳离子分析已经得出结论的基础上，再对各种阴离子存在的可能性作出一些推断。例如，从已经鉴定出的阳离子以及试样的溶解性出发，就可以推断出某些阴离子是否存在。假设阳离子中存在 Ag^+，而试样又溶于水，那么第二组阴离子不可能存在；若分析试样的水溶液呈酸性，则第一组阴离子大部分也不可能存在。

此外，在选择制备阳离子分析试液的溶剂时，还可以观察到试样加酸时有无气体排出，其气体性质怎样等，这些都是阴离子分析中的重要参考。通过以上推断，再加上阴离子分析的初步实验，最后必须鉴定的可能只剩下为数不多的几种阴离子。这样，便可以针对这些阴离子的特征进行分别分析了。

五、分析结果的判断

综上所述，通过观察，初步实验及阳、阴离子分析后，便可初步判断试样是什么物质，从而得出定性分析结果。

在作出总的结论时，要将上述得到的所有信息进行综合考虑，绝不允许出现信息相互矛盾或不合理的情况。采用湿法进行定性分析，只能鉴定试样中有哪些离子，而无法确定原试样中的化合物究竟是哪几种离子组成的。也就是说，在判断原试样的组成上存在一定的局限性。有时分析结果中只有阳离子而没有阴离子，则原试样可能是金属氢氧化物或氧化物。而如果只有阴离子而没有阳离子时，说明原试样是酸或酸性氧化物。

阅读材料　法伊格尔对分析化学的贡献

法伊格尔，F. Feigl（1891—1971 年），化学家。1891 年 5 月 15 日生于维也纳，1971 年 1 月 26 日卒于里约热内卢，曾就读于维也纳工业大学，1919 年任维也纳大学助教，1927 年任该校讲师，1935 年任教授。1939 年法伊格尔迁居瑞士、比利时；从第二次世界大战起定居巴西，在巴西农业部矿产研究室任职，继续研究点滴试验。他不仅是奥地利科学院和巴西科学院院士，还是奥地利、巴西、英国、瑞士、日本等国化学会的荣誉会员。

法伊格尔是分析化学中点滴试验的奠基人。1921 年和 1923 年分别发表了《点滴反应在定性分析中的应用》和《作为微量化学操作法的点滴分析和呈色反应》，被公认为系统讨论点滴试验的最早论文。

法伊格尔在分析化学方面的主要贡献有：①系统地研究了无机物及有机物的点滴分析。将有机试剂用于无机定性分析，使检出下限达到微克甚至纳克级，并创立官能团效应学说。②将一些新的概念引入点滴试验，例如催化及诱导反应、毛细现象及表面效应、荧光现象、固相反应、隐蔽和解蔽，以及有机点滴试验中的各种热解法等，扩大了点滴试验的领域，对新分析方法的发展影响很大。他曾获奥地利科学院的“普雷格尔奖”和巴西科学院的“爱因斯坦奖章”等。他的大部分工作载入他所写的两部著作中：《使用点滴反应的定性分析法》和《专一性、选择性和灵敏性试剂的化学》，后者被誉为“近代分析化学发展的里程碑”。

习　题

1. 用 CrO_4^{2-} 鉴定 Pb^{2+} 时，将试液稀释到 Pb^{2+} 与水的质量比为 1∶200000，取此试液 0.05mL 可观察到黄色的 $PbCrO_4$ 沉淀析出。试计算该鉴定反应的检出限量（m）和最低浓度（ρ_B）。

（0.25μg；5μg・L^{-1}）

2. 已知用生成 AsH_3 气体的方法鉴定砷时，检出限量为 1μg，每次取试液 0.05mL，求此方法的最低浓度（分别以 ρ_B 和 1∶G 表示）。

（20μg・mL^{-1}；1∶5×10^4）

3. 洗涤银组氯化物沉淀宜用下列哪种洗涤液？为什么？

（1）蒸馏水　　（2）1mol・L^{-1} HCl

（3）1mol・L^{-1} HNO_3　　（4）1mol・L^{-1} NaCl

4. 如何将下列各对沉淀分离？

（1）AgCl-$PbSO_4$　　（2）Hg_2SO_4-AgCl　　（3）Hg_2CrO_4-$PbCrO_4$

（4）Hg_2SO_4-$PbSO_4$　　（5）Pb（$OH)_2$-AgCl　　（6）Ag_2CrO_4-Hg_2CrO_4

5. 从试液中分离第三组阳离子时，为何要采取下列措施？

（1）加 NH_3-NH_4Cl 使溶液的 pH≈9；

（2）为什么要使用新配制的 $(NH_4)_2S$ 溶液和氨水？

6. 溶解试样的溶剂为什么一般不用 H_2SO_4 或 HAc？

7. 有一能溶于水的混合物，已经在阳离子分析中鉴定出有 Pb^{2+}，问在阴离子分析中哪些离子可不必鉴定？

8. 在系统分析中，分出第三组阳离子后为什么要立即处理含有第四组阳离子的试液？

第二章　分析化学中的误差和数据处理

知识与技能目标

1. 了解误差的来源及消除方法，了解误差、偏差、标准偏差、准确度、精密度等有关概念和表示方法。

2. 学会有效数字的确定并能正确地进行有效数字的运算。

3. 初步掌握对分析数据的评价、处理。

准确测定试样中各组分的含量是定量分析的目的，因此分析结果必须具有一定的准确度，不可靠的分析结果可能会导致重大的经济损失。但在实际分析测定中，由于分析方法、测量仪器、所用试剂和分析工作者主观条件等多种因素的限制，会使分析测定的结果与真实值不可能完全一致，不可避免地会产生误差。误差是客观存在的，人们应该从误差的性质、特点，分析产生误差的原因，找出其规律，从而采取相应的措施减小误差对分析结果的影响，而且还应对分析结果进行分析处理，做出相应的评价，判断其准确性，使其更加接近于真实值。

第一节　误差和偏差

一、误差的分类

根据误差产生的原因和性质不同，可将误差分为系统误差和偶然误差两类。

1. 系统误差

它是由于分析过程中某些经常性的固定因素引起的误差。在同一条件下进行多次重复测定时会重复出现，即具有再现性；其影响也比较固定，大小也有一定的规律性，它总是使测定的结果偏高或偏低，这就是它的单向性。系统误差是可测的，可测其大小从分析结果中加以扣除校正，也可以采取适当的措施来减小系统误差提高分析的准确度。系统误差产生的主要原因有以下几种。

① 方法误差。由于分析方法本身不够完善所造成的误差。例如，在滴定分析中由于反应的不完全、副反应的发生、干扰离子的影响、指示剂的影响等；重量分析中的沉淀溶解、沉淀灼烧时的分解或挥发等都将会影响分析测定的结果。

② 仪器误差。由于仪器本身不够准确所引起的误差。如天平的灵敏度偏低、砝码锈蚀、容量仪器刻度不准确、分光光度计的光源不稳定等。

③ 试剂误差。由于试剂不纯引起的误差。如蒸馏水不纯、所用试剂含有微量杂质等。

④ 操作误差。在正常操作情况下，由于分析工作者习惯上的或主观因素所造成的误差。如读取滴定管读数时的仰视或俯视、对溶液颜色的变化不够敏锐、滴加试剂时总是偏多或偏少等都会引起误差。

为了减少系统误差的影响，可通过下面的方法来进行。

① 改进分析方法。选用先进的国家规定的标准方法进行分析测定，以减小方法误差。

② 对照实验。用已知准确含量的标准试样按同样的分析方法进行多次测定，将测定值与标准值进行对照，求出校正系数，进而校正分析结果，以消除操作和仪器误差以及分析方法的误差。在实际工作中，许多生产企业将产品试样送交不同级别的单位进行分析对照，以期说明其产品的可靠性。

③ 空白实验。它是指在不加试样的情况下，按照试样的分析步骤和条件进行分析测定，所得结果称为空白值，然后从分析结果中扣除空白值，就会得到一个比较真实可靠的结果。这种方法主要是消除由试剂和蒸馏水不纯、仪器及环境引入的杂质等所造成的系统误差。

④ 校正仪器。在分析测定前，应对所用的仪器如滴定管、移液管、容量瓶、天平砝码、光度计的灵敏度等加以校正，尽可能减少仪器不精确引起的系统误差。

2. 随机误差（偶然误差）

在分析测定过程中，有一些随机的不确定的因素影响所造成的误差，也称为偶然误差。

随机误差是由于分析测定过程中的微小变化引起的，例如环境的温度、湿度、气压的微小改变，仪器性能的微小变化，电压的微小波动等。这种误差时大时小，时正时负，误差的大小是不可测的，具有可变性；引起误差的原因也是不确定的，从单次测定值来看是没有规律性的，但在多次重复测定中，随机误差出现的概率是符合正态分布规律的，即正、负误差的绝对值相等，出现的概率相等。

减小随机误差的方法一般是在消除了系统误差前提条件下，适当增加平行测定的次数（不超过 10 次），随机误差的算术平均值将趋近于零，分析结果的平均值则接近于真实值。在一般分析中，对同一试样，通常是平行测定 3～4 次，即可满足分析要求。

除了系统误差和偶然误差外，由于分析工作者的粗心大意或不按照操作规程分析所造成的错误称为过失误差。例如读错读数、溶液溅失、滴定时未将滴定管尖嘴部分悬挂的液滴除去、放出移液管溶液时未充分放尽、加错试剂、计算错误等。这类误差是可以在分析过程中通过仔细认真、严格按操作规程工作避免的，对已出现的过失而引起的错误结果，一经发现就应舍去。

二、误差的表示方法

1. 准确度和误差

准确度是指分析测定结果与真实值相接近的程度。准确度的高低用误差来表示，误差是指分析测定结果和真实值的差值，误差越小，准确度越高。误差有正负（用＋、－表示），“＋”表示分析结果偏高，“－”表示分析结果偏低。误差又分为绝对误差和相对误差。

绝对误差（E_m）是个别测定值（x_i）与真实值（T）之差。即：

$$E_m = x_i - T$$

相对误差（E_n）是绝对误差所占真实值的百分数。即：

$$E_n = \frac{E_m}{T} \times 100\%$$

准确度通常用相对误差来表示，它更能反映准确度的高低，应用较为广泛。

例 1　甲、乙两人分别称取某试样 2.0121g、0.2012g，该两份试样的真实值分别为 2.0120g、0.2011g，求其绝对误差和相对误差。

解：甲、乙的绝对误差为

$$E_m(\text{甲}) = 2.0121 - 2.0120 = 0.0001\ (g)$$

$$E_m(\text{乙}) = 0.2012 - 0.2011 = 0.0001\ (g)$$

甲、乙的相对误差为

$$E_n(\text{甲}) = \frac{0.0001}{2.0120} \times 100\% = 0.005\%$$

$$E_n(\text{乙}) = \frac{0.0001}{0.2011} \times 100\% = 0.05\%$$

甲乙两人称量的绝对误差相同，但相对误差并不相同。当测定的物质的量越大时，相对误差就越小，测定的准确度就越高。

2. 精密度和偏差

精密度是指在相同条件下，对同一试样多次平行测定结果相接近的程度。精密度用偏差来表示，偏差越小，说明精密度越高。偏差也分为绝对偏差和相对偏差。

绝对偏差 d_i 是个别测定值 x_i 与多次测定的算术平均值 $\overline{x}$ 之间的差值。

$$d_i = x_i - \overline{x}$$

相对偏差 d_r 是绝对偏差在算术平均值中所占的百分数。

$$d_r = \frac{d_i}{\overline{x}} \times 100\%$$

一般来说，人们不会对每次测定的结果都计算其相对偏差，所以偏差常用平均偏差和相对平均偏差表示。

平均偏差 $\overline{d}$ 是各绝对偏差绝对值的算术平均值。用公式表示为：

$$\overline{d} = \frac{|d_1| + |d_2| + \cdots + |d_n|}{n} = \frac{\sum_{i=1}^{n} |d_i|}{n}$$

相对平均偏差 $\overline{d}_r$ 是平均偏差占有平均值的百分数，可表示为：

$$\overline{d}_r = \frac{\overline{d}}{\overline{x}} \times 100\%$$

例 2 测定某铵盐试样中的含氮量时，5 次分析测定的结果分别如下：26.45%、26.63%、26.57%、26.70%、26.38%。计算平均偏差和相对平均偏差。

解： 5 次测定结果的算术平均值为 26.55%

其偏差分别为 −0.10%、0.08%、0.02%、0.15%、−0.17%

平均偏差 $\overline{d} = \frac{1}{5} \times (|-0.10| + |0.08| + |0.02| + |0.15| + |-0.17|)\% = 0.10\%$

相对平均偏差 $\overline{d}_r = \frac{0.10\%}{26.55\%} \times 100\% = 0.38\%$

平均偏差和相对平均偏差可反映一组分析结果的离散程度，也能说明精密度的高低，但当一组分析数据离散程度较大时，仅从平均偏差和相对平均偏差也看不出精密度的大小，此时常采用标准偏差来衡量精密度。标准偏差又称均方根偏差，当测定次数趋于无限大时（一般指 $n > 30$ 次的测定），标准偏差用 σ 表示：

$$\sigma = \sqrt{\frac{\sum_{i=1}^{n} (x_i - \overline{x})^2}{n}}$$

其含义为：$\overline{x}$ 是总体平均值，已接近于真值；σ 是总体标准偏差。

在实际工作中，一般都是进行的有限次数的测定，当测定次数 $n < 20$ 时，标准偏差 S 用下式表示：

$$S = \sqrt{\frac{\sum_{i=1}^{n} (x_i - \overline{x})^2}{n-1}} = \sqrt{\frac{\sum_{i}^{n} d_i^2}{n-1}}$$

标准偏差能更好地反映精密度，它将各次的偏差平方后，较大的偏差更显著地反映出来，这样就更好地说明数据的离散程度。例如甲、乙两组数据的偏差分别为：

甲组：+0.2，+0.3，−0.2，−0.4，0，−0.2，+0.2，+0.4，+0.3，−0.3，+0.2，−0.3

乙组：+0.1，−0.2，0，+0.2，−0.1，−0.2，+0.8，+0.2，−0.1，−0.2，−0.7，+0.2

甲乙两组数据的平均偏差都是0.25，从平均偏差上看不出这两组数据的差别，但它们的标准偏差却不同：$S_{甲}=0.28$，$S_{乙}=0.36$。可见甲组的精密度好，乙组数据的分散程度大，精密度稍差些。

在一般分析中，由于测定的次数不多，通常采用平均偏差表示测定的精密度，如果只对试样进行了两次平行测定，其相对偏差可用这两次测定结果之差与它们的平均值之比的百分数来表示。用计算式表示为：

$$d_r=\frac{x_1-x_2}{\overline{x}}\times100\%$$

例 3　测定铁矿石中铁的含量（以 Fe_2O_3 表示）时，进行了5次测定，分析结果分别为（%）：67.48，67.35，67.44，67.47，67.45。求平均值、平均偏差、相对平均偏差、标准偏差。

解：

$$\overline{x}=\frac{1}{5}\times(67.48+67.35+67.44+67.47+67.45)\%=67.44\%$$

$$\overline{d}=\frac{1}{5}\times(0.04+0.09+0+0.03+0.01)\%=0.03\%$$

$$\overline{d}_r=\frac{0.03\%}{67.44\%}\times100\%=0.04\%$$

$$S=\sqrt{\frac{\sum_i^n d_i^2}{n-1}}=\sqrt{\frac{0.04^2+0.09^2+0+0.03^2+0.01^2}{5-1}}\%=0.052\%$$

3. 准确度和精密度的关系

从上述讨论可知，对于分析结果的评价，要从准确度和精密度两个方面进行，准确度表示的是测定值与真实值相接近的程度，它主要受系统误差的影响，用误差来量度，误差小说明测定结果的准确度高，反之就低；而精密度表示的是平行测定结果之间的接近程度，它说明了测定结果的重现性高低，反映了测定结果的可靠程度，偶然误差是影响它的主要因素。精密度用偏差来衡量，偏差小，表示测定结果的精密度高，偶然因素影响小；偏差大，精密度低，测定的结果不可靠。由此可见，精密度高是准确度高的必要前提条件，但精密度高并不能说明准确度一定高，它只表示分析测定的重现性好。若精密度差，则测定结果不可靠，也就无从去衡量准确度了。因此，只有精密度和准确度都高的分析结果才是真实可靠的结果。例如，甲、乙、丙、丁四人对同一样品分别进行了六次分析测定，其结果与真实值 T 的差别如图 2-1 所示。

从图 2-1 中可以看出，甲测定结果的精密度和准确度都比较高，结果可靠，说明分析过程中的系统误差和偶然误差均很小；乙测定结果的精密度较高，但平均值与真实值偏离较大，其准确度低，说明测定中存在系统误差；丙的精密度和准确度都不高，结果自然不可靠，也说明分析中既有系统误差也有偶然误差；丁的结果精密度很差，虽然平均值与真实值接近，但这是由于正、负误差相互抵消而偶然出现的结果，并不可靠。

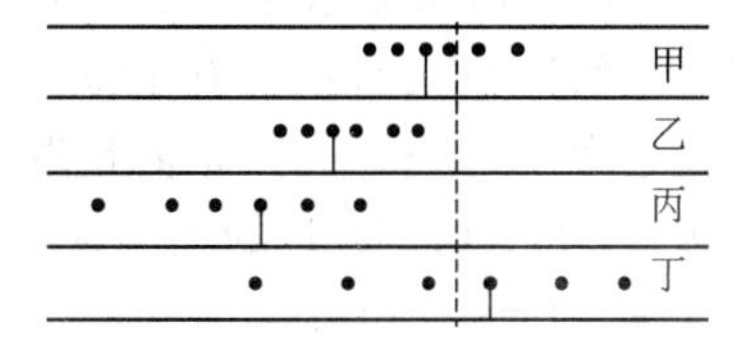

图 2-1　测定结果示意

| 表示平均值；¦ 表示真实值 T

在定量分析中，为确保分析结果的精密度和准确度，根据不同的分析要求，对测定的相对误差作了一般的规定

要求，例如在常量分析中，相对误差要求在±0.2%以内。

阅读材料　分析测试的质量控制与保证

分析实验室的建立标志着分析系统的建立，但分析质量并未确定，还要控制分析系统的数据质量、分析方法质量、分析体系质量、分析方法、实验室供应、实验室环境条件、标准物质等参数的误差，以将系统各类误差降到最低。这种为获得可靠分析结果的全部活动，就是分析质量控制与保证。

1. 分析实验室质量控制

一个给定系统对分析测试所得数据质量的要求限度还和其他一些因素有关，如成本费用、安全性、对环境污染的毒性、分析速度等。这个限度就是在一定置信概率下，所得到的数据能达到一定的准确度与精密度，而为达到所要求的限度所采取的减少误差的措施就是分析实验室质量控制。

2. 分析实验室质量保证

质量保证的任务就是把所有的误差，其中包括系统误差、随机误差，甚至因疏忽造成的误差减少到预期水平。

质量保证的核心内容包括两方面：一方面对从取样到分析结果计算的分析全过程采取各种减少误差措施，进行质量控制；另一方面采用行之有效的方法对分析结果进行质量评价，及时发现分析过程中的问题，确保分析结果的准确可靠。

质量保证代表了一种新的工作方式，通过编制的大量文件，使实验室管理工作者增加了阅读、评价、归档及做成相应对策等大量日常文书工作，达到了实验室管理工作科学化目标，提高了实验室管理工作水平。

（摘自于世林、苗凤琴编《分析化学》）

第二节　有效数字及其运算规则

一、有效数字

1. 有效数字的含义

有效数字是指分析测定中能实际测量到的有意义的数字，它不仅反映了被测成分含量的多少，而且还反映了测量的准确程度。有效数字是由准确数字和最后一位不准确数字（即可疑数字）组成。一般来说，在最后一位数字之前的数字都是准确数字，最后一位通常是估计数字。

在实际分析中，记录数据和计算结果要根据所使用量器的精度和测定的方法来决定，记录的数据应反映所使用仪器的准确度，在记录数据和计算结果的有效数字中只保留最后一位可疑数字。例如用万分之一的分析天平称取某试样质量为12.3564g，有6位有效数字，前5位“12.356”都是准确的，最后一位“4”是不确定数字；用千分之一的天平称取的试样质量如是3.4g，应记录为3.400g，不能记为3.4g、3.40g。如用滴定管读取溶液的体积为20.21mL，有4位有效数字，最后一位“1”是估计数字；若读取的是21.6mL，也应记为21.60mL，用量筒量取2mL溶液，应记录为2.0mL。分析天平和滴定管分别有±0.0001g和±0.01mL的绝对误差，故上述读取的数据实际应分别为（12.3564±0.0001)g和（20.21±0.01)mL。

对分析中记录的有效数字位数还直接反映了测定的相对误差。如称取的试样质量为0.5000g，则其相对误差为：

$$\pm\frac{0.0002}{0.5000}\times100\%=\pm0.04\%$$

如果用千分之一的分析天平称量该试样，应记录为 0.500g，其相对误差为：

$$\pm\frac{0.002}{0.500}\times100\%=\pm0.4\%$$

二者测定的准确度相差 10 倍，可见，使用不同的量器，引起的分析结果的准确度也会不同。但是在测量过程中，记录数据的有效数字位数超过所用仪器的精度也是没有实际意义的。

此外，称取的试样质量越大或量取的溶液体积越多，引起的相对误差越小。如量取 2.00mL 溶液和量取 20.00mL 溶液的相对误差分别为：

$$\pm\frac{0.02}{2.00}\times100\%=\pm1\%$$

$$\pm\frac{0.02}{20.00}\times100\%=\pm0.1\%$$

在定量分析中，为确保测量的相对误差控制在±0.1%以内，用万分之一的分析天平称取的试样最低质量不小于 0.2g，一般为 0.2～0.3g；用滴定管量取和消耗的溶液体积不低于 20mL，一般为 20～30mL。

2. 有效数字位数的确定

(1) 一般来说，记录或计算的数据有几位数字，就有几位有效数字。例如：

11.2437g	六位有效数字
6.87mL　5.64×10^4	三位有效数字
1.5g　0.27%	两位有效数字
0.4120　36.65%	四位有效数字

(2) 数据中“0”的确定，“0”是否是有效数字要根据具体情况来确定。例如：

0.2000、3.001，数字 2 之后的三个“0”及 3 和 1 之间的两个“0”都是有效数字；

0.0050，5 前面的三个“0”只起到定位作用，不是有效数字，5 后面的“0”才是有效数字。像这样的小数常用科学计数法来表示，写为 5.0×10^{-3}。

(3) 整数末尾的“0”意义不明确，要根据具体情况确定，如 25000 的有效数字位数可以是 2 位、3 位、4 位和 5 位，常写成指数形式，即 2.5×10^4、2.50×10^4、2.500×10^4、2.5000×10^4。

(4) 分析化学中常用的 pH、pM、lg$K$ 等对数值，其有效数字的位数只取决于小数点后面数字的位数，整数部分是其底数的方次。例如 pH＝11.02、pH＝5.68 的有效数字位数都是两位。

(5) 分析计算中的倍数，分数及常数 π、e 等一些非测量数字的有效数字位数视为无限多，需要几位就写几位。如 2mol NaOH、1/3 $KMnO_4$。

二、有效数字的运算规则

分析过程中获取的数据有效数字位数不同，在运算时要进行适当的处理，使它们的有效数字位数统一，既避免了数据的混乱，又节约了运算时间，一般地，有效数字的运算要遵循以下几条规则。

(1) 记录测量的数据只保留最后一位不准确数字。不准确数字后多余的数字是没有意义的。

(2) 当有效数字的位数确定后，对多余的数字按照“四舍六入五成双”的原则进行取舍。即当尾数≤4 时，舍去；尾数≥6 时，进入；尾数＝5 时，若 5 前面的数是奇数，就进位，若 5 前面的数是偶数（包括 0），就舍去；当 5 后面还有不为零的数时，则一律进位。在对数据进行修约时，只能进行一次修约，不能分次连续修约，只有先修约后，再进行其他运算。

（3）当几个数据相加减时，它们的和或差的小数部分的位数应与小数点后位数最少（即绝对误差最大）的那个数据相同，对其他的数据取舍也以此为依据。例如：

$$0.453+3.64+12.7452+0.023=0.45+3.64+12.75+0.02=16.86$$

在上面的几个数据中，绝对误差最大的是 3.64，其余的数据都以 3.64 为依据进行修约，保留小数点后两位数。

（4）当几个数据相乘或相除时，其积或商的有效数字位数以相对误差最大（即有效数字位数最少）的那个数为依据。例如：

$$0.042\times1.25\times36.348\div2.0876=0.042\times1.2\times36\div2.1=0.86$$

这几个数的相对误差分别为：

$$\pm\frac{0.001}{0.042}\times100\%=\pm2.4\%$$

$$\pm\frac{0.01}{1.25}\times100\%=\pm0.8\%$$

$$\pm\frac{0.001}{36.348}\times100\%=\pm0.003\%$$

$$\pm\frac{0.0001}{2.0876}\times100\%=\pm0.005\%$$

由于 0.042 的相对误差最大，其他三个数以它为基准将有效数字都修约为两位数，最后的结果也保留两位有效数字。

在有效数字的运算中，为了减小误差的传递积累，对参与运算的数据可暂时多保留一位数字，在最后的结果中将其修约。如上述计算中，可按下式进行：

$$0.042\times1.25\times36.348\div2.0876=0.042\times1.25\times36.3\div2.09=0.912\approx0.91$$

在常量分析中，所报告的分析结果通常保留四位有效数字，而表示准确度和精密度时，一般取 1～2 位有效数字。

阅读材料　21 世纪分析化学展望

21 世纪分析化学发展的方向是高灵敏度、高选择性，快速、自动、简便、经济，分析仪器自动化、数字化和计算机化，并向智能化、信息化纵深发展。化学传感器发展小型化、仿生化，诸如生物芯片、化学和物理芯片以及嗅觉和味觉（电子鼻和电子舌），鲜度和食品检测传感器等以及环境保护和监控等是 21 世纪分析化学重点发展的研究领域。

各类分析方法的联用是分析化学发展的另一热点，特别是分离与检测方法的联用，例如气相、液相或超临界液相色谱和光谱技术相结合等，这是现代分析化学发展的趋势。

然而，应用先进仪器进行的仍然是离线分析检测，其所报告结果绝大多数是静态的非直接的现场数据，不能瞬时直接准确地反映生产实际和生命环境的情景实况，以致控制生产、生态和生物过程也不能及时。现在迫切要求在生命、环境和生产的动态过程中能瞬时反映实情，随时采取措施以提高效率、降低成本、改善产品质量、保障环境安全、改善人口与健康、提高素质、减少疾病、延长寿命。因此，运用先进的科学技术发展新的分析原理并研究建立有效而实用的原位、在体、实时、在线和高灵敏度、高选择性的新型动态分析检测与无损探测方法及多元多参数的检测监视方法，是 21 世纪分析化学发展的主流。

（摘自汪尔康主编《21 世纪分析化学》）

第三节　分析数据的处理

实际分析中，在消除了系统误差后，对于多次平行测定的结果也会出现不一致，这主要是由于随机误差引起的，为了正确评估分析结果的可靠程度，对实验的数据不能作简单的处理，需要用统计的方法分析结果的可信度。这里从两个方面来说明。

一、可疑值的取舍

可疑值是指在对同一样品进行的多次平行测定中，常常有个别的偏离同组数据较大或较小的数据，也叫离群值或逸出值。可疑值如不舍去，会影响分析结果的准确度，但随意舍去，也是不妥的，它有可能再次出现。如果是实验过程中的过失或操作上的错误引起的可疑值，就应该舍去，否则，要用统计检验的方法来决定可疑值的取舍。检验可疑值的常用方法有 Q 检验法、四倍法、格鲁布斯法等，这里仅介绍 Q 检验法。

对于 3～10 次的测定中出现的可疑值，用 Q 检验法比较可靠。检验的步骤如下。

（1）将测量数据由小到大的顺序排成列 x_1、x_2、x_3、…、x_{n-1}、x_n，其中 x_1、x_n 为可疑值，求出最大值和最小值之差（称为极差）。

（2）计算出可疑值与其相邻近的一个数据之差。

（3）计算舍弃商 Q。用可疑值与其相邻值之差除以极差，其商即为 Q 值。

$$Q=\frac{x_2-x_1}{x_n-x_1}$$

或

$$Q=\frac{x_n-x_{n-1}}{x_n-x_1}$$

（4）查 Q 值表（表 2-1），比较计算的 Q 值与表中的 Q 值大小，决定可疑值的取舍。如 $Q_{计} \geqslant Q_{表}$，则舍去可疑值；若 $Q_{计} < Q_{表}$，则保留可疑值。

表 2-1　Q 值表（置信概率 90%和 95%）

测定次数 n	3	4	5	6	7	8	9	10
$Q_{0.90}$	0.94	0.76	0.64	0.56	0.51	0.47	0.44	0.41
$Q_{0.95}$	0.97	0.85	0.73	0.64	0.59	0.54	0.51	0.48

例 4　分析某石灰石试样中钙的含量（%），测定的结果如下：

20.44，20.64，20.56，20.70，20.78，20.52

试用 Q 法检验 20.44 是否舍弃？（置信度为 90%）

解： $x_1=20.44$，$x_2=20.52$，$x_n=20.78$

$$Q=\frac{20.52-20.44}{20.78-20.44}=0.24$$

查表可知，$n=6$ 时 $Q_{0.90}=0.56$，$Q<Q_{0.90}$，故 20.44 应予保留。

二、分析结果的置信概率和置信区间

在分析工作中，为了说明分析结果的可靠程度，引出了置信区间和置信概率问题。置信区间是指真实值所在的范围，一般由测定值来估计，这是因为真实值往往是不知道的；而置信概率是指分析结果落在置信区间内的概率大小。

在消除了系统误差之后的随机误差是呈正态分布规律的，只有在无限次的测定中才能求得总体平均值 μ 和总体标准偏差 σ，此时 μ 趋近于真实值 T，常用 μ 代替 T。在实际分析中，通常用有限次（$n<20$）测定的算术平均值 $\bar{x}$ 代替 T，用标准偏差 S 代替 σ，按下式推

断平均值的置信区间，即平均值的置信区间为：

$$\overline{x} \pm \frac{tS}{\sqrt{n}}$$

式中，t 为在选定的某一置信度下的概率系数。该式的意义就是真实值出现的范围；那么在置信区间内，人们认为真实值出现的概率有多大呢，用置信概率 P 表示，也称为置信度，一般 P 的取值为 90%或 95%。由上式看出，如果测量的次数越多，则 S 越小，置信区间就越小，此时平均值 $\overline{x}$ 越接近于真实值 T，平均值的可靠性越大。但是过多的测量次数也是没必要的，因为当 $n>20$ 时的 t 值与 $n=\infty$ 时的 t 值非常接近了，再增加测量次数也不会提高分析结果的准确度；然而较少次的测量使置信区间过宽从而影响分析结果的可靠程度。t 值与置信概率 P 和测定次数 n 的关系如表 2-2。

表 2-2　不同置信概率 P 和不同测定次数下的 t 值分布

测定次数 n	置信概率 P		
	90%	95%	99.5%
2	6.31	12.71	127.3
3	2.92	4.30	14.08
4	2.35	3.18	7.45
5	2.13	2.78	5.60
6	2.02	2.57	4.77
7	1.94	2.45	4.32
8	1.90	2.36	4.03
9	1.86	2.31	3.83
10	1.83	2.26	3.69
11	1.81	2.23	3.58
21	1.72	2.09	3.15
∞	1.64	1.96	2.81

例 5　对某试样 5 次测定结果的平均值为 39.16%，标准偏差 $S=0.05\%$，计算置信概率为 95%时的置信区间。

解：当 $n=5$，$P=95\%$时，$t=2.78$，$\overline{x}=39.16\%$，则置信区间为：

$$\overline{x} \pm \frac{tS}{\sqrt{n}} = 39.16\% \pm \frac{2.78 \times 0.05\%}{\sqrt{5}} = 39.16\% \pm 0.06\%$$

因此，人们认为有 95%的可能性，试样的含量在 39.22%和 39.10%之间。

分析数据的处理和结果的表达是分析化学的重要组成部分，这里仅简要介绍了数据处理和对分析结果判断的基本知识，许多内容需要在实践中不断地深入和完善。

阅读材料　化学计量学简介

化学计量学是当代化学与分析化学的重要发展前沿。能容易地获得大量化学测量数据，以及对这些化学测量数据进行适当处理，并从中最大限度地提取有用化学信息，是促进化学计量学进一步发展的推动力。化学计量学的主要特征是：运用最新数学、统计学、计算机科学的成果或发展新的数学、计算机方法以解决化学研究的难题。化学计量学为化学测量提供基础理论和方法，优化化学测量过程，并从化学测量数据中最大限度地提取有用的化学信息，它的出现显示了现代分析化学的发展潮流。

作为化学测量的基础理论和方法学，化学计量学的基本内容包括化学采样、化学试验设计、化学信号预处理、定性定量分析的多元校正和多元分辨、化学模式识别、化学构效关系以及人工智能和化学专家系统等。

化学计量学应用领域十分广阔，涉及环境化学、食品化学、农业化学、医学化学、石油化学、材料化学、化学工程等。如环境化学中的污染源识别、环境质量预测，食品、农业化学中的试验设计和复杂样品分析，医药化学中的分子设计、新药发现及结构性能关系研究，石油化学中的化学模式识别、波谱与物质特性的关系，化学工程科学中的过程分析、工艺过程诊断、控制和优化等。

化学计量学是现代分析化学的前沿领域之一。化学计量学与分析化学的信息化有着密切关联。它的发展将为现代智能化分析仪器的构建提供各种依据，也可为复杂多组分体系的定性定量分析及其结构解析提供重要的方法和手段。

（摘自黄一石、乔子荣编《定量化学分析》）

习　题

1. 名词解释。

误差　偏差　相对平均偏差　标准偏差　相对标准偏差　有效数字　置信区间　置信概率

2. 说明下列各组之间的关系。

误差与准确度　偏差与精密度　准确度与精密度

3. 判断下列情况引起的误差是哪种误差？

（1）天平的砝码锈蚀。

（2）天平的零点有微小波动。

（3）被测试液中有少量干扰物质存在。

（4）被测试剂和滴定剂反应不完全。

（5）读取滴定管读数时，最后一位数字估计不准确。

（6）用移液管移取溶液时，没有用待移取溶液润洗。

（7）滴定过程中，滴定剂不慎溅到外面。

（8）重量分析中，被测离子沉淀不完全。

（9）分析过程中，不慎加错了试剂。

（10）光度法测定磷含量时，电压突然升高引起读数改变。

4. 下列数据各有几位有效数字？

（1）3.08　（2）1.0002　（3）0.003678　（4）4500　（5）12.2530　（6）1.03×10^{-5}

（7）pH＝8.79　（8）3.5×10^{3}　（9）0.21%　（10）pH＝11.6

5. 根据有效数字规则计算下列各式。

（1）$6.25\times2.1364+1.5\times10^{-5}+0.4685\div0.025-37.66357$

（2）$0.02643\times24.49\times2500\div3.855$

（3）$\dfrac{0.09067\times(21.12-13.40)\times162.21}{3\times1.4193\times1000}$

［（1）－4.7　（2）419.8　（3）0.0267］

6. 用正确的有效数字表示下列物质的质量：用准确度为0.1g天平称取5g试样；用分度值为0.001g的天平称取200mg试样；用万分之一的天平称取10mg试样。

7. 将浓度为$5.6\text{mol}\cdot\text{L}^{-1}$的盐酸50mL与浓度为$0.2106\text{mol}\cdot\text{L}^{-1}$的盐酸50mL混合，计算混合后的盐酸浓度。

（$2.9\text{mol}\cdot\text{L}^{-1}$）

8. 用无水碳酸钠标定盐酸的浓度时，两次标定的结果分别是 0.1024mol·L^{-1}、0.1032mol·L^{-1}，求它们相对误差是多少？

（0.78%）

9. 用甲醛法测定某铵盐试样中氮的含量，五次测定的结果如下：20.43%，20.61%，20.33%，20.78%，20.50%。试计算平均值、平均偏差、相对平均偏差和标准偏差。

（20.53%；0.13%；0.64%；0.17%）

10. 分析某土壤样品中磷的含量（以 P_2O_5 表示），六次测定结果分别为：0.41%，0.46%，0.43%，0.38%，0.43%，0.44%。求标准偏差和置信概率为95%的置信区间。

（0.029%；0.42%±0.029%）

11. 对某试样进行的四次分析结果为：1.65，1.54，1.58，1.85。试用 Q 检验 1.85 这个数据是否应该舍弃？

第三章　滴定分析概述

知识与技能目标

1. 掌握滴定分析的基本概念和滴定分析方法的分类，了解滴定分析的特点。

2. 掌握滴定分析法对化学反应的要求和常用的几种滴定方式。

3. 掌握基准物质具备的条件和标准溶液浓度的表示方法及标准溶液的配制方法。

4. 掌握滴定分析的误差来源和分析结果的计算。

第一节　概　　述

一、滴定分析的过程

1. 滴定、化学计量点、滴定终点

滴定分析法是定量分析方法之一，是用滴定的方式测量物质含量的一种方法。进行分析时，将一种已知准确浓度的试剂溶液即标准溶液通过滴定管加到待测组分溶液中，直到所加试剂与被测组分按化学计量关系定量反应完全为止，这时所加的标准溶液物质的量与待测组分的物质的量符合反应式中的化学计量关系，根据标准溶液的浓度和用量，便可以计算出待测物质溶液的浓度或含量。

将标准溶液从滴定管逐滴加到盛有被测组分溶液容器中的操作过程叫做滴定。通过滴定管滴加到被测物质溶液中的标准溶液称为滴定剂。滴入的滴定剂与被测物质恰好按化学计量关系定量反应完全的这一点称为滴定的化学计量点。例如，将盐酸标准溶液从滴定管滴加到一定浓度、一定体积的被测氢氧化钠溶液中时，其反应式为：

$$HCl + NaOH = NaCl + H_2O$$

假设，浓度为 c_{HCl} 的盐酸溶液当消耗体积为 V_{HCl} 时，与氧氧化钠溶液之间的反应正好符合化学反应式中的化学计量关系（$n_{HCl} : n_{NaOH} = 1 : 1$）时，加入盐酸的量（摩尔或毫摩尔）等于被测氢氧化钠的量（摩尔或毫摩尔），即达到了滴定的化学计量点。

许多滴定反应达到化学计量点时，外观上没有明显变化，因此，在滴定时常加入一种辅助试剂（即指示剂），当它的颜色改变时停止滴定，这时便达到了滴定终点。实际分析操作中，滴定终点与化学计量点常常不能恰好吻合，两者之间通常存在很小的差别，由此引起的误差称为终点误差。

2. 滴定分析的特点

滴定分析法通常用来测定常量组分（含量≥1%），有时也用于微量组分的测定。一般情况下，相对误差在0.2%以下，而且所需仪器设备简单，操作方便，测定快速，在生产实际和科学研究中应用非常广泛。

二、滴定分析的分类

1. 酸碱滴定法

酸碱滴定法是以酸碱反应为基础的滴定分析法。一般来说，用酸标准溶液可滴定碱或碱性物质，用碱标准溶液可滴定酸或酸性物质。

2. 氧化还原滴定法

氧化还原滴定法是以氧化还原反应为基础的滴定分析法。通常，用氧化性标准溶液来测定还原性物质，也可用还原性标准溶液测定氧化性物质。食品部门常用高锰酸钾法和碘量法。

3. 配位滴定法

配位滴定法是以配位反应为基础的滴定分析法。目前，广泛应用 EDTA 作为标准溶液，对多种金属离子进行测定，其反应通式可表示为：$M+Y \longrightarrow MY$（常进行简化，省去电荷），M 通常表示金属离子，Y 表示 EDTA 的阴离子。

4. 沉淀滴定法

沉淀滴定法是以沉淀反应为基础的滴定分析法。最常用的是利用生成难溶银盐的反应来进行测定，习惯上称银量法。常用硝酸银标准溶液来测定 Cl^-、Br^-、I^-、CN^-、SCN^- 等，其反应通式可表示为：$Ag^+ + X^- \longrightarrow AgX\downarrow$。

滴定分析主要在水溶液中进行，但在少数情况下也可在非水溶剂的溶液中进行，称为非水滴定。

三、滴定分析法对化学反应的要求

滴定分析法以化学反应为基础，化学反应虽然很多，但是并不是所有的反应都可以用来进行滴定分析，适用于滴定分析的化学反应必须符合下列条件。

1. 反应必须定量完成

要求反应按一定的反应式进行，无副反应，反应进行得很完全，这样才能根据标准溶液的浓度和用量计算出被测组分的含量。

2. 反应速率快

滴定反应要求在瞬间完成。如果反应较慢，将给滴定终点的确定带来困难。对于速率较慢的反应，应采取适当措施，如通过加热或加入催化剂等方法来加快其反应速率。

3. 有简便的确定终点的方法

可选用合适的指示剂或利用电位法来确定滴定终点。此外，当溶液中有其他物质共存时，应不干扰被测物质的测定，否则要采取适当措施消除干扰。

四、滴定方式

1. 直接滴定法

直接滴定法是滴定分析法中最常用和最基本的滴定方法。只要滴定剂和被测物质之间的反应能够满足上述三点要求，就可以用直接滴定法进行测定。例如，用氢氧化钠溶液滴定盐酸溶液，用重铬酸钾溶液滴定亚铁盐溶液等。

2. 返滴定法（又称回滴法）

向待测溶液中加入准确过量的标准溶液，待反应完成后，用另一种滴定剂滴定剩余的标准溶液。这种滴定方式称为返滴定法或回滴法。采用此法是由于某些反应的速率较慢或没有合适的指示剂。例如，Al^{3+} 与 EDTA 配位反应速率太慢，不能直接滴定，常采用返滴定法，即在一定的 pH 条件下，在待测 Al^{3+} 试液中先加入准确过量的 EDTA 标准溶液，并加热至 50～60℃，促使反应完全，溶液冷却后加入二甲酚橙指示剂，用 Zn^{2+} 标准溶液返滴剩余的 EDTA。又如在酸性溶液中，用硝酸银标准溶液滴定 Br^-，缺乏合适的指示剂，可在样品溶液中加入过量的硝酸银标准溶液，以铁铵矾作指示剂，NH_4SCN 标准溶液返滴剩余的银离子，当出现红色时即为终点。

3. 置换滴定法

对于不按一定反应式进行（伴有副反应）的反应，可以先用适当试剂和被测组分反应，经反应后定量置换生成另一生成物，再用标准溶液滴定此生成物，这种滴定方式称为置换滴定法。例如漂白粉中有效氯的测定，因有效氯不仅能将 $S_2O_3^{2-}$ 氧化成 $S_4O_6^{2-}$，还会将一部分 $S_2O_3^{2-}$ 氧化成 SO_4^{2-}，因此没有一定的化学计量关系，无法计算。若在样品的酸性溶液中加入过量的 KI，则发生反应：

$$Cl_2 + I^- \longrightarrow 2Cl^- + I_2$$

生成的 I_2 可用 $Na_2S_2O_3$ 标准溶液滴定：

$$I_2 + 2S_2O_3{}^{2-} \longrightarrow 2I^- + S_4O_6^{2-}$$

4. 间接滴定法

不能与滴定剂直接反应的被测物质有时利用间接滴定法即可顺利地测出它的含量。如 Ca^{2+} 不能与 $KMnO_4$ 反应，但可先将 Ca^{2+} 定量地转化为 CaC_2O_4 沉淀，经过滤、洗涤，用 H_2SO_4 溶解酸化后，即可用 $KMnO_4$ 标准溶液滴定 $H_2C_2O_4$，间接测出 Ca^{2+} 的含量。

阅读材料 滴定分析的起源

滴定分析法的产生可追溯到17世纪后期。最初，“滴定”这种想法是从生产实践中得到启发的。1685年，格劳贝尔在介绍利用硝酸和锅灰碱制造纯硝石时就曾指出：“把硝酸逐滴加到锅灰碱中，直到不再发生气泡，这时两种物质就都失掉了它们的特性，这是反应达到中和点的标志。”可见那时已经有了关于酸碱反应中和点的初步概念。然而，滴定分析的进一步发展还是在化学工业兴起的直接推动下从法国产生和发展起来的。1729年，法国化学家日鲁瓦为了测定乙酸的浓度，他以碳酸钾为基准物，把待要确定浓度的乙酸逐滴加到碳酸钾中，根据停止产生气泡来判断滴定终点。

在18世纪工业革命开始之后，为了保证自身产品的质量，避免经济上的损失，各种化学产品的厂家对化工原料的纯度和成分非常重视。他们要对买回来的原料进行质量检验，并纷纷建立起原料质量检验部门——工厂化验室。为了适应简陋的环境和紧张的生产速度，工厂化验室需要建立快速、简易的分析方法。然而，当时流行的重量分析法需要经过沉淀、分离、提纯、称量等多个步骤，明显不能满足要求。因此，滴定分析法应时而生。

1786年，法国化学家德克劳西接受一项任务，需要制定一种检验锅炉灰碱的简易方法，当时，他发明了一个简单仪器“碱量计”，即一种带有刻度的细长玻璃管，这就是最早的滴定管。这一仪器的发明促使了后来通用滴定管的产生。

第二节 基准物质和标准溶液

一、基准物质

能用于直接配制或标定标准溶液的物质称为基准物质。在实际应用中，大多数标准溶液是先配制成近似浓度，然后用基准物质来标定其准确的浓度。

基准物质必须具备下列条件。

① 物质必须具有足够的纯度，其纯度要求99.9%以上，通常用基准试剂或优级纯物质。

② 物质的组成应与化学式相符，例如 $Na_2B_4O_7 \cdot 10H_2O$、$H_2C_2O_4 \cdot 2H_2O$ 等含有结晶水的物质，结晶水的含量应与化学式相符。

③ 化学性质稳定。例如干燥时不分解，不与空气发生作用，结晶水不易失去，保存时不易吸湿等。

④ 基准物质的摩尔质量应尽可能大，这样称量的相对误差就较小。

能够满足上述要求的物质称为基准物质。在滴定分析法中常用的基准物质有邻苯二甲酸氢钾、碳酸钠、硼砂、二水合草酸、重铬酸钾、氯化钠、硝酸银、金属锌等。

基准物质在使用前通常需经过一定的处理。表 3-1 中列出了一些常用的基准物质。

表 3-1 常用基准物质的干燥条件及其应用

名称	分子式	干燥后组成	干燥条件、温度/℃	标定对象
碳酸氢钠	$NaHCO_3$	Na_2CO_3	270～300℃	酸
十水合碳酸钠	$Na_2CO_3 \cdot 10H_2O$	Na_2CO_3	270～300℃	酸
硼砂	$Na_2B_4O_7 \cdot 10H_2O$	$Na_2B_4O_7 \cdot 10H_2O$	室温保存在装有饱和蔗糖和NaCl溶液的密闭器皿中	酸
邻苯二甲酸氢钾	$KHC_8H_4O_4$	$KHC_8H_4O_4$	110～120℃	碱
二水合草酸	$H_2C_2O_4 \cdot 2H_2O$	$H_2C_2O_4 \cdot 2H_2O$	室温空气干燥	碱或 $KMnO_4$
草酸钠	$Na_2C_2O_4$	$Na_2C_2O_4$	105～110℃	氧化剂如 $KMnO_4$
三氧化二砷	As_2O_3	As_2O_3	室温保存在干燥器中	氧化剂
重铬酸钾	$K_2Cr_2O_7$	$K_2Cr_2O_7$	140～150℃	还原剂如 $Na_2S_2O_3$
溴酸钾	$KBrO_3$	$KBrO_3$	130℃	还原剂
碘酸钾	KIO_3	KIO_3	130℃	还原剂
碳酸钙	$CaCO_3$	$CaCO_3$	110℃	EDTA
锌	Zn	Zn	室温保存在干燥器中	EDTA
氧化锌	ZnO	ZnO	900～1000℃	EDTA
氯化钠	NaCl	NaCl	500～600℃	$AgNO_3$
硝酸银	$AgNO_3$	$AgNO_3$	225～250℃	氯化物

二、标准溶液浓度的表示方法

在滴定分析法中，标准溶液的浓度通常用物质的量浓度和滴定度来表示。

1. 物质的量浓度

物质的量浓度指单位体积溶液中所含物质的量，单位为 $mol \cdot L^{-1}$，符号用 c_B 表示，即：

$$c_B=\frac{n_B}{V} \tag{3-1}$$

式中，n_B 为 B 物质的量；V 为溶液的体积。

物质 B 的质量 m_B、摩尔质量 M_B 之间存在以下的关系：

$$n_B=\frac{m_B}{M_B} \tag{3-2}$$

用直接法配制标准溶液时，需用式(3-2) 计算物质的量。

例 1 现称取 0.2589g Na_2CO_3，将其溶解后稀释至 250.00mL，则 Na_2CO_3 溶液的浓度为多少？

解： Na_2CO_3 的摩尔质量 $M_{Na_2CO_3}=105.99g \cdot mol^{-1}$

则 Na_2CO_3 的物质的量为

$$n_{Na_2CO_3}=\frac{m_{Na_2CO_3}}{M_{Na_2CO_3}}=\frac{0.2589g}{105.99g \cdot mol^{-1}}=2.443\times10^{-3}mol$$

Na_2CO_3 溶液的浓度为

$$c_{Na_2CO_3}=\frac{n_{Na_2CO_3}}{V_{Na_2CO_3}}=\frac{2.443\times10^{-3}mol}{0.25L}=9.772\times10^{-3}mol \cdot L^{-1}$$

例 2 欲准确配制 100.00mL 0.0200$mol \cdot L^{-1}$的 $K_2Cr_2O_7$ 标准溶液，应称取 $K_2Cr_2O_7$ 多少克？

解： $K_2Cr_2O_7$ 的摩尔质量 $M_{K_2Cr_2O_7}=294.2g \cdot mol^{-1}$

应称取 $K_2Cr_2O_7$ 的质量为

$$\begin{aligned} m_{K_2Cr_2O_7} &= c_{K_2Cr_2O_7} V_{K_2Cr_2O_7} M_{K_2Cr_2O_7} \\ &= 0.0200mol \cdot L^{-1} \times 100.00 \times 10^{-3} L \times 294.2g \cdot mol^{-1} \\ &= 0.5884g \end{aligned}$$

2. 滴定度

滴定度是指 1mL 滴定剂相当于待测物质的质量（单位为 g），用符号 $T_{待测物/滴定剂}$ 表示。滴定度的单位为 $g \cdot mL^{-1}$。

在生产实际中，对大批试样进行某组分的例行分析用 T 表示很方便，计算十分简便。

如滴定消耗 V(mL) 标准溶液，则被测物质的质量为：

$$m = TV$$

例如，食醋中总酸量分析中，$T_{HAc/NaOH}=0.01325g \cdot mL^{-1}$，表示滴定时每消耗 1mL NaOH 标准溶液，相当于 HAc 0.01325g，若欲测定某食醋试样中总酸量时，消耗滴定剂 NaOH 的体积为 24.75mL，则该试样中总酸量为：

$$m = TV = 0.01325g \cdot mL^{-1} \times 24.75mL = 0.3279g$$

例 3　求 $0.1000mol \cdot L^{-1}$ NaOH 标准溶液对 $H_2C_2O_4$ 的滴定度。

解： NaOH 与 $H_2C_2O_4$ 的反应为

$$2NaOH + H_2C_2O_4 = Na_2C_2O_4 + 2H_2O$$

可知

$$\frac{n_{NaOH}}{n_{H_2C_2O_4}} = \frac{2}{1}$$

已知 $M_{H_2C_2O_4}=90.04g \cdot mol^{-1}$，则消耗 1mL 滴定剂（NaOH 标准溶液）能够测定出的 $H_2C_2O_4$ 的质量为

$$\begin{aligned} m_{H_2C_2O_4} &= n_{H_2C_2O_4} M_{H_2C_2O_4} = \frac{1}{2} n_{NaOH} M_{H_2C_2O_4} \\ &= \frac{1}{2} c_{NaOH} V_{NaOH} M_{H_2C_2O_4} \\ &= \frac{1}{2} \times 0.1000mol \cdot L^{-1} \times \frac{1}{1000} L \times 90.04g \cdot mol^{-1} \\ &= 0.004502g \end{aligned}$$

即

$$T_{H_2C_2O_4/NaOH} = 0.004502g \cdot mL^{-1}$$

有时滴定度也可用每毫升标准溶液中所含溶质的质量（单位为 g）来表示。例如 $T_{NaOH}=0.0040g \cdot mL^{-1}$，即每毫升 NaOH 标准溶液中含有 NaOH 0.0040g。这种表示方法在配制专用标准溶液时应用广泛。

三、标准溶液的配制方法

滴定分析中必须使用标准溶液，最后通过标准溶液的浓度和用量来计算待测组分的含量，因此正确地配制标准溶液，准确地标定标准溶液的浓度，对于提高滴定分析的准确度非常关键。

标准溶液的配制通常有两种方法。

1. 直接法

准确称取一定量的基准试剂，溶解后全部转移到容量瓶中，稀释至标线。根据称取物质的质量和溶液的体积，即可求出该标准溶液的准确浓度。

例如：称取基准物质 $K_2Cr_2O_7$ 4.9030g，置于烧杯中溶解后全部转移到 1L 容量瓶中，再加水稀释至标线，摇匀后即得浓度为 $0.01667mol \cdot L^{-1}$ 的 $K_2Cr_2O_7$ 标准溶液。

2. 间接法

有许多试剂不符合基准物质的条件，如 NaOH 易吸收空气中的二氧化碳和水分，因此称得的质量不能代表纯净的 NaOH 质量；浓盐酸易挥发，一般也不知道其准确含量；$KMnO_4$、$Na_2S_2O_3$ 等均不易提纯，且见光易分解，这些物质都不宜用直接法配制标准溶液。这些滴定剂只能间接配制，即先将试剂配制成接近要求浓度的溶液，然后再用基准物质或另一种标准溶液来测定它的准确浓度。这种利用基准物质（或已知准确浓度的溶液）来确定待测溶液准确浓度的操作过程称为标定。

（1）与基准物质反应　多数标准溶液通过此法标定。标定时，准确称取一定量的基准物质，溶解后用待标定的溶液滴定，然后根据称取的基准物质的质量及消耗的待标定溶液的体积，即可算出该溶液的准确浓度。如欲配制 0.1000mol·L^{-1} NaOH 标准溶液，先配成约为 0.1000mol·L^{-1}的溶液，然后用该溶液滴定经准确称量的邻苯二甲酸氢钾，根据二者完全作用时消耗的 NaOH 溶液的体积及邻苯二甲酸氢钾的质量，即可计算出 NaOH 溶液的准确浓度。

（2）与标准溶液比较　准确吸取一定量的待标定溶液，用标准溶液滴定；或者准确吸取一定量的标准溶液，用待标定溶液滴定，根据两种溶液所消耗的体积及标准溶液的浓度，就可计算出待标定溶液的准确浓度。例如用 NaOH 标准溶液标定未知浓度的 HCl 溶液。

标定时，不论采用哪种方法，一般要求平行测定 3～4 次，取其平均值，且相对平均偏差不大于 0.2%。

阅读材料　GB/T 601—2002 标准滴定溶液制备的一般规定

GB/T 601—2002 对标准滴定溶液的制备作了如下规定。

① 本标准除另有规定外，所用试剂的纯度应在分析纯以上，所用制剂及制品，应按 GB/T 603—2002 的规定制备，实验用水应符合 GB/T 6682—1992 中三级水的规格。

② 本标准制备的标准滴定溶液的浓度，除高氯酸外，均指 20℃时的浓度。在标准滴定溶液标定、直接制备和使用时若温度有差异，应按本标准附录 A 补正。标准滴定溶液标定、直接制备和使用时，所用分析天平、砝码、滴定管、容量瓶、单标线吸管等均须定期校正。

③ 在标定和使用标准滴定溶液时，滴定速度一般应保持在 6～8mL/min。

④ 称量工作基准试剂的质量数值小于等于 0.5g 时，按精确至 0.01mg 称量；数值大于 0.5g 时，按精确至 0.1mg 称量。

⑤ 制备标准滴定溶液的浓度值应在规定浓度值的±5%范围以内。

⑥ 标定标准滴定溶液的浓度时，须两人进行实验，分别各做四组平行，每人四组平行测定结果极差的相对值不得大于重复性临界极差［CrR_{95}（4）］的相对值 0.15%，两人共八平行测定结果极差的相对值不得大于重复性临界极差［CrR_{95}（8）］的相对值 0.18%。取两人八平行测定结果的平均值为测定结果。在运算过程中保留五位有效数字，浓度值报出结果取四位有效数字。

⑦ 本标准中标准滴定溶液浓度平均值的扩展不确定度一般不应大于 0.2%，可根据需要报出，其计算参见本标准附录 B（资料性附录）。

⑧ 本标准使用工作基准试剂标定标准滴定溶液的浓度。当对标准滴定溶液浓度值的准确度有更高要求时，可使用二级纯度标准物质或定值标准物质代替工作基准试剂进行标定或直接制备，并在计算标准滴定溶液浓度值时，将其质量分数带入计算式中。

⑨ 标准滴定溶液的浓度小于等于 0.02mol·L^{-1}时，应于临用前将浓度高的标准滴定溶液用煮沸并冷却的水稀释，必要时重新标定。

⑩ 除另有规定外，标准滴定溶液在常温（15～25℃）下保存时间一般不超过两个月，当溶液出现浑浊、沉淀、颜色变化等现象时，应重新制备。

⑪ 贮存标准滴定溶液的容器，其材料不应与溶液起理化作用，壁厚最薄处不小于0.5mm。

⑫ 本标准中所用溶液以（%）表示的均为质量分数，只有乙醇（95%）中的为体积分数（%）。

（摘自GB/T 601—2002《化学试剂 标准滴定溶液的制备》）

第三节 滴定分析的误差来源及分析结果的计算

在滴定分析中，相对误差一般应控制在±0.2%之内。因此，如何减小滴定分析的误差，提高分析的准确度，是应该注意的问题。

一、滴定分析的误差来源

在操作过程中存在的主要误差有以下三种。

1. 称量误差

试样称取量越大，称量的相对误差越小。一般分析天平的称量（两次读数）的绝对误差为±0.0002g，为了将误差控制在允许范围（±0.2%）之内，试样的称取量应大于0.1g。

即： $$\text{称量相对误差}=\frac{\pm 0.0002(\text{g})}{\text{称取质量}(\text{g})}\times 100\%=\frac{\pm 0.0002}{0.1}\times 100\%=\pm 0.2\%$$

2. 读数误差

在滴定分析中常用滴定管、移液管和容量瓶等来测量溶液的体积，读数不准所引起的误差是滴定分析误差的来源之一。如滴定管的末位读数是估计值，两次读数常有±0.02mL的绝对误差。因此，读数不准所引起的相对误差的大小取决于滴定剂的用量。其误差可用下式计算：

$$\text{读数相对误差}=\frac{\pm 0.02(\text{mL})}{\text{标准溶液的耗用量}(\text{mL})}\times 100\%$$

标准溶液的浓度不能过浓或过稀。过浓时相差一滴就使滴定结果产生较大误差，过稀终点不灵敏，因此，浓度应尽量控制在0.01～0.1mol·L^{-1}为宜。若读数按±0.1%的相对误差计算，此时消耗标准溶液的总体积应在20mL以上。

即： $$\pm\frac{0.02\text{mL}}{20\text{mL}}\times 100\%=\pm 0.1\%$$

所以在滴定中标准溶液用量应尽量控制在20～30mL之间，对于同一实验的平行测定，应尽量用同一段滴定管。

3. 终点误差

由滴定终点和化学计量点不一致所引起的误差称为终点误差，用TE表示。选择合适的最佳指示剂，使滴定终点尽可能接近化学计量点，可以减小终点误差。

二、滴定分析结果的计算

滴定分析是用标准溶液去滴定被测组分的溶液，由于对反应物选取的基本单元不同，可以用两种不同的计算方法。

假如选取分子、离子或原子作为反应物的基本单元，此时滴定分析结果计算的依据为：当滴定到化学计量点时，它们的物质的量之间关系恰好符合其化学反应中的化学计量关系。

1. 被测组分的物质的量 n_A 与滴定剂的物质的量 n_B 的关系

在滴定分析中，设被测组分 A 与滴定剂 B 之间的反应为：

$$aA+bB \xlongequal{} cC+dD$$

当达到化学计量点时，有：

$$n_A : n_B = a : b$$

故
$$n_A=\frac{a}{b}n_B \qquad n_B=\frac{b}{a}n_A \tag{3-3}$$

若被测物是溶液，其体积为 V_A，浓度为 c_A，达到化学计量点时用去浓度为 c_B 的滴定剂的体积为 V_B，则：

$$c_AV_A=\frac{a}{b}c_BV_B$$

例如用已知浓度的 NaOH 标准溶液测定 H_2SO_4 溶液的浓度，反应式为：

$$2NaOH+H_2SO_4 \xlongequal{} Na_2SO_4+2H_2O$$

达化学计量点时，则有：

$$c_{H_2SO_4}V_{H_2SO_4}=\frac{1}{2}c_{NaOH}V_{NaOH}$$

即
$$c_{H_2SO_4}=\frac{c_{NaOH}V_{NaOH}}{2V_{H_2SO_4}}$$

上述关系式也能用于有关溶液稀释的计算。溶液稀释过程中，溶质的物质的量没有改变，仅仅是浓度降低了。若溶液稀释前后的浓度和体积分别用 c_1、c_2 和 V_1、V_2 表示，则：

$$c_1V_1=c_2V_2 \tag{3-4}$$

2. 被测组分质量分数的计算

若称取试样的质量为 m_s，测得被测组分的质量为 m，则被测组分在试样中的质量分数 w_A 为：

$$w_A=\frac{m}{m_s}\times100\% \tag{3-5}$$

在滴定分析中，被测组分的物质的量 n_A 是由滴定剂的浓度 c_B、消耗的体积 V_B 以及反应中的化学计量关系（$a:b$）求得的，即：

$$n_A=\frac{a}{b}n_B=\frac{a}{b}c_BV_B$$

根据式(3-2) 即可求得被测组分质量 m_A 为：

$$m_A=n_AM_A=\frac{a}{b}c_BV_BM_A$$

因此
$$w_A=\frac{\frac{a}{b}c_BV_BM_A}{m_s}\times100\% \tag{3-6}$$

这是滴定分析中计算被测组分含量的一般通式。

3. 滴定分析计算示例

例 4 欲配制 $0.1mol \cdot L^{-1}$ HCl 溶液 1000mL，需取 $6mol \cdot L^{-1}$ HCl 溶液多少毫升？

解： 由 $c_1V_1=c_2V_2$ 可得

$$V_{HCl}=V_1=\frac{c_2V_2}{c_1}=\frac{0.1mol \cdot L^{-1}\times1000mL}{6mol \cdot L^{-1}}=16.7mL$$

例 5 称取基准物质硼砂（$Na_2B_4O_7 \cdot 10H_2O$）0.5378g，标定盐酸溶液，消耗 HCl 溶

液28.80mL，计算HCl溶液的浓度。

解： 标定反应为

$$Na_2B_4O_7+2HCl+5H_2O \longrightarrow 4H_3BO_3+2NaCl$$

已知$M_{Na_2B_4O_7 \cdot 10H_2O}=381.37g \cdot mol^{-1}$，则

$$\begin{aligned} c_{HCl} &= \frac{2m_{Na_2B_4O_7 \cdot 10H_2O}}{M_{Na_2B_4O_7 \cdot 10H_2O}V_{HCl}} \\ &= \frac{2\times 0.5378g}{381.37g \cdot mol^{-1}\times 28.80\times 10^{-3}L} \\ &= 0.09793mol \cdot L^{-1} \end{aligned}$$

例6 称取工业纯碱试样0.3080g，用0.2088mol·L^{-1} HCl标准溶液滴定，用甲基橙为指示剂，消耗HCl溶液25.80mL，求纯碱的纯度为多少？

解： 滴定反应为

$$Na_2CO_3+2HCl \longrightarrow 2NaCl+CO_2\uparrow+H_2O$$

$$n_{Na_2CO_3}=\frac{1}{2}n_{HCl}$$

已知$M_{Na_2CO_3}=105.99g \cdot mol^{-1}$，则

$$\begin{aligned} w_{Na_2CO_3} &= \frac{\frac{1}{2}c_{HCl}V_{HCl}M_{Na_2CO_3}}{m_s}\times 100\% \\ &= \frac{\frac{1}{2}\times 0.2088mol \cdot L^{-1}\times 25.80\times 10^{-3}L\times 105.99g \cdot mol^{-1}}{0.3080g}\times 100\% \\ &= 92.69\% \end{aligned}$$

例7 测定铁矿石中铁的含量时，称取试样0.3029g，使之溶解，并将Fe^{3+}还原成Fe^{2+}后，用0.01643mol·L^{-1} $K_2Cr_2O_7$标准溶液滴定，消耗35.14mL，计算试样中铁的质量分数为多少？若用Fe_2O_3表示，其质量分数为多少？

解： 滴定反应为

$$Cr_2O_7^{2-}+6Fe^{2+}+14H^+ \longrightarrow 2Cr^{3+}+6Fe^{3+}+7H_2O$$

$$n_{Fe}=6n_{K_2Cr_2O_7}$$

则

$$\begin{aligned} w_{Fe} &= \frac{6c_{K_2Cr_2O_7}V_{K_2Cr_2O_7}M_{Fe}}{m_s}\times 100\% \\ &= \frac{6\times 0.01643mol \cdot L^{-1}\times 35.14\times 10^{-3}L\times 55.85g \cdot mol^{-1}}{0.3029g}\times 100\% \\ &= 63.87\% \end{aligned}$$

$$\begin{aligned} w_{Fe_2O_3} &= \frac{3c_{K_2Cr_2O_7}V_{K_2Cr_2O_7}M_{Fe_2O_3}}{m_s}\times 100\% \\ &= \frac{3\times 0.01643mol \cdot L^{-1}\times 35.14\times 10^{-3}L\times 159.69g \cdot mol^{-1}}{0.3029g}\times 100\% \\ &= 91.31\% \end{aligned}$$

假如选取分子、离子或这些粒子的某种特定组合作为反应物的基本单元，这时滴定分析的依据为：滴定到化学计量点时，被测物质的物质的量与标准溶液的物质的量相等。例如，对于质子转移的酸碱反应，根据反应中转移的质子数来确定酸碱反应的基本单元，即以转移一个质子的特定组合作为反应的基本单元。例如，H_2SO_4与NaOH

之间的反应：

$$2NaOH+H_2SO_4 \longrightarrow Na_2SO_4+2H_2O$$

在反应中 NaOH 转移一个质子，因此选 NaOH 为基本单元，H_2SO_4 转移两个质子，选取$\frac{1}{2}H_2SO_4$ 作基本单元，1mol 酸与 1mol 碱之间将转移 1mol 质子，根据质子转移数相等，则被选作基本单元的物质的量应相等，即：

$$n_{NaOH}=n_{\frac{1}{2}H_2SO_4}$$

进一步也可写作：

$$c_{NaOH}V_{NaOH}=c_{\frac{1}{2}H_2SO_4}V_{H_2SO_4}$$

例 8 称取 0.1885g $Na_2C_2O_4$ 基准物，溶解后在强酸溶液中用 $KMnO_4$ 溶液滴定，用去 25.00mL，试计算用 $c_{\frac{1}{5}KMnO_4}$ 表示的溶液浓度。

解：反应式为

$$2MnO_4^-+5C_2O_4^{2-}+16H^+ \longrightarrow 2Mn^{2+}+10CO_2\uparrow+8H_2O$$

分别选取$\frac{1}{5}KMnO_4$ 和$\frac{1}{2}Na_2C_2O_4$ 作基本单元，反应到达化学计量点时，两反应物的物质的量相等，则

$$n_{\frac{1}{5}KMnO_4}=n_{\frac{1}{2}Na_2C_2O_4}$$

又

$$n_{\frac{1}{5}KMnO_4}=c_{\frac{1}{5}KMnO_4}V_{KMnO_4}, \quad n_{\frac{1}{2}Na_2C_2O_4}=\frac{m_{Na_2C_2O_4}}{M_{\frac{1}{2}Na_2C_2O_4}}$$

所以

$$c_{\frac{1}{5}KMnO_4}V_{KMnO_4}=\frac{m_{Na_2C_2O_4}}{M_{\frac{1}{2}Na_2C_2O_4}}$$

$$c_{\frac{1}{5}KMnO_4}=\frac{0.1885g}{25.00\times10^{-3}L\times\frac{134.0}{2}g\cdot mol^{-1}}=0.1125mol\cdot L^{-1}$$

由上述可知，选择基本单元的标准不同，所列的计算式也不相同。总之，如取 1 个分子或离子作为基本单元，则在列出反应物 A、B 的物质的量 n_A 与 n_B 的数量关系时，要考虑反应式中的系数比；若从反应式的系数出发，以分子或离子的某种特定组合为基本单元（如$\frac{1}{2}H_2SO_4$，$\frac{1}{5}KMnO_4$），则 $n_A=n_B$。

阅读材料　微量滴定技术

微量滴定技术是在传统滴定技术基础上发展起来的一种新型滴定技术，它所应用的仪器为微量滴定仪。用于化学分析的微量滴定仪包括了微量计量器及微量注射器等核心构件。直接以微升（μL）为计量单位，可设置任意的滴定速率和滴定时间间隔调节，具有数字化显示功能，其测定结果具有优良的精密度。此外，微量注射器与微量滴定板的结合使微量滴定技术更多地应用在生物工程技术研究中。

微量滴定技术比传统滴定技术具有更多的优势，这是因为：①它更适于大规模的工业化科学研究，能节省时间和提高效率；②它更有利于节约资源，降低成本；③它还符合绿色化学的要求，有利于减少环境污染。

目前，微量滴定技术已在以制药和生物医学工程技术为主的科学研究、食品工业、农业和教育等行业中广泛使用。在 21 世纪，随着该项技术的进一步发展，它必将具有更广阔的应用前景。

习　题

1. 化学计量点和滴定终点有何不同?

2. 滴定分析对化学反应的要求是什么?

3. 滴定分析有哪几类? 滴定方式主要有哪几种? 分别举例说明。

4. 基准物质应具备什么条件? 常用的基准物质有哪些?

5. 下列物质哪些可以用直接法配制标准溶液? 哪些只能用间接法配制?

HCl、H_2SO_4、NaOH、$KMnO_4$、$K_2Cr_2O_7$、$Na_2S_2O_3 \cdot 5H_2O$、NaCl、$AgNO_3$、EDTA

6. 什么是标定? 标定与滴定有何区别?

7. 标准溶液的表示方法有哪些? 什么是滴定度?

8. 滴定分析过程中主要存在哪些误差? 如何减小这些误差?

9. 计算下列溶液的滴定度，以 $g \cdot mL^{-1}$ 表示：

(1) $0.2015 mol \cdot L^{-1}$ HCl 溶液，用来测定 Na_2CO_3；

(2) $0.1032 mol \cdot L^{-1}$ NaOH 溶液，用来测定 HAc；

(3) $0.01667 mol \cdot L^{-1}$ $K_2Cr_2O_7$ 溶液，用来测定 Fe_2O_3。

($0.01068 g \cdot mL^{-1}$；$0.006197 g \cdot mL^{-1}$；$0.007986 g \cdot mL^{-1}$)

10. 已知浓硫酸的密度为 $1.84 g \cdot mL^{-1}$，其中含 H_2SO_4 约为 96%，欲配制 $0.2 mol \cdot L^{-1}$ 溶液 1000mL，应取浓硫酸多少毫升?

(11.11mL)

11. 准确称取基准物 Na_2CO_3 0.1371g，溶于水中，用甲基橙为指示剂，标定盐酸溶液的浓度，达到滴定终点时，消耗 HCl 溶液 28.80mL，计算 HCl 溶液的浓度。

($0.08983 mol \cdot L^{-1}$)

12. 称取基准物邻苯二甲酸氢钾 0.5025g，标定 NaOH 溶液的浓度，达到滴定终点时，消耗 NaOH 溶液 25.50mL，计算 NaOH 溶液的浓度。

($0.09650 mol \cdot L^{-1}$)

13. 中和 $0.1250 mol \cdot L^{-1}$ H_2SO_4 溶液 22.53mL，需消耗 $0.2150 mol \cdot L^{-1}$ NaOH 溶液多少毫升?

(26.20mL)

14. 含有惰性杂质的 $CaCO_3$ 试样 0.2564g，若加入 40.00mL $0.2017 mol \cdot L^{-1}$ HCl 溶液使之溶解，煮沸除去 CO_2，过量的 HCl 再用 $0.1995 mol \cdot L^{-1}$ NaOH 溶液返滴，消耗 NaOH 溶液 17.12mL，计算试样中 $CaCO_3$ 的含量。

(90.81%)

15. 称取某铁矿石试样 0.1562g，经预处理后使铁元素呈 Fe^{2+} 状态，用 $0.01214 mol \cdot L^{-1}$ $K_2Cr_2O_7$ 标准溶液滴定，耗去 20.32mL，计算试样中以 Fe 和 Fe_2O_3 表示的质量分数各是多少?

(52.92%；75.66%)

16. 已知高锰酸钾溶液测 $CaCO_3$ 的滴定度 $T = 0.005005 g \cdot mL^{-1}$，求此高锰酸钾溶液的浓度及它对 H_2O_2 的滴定度。

($0.02002 mol \cdot L^{-1}$；$0.001702 g \cdot mL^{-1}$)

17. 称取 0.4830g $Na_2B_4O_7 \cdot 10H_2O$ 基准物，标定 H_2SO_4 溶液的浓度，以甲基红作指示剂，消耗 H_2SO_4 溶液 20.84mL，求 $c_{\frac{1}{2}H_2SO_4}$ 和 $c_{H_2SO_4}$。

($0.1215 mol \cdot L^{-1}$；$0.06077 mol \cdot L^{-1}$)

第四章　酸碱滴定法

知识与技能目标

1. 掌握酸碱质子理论及酸碱平衡，能够比较酸碱性的强弱。
2. 掌握水溶液中酸碱不同型体的分布及有关计算。
3. 掌握质子条件及溶液 pH 值的计算。
4. 掌握缓冲溶液的性质、作用及 pH 值的计算，了解常用的缓冲溶液。
5. 了解一元酸碱滴定过程中 pH 的变化规律及滴定曲线，掌握多元酸碱的分级滴定判据；了解指示剂的变色原理及变色范围，掌握指示剂的选择原则。
6. 掌握酸碱标准溶液的配制和标定。
7. 掌握酸碱滴定的应用及分析结果的计算。

酸碱滴定法是以酸碱反应为基础的滴定分析方法。它不仅能用于水溶液体系，也可用于非水溶液体系，故酸碱滴定法是滴定分析中广泛应用的方法之一。

由于酸碱滴定法所涉及的反应是酸碱反应，因此首先必须对酸碱平衡的基本理论进行简介，然后再重点学习酸碱滴定法的基本原理和应用。

第一节　酸碱平衡的理论基础

根据酸碱电离理论，电解质离解时所生成的阳离子全部是 H^+ 的是酸，离解时所生成的阴离子全部是 OH^- 的是碱。例如：

酸　$$HCl = H^+ + Cl^-$$

碱　$$NaOH = Na^+ + OH^-$$

酸碱发生中和反应生成盐和水：

$$NaOH + HCl = NaCl + H_2O$$

但电离理论有一定局限性，它只适用于水溶液，不适用于非水溶液，而且也不能解释有的物质（如 NH_3、CO_3^{2-} 等）不含 OH^-，但却具有碱性的事实。为了进一步认识酸碱反应的本质，现引入酸碱质子理论。

一、酸碱质子理论

1923 年，布朗斯特在酸碱电离理论的基础上，提出了酸碱质子理论。根据酸碱质子理论，凡是能给出质子（H^+）的物质是酸；凡是能接受质子的物质是碱。它们之间的关系可表示为：

$$酸 \rightleftharpoons 质子 + 碱$$

例如酸 HA 失去质子后形成酸根 A^-，它自然对质子具有一定的亲和力，故 A^- 是碱。由于一个质子的转移，HA 与 A^- 形成一对能互相转化的酸碱，称为共轭酸碱对，这种关系用下式表示：

$$\underset{酸}{HA} \rightleftharpoons \underset{质子}{H^+} + \underset{碱}{A^-}$$

又如：$HAc \rightleftharpoons H^+ + Ac^-$

$$HCl \rightleftharpoons H^+ + Cl^-$$

$$H_2CO_3 \rightleftharpoons H^+ + HCO_3^-$$

$$HCO_3^- \rightleftharpoons H^+ + CO_3^{2-}$$

$$H_2C_2O_4 \rightleftharpoons H^+ + HC_2O_4^-$$

$$NH_4^+ \rightleftharpoons H^+ + NH_3$$

$$H_2O \rightleftharpoons H^+ + OH^-$$

上式各共轭酸碱对的质子得失反应称为酸碱半反应。与氧化还原反应中的半电池反应相类似，酸碱半反应在溶液中是不能单独进行的。当一种酸给出质子时，溶液中必定有一种碱接受质子。例如，HAc 在水溶液中解离时，溶剂水就是接受质子的碱，两个酸碱对相互作用而达平衡。反应式如下：

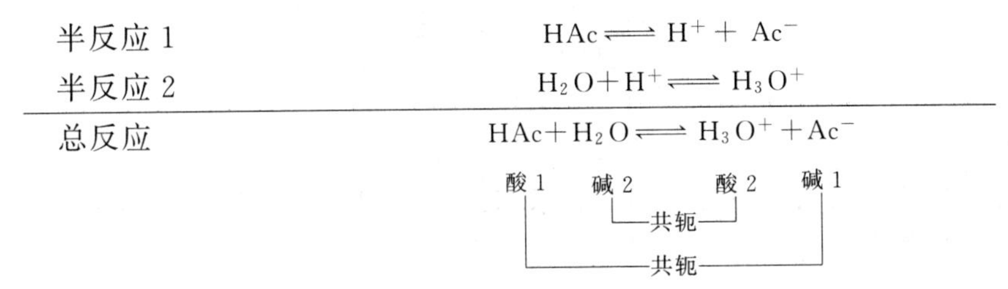

同样，碱在水溶液中接受质子的过程也必须有溶剂水分子参加。例如 NH_3 与水的反应如下：

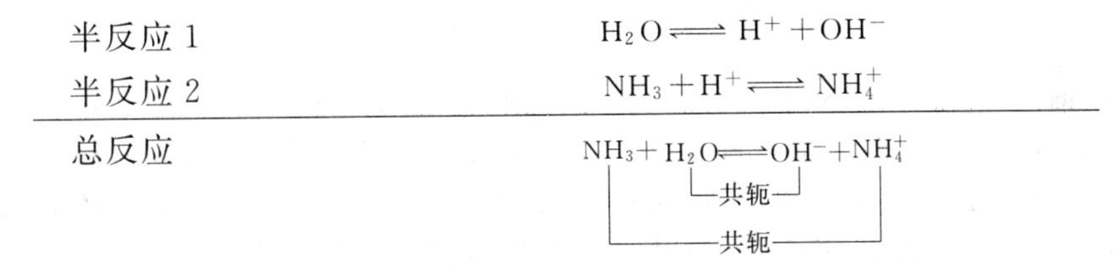

在上述两个酸碱对互相作用而达到的平衡中，H_2O 分子起的作用不相同，前一个平衡中，水充当碱；后一个平衡中，水充当酸；因此水是一种两性物质，通常称为两性溶剂。

由于水分子的两性作用，水分子之间也可以发生质子的转移作用，如下式：

$$H_2O + H_2O \rightleftharpoons H_3O^+ + OH^-$$

这种水分子之间发生的质子传递作用，称为水的质子自递反应。反应的平衡常数称为水的质子自递常数，用 K_w 表示。

$$K_w = [H_3O^+][OH^-]$$

水合质子 H_3O^+ 常常简写为 H^+，因此水的自递常数简写为：

$$K_w = [H^+][OH^-]$$

$$K_w = 10^{-14} (25℃)$$

根据酸碱质子理论，酸碱反应、盐的水解等实质上都是质子的转移过程。例如 HCl 和 NH_3 发生反应：

$$HCl + NH_3 \rightleftharpoons NH_4^+ + Cl^-$$

共轭（NH_3—NH_4^+）

共轭（HCl—Cl^-）

酸（HCl）失去质子生成相应的共轭碱 Cl^-，碱（NH_3）接受质子生成相应的共轭酸 NH_4^+，其中 HCl 和 Cl^-、NH_3 和 NH_4^+ 是两对共轭酸碱对。可见，酸碱质子理论揭示了各类酸碱反应的共同实质和特征。

二、酸碱解离平衡

根据酸碱质子理论，当酸或碱加入溶剂后，发生质子的转移过程，并产生相应的共轭碱或共轭酸。例如，HAc 在水中发生解离反应：

$$HAc + H_2O \rightleftharpoons H_3O^+ + Ac^-$$

酸解离平衡常数用 K_a 表示为：

$$K_a=\frac{[H^+][Ac^-]}{[HAc]} \qquad K_a=1.8\times10^{-5}$$

HAc的共轭碱Ac^-的解离常数K_b为：

$$Ac^- + H_2O \rightleftharpoons HAc+OH^-$$

$$K_b=\frac{[HAc][OH^-]}{[Ac^-]}$$

显然，一元共轭酸碱对的K_a和K_b有如下关系：

$$K_aK_b=\frac{[H^+][Ac^-]}{[HAc]}\times\frac{[HAc][OH^-]}{[Ac^-]}$$

$$=[H^+][OH^-]$$

则25℃时，

$$K_aK_b=K_w=10^{-14} \tag{4-1}$$

例1 已知NH_3的$K_b=1.8\times10^{-5}$，求NH_3的共轭酸NH_4^+的K_a为多少？

解 NH_3的共轭酸为NH_4^+，它与H_2O的反应

$$NH_4^+ + H_2O \rightleftharpoons H_3O^+ + NH_3$$

$$K_a=\frac{K_w}{K_b}=\frac{10^{-14}}{1.8\times10^{-5}}=5.6\times10^{-10}$$

酸碱的强弱取决于酸碱本身给出质子或接受质子能力的强弱。物质给出质子的能力越强，其酸性就越强；反之就越弱。同样，物质接受质子的能力越强，其碱性就越强；反之就越弱。酸碱的解离常数K_a、K_b（见附录一）的大小可以定量地说明酸或碱的强弱程度。

在共轭酸碱对中，如果酸越易给出质子，酸性越强，则其共轭碱对质子的亲和力越弱，就不容易接受质子，其碱性就越弱。如$HClO_4$、H_2SO_4、HCl、HNO_3都是强酸，它们在水溶液中给出质子的能力很强，$K_a\gg1$，但它们相应的共轭碱几乎没有能力从H_2O中夺取质子转化为共轭酸，K_b小到无法测出。这些共轭碱都是极弱的碱。而NH_4^+、HS^-的K_a分别为5.6×10^{-10}、7.1×10^{-15}，是弱酸，它们的共轭碱NH_3是较强的碱，S^{2-}则是强碱。

对于多元酸，它们在水溶液中是分级解离的，存在多个共轭酸碱对，这些共轭酸碱对的K_a和K_b之间也有一定的对应关系。例如，二元酸$H_2C_2O_4$分两步解离：

$$H_2C_2O_4 \rightleftharpoons H^+ + HC_2O_4^- \qquad K_{a1}=\frac{[H^+][HC_2O_4^-]}{[H_2C_2O_4]}$$

$$HC_2O_4^- \rightleftharpoons H^+ + C_2O_4^{2-} \qquad K_{a2}=\frac{[H^+][C_2O_4^{2-}]}{[HC_2O_4^-]}$$

相应的$C_2O_4^{2-}$也进行两步水解：

$$C_2O_4^{2-} + H_2O \rightleftharpoons HC_2O_4^- + OH^- \qquad K_{b1}=\frac{[HC_2O_4^-][OH^-]}{[C_2O_4^{2-}]}$$

$$HC_2O_4^- + H_2O \rightleftharpoons H_2C_2O_4 + OH^- \qquad K_{b2}=\frac{[H_2C_2O_4][OH^-]}{[HC_2O_4^-]}$$

由上述平衡可得：

$$K_{a1}K_{b2}=K_{a2}K_{b1}=[H^+][OH^-]=K_w \tag{4-2}$$

对于三元酸，同样可得到如下关系：

$$K_{a1}K_{b3}=K_{a2}K_{b2}=K_{a3}K_{b1}=[H^+][OH^-]=K_w \tag{4-3}$$

例2 试求HPO_4^{2-}的共轭碱PO_4^{3-}的K_{b1}为多少？已知$K_{a1}=7.6\times10^{-3}$，$K_{a2}=6.3\times10^{-8}$，$K_{a3}=4.4\times10^{-13}$

解：PO_4^{3-}水解平衡式为

$$PO_4^{3-} + H_2O \rightleftharpoons HPO_4^{2-} + OH^- \quad 平衡常数为K_{b1}$$

根据 $K_{a3}K_{b1}=K_w$

$$K_{b1}=\frac{K_w}{K_{a3}}=\frac{10^{-14}}{4.4\times10^{-13}}=2.3\times10^{-2}$$

例 3 比较相同浓度的 NH_3、CO_3^{2-} 和 S^{2-} 的碱性强弱及它们的共轭酸的酸性强弱。已知 H_2CO_3：$K_{a1}=4.2\times10^{-7}$，$K_{a2}=5.6\times10^{-11}$；

H_2S：$K_{a1}=1.3\times10^{-7}$，$K_{a2}=7.1\times10^{-15}$

解：已知 NH_3 的 $K_b=1.8\times10^{-5}$。NH_3 的共轭酸 NH_4^+ 的 K_a 为

$$K_a=\frac{K_w}{K_b}=\frac{10^{-14}}{1.8\times10^{-5}}=5.6\times10^{-10}$$

CO_3^{2-}、S^{2-} 均是二元碱，与水反应

$$CO_3^{2-}+H_2O \rightleftharpoons HCO_3^-+OH^-$$

$$S^{2-}+H_2O \rightleftharpoons HS^-+OH^-$$

可用 K_{b1}衡量其碱性。$K_{b1}(CO_3^{2-})=\frac{K_w}{K_{a2}}=\frac{10^{-14}}{5.6\times10^{-11}}=1.8\times10^{-4}$

$$K_{b1}(S^{2-})=\frac{K_w}{K_{a2}}=\frac{10^{-14}}{7.1\times10^{-15}}=1.4$$

CO_3^{2-} 的共轭酸为 HCO_3^-，用 $K_{a2}=5.6\times10^{-11}$衡量其酸性；

S^{2-} 的共轭酸为 HS^-，用 $K_{a2}=7.1\times10^{-15}$衡量其酸性。

为便于比较，将有关数据列成下表：

共轭酸碱对	K_a	K_b
NH_4^+-NH_3	5.6×10^{-10}	1.8×10^{-5}
HCO_3^--CO_3^{2-}	5.6×10^{-11}	1.8×10^{-4}
HS^--S^{2-}	7.1×10^{-15}	1.4

可见，这三种碱的强度顺序为：

$$S^{2-}>CO_3^{2-}>NH_3$$

而它们的共轭酸的强度顺序恰好相反，为：

$$NH_4^+>HCO_3^->HS^-$$

多元酸或碱在水溶液中是一种复杂的酸碱平衡，计算这些酸碱平衡常数时，要注意它们的对应关系。

阅读材料 酸碱理论的发展

1. 酸碱电离理论

瑞典科学家阿伦尼乌斯（Arrhenius）于 1987 年提出了酸碱电离理论。在酸碱电离理论中，酸碱的定义是：凡在水溶液中电离生成的阳离子全都是 H^+ 的物质叫做酸；在水溶液中电离生成的阴离子全都是 OH^- 的物质叫做碱；酸碱中和反应的实质是 H^+ 和 OH^-结合生成 H_2O。Arrhenius 的电离学说，使人们对酸碱的认识发生了一个飞跃。酸碱电离理论在水溶液中是成功的，由于水溶液中 H^+ 和 OH^- 的浓度是可以测量的，所以这一理论第一次从定量的角度来描写酸碱的性质和它们在化学反应中的行为，酸碱电离理论适用于 pH 计算、电离度计算、缓冲溶液计算、溶解度计算等，而且计算的精确度相对较高，所以至今仍然是一个非常实用的理论。但其在非水体系中的适用性，却受到了挑战。

2. 酸碱溶剂理论

富兰克林（Franklin）于1905年提出酸碱溶剂理论（简称溶剂论），溶剂论的基础仍是阿氏的电离理论，只不过它以溶剂的电离为基准来论证物质的酸碱性。其内容是：凡是在溶剂中产生该溶剂的特征阳离子的溶质叫酸，产生该溶剂的特征阴离子的溶质叫碱。酸碱溶剂理论中，酸和碱并不是绝对的，在一种溶剂中的酸，在另一种溶剂中可能是一种碱。富兰克林把以水为溶剂的个别现象，推广到适用更多溶剂的一般情况，因此大大扩展了酸和碱的范围。但溶剂论对于一些不电离的溶剂以及无溶剂的酸碱体系，则无法说明。

3. 酸碱质子理论

酸碱电离理论无法解释非电离溶剂中的酸碱性质。针对这一点，1923年，丹麦化学家布朗斯特（J. N. Brönsted）与英国化学家劳莱（T. M. Lorry）分别独立地提出了酸碱质子理论。他们认为，酸是能够给出质子（H^+）的物质，碱是能够接收质子（H^+）的物质。可见，酸给出质子后生成相应的碱，而碱结合质子后又生成相应的酸。酸碱之间的这种依赖关系称为共轭关系。相应的一对酸碱被称为共轭酸碱对。酸碱反应的实质是两个共轭酸碱对的结合，质子从一种酸转移到另一种碱的过程。同时它也解释了非水溶剂中的酸碱反应。但是，质子理论也有局限性，它只限于质子的给予和接受，对于无质子参与的酸碱反应就无能为力了。

4. 酸碱电子理论

1923年，美国化学家路易斯（G. N. Lewies）不受电离学说的束缚，结合酸碱的电子结构，从电子对的配给和接受出发，提出了酸碱电子理论。他是共价键理论的创建者，所以他更愿意用结构上的性质来区别酸碱。电子理论的焦点是电子对的配给和接受，他认为：碱是具有孤对电子的物质，这对电子可以用来使别的原子形成稳定的电子层结构；酸则是能接受电子对的物质，它利用碱所具有的孤对电子使其本身的原子达到稳定的电子层结构。酸碱反应的实质是碱的未共用电子对通过配位键跃迁到酸的空轨道中，生成酸碱配合物的反应。这一理论使酸碱理论脱离了氢元素的束缚，使酸碱理论的范围更加扩大。

5. 软硬酸碱理论

在Lewies酸碱理论的基础上，人们发现了更为重要的软硬酸碱理论。1963年，美国化学家皮尔松（R. G. Pearson）以Lewies酸碱为基础，把Lewies酸碱分为软、硬两大类。把体积小、正电荷高、极化力差的，也就是外层电子控制的紧的称为硬酸；把体积大、正电荷低或等于零、极化力高的，也就是外层电子控制的松的称为软酸。介于软硬酸碱之间的称为交界酸碱。

第二节　水溶液中酸碱组分不同型体的分布

在弱酸（碱）的平衡体系中，一种物质可能以多种型体存在。各存在形式的浓度称为平衡浓度，各平衡浓度之和称为总浓度或分析浓度。某一存在形式占总浓度的分数，称为该存在形式的分布分数，用符号δ表示。各存在型体平衡浓度的大小由溶液氢离子浓度所决定，因此每种型体的分布分数也随着溶液氢离子浓度的变化而变化。分布分数δ与溶液pH之间的关系曲线称为分布曲线。学习分布曲线，可以帮助我们深入理解酸碱滴定、配位滴定、沉淀反应等过程，并且对于反应条件的选择和控制具有指导意义。现分别对一元弱酸、二元弱酸、三元弱酸分布分数的计算及其分布曲线进行讨论。

一、一元弱酸的分布

以 HAc 为例。设 c_{HAc} 为 HAc 的总浓度，[HAc]、[Ac^-] 分别为 HAc、Ac^- 的平衡浓度，δ_{HAc}、δ_{Ac^-} 分别为 HAc、Ac^- 的分布分数。根据定义，

$$c_{HAc}=[HAc]+[Ac^-]$$

$$\delta_{HAc}=\frac{[HAc]}{c_{HAc}}=\frac{[HAc]}{[HAc]+[Ac^-]}=\frac{1}{1+[Ac^-]/[HAc]}$$

因为　$K_a=\frac{[H^+][Ac^-]}{[HAc]}$，则 $[Ac^-]/[HAc]=\frac{K_a}{[H^+]}$

所以

$$\delta_{HAc}=\frac{1}{1+K_a/[H^+]}=\frac{[H^+]}{[H^+]+K_a} \tag{4-4}$$

同理可得：

$$\delta_{Ac^-}=\frac{K_a}{[H^+]+K_a} \tag{4-5}$$

显然，各存在型体分布分数之和等于 1，即：

$$\delta_{HAc}+\delta_{Ac^-}=1$$

例 4　已知 $c_{HAc}=1.0\times10^{-2}\,mol\cdot L^{-1}$。

(1) 当 pH＝4.0 时，问此溶液中主要型体是什么？其浓度为多少？

(2) 当 pH＝4.75 时，HAc 和 Ac^- 的分布分数各为多少？

解： 已知 $[H^+]=1.0\times10^{-4}\,mol\cdot L^{-1}$，$K_a=1.8\times10^{-5}=10^{-4.75}$。

根据式(4-4)、式(4-5) 可计算。

(1) pH＝4.0 时，$\delta_{HAc}=\frac{1.0\times10^{-4}}{1.0\times10^{-4}+1.8\times10^{-5}}=0.85$

$$\delta_{Ac^-}=\frac{1.8\times10^{-5}}{1.0\times10^{-4}+1.8\times10^{-5}}=0.15$$

可见，pH＝4.0 时，溶液中的主要型体是 HAc，其浓度为：

$[HAc]=1.0\times10^{-2}\times0.85=8.5\times10^{-3}(mol\cdot L^{-1})$

(2) pH＝4.75 时，$[H^+]=10^{-4.75}=1.8\times10^{-5}=K_a$

$$\delta_{HAc}=\delta_{Ac^-}=\frac{1.8\times10^{-5}}{1.8\times10^{-5}+1.8\times10^{-5}}=0.5$$

如果以 pH 值为横坐标，δ_{HAc}、δ_{Ac^-} 为纵坐标作图，得到如图 4-1 所示 HAc 的分布曲线。

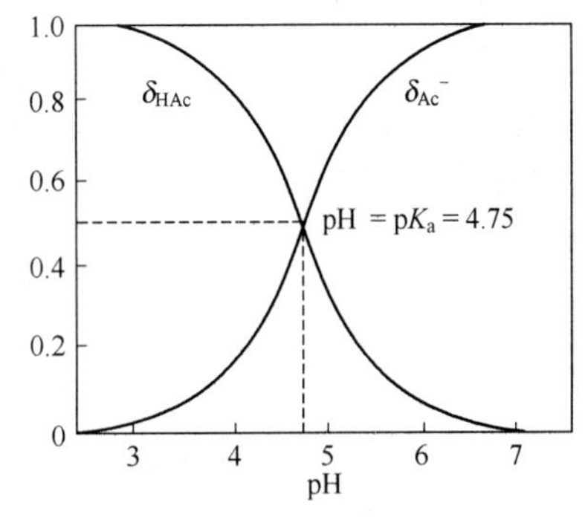

图 4-1　HAc、Ac^- 分布分数与溶液 pH 的关系曲线

从图 4-1 中可以看到：

当 pH＜pK_a，HAc 为主要存在型体；

当 pH＞pK_a，Ac^- 为主要存在型体；

当 pH＝pK_a，HAc 与 Ac^- 各占一半，两种型体的分布分数均为 0.5。

二、二元弱酸的分布

二元弱酸在溶液中有三种存在形式，例如 $H_2C_2O_4$ 在水溶液中有 $H_2C_2O_4$、$HC_2O_4^-$ 和 $C_2O_4^{2-}$ 三种型体。设草酸的总浓度为 $c_{H_2C_2O_4}$，则其应等于三种型体平衡浓度之和：

$$c_{H_2C_2O_4}=[H_2C_2O_4]+[HC_2O_4^-]+[C_2O_4^{2-}]$$

根据分布分数定义：

$$\begin{aligned}\delta_{H_2C_2O_4}&=\frac{[H_2C_2O_4]}{c_{H_2C_2O_4}}\\&=\frac{[H_2C_2O_4]}{[H_2C_2O_4]+[HC_2O_4^-]+[C_2O_4^{2-}]}\\&=\frac{1}{1+\frac{[HC_2O_4^-]}{[H_2C_2O_4^-]}+\frac{[C_2O_4^{2-}]}{[H_2C_2O_4]}}\\&=\frac{1}{1+K_{a1}/[H^+]+(K_{a1}K_{a2}/[H^+]^2)}\\&=\frac{[H^+]^2}{[H^+]^2+K_{a1}[H^+]+K_{a1}K_{a2}}\end{aligned}\tag{4-6}$$

同理可得：

$$\delta_{HC_2O_4^-}=\frac{K_{a1}[H^+]}{[H^+]^2+K_{a1}[H^+]+K_{a1}K_{a2}}\tag{4-7}$$

$$\delta_{C_2O_4^{2-}}=\frac{K_{a1}K_{a2}}{[H^+]^2+K_{a1}[H^+]+K_{a1}K_{a2}}\tag{4-8}$$

显然，$\delta_{H_2C_2O_4}+\delta_{HC_2O_4^-}+\delta_{C_2O_4^{2-}}=1$。

以 $\delta_{H_2C_2O_4}$、$\delta_{HC_2O_4^-}$、$\delta_{C_2O_4^{2-}}$ 值为纵坐标，以 pH 值为横坐标，可得到图 4-2 所示 $H_2C_2O_4$ 的分布曲线。

由图 4-2 可知：

当 $pH<pK_{a1}$，$H_2C_2O_4$ 为主要存在型体；

当 $pH>pK_{a2}$，$C_2O_4^{2-}$ 为主要存在型体；

当 $pK_{a1}<pH<pK_{a2}$，$HC_2O_4^-$ 为主要存在型体。

分布曲线很直观地反映存在型体与溶液 pH 的关系，在选择反应条件时，可以按所需组分查图，即可得到相应的 pH 值。例如，欲测定 Ca^{2+}，用 $C_2O_4^{2-}$ 为沉淀剂，根据图 4-2 可知，在 $pH\geqslant5.0$ 时，$C_2O_4^{2-}$ 为主要存在型体，有利于沉淀形成，所以应使溶液的 $pH\geqslant5.0$。

例 5 计算 pH＝5.0 时，$0.10mol\cdot L^{-1}$ 草酸溶液中 $C_2O_4^{2-}$ 的浓度。

解：根据式(4-8)，

$$\begin{aligned}\delta_{C_2O_4^{2-}}&=\frac{K_{a1}K_{a2}}{[H^+]^2+K_{a1}[H^+]+K_{a1}K_{a2}}\\&=\frac{5.9\times10^{-2}\times6.4\times10^{-5}}{(10^{-5})^2+5.9\times10^{-2}\times10^{-5}+5.9\times10^{-2}\times6.4\times10^{-5}}\\&=0.86\end{aligned}$$

$$[C_2O_4^{2-}]=\delta_{C_2O_4^{2-}}c_{H_2C_2O_4}=0.86\times0.10mol\cdot L^{-1}=0.086\ (mol\cdot L^{-1})$$

三、三元弱酸的分布

三元弱酸如 H_3PO_4 在溶液中有 H_3PO_4、$H_2PO_4^-$、HPO_4^{2-}、PO_4^{3-} 四种型体存在，情况要复杂一些，同理可推导出：

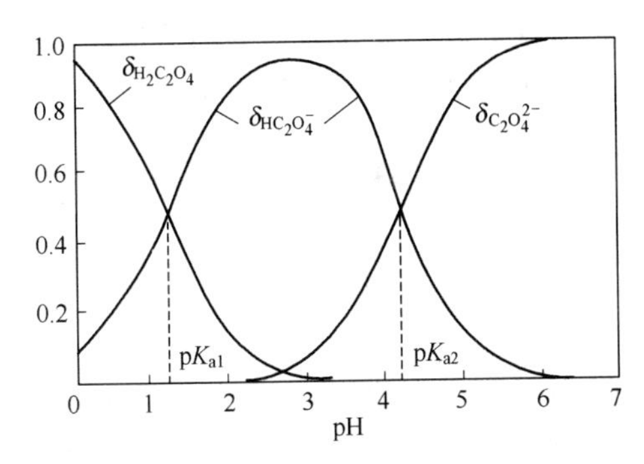

图 4-2　草酸溶液中各种存在形式的分布分数与溶液 pH 的关系曲线

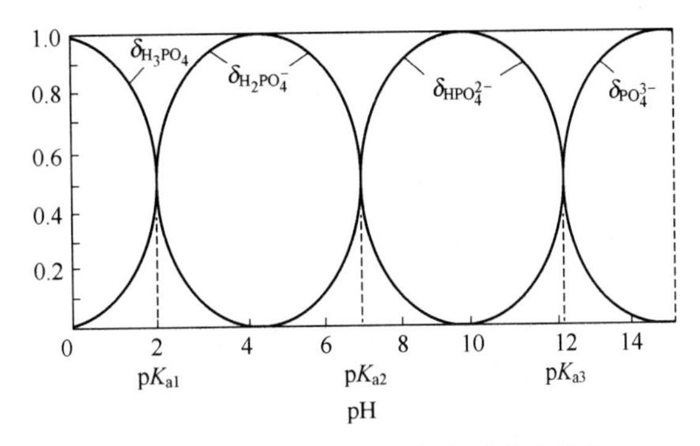

图 4-3　磷酸溶液中各种存在形式的分布分数与溶液 pH 的关系曲线

$$\delta_{H_3PO_4}=\frac{[H^+]^3}{[H^+]^3+K_{a1}[H^+]^2+K_{a1}K_{a2}[H^+]+K_{a1}K_{a2}K_{a3}} \tag{4-9}$$

其余三种型体的分布分数计算式读者可参照二元弱酸情况自行推出。

H_3PO_4 溶液中各种存在型体的分布曲线情况较复杂，如图 4-3 所示。

其他多元酸的分布分数可照此类推。

阅读材料　离线分析和在线分析

对工业生产过程中的产品质量检验，一般可采用离线分析和在线分析两种检验方法。离线分析通常也称作例行分析或常规分析，是将试样采集后，转到化验室再进行分析测定。它对生产过程中的原材料、最终产品的质量检验，是一种行之有效的分析方法。在线分析也称过程控制分析，是主要针对生产过程中的中间产品的特性量值进行实时检测的分析方法。

离线分析在时间上有滞后性，得到的是历史性分析数据，而在线分析得到的是实时的分析数据，能真实地反映生产过程的变化，通过反馈线路，可立即用于生产过程的控制和最优化。离线分析通常只是用于产品（包括中间产品）质量的检验，而在线分析可以进行全程质量控制，保证整个生产过程最优化。在线分析是今后生产过程控制分析的发展方向。

目前，在线分析分为四种：①间歇式在线分析。即在工艺主流程中引出一个支线，通过自动取样系统，定时将部分样品送入测量系统，直接进行检测。②连续式在线分析。让样品经过取样专用支线连续通过测量系统连续进行检测。③直接在线分析。将化学传感器直接安装在主流程中实时进行检测。④非接触在线分析。探测器不与样品接触，而是靠敏感元件把被测介质的物理性质与化学性质转换为电信号进行检测。

第三节　酸碱溶液 pH 值的计算

酸碱滴定的过程中，一般没有明显的外观现象，但溶液的 pH 不断发生变化。为揭示滴定过程中溶液 pH 的变化规律，本节首先学习几类典型酸碱溶液 pH 值的计算方法。

一、质子条件

酸碱反应的实质是物质间质子的转移过程。酸碱反应达到平衡时，酸失去质子的量等于碱得到质子的量。根据酸碱反应整个平衡体系中质子转移的严格数量关系列出的等式，称为质子条件。列出质子条件的步骤为：先选择溶液中大量存在并参与质子转移的物质作为参考水平，然后判断哪些物质得到了质子，哪些物质失去了质子，然后根据得失质子产物的平衡浓度，建立等量关系即质子条件，从而计算溶液的 $[H^+]$。

例如，在一元弱酸（HA）的水溶液中，大量存在并参加质子转移的物质是 HA 和 H_2O，整个平衡体系中的质子转移反应有以下两种。

HA 的解离反应：$HA+H_2O \rightleftharpoons H_3O^+ + A^-$

水的质子自递反应：$H_2O+H_2O \rightleftharpoons H_3O^+ + OH^-$

选择 HA 和 H_2O 作为参考水平，以参考水平 H_2O 为基准，得质子的产物是 H_3O^+（以下简化为 H^+），以 HA、H_2O 为基准，失质子的产物是 A^- 和 OH^-。根据得失质子的物质的量应该相等，则可写出质子条件如下：

$$[H^+]=[A^-]+[OH^-] \tag{4-10}$$

又如，对于 Na_2CO_3 的水溶液，存在下列反应：

$$CO_3^{2-}+H_2O \rightleftharpoons HCO_3^- + OH^-$$

$$CO_3^{2-}+2H_2O \rightleftharpoons H_2CO_3 + 2OH^-$$

$$H_2O \rightleftharpoons H^+ + OH^-$$

可以选择 CO_3^{2-} 和 H_2O 作为参考水平。将各种存在形式与参考水平相比较，可知 OH^- 为失质子的产物，而 HCO_3^-、H_2CO_3 以及第三个反应式中的 H^+（即 H_3O^+）都为得质子的产物，并且其中的 H_2CO_3 得到 2 个质子，在列出质子条件时应在 $[H_2CO_3]$ 前乘以系数 2，以使得失质子的物质的量相等。因此，Na_2CO_3 溶液的质子条件为：

$$[H^+]+[HCO_3^-]+2[H_2CO_3]=[OH^-] \tag{4-11}$$

例 6 写出 $NaHCO_3$ 水溶液的质子条件。

解： 根据参考水平的选择标准，确定 HCO_3^- 和 H_2O 为参考水平，溶液中质子转移反应有

$$HCO_3^- \rightleftharpoons H^+ + CO_3^{2-}$$

$$HCO_3^- + H_2O \rightleftharpoons H_2CO_3 + OH^-$$

$$H_2O \rightleftharpoons H^+ + OH^-$$

其中 H^+（即 H_3O^+）和 H_2CO_3 为得质子产物，CO_3^{2-} 和 OH^- 为失质子产物，则质子条件为

$$[H^+]+[H_2CO_3]=[CO_3^{2-}]+[OH^-]$$

例 7 写出 NH_4HCO_3 水溶液的质子条件。

解： 根据参考水平的选择标准，确定 HCO_3^-、NH_4^+ 和 H_2O 为参考水平，溶液中质子转移反应有

$$HCO_3^- \rightleftharpoons H^+ + CO_3^{2-}$$

$$HCO_3^- + H_2O \rightleftharpoons H_2CO_3 + OH^-$$

$$NH_4^+ \rightleftharpoons NH_3 + H^+$$

$$H_2O \rightleftharpoons H^+ + OH^-$$

其中，H^+（即 H_3O^+）和 H_2CO_3 为得质子产物，CO_3^{2-}、NH_3 和 OH^- 为失质子产物，则质子条件为

$$[H^+]+[H_2CO_3]=[CO_3{}^{2-}]+[NH_3]+[OH^-]$$

二、酸碱溶液 pH 值的计算

酸碱溶液的 pH 值除了可以用测量的方法确定外，还可以根据酸碱的浓度及其解离常数进行计算。酸碱种类较多，有强酸（碱）、弱酸（碱）、二元酸、多元酸及两性物质等，下面简要介绍几种酸碱 pH 值的计算方法。

1. 强酸（碱）溶液

强酸在水溶液中全部解离，pH 值的计算很简单，例如 0.1mol·L^{-1}的 HCl 溶液，$[H^+]=0.1mol \cdot L^{-1}$，pH=1.0。但需注意：当酸浓度甚稀时，除考虑由 HCl 解离出来的 H^+外，还要考虑水解离出来的 H^+。

2. 一元弱酸（碱）溶液

设一元弱酸 HA 的浓度为 c，其水溶液中的质子条件为：

$$[H^+]=[A^-]+[OH^-]$$

又在水溶液中存在如下平衡：

$$HA \rightleftharpoons H^+ + A^- \qquad K_a=\frac{[H^+][A^-]}{[HA]}$$

$$H_2O \rightleftharpoons H^+ + OH^- \qquad K_w=[H^+][OH^-]$$

则把$[A^-]=K_a\frac{[HA]}{[H^+]}$及$[OH^-]=K_w/[H^+]$，代入质子条件可得：

$$[H^+]=\frac{K_a[HA]}{[H^+]}+\frac{K_w}{[H^+]}$$

整理可得：

$$[H^+]=\sqrt{K_a[HA]+K_w} \qquad (4\text{-}12)$$

式(4-12) 为计算一元弱酸溶液中 $[H^+]$ 的精确公式。式中，[HA] 为 HA 的平衡浓度，需利用分布分数的公式求得，是相当麻烦的。若计算 $[H^+]$ 允许有 5%以内的误差，同时满足$c/K_a \geqslant 500$ 和 $cK_a \geqslant 20K_w$（c 表示一元弱酸的浓度）两个条件，式(4-12) 可进一步简化为：

$$[H^+]=\sqrt{cK_a} \qquad (4\text{-}13)$$

这就是计算一元弱酸 $[H^+]$ 常用的最简式。

例 8　计算 0.10mol·L^{-1}HAc 溶液的 pH 值。

解： 已知 HAc 的 1.8×10^{-5}，$c_{HAc}=0.10mol\cdot L^{-1}$，则

$$c/K_a>500，且\ cK_a>20K_w$$

故可利用最简式计算 $[H^+]$

$$[H^+]=\sqrt{cK_a}=\sqrt{0.1\times1.8\times10^{-5}}=1.34\times10^{-3}\ (mol\cdot L^{-1})$$

则　　pH=2.87

对于一元弱碱溶液，同理可得计算 $[OH^-]$ 的最简式为：

$$[OH^-]=\sqrt{cK_b} \qquad (4\text{-}14)$$

例 9　计算 0.10mol·L^{-1}NH_3 溶液的 pH 值。

解： 已知 $c=0.10mol\cdot L^{-1}$，$K_b=1.8\times10^{-5}$，则

$$c/K_b>500，且\ cK_b>20K_w$$

故可利用最简式计算 $[OH^-]$

$$[OH^-]=\sqrt{cK_b}=\sqrt{0.10\times1.8\times10^{-5}}=1.34\times10^{-3}(mol\cdot L^{-1})$$

则　　pH=14−2.87=11.13

3. 两性物质溶液

有一类物质，如 $NaHCO_3$、NaH_2PO_4、邻苯二甲酸氢钾等，在水溶液中既可给出质子显示酸性，又可接受质子显示碱性，其酸碱平衡是较为复杂的，但在计算 $[H^+]$ 时，仍可以作合理的简化处理。

以 $NaHCO_3$ 为例，其质子条件为：

$$[H^+]+[H_2CO_3]=[CO_3^{2-}]+[OH^-]$$

以平衡关系式$[H_2CO_3]=[H^+][HCO_3^-]/K_{a1}$、$[CO_3^{2-}]=K_{a2}[HCO_3^-]/[H^+]$/代入上式，并经整理得：

$$[H^+]=\sqrt{\frac{K_{a1}(K_{a2}[HCO_3^-]+K_w)}{K_{a1}+[HCO_3^-]}} \tag{4-15}$$

若$cK_{a2}\geqslant 20K_w$，且$c/K_{a1}\geqslant 20$，式(4-15) 可以简化为：

$$[H^+]=\sqrt{K_{a1}K_{a2}} \tag{4-16}$$

式(4-16) 为计算 NaHA 型两性物质溶液 pH 值常用的最简式。但应该注意，最简式只有在两性物质的浓度不是很小，$c>20K_{a1}$，且水的解离可以忽略的情况下才能应用。

例 10 计算 $0.20mol\cdot L^{-1}NaH_2PO_4$ 溶液的 pH 值。

解： 查表 H_3PO_4 的 $pK_{a1}=2.12$，$pK_{a2}=7.20$，$pK_{a3}=12.36$

对于 $0.10mol\cdot L^{-1}NaH_2PO_4$ 溶液，

$$cK_{a2}=0.20\times 10^{-7.2}\gg 20K_w$$
$$c/K_{a1}=0.20/10^{-2.12}=26.36>20$$

所以可采用式(4-16) 计算

$$[H^+]=\sqrt{K_{a1}K_{a2}}=\sqrt{10^{-2.12}\times 10^{-7.2}}=10^{-4.66}$$
$$pH=4.66$$

注意：若计算 Na_2HPO_4 溶液的 $[H^+]$，则公式中的 K_{a1}和 K_{a2}也应分别改换成 K_{a2}和 K_{a3}。

一元弱酸、两性物质溶液的 pH 值计算是最常用的。二元弱酸若只考虑第一步解离，可按一元弱酸对待。现将计算各种酸溶液 $[H^+]$ 的最简式及使用条件列于表 4-1 中。

表 4-1 计算几种酸溶液 $[H^+]$ 的最简式及使用条件

项　　目	计 算 公 式	使用条件(允许相对误差 5%)
强酸	$[H^+]=c$ $[H^+]=\sqrt{K_w}$	$c\geqslant 4.7\times 10^{-7}mol\cdot L^{-1}$ $c\leqslant 1.0\times 10^{-8}mol\cdot L^{-1}$
一元弱酸	$[H^+]=\sqrt{cK_a}$	$c/K_a\geqslant 500$ $cK_a\geqslant 20K_w$
二元弱酸	$[H^+]=\sqrt{cK_{a1}}$	$cK_{a1}\geqslant 20K_w$ $c/K_{a1}\geqslant 500$ $2K_{a2}/[H^+]\ll 0.05$
两性物质	$[H^+]=\sqrt{K_{a1}K_{a2}}$	$cK_{a2}\geqslant 20K_w$ $c/K_{a1}\geqslant 20$

阅读材料　pH 值与人体健康

正常人的内环境的酸碱度范围是 pH 在 7.35～7.45，也就是说，我们的体液应该呈现弱碱性才能保持正常的生理功能和物质代谢。如果 pH 值略低于 7.35，那就是酸性体质，是身体处于健康和疾病之间的亚健康状态，这时人体细胞的作用就会变弱，新陈代谢就会减慢，对一些脏器的功能就会造成一定的影响，时间长了，就会产生疾病。因此，酸性体质是百病之源。与碱性体质相比，酸性体质的人易滞留毒素而致病，常会感到身体疲乏、记忆力减退、思维能力下降、注意力不集中、腰酸腿痛，甚至神经衰弱。酸性体质的人还是糖尿病和高血压的高发人群。日本医学家研究表明，人体的 pH 值每下降 0.1 个单位，胰岛素的活性就下降 30%。酸性体质的人还可使血钙浓度降低，出现骨质疏松，骨病增多，有利于癌细胞的生存。高加索地区许多闻名于世的长寿村中，没有什么特别好的食物和补品，唯一不同的是那里人饮用的是微碱性的水，使他们呈碱性体质，使得血管柔软不硬化，血压偏低，脉搏正常，很少发生疾病而长寿。据说当人的体液pH值低于7时就会产生重大疾病；下降到6.9时就会变成植物人；如果只有6.7～6.8时人就会死亡。可见人体保持酸碱平衡，对健康是多么重要。

第四节　缓冲溶液

一、缓冲溶液的概念及其组成

能够抵抗外加少量强酸、强碱或稍加稀释，其自身pH不发生显著变化的性质，称为缓冲作用。具有缓冲作用的溶液称为缓冲溶液。

分析化学中要用到很多缓冲溶液，大多数是作为控制或稳定溶液酸度用的，有些则是测量其他溶液pH值时作为参照标准用的，称为标准缓冲溶液。

缓冲溶液一般由浓度较大的弱酸（或弱碱）及其共轭碱（或共轭酸）组成。如HAc-Ac^-、NH_4^+-NH_3等。由于共轭酸碱对的K_a、K_b值不同，所形成的缓冲溶液能调节和控制的pH值范围也不同，常用的缓冲溶液可控制的pH值范围参阅表4-2。

表4-2　常用的缓冲溶液

缓冲溶液名称	酸的存在形态	碱的存在形态	pK_a	可控制的pH值范围
氨基乙酸-HCl	$^+NH_3CH_2COOH$	$^+NH_3CH_2COO^-$	2.35(pK_{a1})	1.4～3.4
一氯乙酸-NaOH	$CH_2ClCOOH$	CH_2ClCOO^-	2.86	1.9～3.9
邻苯二甲酸氢钾-HCl	$C_6H_4(COOH)_2$	$C_6H_4(COO^-)(COOH)$	2.95(pK_{a1})	2.0～4.0
甲酸-NaOH	HCOOH	$HCOO^-$	3.76	2.8～4.8
HAc-NaAc	HAc	Ac^-	4.74	3.8～5.8
六亚甲基四胺-HCl	$(CH_2)_6N_4H^+$	$(CH_2)_6N_4$	5.15	4.2～6.2
NaH_2PO_4-Na_2HPO_4	$H_2PO_4^-$	HPO_4^{2-}	7.20(pK_{a2})	6.2～8.2
$Na_2B_4O_7$-HCl	H_3BO_3	$H_2BO_3^-$	9.24	8.0～9.0
NH_4Cl-NH_3	NH_4^+	NH_3	9.26	8.3～10.3
氨基乙酸-NaOH	$^+NH_3CH_2COO^-$	$NH_2CH_2COO^-$	9.60	8.6～10.6
$NaHCO_3$-Na_2CO_3	HCO_3^-	CO_3^{2-}	10.25	9.3～11.3
Na_2HPO_4-NaOH	HPO_4^{2-}	PO_4^{3-}	12.32	11.3～12.0

二、缓冲溶液pH值的计算

由弱酸HA与其共轭碱A^-组成的缓冲溶液，若用c_{HA}、c_{A^-}分别表示HA、A^-的分析浓度，可推出计算此缓冲溶液中[H^+]及pH值的最简式：

$$[H^+]=K_a\frac{c_{HA}}{c_{A^-}} \qquad pH=pK_a+\lg\frac{c_{A^-}}{c_{HA}}$$

即对于形成缓冲溶液的一对共轭酸碱对，若用c_a表示酸的浓度，c_b表示相应共轭碱的浓度则有：

$$[H^+]=K_a\frac{c_{酸}}{c_{共轭碱}}=K_a\frac{c_a}{c_b} \qquad pH=pK_a+\lg\frac{c_b}{c_a} \tag{4-17}$$

例11　某缓冲溶液含有0.10mol·L^{-1}HAc和0.20mol·L^{-1}NaAc，试问此时pH值为多少？

解：已知HAc的pK_a=4.74，根据式(4-17)计算公式可得

$$pH=pK_a+\lg\frac{c_b}{c_a}=4.74+\lg\frac{0.20}{0.10}=5.04$$

例 12 计算 0.10mol·$L^{-1}NH_4Cl$ 和 0.20mol·$L^{-1}NH_3$ 缓冲溶液的 pH 值。

解：已知 NH_3 的 $K_b=1.8\times10^{-5}$，所以 NH_4^+ 的 $K_a=K_w/K_b=5.6\times10^{-10}$，则

$$pH=pK_a+\lg\frac{c_b}{c_a}=9.26+\lg\frac{0.20}{0.10}=9.56$$

在高浓度的强酸强碱溶液中，由于 H^+ 或 OH^- 的浓度本来就很高，外加的少量酸或碱不会对溶液的酸度产生太大的影响。在这种情况下，强酸（pH<2）、强碱（pH>12）也就是缓冲溶液。

三、缓冲容量及范围

各种缓冲溶液具有不同的缓冲能力，其大小可用缓冲容量来衡量。缓冲容量是使 1L 缓冲溶液的 pH 值改变 1 个单位所需要加入强酸（或强碱）的物质的量。

缓冲溶液的缓冲容量越大，其缓冲能力越强。缓冲容量的大小与产生缓冲作用组分的浓度有关，其浓度越高，缓冲容量越大。此外，也与缓冲溶液中各组分浓度的比值有关，如果缓冲组分的总浓度一定，缓冲组分的浓度比值为 1∶1 时，缓冲容量最大。在实际应用中，常采用弱酸及其共轭碱的组分浓度比为 $c_a:c_b=10:1$ 和 $c_a:c_b=1:10$ 作为缓冲溶液 pH 值的缓冲范围。由计算可知：

当 $c_a:c_b=10:1$ 时，$pH=pK_a-1$；

当 $c_a:c_b=1:10$ 时，$pH=pK_a+1$。

因而缓冲溶液 pH 的缓冲范围为 $pH=pK_a\pm1$。例如，HAc-NaAc 缓冲范围为 pH＝4.74±1，即 pH＝3.74～5.74 为 HAc-NaAc 溶液的缓冲范围。又如，NH_4Cl-NH_3 可在 pH＝8.26～10.26 范围内起到缓冲作用。

标准缓冲溶液的 pH 值是在一定温度下经过准确的实验测得的。目前国际上规定的标准缓冲溶液有四种，见附录二，在某些分析中要严格控制酸度条件时，需要用标准缓冲溶液来监测。

常用缓冲溶液种类很多，要根据实际情况，选用不同的缓冲溶液。注意所选用的缓冲溶液应对分析过程没有干扰，所需控制的 pH 值应在缓冲溶液的缓冲范围之内，缓冲组分的浓度也应在 0.01～1mol·L^{-1}之间，以保证足够的缓冲容量。

缓冲溶液的配制可参考有关手册或参考书上的配方，也可根据计算结果进行配制。

阅读材料　人体血液中的缓冲溶液及其作用

人体细胞必须处在合适的氢离子浓度范围内，才能完成它们的正常生理活动。但是，在生命活动的组织细胞代谢过程中，体内不可避免地不断生产大量含酸性的代谢产物和少量碱性产物。此外，也有相当数量的酸性物质和碱性物质随食物或药物进入人体内。而正常人血浆的 pH 值却相当恒定，血液之所以具有缓冲作用，是因为血液是一种很好的缓冲溶液。血液中存在很多缓冲体系。在这些缓冲体系中，碳酸氢盐缓冲体系（H_2CO_3-HCO_3^-）在血液中浓度很高，对维持血液正常 pH 值有重要作用。其次红细胞中的血红蛋白和氧合血红蛋白缓冲系也很重要。这些缓冲系中的共轭酸（如 H_2CO_3）起抗碱作用，共轭碱（如 HCO_3^-）起抗酸作用，使 pH 值保持正常。比如说，当人体内各组织和细胞在代谢中产生的酸进入血液时，血液中 H_2CO_3-HCO_3^- 缓冲系的共轭碱 HCO_3^- 就和 H^+ 反应，并转变为共轭酸 H_2CO_3 及 CO_2，H_2CO_3 解离平衡向左移动。因碳酸仅轻度解离，所以，等于把加入的 H^+ 从溶液中有效地除去，维持 pH 值基本不变。而溶解的 CO_2 转变为气相 CO_2 从肺部呼出。如果代谢产生的碱进入血液，则上述血液中的解离平衡向右移动，从而抑制 pH 值的升高。而血液中升高的 HCO_3^- 的浓度可通过肾脏功能的调节使其浓度降低。

血液中其他缓冲系的抗酸抗碱作用和 H_2CO_3-HCO_3^- 缓冲作用的原理相似。当产生 CO_2 过多时，主要是通过血红蛋白和氧合血红蛋白运送到肺部排出，或通过磷酸缓冲系使 CO_2 的浓度降低。至于降低的 HCO_3^- 的浓度也可以通过肾脏功能的调节使其在血液中的浓度升高，从而使 [CO_2]、[HCO_3^-] 和[HCO_3^-]/[CO_2](溶解) 都恢复正常。肺呼吸快些或慢些可调节 CO_2 的量或酸量（呼吸慢则 CO_2 积蓄）；而肾的功能之一是调节血液中 HCO_3^- 的浓度及磷酸盐缓冲系的含量。总之，血液 pH 值能保持正常范围，是多种缓冲对的缓冲作用以及有效的生理调节作用的结果。

第五节　酸碱指示剂

一、酸碱指示剂的作用原理

酸碱指示剂一般是一些结构复杂的有机弱酸或弱碱，其共轭酸碱具有不同的颜色。当溶液的 pH 变化时，酸式失去质子转变为碱式，或碱式得到质子转化为酸式，因其酸式及碱式具有不同的颜色，所以结构上的变化将引起颜色的变化。例如，酚酞指示剂是一种有机弱酸，用 HIn 表示，它在水溶液中发生如下解离作用和颜色变化：

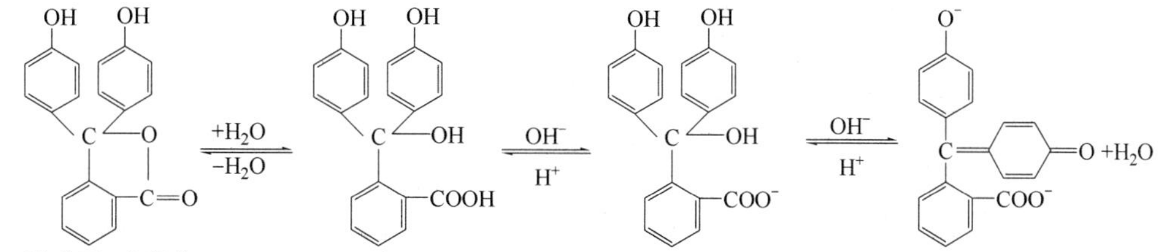

无色分子(内酯式) $\underset{-H_2O}{\overset{+H_2O}{\rightleftharpoons}}$ 无色 $\underset{H^+}{\overset{OH^-}{\rightleftharpoons}}$ 无色离子 $\underset{H^+}{\overset{OH^-}{\rightleftharpoons}}$ 红色离子 $+H_2O$

这个变化过程是可逆的，当 OH^- 浓度增大时，平衡向右移动，酚酞由无色分子变为红色离子；当 H^+ 浓度增大时，平衡向左移动，酚酞由红色离子最终变成无色分子。在这里，还需注意：酚酞在浓碱溶液中，会转变成羧酸盐式的离子结构，也呈现无色。酚酞指示剂在 pH=8.0～10.0 时，它由无色逐渐变为红色。常将指示剂颜色变化的 pH 区间称为“变色范围”。

甲基橙是一种有机弱碱，它在水溶液中有如下解离平衡和颜色变化：

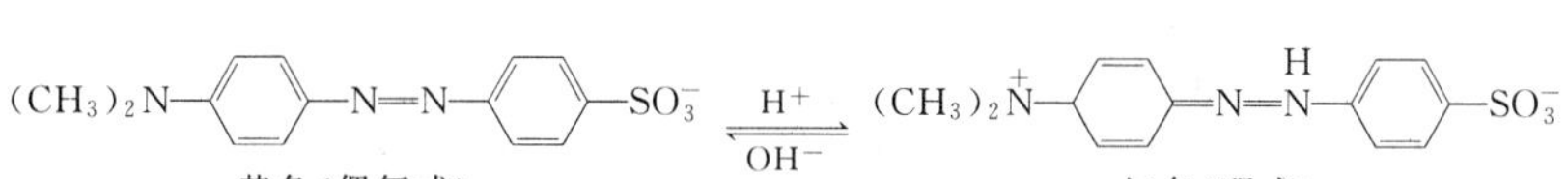

$(CH_3)_2N$—⟨苯环⟩—N=N—⟨苯环⟩—SO_3^- $\underset{OH^-}{\overset{H^+}{\rightleftharpoons}}$ $(CH_3)_2\overset{+}{N}$=⟨醌环⟩=N—NH—⟨苯环⟩—SO_3^-

黄色(偶氮式)　　　　红色(醌式)

由平衡关系可见，当溶液中 H^+ 浓度增大时，反应向右移动，甲基橙主要以醌式存在，呈现红色；当溶液中 OH^- 浓度增大时，则平衡向左移动，以偶氮式存在，呈现黄色。当溶液的 pH<3.1 时，甲基橙为红色，pH>4.4，则为黄色，因此 pH=3.1～4.4 为甲基橙的变色范围。

二、指示剂的变色范围

为了进一步说明指示剂颜色变化与酸度的关系，现以 HIn 表示指示剂酸式，以 In^- 代表指示剂碱式，在溶液中指示剂的解离平衡用下式表示：

$$\underset{(酸式色)}{HIn} \rightleftharpoons \underset{(碱式色)}{H^+ + In^-}$$

$$K_{HIn}=[H^+]\frac{[In^-]}{[HIn]}$$

或

$$\frac{K_{HIn}}{[H^+]}=\frac{[In^-]}{[HIn]}$$

式中，K_{HIn}为指示剂的解离常数。由上式可知，溶液的颜色由$\frac{[In^-]}{[HIn]}$来决定，此比值与K_{HIn}和［H^+］有关。在一定温度下，K_{HIn}为一常数，因此$\frac{[In^-]}{[HIn]}$仅为［H^+］的函数，即［H^+］发生改变，$\frac{[In^-]}{[HIn]}$随之改变。由于人辨别颜色的能力有限，一般说来，当$\frac{[In^-]}{[HIn]}\geqslant 10$，观察到的是碱式 In^- 的颜色；当$\frac{[In^-]}{[HIn]}\leqslant\frac{1}{10}$，观察到的是酸式 HIn 的颜色。当$10>\frac{[In^-]}{[HIn]}>\frac{1}{10}$时，指示剂呈混合色，在该范围内，$\frac{[In^-]}{[HIn]}$变化所引起溶液的颜色变化人眼一般难以辨别。

$$当\frac{[In^-]}{[HIn]}\geqslant 10时，pH\geqslant pK_{HIn}+1$$

$$当\frac{[In^-]}{[HIn]}\leqslant\frac{1}{10}时，pH\leqslant pK_{HIn}-1$$

把 $pH=pK_{HIn}\pm 1$ 称为指示剂变色的 pH 范围。当$\frac{[In^-]}{[HIn]}=1$，两者浓度相等，溶液表现出酸式色和碱式色的中间颜色，此时 $pH=pK_{HIn}$，称为指示剂的理论变色点。

由上述讨论可知，指示剂的理论变色范围为 $pH=pK_{HIn}\pm 1$，为 2 个 pH 单位，但实际观察到的大多数指示剂的变化范围小于 2 个 pH 单位，且指示剂的理论变色点不是变色范围的中间点。这是由于人们对不同颜色的敏感程度的差别造成的。另外，溶液的温度也影响指示剂的变色范围。

常用的酸碱指示剂列于表 4-3。

表 4-3　常用的酸碱指示剂

指示剂	酸式色	碱式色	pK_a	变色范围(pH)	用法
百里酚蓝(第一次变色)	红色	黄色	1.6	1.2～2.8	0.1%的 20%乙醇
甲基黄	红色	黄色	3.3	2.9～4.0	0.1%的 90%乙醇
甲基橙	红色	黄色	3.4	3.1～4.4	0.05%的水溶液
溴酚蓝	黄色	紫色	4.1	3.1～4.6	0.1%的 20%乙醇或其钠盐
溴甲酚绿	黄色	蓝色	4.9	3.8～5.4	0.1%水溶液，每 100mg 指示剂加 $0.05mol\cdot L^{-1}$ NaOH 9mL
甲基红	红色	黄色	5.2	4.4～6.2	0.1%的 60%乙醇或其钠盐水溶液
溴百里酚蓝	黄色	蓝色	7.3	6.0～7.6	0.1%的 20%乙醇或其钠盐水溶液
中性红	红色	黄橙色	7.4	6.8～8.0	0.1%的 60%乙醇
酚红	黄色	红色	8.0	6.7～8.4	0.1%的 60%乙醇或其钠盐水溶液
百里酚蓝(第二次变色)	黄色	蓝色	8.9	8.0～9.6	0.1%的 20%乙醇
酚酞	无色	红色	9.1	8.0～9.6	0.1%的 90%乙醇
百里酚酞	无色	蓝色	10.0	9.4～10.6	0.1%的 90%乙醇

三、使用酸碱指示剂时应注意的问题

1. 指示剂的用量

滴定分析中，指示剂加入量的多少也会影响变色的敏锐程度。况且指示剂本身就是有机弱酸或弱碱，也要消耗滴定剂，影响分析结果的准确度。因此，一般地讲，指示剂用量应适当少一些，变色会明显一些，引入的误差也小一些。

2. 溶液的温度

指示剂的变色范围为 $pH=pK_{HIn}\pm 1$，当溶液的温度变化时，指示剂的 pK_{HIn} 随之变化，指示剂变色范围也将改变。例如，10℃时，甲基橙的变色范围为 3.1～4.4，而 100℃时，则为 2.5～3.7。一般酸碱滴定在常温下进行。

3. 颜色变化易于识别

由于深色较浅色明显，所以当溶液由浅色变为深色时，肉眼容易辨别出来。例如，酸滴定碱时选用甲基橙为指示剂，终点颜色由黄色变为橙色，颜色转变敏锐。同样，用碱滴定酸时，选用酚酞为指示剂，终点颜色由无色变为红色比较敏锐。

4. 溶剂

指示剂在不同的溶剂中其 pK_{HIn} 是不同的。例如，甲基橙在水溶液 $pK_{HIn}=3.4$，在甲醇中 $pK_{HIn}=3.8$，因此指示剂在不同的溶剂中具有不同的变色范围。

四、混合指示剂

在酸碱滴定中，有时需要将滴定终点控制在很窄的 pH 范围内，此时可采用混合指示剂。混合指示剂有两类：一类是由两种或两种以上的指示剂混合而成，利用颜色的互补作用，使指示剂变色范围变窄，变色更敏锐，有利于终点的判断，减少滴定误差，提高分析的准确度。例如，溴甲酚绿（$pK_a=4.9$）和甲基红（$pK_a=5.2$）两者按 3∶1 混合后，在 $pH<5.1$ 的溶液中呈酒红色，而在 $pH>5.1$ 的溶液中呈绿色，且变色非常敏锐。另一类混合指示剂是在某种指示剂中加入另一种惰性染料组成。例如，采用中性红与亚甲基蓝混合而配制的指示剂，当配比为 1∶1 时，混合指示剂在 pH=7.0 时呈现蓝紫色，其酸色为蓝紫色，碱色为绿色，变色也很敏锐。

常用的几种混合指示剂列于表 4-4。

表 4-4 几种常用的混合指示剂

指示剂组成	变色点(pH)	酸式色	碱式色	备注
1 份 0.1%甲基橙水溶液 1 份 0.25%靛蓝磺酸钠水溶液	4.1	紫	黄绿	pH=4.1 灰色
3 份 0.1%溴甲酚绿乙醇溶液 1 份 0.2%甲基红乙醇溶液	5.1	酒红	绿	pH=5.1 灰色
1 份 0.1%溴甲酚绿钠盐水溶液 1 份 0.1%氯酚红钠盐水溶液	6.1	黄绿	蓝紫	
1 份 0.1%中性红乙醇溶液 1 份 0.1%亚甲基蓝乙醇溶液	7.0	蓝紫	绿	
1 份 0.1%甲酚红钠盐水溶液 3 份 0.1%百里酚蓝钠盐水溶液	8.3	黄	紫	
1 份 0.1%百里酚蓝的 50%乙醇溶液 3 份 0.1%酚酞的 50%乙醇溶液	9.0	黄	紫	黄-绿-紫

如果把甲基红、溴百里酚蓝、百里酚蓝、酚酞按一定比例混合，溶于乙醇，配成混合指示剂，可随溶液 pH 的变化而呈现不同的颜色。实验室中使用的 pH 试纸就是基于混合指示剂的原理而制成的。

阅读材料 酸碱指示剂的发现

酸碱指示剂是检验溶液酸碱性的常用化学试剂，像科学上的许多其他发现一样，酸碱指示剂的发现是化学家善于观察、勤于思考、勇于探索的结果。

英国化学家波义耳在女友去世后，他一直把女友最爱的紫罗兰花带在身边。在一次紧张的实验中，放在实验室内的紫罗兰花瓣被溅上了浓盐酸，爱花的波义耳急忙把冒烟的紫罗兰花瓣用水冲洗了一下，然后插在花瓶中。过了一会儿，波义耳发现深紫色的紫罗兰花瓣变成了红色，波义耳既好奇又兴奋，他认为可能是盐酸使紫罗兰花瓣颜色变红。为进一步验证这一现象，他又取了一些紫罗兰花瓣和稀酸溶液，把紫罗兰花瓣分别放入这些稀酸中，结果现象完全相同，紫罗兰花瓣都变为红色。由此他推断，不仅盐酸，而且其他各种酸都能使紫罗兰花瓣变为红色。他想，这太重要了，以后只要把紫罗兰花瓣放进溶液，看它是不是变红色，就可判别这种溶液是不是酸。偶然的发现，激发了科学家的探求欲望，后来，他又找来其他花瓣做试验，并制成花瓣的水或酒精的浸液，用它来检验是不是酸，同时用它来检验一些碱溶液，也产生了一些变色现象。

这位追求真知、永不困倦的科学家，为了获得丰富、准确的第一手资料，他还采集了药草、牵牛花、苔藓、月季花、树皮和各种植物的根，泡出了多种颜色的不同浸液，有些浸液遇酸变色，有些浸液遇碱变色。不过有趣的是，他从石蕊苔藓中提取的紫色浸液，酸能使它变红色，碱能使它变蓝色，这就是最早的石蕊试液，波义耳把它称作指示剂。为使用方便，波义耳用一些浸液把纸浸透、烘干制成纸片，使用时只要将小纸片放入被检测的溶液，纸片上就会发生颜色变化，从而显示出溶液是酸性还是碱性。今天，我们使用的石蕊试纸、酚酞试纸、pH 试纸，就是根据波义耳的发现研制而成的。后来，随着科学技术的进步和发展，许多其他的指示剂也相继被另一些科学家所发现。

第六节　一元酸碱的滴定

酸碱指示剂只有在一定的 pH 值范围内才能发生颜色的变化。在酸碱滴定中，为了选择适宜的指示剂确定滴定终点，就必须知道滴定过程中溶液 pH 值的变化情况。本节首先讨论一元酸碱滴定过程中 pH 的变化规律和指示剂的选择原则。

一、强酸和强碱之间的滴定

强酸和强碱之间的滴定反应为：

$$H^+ + OH^- \longrightarrow H_2O$$

现以 $0.1000mol \cdot L^{-1}$ NaOH 溶液滴定 20.00mL $0.1000mol \cdot L^{-1}$ HCl 溶液为例，讨论滴定过程中 pH 值的变化情况。

（一）滴定过程 pH 值计算

当滴定开始之前，溶液为盐酸溶液，pH 值较低。滴定开始后，随着 NaOH 的加入，中和反应不断进行，溶液的 pH 值不断升高。当加入的 NaOH 的物质的量恰好等于 HCl 的物质的量，中和反应恰好进行完全，滴定达到化学计量点，溶液为 NaCl 溶液，此时，$[H^+]=[OH^-]=10^{-7}mol \cdot L^{-1}$，pH=7。超过化学计量点后，继续滴入 NaOH 溶液，pH 值继续升高。现分四个阶段进行讨论如下。

1. 滴定开始前

溶液的 pH 值决定于盐酸的原始浓度。

$$[H^+]=c_{HCl}=0.1000mol \cdot L^{-1}$$

$$pH=-\lg 0.1000=1.00$$

2. 滴定开始至化学计量点前

溶液的 pH 值由剩余盐酸的物质的量决定。例如。当滴入 19.98mL NaOH 溶液时，溶液中：

$$[H^+]=\frac{c_{HCl}\times 剩余\ HCl\ 溶液的体积}{溶液总体积}$$

$$=\frac{0.1000mol\cdot L^{-1}\times 0.02mL}{20.00mL+19.98mL}$$

$$=5\times 10^{-5}mol\cdot L^{-1}$$

$$pH=4.30$$

其他各点的 pH 值可按上述方法计算。

3. 化学计量点时

在化学计量点时，NaOH 与 HCl 恰好全部中和完全，溶液呈中性，即：

$$[H^+]=[OH^-]=10^{-7}mol\cdot L^{-1}$$

$$pH=7.00$$

4. 化学计量点后

此时溶液的 pH 值根据过量的碱的量进行计算。如滴入 20.02mL NaOH 溶液，即过量 0.1%。

$$[OH^-]=\frac{c_{NaOH}\times 过量\ NaOH\ 溶液的体积}{溶液总体积}$$

$$=\frac{0.1000mol\cdot L^{-1}\times 0.02mL}{20.00mL+20.02mL}$$

$$=5\times 10^{-5}mol\cdot L^{-1}$$

$$pOH=4.30\qquad pH=9.70$$

化学计量点后的各点均可按此法进行计算。

将上述计算值列于表 4-5 中。

表 4-5 用 0.1000mol·L⁻¹NaOH 溶液滴定 20.00mL 0.1000mol·L⁻¹HCl 溶液

加入 NaOH 的体积 V/mL	滴定分数 a/%	剩余 HCl 溶液的体积 V/mL	过量 NaOH 溶液的体积 V/mL	pH
0	0	20.00		1.00
18.00	90.0	2.00		2.28
19.80	99.0	0.20		3.30
19.98	99.9	0.02		4.30(A) 滴定突跃
20.00	100.0	0		7.00 滴定突跃
20.02	100.1		0.02	9.70(B) 滴定突跃
20.20	101.0		0.20	10.70
22.00	110.0		2.00	11.70
40.00	200.0		20.00	12.52

（二）滴定曲线和滴定突跃

以 NaOH 加入量为横坐标、对应的 pH 值为纵坐标，绘制 pH-V 关系曲线，把这种表示滴定过程中溶液 pH 值变化情况的曲线称为酸碱滴定曲线。用 0.1000mol·L⁻¹ NaOH 溶液滴定 20.00mL 0.1000mol·L⁻¹ HCl 溶液的滴定曲线如图 4-4 所示。

根据表 4-5 和图 4-4 可知，从滴定开始到加入 19.98mL NaOH 溶液，pH 值仅改变了 3.3 个单位，而在化学计量点附近，加入 1 滴 NaOH 溶液就使溶液的 pH 值发生大幅度变化，pH 值由 4.30 急剧增加到 9.70，改变了 5.4 个单位，溶液由酸性变为碱性。在整个滴定过程中，只有在化学计量点前后很小的范围内，溶液的 pH 值变化最大，滴定曲线上出现了一段垂直线。通常将化学计量点前后加入的滴定剂由不足量 0.1%到过量 0.1%引起的 pH

变化范围称为滴定突跃。0.1000mol·L^{-1}强碱滴定0.1000mol·L^{-1}强酸的突跃范围在4.30～9.70之间，化学计量点恰好在突跃范围的中间（pH=7.00）。

（三）指示剂的选择

滴定突跃是选择指示剂的重要依据，上述滴定如果以甲基橙为指示剂，甲基橙的变色范围为3.1～4.4，当滴定到甲基橙由红变为橙色时，溶液pH约为4.4，这时加入NaOH的量与化学计量点时应加入量的差值约0.02mL，将造成约−0.1%的终点误差，仍可使用。若改为酚酞作指示剂，酚酞变粉红色时，pH值略大于8.0，此时NaOH的加入量超过化学计量点时应加入量不到0.02mL，终点误差小于0.1%，符合滴定分析的要求，显然，指示剂的选择原则为：选择变色范围处于或部分处于滴定突跃范围内的指示剂都能准确指示滴定终点的到达。同理，若选择甲基红（4.4～6.2）为指示剂，变色范围完全处在滴定突跃范围之内，同样符合滴定分析的要求。

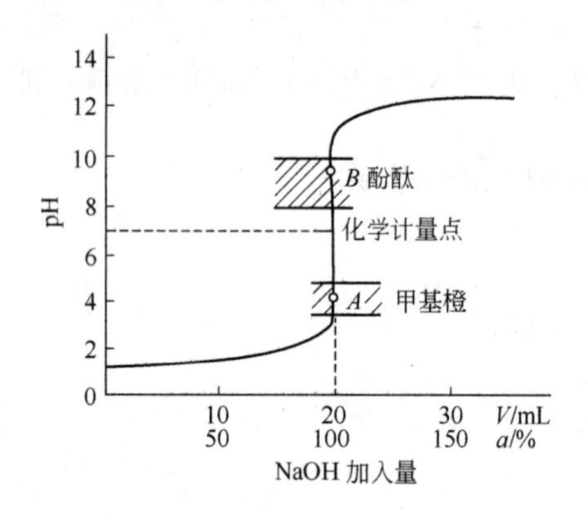

图4-4　0.1000mol·L^{-1} NaOH溶液滴定20.00mL 0.1000mol·L^{-1} HCl溶液的滴定曲线

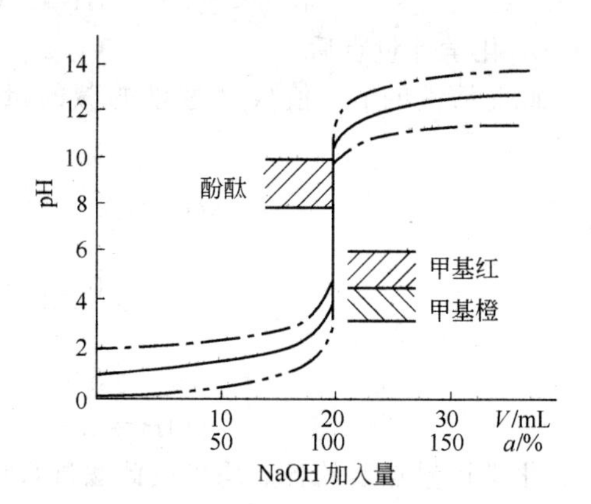

图4-5　不同浓度的强碱滴定强酸的滴定曲线

0.0100mol·L^{-1}—·—；0.1000mol·L^{-1}———；1.0000mol·L^{-1}－－－

以上讨论的是0.1000mol·L^{-1} NaOH滴定20.00mL 0.1000mol·L^{-1} HCl的情况，如改变溶液的浓度，化学计量点的pH值仍是7.0，但滴定突跃的长短却不同，如图4-5所示，酸碱溶液浓度越大，滴定突跃越大，可供选择的指示剂越多；酸碱溶液浓度越小，突跃范围越小，指示剂的选择就受到限制。例如用0.0100mol·L^{-1} NaOH滴定20.00mL 0.0100mol·L^{-1} HCl，滴定突跃为5.3～8.7，若仍选甲基橙为指示剂，终点误差将大于1%，因此只能选用酚酞、甲基红等，才能符合滴定分析的要求。

强酸滴定强碱的情况与上述情况类似，只不过pH变化方向相反。

二、强碱滴定一元弱酸

强碱滴定弱酸，以NaOH溶液滴定HAc溶液为例。滴定反应为：

$$OH^- + HAc = Ac^- + H_2O$$

现以0.1000mol·L^{-1} NaOH滴定20.00mL 0.1000mol·L^{-1} HAc为例，来说明滴定过程中pH值的变化情况。

1. 滴定开始前

溶液的pH值决定于醋酸的解离常数K_a和浓度c，因HAc的$K_a = 1.8\times10^{-5}$，所以：

$$[H^+] = \sqrt{cK_a} = \sqrt{0.1000\times1.8\times10^{-5}} = 1.34\times10^{-3}\ mol\cdot L^{-1}$$

$$pH = 2.87$$

2. 滴定开始至化学计量点前

因溶液中既有剩余的 HAc，又有反应产物 Ac^-，溶液中 $[H^+]$ 按缓冲溶液组成进行计算。现设滴入 NaOH 19.98mL，与 HAc 中和后形成 NaAc，剩余 HAc0.02mL 未被中和，则：

$$[HAc]=\frac{0.1000mol\cdot L^{-1}\times 0.02mL}{20.00mL+19.98mL}$$
$$=5\times 10^{-5}mol\cdot L^{-1}$$
$$[Ac^-]=\frac{19.98mL\times 0.1000mol\cdot L^{-1}}{20.00mL+19.98mL}$$
$$=5\times 10^{-2}mol\cdot L^{-1}$$
$$pH=pK_a+\lg\frac{c_{A^-}}{c_{HA}}$$
$$=4.74+\lg\frac{5\times 10^{-2}}{5\times 10^{-5}}$$
$$=7.74$$

3. 化学计量点时

NaOH 与 HAc 完全中和，产物为 NaAc，按照质子酸碱理论，Ac^- 属于碱，可按一元弱碱进行计算。

$$c_{Ac^-}=\frac{0.1000mol\cdot L^{-1}\times 20.00mL}{20.00mL+20.00mL}=5.000\times 10^{-2}mol\cdot L^{-1}$$
$$[OH^-]=\sqrt{cK_b}=\sqrt{\frac{K_w}{K_a}c_{Ac^-}}$$
$$=\sqrt{\frac{1.0\times 10^{-14}}{1.8\times 10^{-5}}\times 5.000\times 10^{-2}}$$
$$=5.3\times 10^{-6}(mol\cdot L^{-1})$$
$$pOH=5.28\qquad pH=8.72$$

4. 化学计量点后

此时溶液的 pH 值根据过量的碱的量进行计算。设滴入 20.02mL NaOH 溶液，溶液中 OH^- 浓度为：

$$[OH^-]=\frac{0.1000mol\cdot L^{-1}\times 0.02mL}{20.00mL+20.02mL}$$
$$=5\times 10^{-5}mol\cdot L^{-1}$$
$$pOH=4.30\qquad pH=9.70$$

根据上述计算得出滴定过程中 pH 值变化的情况如表 4-6。根据表 4-6 值绘制滴定曲线如图 4-6 中的Ⅰ所示，图 4-6 中虚线是强碱滴定强酸曲线的前半部分。

表 4-6　用 0.1000mol·L^{-1} NaOH 溶液滴定 20.00mL 0.1000mol·L^{-1} HAc 溶液

加入 NaOH 溶液的体积 V/mL	滴定分数 a/%	剩余 HCl 溶液的体积 V/mL	过量 NaOH 溶液的体积 V/mL	pH
0	0	20.00		2.87
10.00	50.0	10.00		4.74
18.00	90.0	2.00		5.70
19.80	99.0	0.20		6.74

续表

加入 NaOH 溶液的体积 V/mL	滴定分数 a/%	剩余 HCl 溶液的体积 V/mL	过量 NaOH 溶液的体积 V/mL	pH
19.98	99.9	0.02		7.74(*A*) 滴定突跃
20.00	100.0	0		8.72 滴定突跃
20.02	100.1		0.02	9.70(*B*) 滴定突跃
20.20	101.0		0.20	10.70
22.00	110.0		2.00	11.70
40.00	200.0		20.00	12.52

将 NaOH 滴定 HAc 的滴定曲线与 NaOH 滴定 HCl 的滴定曲线相比，主要有下列不同之处。

① 滴定前，由于 HAc 是弱酸，溶液中的 $[H^+]$ 比同浓度的 HCl 的 $[H^+]$ 低，pH 值较大。

② 化学计量点之前，溶液中未反应的 HAc 与反应产物 NaAc 组成缓冲体系，溶液的 pH 值由该缓冲体系决定，pH 值的变化相对较缓。

③ 化学计量点附近，溶液的 pH 值发生突变，滴定突跃为 pH＝7.7～9.7，相对滴定 HCl，滴定突跃变小。

④ 化学计量点时，溶液中仅含 NaAc，pH 值为 8.74，溶液呈碱性。但强酸强碱的滴定在化学计量点时，pH 值为 7，溶液呈中性。

另外，还需要注意两个关键问题。

① 强碱滴定弱酸时，滴定突跃较小，指示剂的选择受到限制，只能选择在弱碱性范围内变色的指示剂，如酚酞、百里酚酞等。若选择在酸性范围内变色的指示剂，则误差较大。滴定弱酸，一般先计算化学计量点时的 pH 值，然后选择变色点尽可能接近化学计量点的指示剂来确定滴定终点。

② 强碱滴定弱酸时的滴定突跃大小取决于弱酸溶液的浓度和它的解离常数 K_a。如滴定误差要求≤0.1%，就必须使滴定突跃超过 0.3pH 单位，此时人眼才能够辨别出指示剂颜色的变化，滴定就可以顺利进行。通常，以 $cK_a \geqslant 10^{-8}$ 作为弱酸能被强碱直接目视准确滴定的判据。

对于那些 $cK_a < 10^{-8}$，即在水溶液中不能直接目视滴定的弱酸，可以利用化学反应使其转化为解离常数较大的弱酸后再进行滴定，也可采用非水滴定法测定。这些将在本章第十

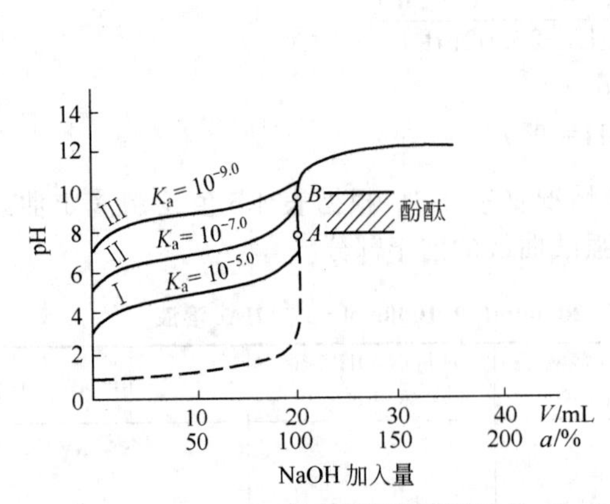

图 4-6 NaOH 滴定不同弱酸溶液的滴定曲线

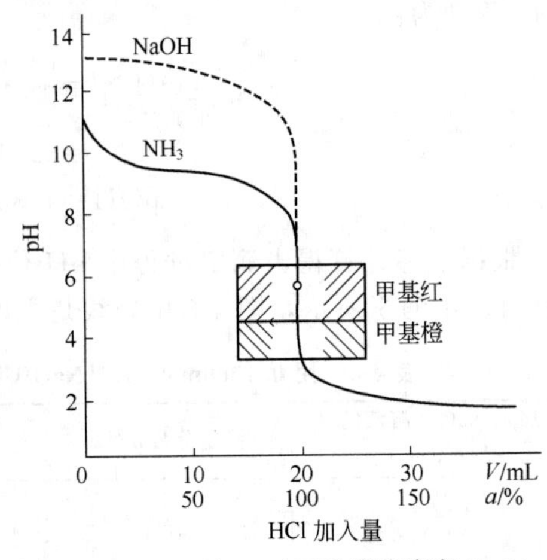

图 4-7 0.1000mol·L^{-1} HCl 溶液滴定 20.00mL 0.1000mol·L^{-1} NH_3 的滴定曲线

一节中学习。

三、强酸滴定弱碱

强酸滴定弱碱，以 HCl 溶液滴定 NH_3 溶液为例。滴定反应为：

$$NH_3+H^+ \longrightarrow NH_4^+$$

随着 HCl 的滴入，溶液组成经历 NH_3 到 NH_4^+-NH_3 再到 NH_4^+ 的变化过程，pH 值逐渐由高到低变化。这类滴定与强碱滴定弱酸的情况相似。按照上述思路，分别进行计算，将结果列于表 4-7 中，其滴定曲线如图 4-7 所示。

强酸滴定弱碱的化学计量点及滴定突跃都在弱酸性范围内，可选用甲基红、溴甲酚绿等为指示剂。在滴定剂浓度为 0.1mol·L^{-1}时，滴定突跃为 6.30～4.30，不宜采用甲基橙为指示剂，否则终点误差将增大。

表 4-7 用 0.1000mol·L^{-1} HCl 溶液滴定 20.00mL 0.1000mol·L^{-1} NH_3 溶液

加入 HCl 溶液的体积 V/mL	滴定分数 a/%	溶液组成	溶液[OH^-]或[H^+]计算公式	pH
0	0	NH_3	$[OH^-]=\sqrt{cK_b}$	11.13
18.00	90.0	$NH_3+NH_4^+$	$[OH^-]=K_b\frac{c_{NH_3}}{c_{NH_4^+}}$	8.30
19.98	99.9			6.30 滴定突跃
20.00	100.0	NH_4^+	$[H^+]=\sqrt{\frac{K_w}{K_b}c_{NH_4^+}}$	5.28 滴定突跃
20.02	100.1			4.30 滴定突跃
22.00	110.0	$H^++NH_4^+$	$[H^+]\approx c(HCl)_{过量}$	2.32
40.00	200.0			1.48

与强碱滴定弱酸的情况相似，强酸滴定弱碱时，滴定突跃的大小取决于弱碱的浓度和解离常数 K_b，只有当 $cK_b \geqslant 10^{-8}$，此弱碱才能用标准酸溶液进行直接目视滴定。

阅读材料 如何配制不含 CO_3^{2-} 的 NaOH 溶液

NaOH 易吸收空气中的 CO_2 和 H_2O，因此常含有少量的碳酸盐。配制不含 CO_3^{2-} 的 NaOH 溶液，常用的方法有以下三种

① 用小烧杯在天平上称取较理论计算量稍多的 NaOH 固体，用不含 CO_2 的蒸馏水迅速冲洗两次，然后溶解并稀释。

② 利用 Na_2CO_3 不溶于饱和 NaOH 溶液的性质，制备饱和 NaOH 溶液（50%），待 Na_2CO_3 下沉后，取上层清液用不含 CO_2 的蒸馏水稀释。

③ 在 NaOH 溶液中，加入少量 $Ba(OH)_2$ 或 $BaCl_2$，使碳酸盐形成 $BaCO_3$ 沉淀，待沉淀完全后，取上层清液用不含 CO_2 的蒸馏水稀释。

第七节 多元酸碱的滴定

相对一元酸碱而言，滴定多元酸碱应考虑的问题要复杂一些。例如，多元酸碱是分步解离的，并且解离程度逐级减弱，那么滴定反应也能分步进行吗？能准确滴定至哪一级？化学计量点的 pH 值又如何计算？怎样选择合适的指示剂确定滴定终点？本节分别进行讨论。

一、多元酸的滴定

现以 NaOH 溶液滴定 H_3PO_4 溶液为例。多元酸 H_3PO_4 的解离平衡如下：

$$H_3PO_4 \rightleftharpoons H^+ + H_2PO_4^- \quad K_{a1}=7.5\times10^{-3} \quad pK_{a1}=2.12$$
$$H_2PO_4^- \rightleftharpoons H^+ + HPO_4^{2-} \quad K_{a2}=6.3\times10^{-8} \quad pK_{a2}=7.20$$
$$HPO_4^{2-} \rightleftharpoons H^+ + PO_4^{3-} \quad K_{a3}=4.4\times10^{-13} \quad pK_{a3}=12.36$$

实验表明，当 $K_{a1}/K_{a2}>10^4$ 时，用 NaOH 溶液滴定多元酸时，出现第一个滴定突跃，完成第一步反应；同样，$K_{a2}/K_{a3}>10^4$，则出现第二个滴定突跃，完成第二步反应。对于 H_3PO_4 而言，$K_{a1}/K_{a2}=10^{5.08}$，$K_{a2}/K_{a3}=10^{5.6}$，比值都大于 10^4，因此 NaOH 滴定 H_3PO_4 的反应可以分步进行。即全部的 H_3PO_4 与滴入的 NaOH 完全反应之后，$H_2PO_4^-$ 才开始与 NaOH 反应生成 HPO_4^{2-}，第二步反应进行完全之后，HPO_4^{2-} 才开始与 NaOH 生成 PO_4^{3-}。但事实上严格地说，每一步中和反应之间都略有交叉，只不过对于一般的分析工作来说，对多元酸滴定准确度的要求不是太高，其误差在允许范围之内，因此可以认为 H_3PO_4 可以进行分步滴定。

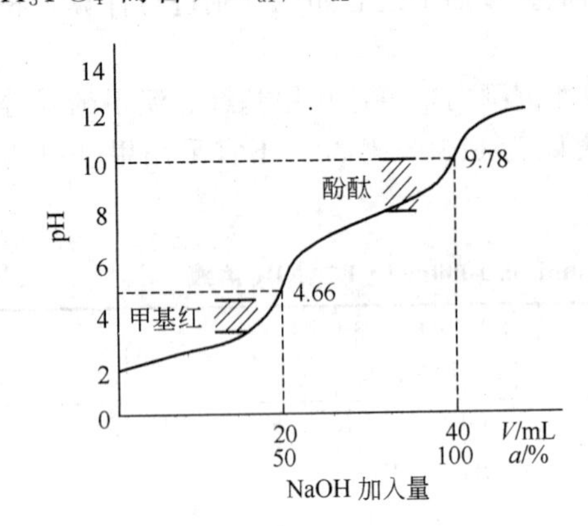

图 4-8　NaOH 溶液滴定 H_3PO_4 溶液的滴定曲线

与滴定一元弱酸相类似，多元弱酸能被准确滴定至哪一级取决于酸的浓度与酸的某级解离常数，当满足 $cK_{ai}\geqslant10^{-8}$ 时，就能够被准确滴定至哪一级。就 H_3PO_4 而言，K_{a1}、K_{a2} 都大于 10^{-7}，当酸的浓度大于 $0.1mol\cdot L^{-1}$ 时，H_3PO_4 的第一、第二级 H^+ 都能被直接滴定，但由于其 K_{a3} 为 $10^{-12.36}$，因此 HPO_4^{2-} 不能被直接滴定至 PO_4^{3-}，即不会出现第三个滴定突跃。

NaOH 溶液滴定 H_3PO_4 的过程中，pH 值计算较为复杂。图 4-8 是根据电位滴定法绘制的滴定曲线。通常，分析工作者只计算化学计量点的 pH 值，并据此选择合适的指示剂。

① 第一化学计量点：溶液组成主要为 $H_2PO_4^-$，是两性物质。

$$[H^+]=\sqrt{K_{a1}K_{a2}}=\sqrt{10^{-2.12}\times10^{-7.20}}=10^{-4.66}\ (mol\cdot L^{-1})$$
$$pH=4.66$$

第一化学计量点可以选择甲基红（红→橙）作指示剂，也可选溴甲酚绿和甲基橙的混合指示剂，变色时 pH 值为 4.30（由黄变至蓝）。若选甲基橙作指示剂，终点误差将增大。

② 第二化学计量点：溶液组成主要为 HPO_4^{2-}，也是两性物质。

$$[H^+]=\sqrt{K_{a2}K_{a3}}=\sqrt{10^{-7.20}\times10^{-12.36}}=10^{-9.78}\ (mol\cdot L^{-1})$$
$$pH=9.78$$

第二化学计量点可选酚酞和百里酚酞混合指示剂，因其变色点 pH=9.90，在终点时变色明显。

若用 NaOH 溶液滴定草酸（$H_2C_2O_4$），由于草酸的 $K_{a1}=10^{-1.23}$，$K_{a2}=10^{-4.19}$，其 $K_{a1}/K_{a2}=10^{2.96}<10^4$，当用 NaOH 溶液滴定 $H_2C_2O_4$ 时，第一步解离的 H^+ 尚未完全中和，第二步解离的 H^+ 也已开始反应，两步反应交叉进行较为严重，溶液中不可能出现仅有 $HC_2O_4^-$ 的情况，只有当两步解离的 H^+ 全被中和后，才出现一个滴定终点，因此，$H_2C_2O_4$ 不能被分步滴定。

二、多元碱的滴定

多元碱的滴定与多元酸的滴定类似。当 $K_{b1}/K_{b2}>10^4$ 时，可以分步滴定；当 $cK_{bi}\geqslant10^{-8}$ 时，则多元碱能够被滴定至 i 级。

Na_2CO_3 为二元碱，在水中的解离反应为：

$$CO_3^{2-} + H_2O \rightleftharpoons HCO_3^- + OH^- \qquad K_{b1} = K_w/K_{a2} = 1.8 \times 10^{-4}$$

$$HCO_3^- + H_2O \rightleftharpoons H_2CO_3 + OH^- \qquad K_{b2} = K_w/K_{a1} = 2.4 \times 10^{-8}$$

由于 $K_{b1}/K_{b2} = 10^{3.88}$，勉强可以分步滴定，但确定第二化学计量点的准确度稍差。现设用盐酸溶液滴定 $0.1000mol \cdot L^{-1}$ 的 Na_2CO_3 溶液，计算化学计量点的 pH 值，滴定曲线如图 4-9。

① 第一化学计量点：溶液组成主要为 $NaHCO_3$，是两性物质。

$$[H^+] = \sqrt{K_{a1}K_{a2}} = \sqrt{4.2 \times 10^{-7} \times 5.6 \times 10^{-11}} = 4.85 \times 10^{-9}\ (mol \cdot L^{-1})$$

$$pH = 8.31$$

第一化学计量点可选酚酞作指示剂，也可选用甲基红和百里酚蓝的混合指示剂，可获得准确结果。

② 第二化学计量点：溶液组成主要为 H_2CO_3 ($CO_2 + H_2O$)，其饱和溶液的浓度约为 $0.04mol \cdot L^{-1}$。

$$[H^+] = \sqrt{cK_{a1}} = \sqrt{0.04 \times 4.2 \times 10^{-7}} = 1.3 \times 10^{-4}\ (mol \cdot L^{-1})$$

$$pH = 3.89$$

第二化学计量点可选甲基橙作指示剂。

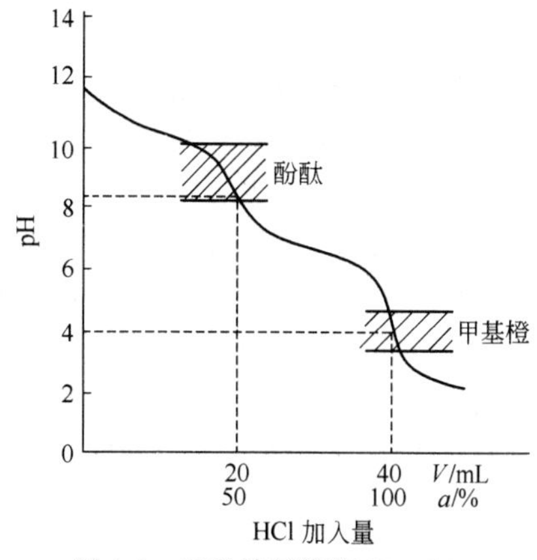

图 4-9　HCl 溶液滴定 Na_2CO_3 溶液的滴定曲线

需要注意的是，在第二化学计量点时以甲基橙作指示剂，因产生过多的 CO_2，易形成 H_2CO_3 的过饱和溶液，会使滴定终点过早出现，变色不敏锐，因此快到第二化学计量点时应剧烈摇动，也可加热煮沸溶液以除去 CO_2，冷却后再继续滴定至终点。

阅读材料　CO_2 对酸碱滴定的影响

在酸碱滴定中，CO_2 的影响有时是不能忽略的。CO_2 的来源很多，例如，蒸馏水中溶有一定量的 CO_2，碱标准溶液和配制标准溶液的 NaOH 本身吸收 CO_2（成为碳酸盐），在滴定过程中溶液不断地吸收 CO_2 等。

在酸碱滴定中，CO_2 的影响是多方面的。当用碱溶液滴定酸溶液时，溶液中的 CO_2 会被碱溶液滴定，至于滴定多少则要取决于终点时溶液的 pH 值，在不同的 pH 值结束滴定，CO_2 带来的误差不同。同样，当含有 CO_3^{2-} 的碱标准溶液用于滴定酸时，由于终点 pH 值的不同，碱标准溶液中的 CO_3^{2-} 被酸中和的情况也不一样。显然，终点时溶液的 pH 值越低，CO_2 的影响越小。一般来说，如果终点时溶液的 pH<5，则 CO_2 的影响是可以忽略的。

例如浓度同为 $0.1mol \cdot L^{-1}$ 的酸碱进行相互滴定，在使用酚酞作指示剂时，滴定终点时 pH=9.0，此时溶液中的 CO_2 形成 H_2CO_3，基本上是以 HCO_3^- 形式存在，H_2CO_3 作为一元酸被滴定。与此同时，碱标准溶液吸收 CO_2 所产生的 CO_3^{2-} 也被滴定生成 HCO_3^-。在这两种情况下由于 CO_2 的影响所造成的误差约为±2%，是不可忽视的。

若以甲基橙为指示剂，滴定终点时 pH=4.0，此时溶于水中的 CO_2 主要以 CO_2 气体分子（室温下 CO_2 饱和溶液的浓度约为 $0.04mol \cdot L^{-1}$）或 H_2CO_3 形式存在，只有约 4% 作为一元酸参与滴定，因此所造成的误差可以忽略。在这种情况下，即使碱标准溶液吸收 CO_2 产生了 CO_3^{2-}，也基本上被中和为 CO_2 逸出，对滴定结果不产生影响。所以，滴定分析时，在保证终点误差在允许范围之内的前提下，应当尽量选用在酸性范围内变色的指示剂。

当强酸强碱的浓度变得更稀时，滴定突跃变小，若再用甲基橙作指示剂，也将产生较大的终点误差（若改用 pH＞5 的指示剂，只会增加溶液中 H_2CO_3 参加反应的比率，增大滴定误差），此时，为了消除 CO_2 对酸碱滴定的影响，必要时可采用加热至沸的办法，除去 CO_2 后再进行滴定。

由于 CO_2 在水中的溶解速率很快，所以 CO_2 的存在也影响到某些指示剂终点颜色的稳定性。例如以酚酞作指示剂时，当滴定至终点时，溶液呈淡粉色，但放置 0.5～1min 后，由于吸收了空气中的 CO_2，消耗了部分过量的 OH^-，使溶液的 pH 降低，溶液又变为无色。因此，当使用酚酞、溴百里酚蓝、酚红等指示剂时，滴定至溶液变色后，若 0.5min 内溶液颜色不褪去，即达到终点。

因此，在滴定分析中，除了选择合适的指示剂外，采用加热煮沸后冷却至室温的蒸馏水，使用不含 CO_3^{2-} 的碱标准滴定溶液，滴定过程中不要剧烈振荡锥形瓶，都可以减少 CO_2 的侵入，从而减小终点误差。

第八节　酸碱标准溶液的配制和标定

一、酸标准溶液的配制和标定

最常用的酸标准溶液是 HCl 和 H_2SO_4，HNO_3 虽然也属于强酸，因含少量 HNO_2，且稳定性差，所以很少用作标准溶液。盐酸溶液价格低廉，易于得到，且其稀溶液无氧化还原性，酸性强且稳定，用得最多。但市售的盐酸中 HCl 含量不稳定，且含有杂质，应采用间接法配制，即先配成近似浓度的溶液，然后再用基准物质标定，确定其准确浓度。通常用无水碳酸钠（Na_2CO_3）或硼砂（$Na_2B_4O_7 \cdot 10H_2O$）等基准物质来进行标定。

1. 无水碳酸钠（Na_2CO_3）

无水 Na_2CO_3 容易制得纯品，但其吸水性强，用前需要在 270～300℃加热约 1h，以除去水和少量 $NaHCO_3$ 杂质，然后装入具有磨口塞的瓶内，保存在干燥器中备用。称量时动作要快，以避免吸收空气中的水分而引入误差。

用 Na_2CO_3 标定 HCl 溶液，化学计量点时 pH 值约为 3.9，可选用甲基橙作指示剂，滴定至溶液由黄色变为橙色即为终点。标定反应式为：

$$Na_2CO_3+2HCl = 2NaCl+H_2CO_3$$
$$H_2CO_3 \rightarrow CO_2\uparrow+H_2O$$

若欲标定的盐酸浓度约 $0.1mol \cdot L^{-1}$，欲使消耗的盐酸体积为 20～30mL，根据滴定反应可算出称取 Na_2CO_3 的质量应为 0.11～0.16g。

2. 硼砂（$Na_2B_4O_7 \cdot 10H_2O$）

这种物质的优点是容易制得纯品，不易吸水，且摩尔质量大，称量的误差较小，但当相对湿度低于 39%时，容易失去结晶水，故应保存在相对湿度为 60%的环境中。实验室常采用在干燥器底部装入食盐和蔗糖的饱和溶液的方法，使其上部相对湿度维持在 60%。

用硼砂标定 HCl 溶液，化学计量点时 pH 值约为 5.3，可选用甲基红作指示剂，滴定至溶液由黄色变为红色即为终点。标定反应式为：

$$Na_2B_4O_7+2HCl+5H_2O = 4H_3BO_3+2NaCl$$

若欲标定的盐酸浓度约 $0.1mol \cdot L^{-1}$，欲使消耗的盐酸体积为 20～30mL，根据滴定反应可算出称取硼砂的质量应为 0.38～0.57g。显然，标定相同浓度的盐酸，称取硼砂的质量大于 Na_2CO_3 的质量，因而称量的相对误差就小，所以以硼砂标定盐酸优于 Na_2CO_3。

除上述两种基准物质外，还可用 $KHCO_3$、酒石酸氢钾等基准物质标定盐酸。

二、碱标准溶液的配制和标定

NaOH 是常用的碱标准溶液。固体 NaOH 容易吸收空气中的水分和 CO_2，且含有少量的硅酸盐、硫酸盐和氯化物等，因而不能直接配制标准溶液，只能用间接法配制，再以基准物质标定出准确浓度。具体做法是：先配成 NaOH 饱和溶液，在这种浓度的溶液中，Na_2CO_3 的溶解度很小，待 Na_2CO_3 结晶析出下沉后，取上层清液，加入新煮沸并冷却的蒸馏水，稀释至所需浓度，然后标定。

常用邻苯二甲酸氢钾基准物质进行标定。邻苯二甲酸氢钾在空气中很稳定，不吸潮，容易保存，使用前在 120℃烘干 1h 后即可使用。注意干燥温度不宜过高，否则脱水成邻苯二甲酸酐。邻苯二甲酸氢钾的分子式为 $C_8H_4O_4HK$（有时简写为 KHP），摩尔质量为 $204.2g \cdot mol^{-1}$，属于有机弱酸盐，在水溶液中呈酸性，因 $cK_{a2}>10^{-8}$，故可用 NaOH 溶液滴定。

标定反应式为：

$$C_6H_4(COOH)(COOK) + NaOH = C_6H_4(COONa)(COOK) + H_2O$$

产物邻苯二甲酸钾钠属于二元碱，其 $K_{b1}=K_w/K_{a2}=3.45\times10^{-9}$，因此化学计量点的 pH 值约为 9.1，可选用酚酞或百里酚蓝作指示剂。

除邻苯二甲酸氢钾外，还可用草酸、苯甲酸等基准物质标定 NaOH 溶液。

阅读材料　化学试剂的等级

化学试剂在分析化学中的应用极为广泛，按照用途的不同，生产出来的产品规格等级也不同，并且价格差异较大，一般来说，主成分含量越高，其生产或提纯过程越复杂，价格越高。在分析工作时，应根据工作的性质、分析方法的灵敏度和选择性、待测组分的含量及对分析结果准确度的要求等，选择合适的化学试剂，既不浪费，又不随意降低级别而影响分析结果。

我国的试剂规格基本上按纯度（杂质含量的多少）划分，有高纯试剂、光谱纯试剂、基准试剂、分光纯试剂、优级纯试剂、分析纯试剂和化学纯试剂 7 种。国家和主管部门颁布的质量指标主要有优级纯、分析纯、化学纯和实验试剂四种。

（1）优级纯（GR：guaranteed reagent）　又称一级品或保证试剂，主成分达 99.8%以上，这种试剂纯度很高，杂质含量较低，适合于重要精密的分析工作和科学研究工作，使用绿色瓶签。

（2）分析纯（AR：analytical reagent）　又称二级试剂，主成分达 99.7%以上，略次于优级纯，适合于重要分析及一般研究工作，使用红色瓶签。

（3）化学纯（CP：chemically pure）　又称三级试剂，主成分达 99.5%以上，纯度与分析纯相差较大，适用于工矿、学校的化学实验和合成制备，使用蓝色瓶签。

（4）实验试剂（LR：laboratory reagent）　又称四级试剂，纯度较低，价格也较便宜。

除了上述四个级别外，目前市场上尚有几种其他试剂。

基准试剂（PT：primary reagent）　相当于或高于保证试剂，专门作为基准物用，可直接配制标准溶液。

光谱纯试剂（SP：spectrum pure）　表示光谱纯净。但由于有机物在光谱上显示不出，所以有时主成分达不到 99.9%以上，使用时必须注意，特别是作基准物时，必须进行标定。

高纯试剂　纯度远高于优级纯，主成分≥99.99%，特别适合于一些痕量分析。

第九节　酸碱滴定法的应用及计算示例

酸碱滴定法可用来测定各种酸、碱以及能够与酸碱起作用的物质，还可以用间接的方法测定一些既非酸又非碱的物质，也可用于非水溶液。因此，酸碱滴定法的应用非常广泛。在我国的国家标准（GB）和有关的部颁标准中，许多试样如化学试剂、化工产品、食品添加剂、水样、石油产品等，凡涉及到酸度、碱度项目的，多数都采用简便易行的酸碱滴定法。下面举几个应用实例。

一、食用醋中总酸度的测定

HAc 是一种重要的农产加工品，又是合成有机农药的一种重要原料。而食醋中的主要成分是 HAc，也有少量其他弱酸，如乳酸等。

测定时，将食醋用不含 CO_2 的蒸馏水适当稀释后，用标准 NaOH 溶液滴定。中和后产物为 NaAc，化学计量点时 pH＝8.7 左右，应选用酚酞为指示剂，滴定至呈现红色即为终点。

由所消耗的标准溶液的体积及浓度可计算总酸度。

二、工业硼酸中硼酸含量的测定

硼酸是一种弱酸（$K_a=5.7\times10^{-10}$），不能用碱标准溶液直接滴定，其含量的测定采用间接滴定法，即用甘露醇或甘油强化硼酸，生成具有较强酸性的甘露醇硼酸或甘油硼酸，反应式如下：

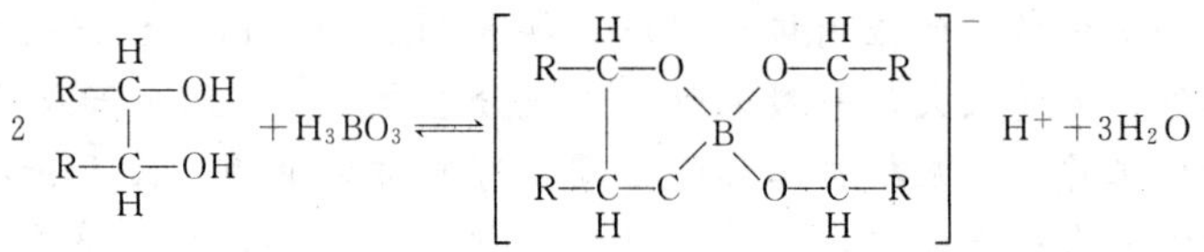

$$2\begin{array}{c}\mathrm{H}\\ \mathrm{R{-}C{-}OH}\\ |\\ \mathrm{R{-}C{-}OH}\\ \mathrm{H}\end{array}+H_3BO_3 \rightleftharpoons \left[\begin{array}{ccccc}\mathrm{H} & & & & \mathrm{H}\\ \mathrm{R{-}C{-}O} & & & & \mathrm{O{-}C{-}R}\\ | & \diagdown & & \diagup & |\\ & & \mathrm{B} & & \\ | & \diagup & & \diagdown & |\\ \mathrm{R{-}C{-}C} & & & & \mathrm{O{-}C{-}R}\\ \mathrm{H} & & & & \mathrm{H}\end{array}\right]^{-} H^{+}+3H_2O$$

生成的酸 $K_a=5.5\times10^{-5}$，能够满足 $cK_a>10^{-8}$，因此可用 NaOH 标准溶液进行滴定。化学计量点的 pH 值在 9.0 左右，因此可选酚酞作指示剂，用氢氧化钠标准滴定溶液滴定至粉红色即为终点。

三、混合碱的分析

工业品烧碱（NaOH）中常含有 Na_2CO_3，纯碱 Na_2CO_3 中也常含有 $NaHCO_3$，这两种工业品都称为混合碱。混合碱的分析目前广泛使用的是双指示剂法。

双指示剂法是指利用两种指示剂在不同的化学计量点的颜色变化，得到两个终点，分别根据各终点所消耗的酸标准溶液的体积，计算各组分的含量。

1. 烧碱中 NaOH 和 Na_2CO_3 含量的测定

准确称取一定质量 m（单位 mg）的试样，溶解于水，用 HCl 标准溶液滴定，先用酚酞为指示剂，滴定至溶液由红色变为无色则到达第一化学计量点，所消耗 HCl 的体积记为 V_1（单位 mL）。有关反应式为：

$$NaOH+HCl = NaCl+H_2O$$

$$Na_2CO_3+HCl = NaCl+NaHCO_3$$

即此时 NaOH 全部被中和，而 Na_2CO_3 被中和至 $NaHCO_3$。然后加入甲基橙，继续用 HCl 标准溶液滴定，使溶液由黄色恰好变为橙色，到达第二化学计量点，所消耗的 HCl 量记为 V_2（单位 mL）。发生的反应为：

$$NaHCO_3+HCl = NaCl+CO_2\uparrow+H_2O$$

即溶液中生成的 $NaHCO_3$ 被完全中和。

因 Na_2CO_3 被中和先生成 $NaHCO_3$，继续用 HCl 滴定使 $NaHCO_3$ 又转化为 H_2CO_3，

二者所需 HCl 量相等，故 V_1-V_2 为中和 NaOH 所消耗 HCl 的体积，$2V_2$ 为滴定 Na_2CO_3 所需 HCl 的体积。分析结果计算公式为：

$$w_{Na_2CO_3}=\frac{\frac{1}{2}c_{HCl}\times 2V_2M_{Na_2CO_3}}{m}\times 100\%$$

$$w_{NaOH}=\frac{c_{HCl}(V_1-V_2)M_{NaOH}}{m}\times 100\%$$

2. 纯碱中 Na_2CO_3 和 $NaHCO_3$ 含量的测定

工业纯碱中常含有 $NaHCO_3$，此二组分的测定可参照上述烧碱中 NaOH 和 Na_2CO_3 含量的测定方法。但应注意，此时滴定 Na_2CO_3 所消耗的 HCl 体积为 $2V_1$，而滴定 $NaHCO_3$ 所消耗的 HCl 体积为 V_2-V_1。分析结果计算式为：

$$w_{Na_2CO_3}=\frac{\frac{1}{2}c_{HCl}\times 2V_1M_{Na_2CO_3}}{m}\times 100\%$$

$$w_{NaHCO_3}=\frac{c_{HCl}(V_2-V_1)M_{NaHCO_3}}{m}\times 100\%$$

双指示剂法不仅用于混合碱的定量分析，还可用于未知碱试样的定性分析。设 V_1 为滴定至酚酞变色所消耗的标准溶液的体积，V_2 为继续滴定至甲基橙变色又需消耗的标准溶液的体积，根据 V_1 和 V_2 的大小，可判断试样由哪些组分组成。判据如下：

$V_1\neq 0$，$V_2=0$，只含 NaOH；

$V_1=0$，$V_2\neq 0$，只含 $NaHCO_3$；

$V_1=V_2$，只含 Na_2CO_3；

$V_1>V_2$，含 NaOH 和 Na_2CO_3；

$V_1<V_2$，含 Na_2CO_3 和 $NaHCO_3$。

四、工业氨水含量的测定

氨水是一种弱碱（$K_b=1.8\times 10^{-5}$），可采用酸碱滴定法测定 NH_3 的含量，由于氨水具有挥发性，在测定中采用过量硫酸标准溶液中和氨水中的氨，剩余的酸用氢氧化钠标准溶液返滴定，其反应如下：

$$2NH_3\cdot H_2O+H_2SO_4(\text{过量})=\!=\!=(NH_4)_2SO_4+2H_2O$$

$$2NaOH+H_2SO_4(\text{剩余})=\!=\!=Na_2SO_4+2H_2O$$

终点时因 $(NH_4)_2SO_4$ 而使溶液显弱酸性，故选甲基红为指示剂，溶液由红色变为橙色，若选用甲基红-亚甲基蓝混合指示剂，效果更佳，溶液由红色变为灰绿色即为终点。

五、铵盐中含氮量的测定

肥料或土壤试样中常需要测定氮的含量，如硫酸铵化肥中含氮量的测定。由于铵盐（NH_4^+）作为酸，它的 K_a 值为：

$$K_a=\frac{K_w}{K_b}=\frac{10^{-14}}{1.8\times 10^{-5}}=5.6\times 10^{-10}$$

不能直接用碱标准溶液滴定，需采取间接的测定方法，主要有下列两种。

1. 蒸馏法

试样用浓硫酸消化分解。有时加入硒粉或硫酸铜等催化剂使之加速反应，待试样完全分解后，其中各种氮化物都转化为 NH_3，并与 H_2SO_4 结合为 $(NH_4)_2SO_4$。然后加浓碱 NaOH，将析出的 NH_3 蒸馏出来，用 H_3BO_3 溶液吸收，加入甲基红和溴甲酚绿混合指示剂，用 HCl 标准溶液滴定吸收 NH_3 时所生成的 $H_2BO_3^-$，当溶液颜色呈淡粉红色时为终点。

测定过程的反应式如下：

$$NH_3+H_3BO_3 = NH_4^+ + H_2BO_3^-$$
$$HCl+H_2BO_3^- = H_3BO_3+Cl^-$$

由于 H_3BO_3 的 $K_a \approx 10^{-10}$，是极弱的酸，不影响滴定，不必定量加入，并且 $H_2BO_3^-$ 是 H_3BO_3 的共轭碱，其 $K_b \approx 10^{-4}$，属较强的碱，能满足 $cK_b > 10^{-8}$ 的要求，因此可用盐酸标准溶液直接目视滴定。

本方法也可以用 HCl 或 H_2SO_4 标准溶液吸收 NH_3，过量的酸用 NaOH 标准溶液返滴，以甲基红或甲基橙为指示剂。

此法主要针对以铵态氮形式存在的、具有碱性的氮肥中氮含量的测定。如氨水、碳酸氢铵等。

2. 甲醛法

此法适合于以铵态氮形式存在的、强酸弱碱盐类型的氮肥中氮含量的测定。如硫酸铵、氯化铵、硝酸铵等。

铵盐在水中全部解离，甲醛与 NH_4^+ 发生下列反应：

$$6HCHO+4NH_4^+ = (CH_2)_6N_4H^+ + 3H^+ + 6H_2O$$

生成物 $(CH_2)_6N_4H^+$ 是六亚甲基四胺 $(CH_2)_6N_4$ 的共轭酸，六亚甲基四胺的 $K_b \approx 10^{-9}$，为一元弱碱，其共轭酸的 $K_a \approx 10^{-5}$，可用碱直接滴定，所以加入滴定剂 NaOH 时，将与上一反应中生成的游离 H^+ 和共轭酸中的 H^+ 反应：

$$4NaOH+(CH_2)_6N_4H^+ + 3H^+ = 4H_2O+(CH_2)_6N_4+4Na^+$$

总反应为：

$$4NH_4^+ + 4NaOH+6HCHO = (CH_2)_6N_4+4Na^+ + 10H_2O$$

从滴定反应可知 1mol NH_4^+ 与 1mol NaOH 相当。滴定到达化学计量点时 pH 约为 9.0，可选用酚酞为指示剂，溶液呈现淡红色即为终点。

蒸馏法操作麻烦，分析流程长，但准确度高。甲醛法简便、快速，其准确度比蒸馏法差些，但可满足工、农业生产要求，应用较广。

六、有机化合物中氮的测定——凯氏定氮法

凯氏定氮法是采用酸碱滴定法测定有机化合物中氮含量的重要方法。测定时将试样与浓 H_2SO_4 共煮，进行消化分解，并加入 K_2SO_4，提高沸点，通常还加入铜盐或硒作催化剂，以提高煮解效率。在煮解过程中，有机物中的氮定量转化为 NH_4HSO_4 或 $(NH_4)_2SO_4$，然后在煮解液中加入浓 NaOH 至溶液呈强碱性，再以蒸馏法测定 NH_4^+。

凯氏定氮法适用于蛋白质、胺类、酰胺类及尿素等有机化合物中氮的测定，对于含硝基、亚硝基或偶氮基等有机物，煮解前必须用还原剂处理，再按上述方法进行煮解，使氮定量转化为 NH_4^+，常用的还原剂有亚铁盐、硫代硫酸盐和葡萄糖等。

七、硅酸盐中 SiO_2 的测定

矿石、岩石、水泥、玻璃、陶瓷等都是硅酸盐，可用重量法测定其中 SiO_2 的含量，准确度较高，但十分费时。目前生产上的控制分析常常采用氟硅酸钾容量法，它是一种酸碱滴定法，简便、快速，只要操作规范细心，也可以得到比较准确的结果。

试样用 KOH 熔融，使之转化为可溶性硅酸盐 K_2SiO_3，并在钾盐存在下与 HF 作用（或在强酸性溶液中加 KF），形成微溶的氟硅酸钾 K_2SiF_6，反应式如下：

$$K_2SiO_3+6HF = K_2SiF_6\downarrow + 3H_2O$$

由于沉淀的溶解度较大，利用同离子效应，常加入固体 KCl 以降低其溶解度。将沉淀物过滤，用 KCl-乙醇溶液洗涤沉淀，然后将沉淀转入原烧杯中，加入 KCl-乙醇溶液，以 NaOH 中和游离酸（酚酞指示剂呈现淡红色），然后加入沸水使沉淀物水解：

$$K_2SiF_6 + 3H_2O = 2KF + H_2SiO_3 \downarrow + 4HF$$

水解生成的 HF（$K_a = 3.5 \times 10^{-4}$）可用 NaOH 标准溶液直接滴定，由所消耗的 NaOH 溶液的体积间接计算出 SiO_2 的含量。注意 SiO_2 与 NaOH 的计量关系是 1∶4。

由于 HF 腐蚀玻璃容器，且对人体健康有害，操作必须在塑料容器中进行，在整个分析过程中应特别注意安全。

八、酯类的测定——皂化回滴法

常用的方法是在酯类试样中定量加入过量的 NaOH，共热 1～2h，使酯类与强碱发生皂化反应，转化成有机酸的共轭碱和醇。例如：

$$CH_3COOC_2H_5 + NaOH(\text{过量}) = CH_3COONa + C_2H_5OH$$

剩余的碱用酸标准溶液回滴，以酚酞为指示剂，滴定至溶液由红色变为无色，即为终点。如酯类试样难溶于水，可采用 NaOH-乙醇标准溶液使之皂化。

需注意的是，有醛存在时，不能用碱皂化直接测定酯，因为皂化时醛亦要消耗碱。所以试样中含有醛类时，应事先加入过量羟胺，使醛与羟胺生成肟，再以皂化法测定酯。

除酯类外，羧酸的其他衍生物也能水解生成羧酸盐及相应的化合物，因此酸碱滴定是测定羧酸及其衍生物的基本方法。

九、醛、酮的测定

醛、酮的测定有两种常用方法。

1. 盐酸羟胺法（或称肟化法）

醛、酮与盐酸羟胺作用生成肟和游离 HCl，通过测定反应生成的酸，即可对醛或酮进行定量分析。为使肟化反应进行完全，试剂通常要过量 50%～100%，室温下在乙醇溶液中放置 30min，一般可反应完全。醛、酮与盐酸羟胺的反应式如下：

$$R_2C{=}O + H_2NOH \cdot HCl \longrightarrow R_2C{=}N{-}OH + HCl + H_2O$$

因化学计量点时溶液中存在过量的盐酸羟胺，呈弱酸性，pH＝3.8～4.1，故应选溴酚蓝作指示剂。

2. 亚硫酸钠法

醛或甲基酮与过量的亚硫酸氢钠反应，生成 α-羟基磺酸钠。

$$RC(H)(CH_3){=}O + NaHSO_3(\text{过量}) \longrightarrow RC(OH)(SO_3Na)H\,(CH_3)$$

反应完全后通过测定剩余 $NaHSO_3$ 的量，求出醛或甲基酮的含量。通常用碘标准溶液滴定剩余的 $NaHSO_3$；也可以加入过量的碘标准溶液，再用硫代硫酸钠标准溶液回滴。

$$NaHSO_3 + I_2 + H_2O = NaHSO_4 + 2HI$$

但在实际应用中，由于该法中亚硫酸氢钠溶液不稳定，通常用亚硫酸钠代替亚硫酸氢钠，其化学反应如下。

$$RC(H)(CH_3){=}O + Na_2SO_3 + H_2O \longrightarrow RC(OH)(SO_3Na)H\,(CH_3) + NaOH$$

生成的 NaOH 可用盐酸标准溶液滴定，因加成反应生成的 α-羟基磺酸钠呈弱碱性，化学计量点溶液的 pH 在 9.0～9.5 之间，故应选择酚酞或百里酚酞作指示剂。

醛、酮自身不是酸、碱，但它们与盐酸羟胺产生 HCl，与 Na_2SO_3 作用产生 NaOH，因而可用间接法测定其含量。由于使用的是强还原剂，易被空气氧化，故实验时测定速度要快，而且试剂应新鲜配制，同时要做空白、对照实验，扣除空白值。

十、酸碱滴定法结果计算示例

例 13 用邻苯二甲酸氢钾标定氢氧化钠溶液（浓度大约为 $0.1mol \cdot L^{-1}$），希望用去的 NaOH 溶液为 25mL 左右，应称取邻苯二甲酸氢钾多少克？

解： 标定反应为

$$C_6H_4(COOH)(COOK) + NaOH = C_6H_4(COONa)(COOK) + H_2O$$

二者化学计量关系为 1∶1，欲使 NaOH 消耗量为 25mL，查表得邻苯二甲酸氢钾的摩尔质量为 $204.2g \cdot mol^{-1}$，称取基准物邻苯二甲酸氢钾的质量 m 可计算如下

$$m = 0.1mol \cdot L^{-1} \times 25 \times 10^{-3} L \times 204.2g \cdot mol^{-1} = 0.5105g \approx 0.5g$$

例 14 称取纯 $CaCO_3$ 0.5000g，溶于 50.00mL 0.2284$mol \cdot L^{-1}$ 盐酸中，多余的 HCl 用 NaOH 溶液返滴，消耗 NaOH 溶液 6.20mL，计算该 NaOH 溶液的浓度。

解： 发生的反应为

$$CaCO_3 + 2HCl = CaCl_2 + CO_2 \uparrow + H_2O$$

$$NaOH + HCl = NaCl + H_2O$$

根据反应式可得 $2n_{CaCO_3} + n_{NaOH} = n_{HCl}$

已知 $M_{CaCO_3} = 100.1g \cdot mol^{-1}$，则有

$$2 \times \frac{0.5000g}{100.1g \cdot mol^{-1}} + c_{NaOH} \times 6.20 \times 10^{-3} L = 0.2284mol \cdot L^{-1} \times 50.00 \times 10^{-3} L$$

解之得　$c_{NaOH} = 0.2306mol \cdot L^{-1}$

例 15 称取硅酸盐试样 0.1080g，经熔融分解，以 K_2SiF_6 沉淀后，过滤，洗涤，使之水解形成 HF，采用 0.1024$mol \cdot L^{-1}$ NaOH 标准溶液滴定，消耗的体积为 25.54mL，计算 SiO_2 的质量分数。

解： K_2SiF_6 的水解反应为　$K_2SiF_6 + 3H_2O = 2KF + H_2SiO_3 \downarrow + 4HF$

滴定反应为　$NaOH + HF = NaF + H_2O$

可知 SiO_2 与 NaOH 的计量关系是 1∶4。

即　$n_{SiO_2} : n_{NaOH} = 1 : 4$

已知 $M_{SiO_2} = 60.08g \cdot mol^{-1}$

即
$$w_{SiO_2} = \frac{\frac{1}{4} \times 0.1024mol \cdot L^{-1} \times 25.54 \times 10^{-3} L \times 60.08g \cdot mol^{-1}}{0.1080g} \times 100\%$$

$$= 36.37\%$$

例 16 称取混合碱试样 0.6800g，溶于水后，以酚酞为指示剂，用 0.1800$mol \cdot L^{-1}$ HCl 标准溶液滴定至终点，消耗 HCl 溶液 $V_1 = 23.00mL$，然后加甲基橙指示剂滴定至终点，又消耗 HCl 溶液 $V_2 = 26.80mL$，判断混合碱的组分，并计算试样中各组分的含量。

解： 已知 $V_1 = 23.00mL$，$V_2 = 26.80mL$，因为 $V_1 < V_2$，所以混合碱为 Na_2CO_3 和 $NaHCO_3$，即

$$Na_2CO_3 + HCl = NaCl + NaHCO_3 \quad \text{消耗 HCl 溶液 } V_1$$

$$NaHCO_3 + HCl = NaCl + CO_2 \uparrow + H_2O \quad \text{消耗 HCl 溶液 } V_2$$

因此根据混合碱的计算公式可得

$$w_{Na_2CO_3}=\frac{\frac{1}{2}c_{HCl}\times 2V_1 M_{Na_2CO_3}}{m}\times 100\%$$

$$=\frac{\frac{1}{2}\times 0.1800mol\cdot L^{-1}\times 2\times 23.00\times 10^{-3}L\times 105.6g\cdot mol^{-1}}{0.6800g}\times 100\%$$

$$=64.29\%$$

$$w_{NaHCO_3}=\frac{c_{HCl}(V_2-V_1)M_{NaHCO_3}}{m}\times 100\%$$

$$=\frac{0.1800mol\cdot L^{-1}\times(26.80-23.00)\times 10^{-3}L\times 84.01g\cdot mol^{-1}}{0.6800g}\times 100\%$$

$$=8.45\%$$

例 17　某食品中含一定量的蛋白质，蛋白质中含氮约 16%，现称取 0.2500g 该食品试样，采用凯氏定氮法测定氮的含量，用 0.1000mol・L^{-1} HCl 溶液滴定至终点，消耗 HCl 溶液 21.20mL，试计算该食品试样中蛋白质的含量。

解：凯氏定氮法的过程可以简写为

$$\text{有机物}\xrightarrow{\text{煮解}}\text{铵盐}\xrightarrow{\text{浓 NaOH 蒸馏}}NH_3\xrightarrow{\text{硼酸}}H_2BO_3^-+NH_4^+$$

滴定反应为

$$H_2BO_3^-+HCl=\!=\!=H_3BO_3+Cl^-$$

即　$n_N=n_{H_2BO_3^-}=n_{HCl}=0.1000mol\cdot L^{-1}\times 21.20\times 10^{-3}L=2.12\times 10^{-3}mol$

则蛋白质含量为

$$w(\text{蛋白质})=\frac{2.12\times 10^{-3}mol\times 14.01g\cdot mol^{-1}}{16\%\times 0.2500g}=74.25\%$$

阅读材料　水的酸度及其测定

酸度是指水中能与强碱进行中和反应的物质总量。酸度主要来自两类物质：①强酸，如 HCl、H_2SO_4 等；②弱酸，如 CO_2 及 H_2CO_3、$Al_2(SO_4)_3$ 及 $FeCl_3$、各种有机酸等。

强酸主要来自各种工业废水，一般水中有微量强酸，pH 值就可降低至小于 4。天然水、生活污水和污染不严重的工业废水主要含有弱酸。酸度是重要的水质指标之一。酸度大说明水有腐蚀性，对混凝土或金属管道、设备有侵蚀作用。酸度的高低还影响水处理工艺。受酸性废水污染的水源，水生物生命活动受到影响。因此酸性废水排放前，必须进行中和。

水中由于产生酸度的物质比较复杂，不易分别测定，所以一般酸度的测定结果只表示水中能与强碱作用的所有物质的总量。测定酸度采用酸碱滴定法，常用 NaOH 作标准溶液，甲基橙或酚酞作指示剂。

若水中的酸度是由强酸造成的，用 NaOH 进行滴定时，可用甲基橙作指示剂，由于甲基橙在酸性范围内变色，因此当甲基橙变色时，说明水中强酸都已被中和，所以也称强酸酸度，或称甲基橙酸度。

若水中的酸度是由弱酸造成的，因其和 NaOH 进行中和反应后溶液呈弱碱性，因此，滴定时采用酚酞作指示剂。用酚酞作指示剂滴定的酸度是全部酸度，称为酚酞酸度，又称总酸度。

对于有颜色的工业废水，在滴定至化学计量点时，往往不易辨别指示剂颜色的变化，这时可以采用电位滴定法测定。此方法是以玻璃电极为指示电极，甘汞电极为参比电极，与被测水样组成原电池并接入 pH 计，用氢氧化钠标准溶液滴定至 pH 计指示 3.7 和 8.3，据其相应消耗的氢氧化钠溶液的体积分别计算甲基橙酸度和酚酞酸度。此法适用于各种水体酸度的测定，不受水样有色、混浊的限制。但测定时应注意温度、搅拌状态、响应时间等因素的影响。

第十节　非水溶液中的酸碱滴定

酸碱滴定大多数都在水溶液中进行，但是很多有机试样难溶于水或在水溶液中解离常数太小，以至于 $cK \leqslant 10^{-8}$，终点时没有明显的滴定突跃，不能直接目视滴定，难以掌握滴定终点。为了解决这些问题，采用非水溶剂增大物质的溶解度和酸碱强度，进行非水溶剂体系滴定，简称非水滴定法。下面简介非水溶液中的酸碱滴定法。

一、溶剂的分类及其作用

（一）溶剂的分类

根据溶剂酸碱性的不同，通常将其分为两性溶剂和惰性溶剂两大类。

1. 两性溶剂

两性溶剂既能给出质子表现为酸，又能接受质子表现为碱。根据它们得失质子能力的相对大小，两性溶剂可划分为下列三种。

（1）中性溶剂　得失质子能力相近，其酸碱性与水相似。最典型的中性溶剂是水、甲醇、乙醇，丙醇、乙二醇等也属于此类。

（2）酸性溶剂　给出质子的能力比水强，而接受质子的能力比水弱，因此这类溶剂酸性比水强，碱性比水弱。甲酸、冰醋酸、硫酸等属于这一类。

（3）碱性溶剂　接受质子的能力比水强，而给出质子的能力比水弱，因此这类溶剂碱性比水强，酸性比水弱。乙二胺、丁胺、乙醇胺等属于这一类。吡啶也属此类，但吡啶只能接受质子，不能给出质子。

2. 惰性溶剂

给出质子或接受质子的能力都非常弱，或根本没有，惰性溶剂与溶质之间几乎不发生质子转移，质子只在溶质分子之间进行传递。苯、氯仿、四氯化碳、丙酮等属于这一类。

（二）溶剂的作用

酸碱反应中质子传递过程是通过溶剂来实现的，因此，物质的酸碱强度与物质本身的性质及溶剂的酸碱性有关。同一种酸在不同溶剂中，其强度就不相同，如苯酚在水溶剂中是一种极弱的酸，不能用碱标准溶液直接滴定，但苯酚在碱性的乙二胺溶剂中就可表现出较强的酸性，能够被滴定；同样，吡啶或胺类等在水中是极弱的碱，不能直接被滴定，但在冰醋酸介质中就可增强其碱性，可以被滴定。

（三）溶剂的区分效应和拉平效应

在水中，$HClO_4$、H_2SO_4、HCl、HNO_3 的稀溶液均为强酸，因为水的碱性相对这四种酸而言较强，因此上述酸被水溶剂拉平到水合质子 H_3O^+ 强度的水平，故四种酸在水中显示不出差别，这就是拉平效应，而水称为拉平溶剂。如果上述四种酸存在于冰醋酸介质中，情况就不同了。由于醋酸是一种酸性溶剂，对质子的亲和力较弱，这四种酸的强度就显示出差异，实验证明，强度次序为：

$$HClO_4 > H_2SO_4 > HCl > HNO_3$$

这种能区分酸碱强度的作用称为区分效应，醋酸溶剂称为区分溶剂。

在非水滴定中，利用溶剂的拉平效应可测定各种酸或碱的总浓度；利用溶剂的区分效应，可以分别测定酸或碱的含量。

二、非水溶液滴定条件的选择

1. 溶剂的选择

非水滴定中，首先要根据滴定的要求选择合适的溶剂。滴定弱碱时，通常选用酸性溶剂，使滴定反应更完全；同理，滴定弱酸时，则要选用碱性溶剂。另外，溶剂还应满足下列要求。

（1）溶剂对试样和滴定产物的溶解度要大。

（2）溶剂不与试样发生副反应。

（3）溶剂纯度要高。

（4）溶剂的黏度、挥发性、毒性都应该很小，以便于操作。

2. 滴定剂的选择

在非水滴定中，滴定碱时，应选用强酸作滴定剂，通常选用高氯酸的冰醋酸溶液。如果高氯酸和冰醋酸中含有水分，需加入一定量的醋酸酐以除去水分，以免水分的存在影响质子转移过程和滴定终点的观察。

高氯酸的冰醋酸溶液一般用邻苯二甲酸氢钾为基准物标定其浓度。标定反应如下：

$$C_6H_4(COOK)(COOH) + HClO_4 = KClO_4 + C_6H_4(COOH)(COOH)$$

在非水介质中滴定酸时，应选强碱作滴定剂，通常选用甲醇钠或甲醇钾的苯-甲醇溶液。甲醇钠或甲醇钾是由金属钠或钾与甲醇反应制得：

$$2CH_3OH + 2Na = 2CH_3ONa + H_2\uparrow$$

甲醇钠或甲醇钾的苯-甲醇溶液常用苯甲酸为基准物标定，反应式如下：

$$C_6H_5COOH + CH_3ONa = C_6H_5COO^- + Na^+ + CH_3OH$$

3. 滴定终点的确定

滴定终点的确定常用电位法和指示剂法。电位法将在仪器分析电位滴定法一章中学习，这里只简单介绍指示剂法。

非水滴定中指示剂的选用通常是由实验方法确定，即在电位滴定的同时，观察指示剂颜色的变化，从而选取与电位滴定终点相符的指示剂。一般来说，非水滴定用的指示剂随溶剂而异，常用指示剂列于表 4-8 中。

表 4-8 非水溶液滴定中常用的指示剂

溶剂	指示剂
酸性溶剂(冰醋酸)	甲基紫,结晶紫,中性红等
碱性溶剂(乙二胺,二甲基甲酰胺等)	百里酚蓝,偶氮紫,邻硝基苯胺等
惰性溶剂(氯仿,四氯化碳,苯,甲苯等)	甲基红等

三、非水滴定的应用

由于采用不同性质的非水溶剂，增强了一些弱酸（碱）的强度，使反应进行的程度更趋完全，提供了可以直接滴定的条件，扩大了酸碱滴定的应用范围。非水滴定常用于两个方面：一方面，应用高氯酸标准溶液测定具有碱性基团的化合物，如胺类、氨基酸类、含氮杂环类、生物碱、有机酸的碱金属盐以及有机碱的无机酸或有机酸盐；另一方面，利用甲醇钠标准溶液测定具有酸性基团的化合物，如羧酸类、酚类、氨基酸等。

阅读材料　水杨酸钠和六氯双酚的测定

1. 水杨酸钠是一种抗风湿性药物，它虽溶于水，但碱性太弱，不能在水中用强酸滴定。选用冰醋酸为溶剂则大大提高了水杨酸根的碱性，可以 $HClO_4$ 为标准溶液进行滴定。测定步骤为：准确称取约 0.3～0.4g 试样，加入 50mL 冰醋酸溶解，加结晶紫指示剂 3 滴，用 $HClO_4$ 标准溶液（约 $0.1mol\cdot L^{-1}$）滴定至蓝绿色为终点。

2. 六氯双酚是一种杀虫剂，虽然酸性较强，能够与强碱发生定量反应，但它不溶于水，只得在乙醇等溶解度较大的溶剂中进行滴定。测定步骤为：准确称取约 1g 试样，用 25mL 乙醇溶解，加百里酚蓝-酚酞（1∶3）混合指示剂 5 滴，用约 $0.1mol\cdot L^{-1}$ 的 NaOH 标准溶液滴至黄绿色为终点。

习　题

1. 根据酸碱质子理论，酸和碱的定义是什么？酸碱反应的实质是什么？

2. 用酸碱质子理论判断下列物质哪些是酸？哪些是碱？哪些属两性物质？

HF、HS^-、CO_3^{2-}、$H_2PO_4^-$、NH_3、HSO_4^-、Cl^-、Ac^-、H_2O、NH_4^+、OH^-

3. 什么是质子条件？写出下列物质在水溶液中的质子条件。

（1）HCOOH　（2）NH_3　（3）NH_4NO_3　（4）NaAc　（5）NaH_2PO_4

4. 什么是滴定突跃？它的大小与哪些因素有关？酸碱滴定中指示剂的选择原则是什么？

5. 若使用已吸收少量水的无水碳酸钠标定 HCl 溶液的浓度，标定出的浓度值将偏高还是偏低？若采用以部分风化的 $H_2C_2O_4\cdot 2H_2O$ 标定 NaOH 溶液的浓度，所标出的浓度值将偏高还是偏低？

6. 若硼砂未能保存在相对湿度为 60% 的容器中，而是存放在相对湿度 30% 的容器中，采用此硼砂标定 HCl 溶液时，所标出的浓度值将偏高还是偏低？

7. 非水滴定有什么特点？所使用的溶剂主要有几类？

8. 计算 pH＝5.0 时 $0.1mol\cdot L^{-1}$ HCOOH 溶液中 $HCOO^-$ 的浓度。

（$0.095mol\cdot L^{-1}$）

9. 计算 pH＝4.0 时 $0.05mol\cdot L^{-1}$ 酒石酸（以 H_2A 表示）溶液中酒石酸根离子（以 A^{2-} 表示）的浓度。

（$0.014mol\cdot L^{-1}$）

10. 计算下列溶液的 pH 值：

（1）$0.01mol\cdot L^{-1}$ NaAc　　（2）$0.01mol\cdot L^{-1}$ NH_4Cl

（3）$0.01mol\cdot L^{-1}$ 的 H_3BO_3　　（4）$0.01mol\cdot L^{-1}$ $NaHCO_3$

（8.37；5.63；5.62；8.31）

11. 10.0mL $0.200mol\cdot L^{-1}$ 的 HAc 溶液与 5.5mL $0.200mol\cdot L^{-1}$ 的 NaOH 混合，求该混合液的 pH 值。

（4.83）

12. 若配制 pH＝10.0 的缓冲溶液 1.0L，用去 $15mol\cdot L^{-1}$ NH_3 水 35mL，问需要 NH_4Cl 多少克？

（5.10g）

13. 计算下列滴定中化学计量点的 pH 值，并指出选何种指示剂指示终点：

（1）$0.01mol\cdot L^{-1}$ NaOH 滴定 20.00mL $0.01mol\cdot L^{-1}$ HCl

（2）$0.01mol\cdot L^{-1}$ NaOH 滴定 20.00mL0.01$mol\cdot L^{-1}$ HAc

（3）$0.01mol\cdot L^{-1}$ HCl 滴定 20.00mL0.01$mol\cdot L^{-1}$ NH_3

（7.00；8.22；5.78）

14. 下列物质能否被准确目视滴定，若能被直接目视滴定，选择何种指示剂？（设被测物质浓度约为

0.1mol・L^{-1})

(1) HF　(2) HCN　(3) 苯甲酸　(4) 苯酚　(5) 六亚甲基四胺　(6) NaCN

15. 0.1000mol・L^{-1} NaOH 溶液滴定 20.00mL 0.1000mol・L^{-1} 甲酸溶液时，化学计量点的 pH 值为多少？应选何种指示剂指示终点？滴定突跃为多少？

(8.23；6.74～9.70)

16. 用邻苯二甲酸氢钾基准物质标定 0.1mol・L^{-1} NaOH 溶液的准确浓度，若用去的 NaOH 溶液体积控制在 20～30mL，应称取邻苯二甲酸氢钾多少克？若改用草酸（$H_2C_2O_4 \cdot 2H_2O$）作基准物，应称取多少克？

(0.4～0.6g；0.13～0.19g)

17. 称取某混合碱试样 0.5600g，以酚酞为指示剂，用 0.2000mol・L^{-1} HCl 标准溶液滴定至终点，消耗 HCl 溶液 V_1=22.50mL，然后加入甲基橙指示剂滴定至终点，又消耗 HCl 溶液 V_2=24.80mL，判断此混合碱的组成，并计算各组分的质量分数。

(Na_2CO_3：85.17%；$NaHCO_3$：6.90%)

18. 称取某混合碱试样 0.3010g，以酚酞为指示剂，用 0.1060mol・L^{-1} HCl 标准溶液滴定至终点，消耗 HCl 溶液 25.50mL，然后加入甲基橙指示剂滴定至终点，共消耗 HCl 溶液 47.70mL，判断此混合碱的组成，并计算各组分的质量分数。

(NaOH：4.65%；Na_2CO_3：82.87%)

19. 准确称取硅酸盐试样 0.1060g，经熔融分解，以 K_2SiF_6 沉淀后，过滤，洗涤，使之水解形成 HF，采用 0.1080mol・L^{-1} NaOH 标准溶液滴定，消耗滴定剂的体积为 25.50mL，计算 SiO_2 的质量分数。

(39.02%)

20. 测定小麦制品中蛋白质的百分含量时，可将其氮的百分含量再乘以 5.70 算得。现将麦粉试样 0.9300g 处理后，将蒸馏出的氨吸收在 50.00mL 0.0517mol・L^{-1} HCl 溶液中，过量的盐酸需用 7.48mL 0.04970mol・L^{-1} NaOH 返滴定，计算麦粉中蛋白质的百分含量。

(18.99%)

第五章　氧化还原滴定法

知识与技能目标

1. 熟悉电对、电极电位的概念及能斯特方程式，了解条件电极电位。

2. 掌握氧化还原滴定中化学计量点的电位公式，了解影响氧化还原反应速率的因素。

3. 熟悉氧化还原滴定过程中电极电位的变化规律及滴定曲线，掌握滴定终点的确定。

4. 了解氧化还原滴定前的预处理。

5. 掌握高锰酸钾法、重铬酸钾法、碘量法及其应用，了解铈量法、溴酸钾法等方法。

氧化还原滴定法是以氧化还原反应为基础的滴定分析方法。它在实际应用中占有重要的地位。利用该滴定方法不仅可以直接测定具有氧化性或还原性的物质，而且可以间接测定能与氧化剂或还原剂进行定量反应的物质以及糖类、酚类、烯烃类等有机物质。氧化还原滴定法是滴定分析中广泛运用的方法之一。

氧化还原反应的实质是氧化剂与还原剂之间的电子转移，反应机理比较复杂，有些氧化还原反应常常伴有副反应的发生，因而没有确定的计量关系，另有一些反应从理论上判断可以进行，但反应速率十分缓慢，必须加快反应速率才能用于滴定分析。因此，对于氧化还原反应，必须符合滴定反应的条件，才能进行滴定分析。

氧化还原滴定分析方法根据所用标准溶液的不同，习惯上分为高锰酸钾法、重铬酸钾法、碘量法，另外还有溴酸钾法、铈量法等。各种方法都有其特点和应用范围。本书重点学习高锰酸钾法、重铬酸钾法和碘量法的基本原理及应用，了解溴酸钾法和铈量法。

第一节　氧化还原平衡

一、氧化还原电对和电极电位

氧化剂和还原剂的强弱可以用有关电对的电极电位来衡量。电对的电极电位越高，其氧化态的氧化能力越强；电对的电极电位越低，其还原态的还原能力越强。因此，作为一种氧化剂，它可以氧化电位比它低的还原剂；作为一种还原剂，它可以还原电位比它高的氧化剂。由此可见，根据有关电对的电极电位，可以判断化学反应进行的方向。

氧化还原电对通常分为可逆电对与不可逆电对。可逆电对是指在氧化还原反应的任一瞬间，能按氧化还原半反应所示迅速地建立起氧化还原平衡，并且其实测电位与按能斯特（Nernst）公式计算所得的理论电位相符或相差甚小的电对。例如 Fe^{3+}/Fe^{2+}、$[Fe(CN)_6]^{3-}/[Fe(CN)_6]^{4-}$、$I_2/I^-$ 等。不可逆电对的情况与可逆电对不同，它们不能在氧化还原反应的任一瞬间迅速建立起氧化还原平衡，其实际电位与按能斯特（Nernst）公式计算所得的理论电位偏离较大。一般有中间价态的含氧酸及电极反应中有气体参与的电对多为不可逆电对。例如，MnO_4^-/Mn^{2+}、$S_4O_6^{2-}/S_2O_3^{2-}$、O_2/H_2O_2 等，它们的实际电位与理论电位相差较大（相差 100mV 或 200mV 以上）。然而对于不可逆电对，用能斯特公式的计算结果作为初步判断仍然具有一定的实际意义。

对于可逆氧化还原电对的电极电位，可用能斯特公式求得。例如，Ox/Red 电对（省略离子的电荷)，其电极半反应和能斯特公式为：

$$Ox + ne^- \rightleftharpoons Red$$

$$E(Ox/Red) = E^{\ominus}(Ox/Red) + \frac{RT}{nF}\ln\frac{a_{Ox}}{a_{Red}} \quad (5\text{-}1)$$

式中 E（Ox/Red）——电对 Ox/Red 的电极电位；

$E^{\ominus}$(Ox/Red)——电对 Ox/Red 的标准电极电位；

T——热力学温度；

R——摩尔气体常数，8.314J・mol^{-1}・K^{-1}；

F——法拉第常数，96500C・mol^{-1}；

n——半反应中电子转移数；

a_{Ox}，a_{Red}——分别表示为电极反应中在氧化型、还原型一侧各物种活度幂的乘积，当溶液浓度不太高时，通常用平衡浓度来表示活度。

当温度为 298K、压强为 100kPa 时，将自然对数变换为常用对数，并代入 R 和 F 等常数的数值得：

$$E(Ox/Red) = E^{\ominus}(Ox/Red) + \frac{0.059}{n}\lg\frac{a_{Ox}}{a_{Red}} \quad (5\text{-}2)$$

从式(5-2) 可见，电对的电极电位与存在于溶液中的氧化态和还原态的活度有关。当 $a_{Ox} = a_{Red} = 1\text{mol} \cdot L^{-1}$时，$E(Ox/Red) = E^{\ominus}(Ox/Red)$，这时的电极电位等于标准电极电位。所谓标准电极电位是指在一定温度下（通常指 298K），氧化还原半反应中各组分都处于标准状态，即离子或分子的活度等于 1mol・L^{-1}，反应式中若有气体参加，则其分压等于 100kPa 时的电极电位。$E^{\ominus}$(Ox/Red) 仅随温度而变化。

对于更复杂的氧化还原半反应，能斯特方程中还应该包括有关反应物和生成物的活度。纯金属、纯固体的活度为 1mol・L^{-1}，溶剂的活度为常数，它们的影响已反映在 $E^{\ominus}$里，不必再列入能斯特公式中。

对于同一价态元素，由于有不同的存在形式，与它有关的氧化还原电对可能有好几个，而每一电对的标准电位又各不相同。例如：

$Ag^+ + e^- \rightleftharpoons Ag$ $E^{\ominus}(Ag^+/Ag) = 0.7995V$

$AgCl + e^- \rightleftharpoons Ag + Cl^-$ $E^{\ominus}(AgCl/Ag) = 0.2223V$

$AgBr + e^- \rightleftharpoons Ag + Br^-$ $E^{\ominus}(AgBr/Ag) = 0.071V$

$AgI + e^- \rightleftharpoons Ag + I^-$ $E^{\ominus}(AgI/Ag) = -0.152V$

比较上述各电对的标准电极电位，可以看到，沉淀（电对中的氧化态）的溶解度越小，标准电极电位越低。其他化学平衡对氧化还原电对的标准电极电位的影响也是这样。凡是使氧化态活度降低的，标准电位就低；凡是使还原态活度降低的，标准电位就高。

同一价态元素的不同电对的标准电位可以根据有关的平衡常数，用能斯特方程求出它们之间的关系。附录五中列出了常用电对的标准电极电位。

在处理氧化还原平衡时，还应注意到对称电对和不对称电对之间的区别。在对称的电对中，氧化态与还原态的系数相同，如 $Fe^{3+} + e^- \rightleftharpoons Fe^{2+}$、$MnO_4^- + 8H^+ + 5e^- \rightleftharpoons Mn^{2+} + 4H_2O$ 等。在不对称的电对中，氧化态与还原态的系数不相同，如 $I_2 + 2e^- \rightleftharpoons 2I^-$、$Cr_2O_7^- + 14H^+ + 6e^- \rightleftharpoons 2Cr^{3+} + 7H_2O$ 等。当涉及不对称电对的有关计算时，情况稍复杂一些，要注意到系数的影响。

二、条件电极电位

在实际工作中，若溶液的浓度大且离子价态高时，不能不考虑离子强度及氧化型或还原型的存在形式，否则计算电极电位的结果与实际情况相差较大。为了解决这个问题，人们通过实验测定了在特定条件下，当氧化型和还原型的分析浓度均为 $1mol \cdot L^{-1}$（或其活度比$\frac{a_{Ox}}{a_{Red}}=1$）时，校正了各种外界因素的影响后的实际电极电位，称为条件电极电位，用 $E^{\ominus\prime}$表示。

引入条件电极电位概念以后，能斯特方程可以写成：

$$E(Ox/Red)=E^{\ominus\prime}(Ox/Red)+\frac{0.059}{n}\lg\frac{c_{Ox}}{c_{Red}} \tag{5-3}$$

标准电极电位与条件电极电位的关系与配位反应中的绝对稳定常数 K 和条件稳定常数 K' 的关系相似。条件电位校正了各种外界因素的影响，处理问题就比较简单，也比较符合实际情况，应用条件电位比应用标准电极电位能更正确地判断氧化还原反应的方向、次序和反应完成的程度。部分电对的条件电极电位见附录六，对于没有条件电极电位数据的氧化还原电对，使用标准电极电位作近似计算。

例 1 计算 $1mol \cdot L^{-1}$ HCl 溶液中 $c_{Fe^{3+}}=1.00\times10^{-2}mol \cdot L^{-1}$，$c_{Fe^{2+}}=1.00\times10^{-3}mol \cdot L^{-1}$ 时电对 Fe^{3+}/Fe^{2+} 的电极电位。

解：在 $1mol \cdot L^{-1}$ HCl 介质中，$E^{\ominus\prime}(Fe^{3+}/Fe^{2+})=0.68V$。

$$\begin{aligned}E(Fe^{3+}/Fe^{2+})&=E^{\ominus\prime}(Fe^{3+}/Fe^{2+})+0.059\lg\frac{c_{Fe^{3+}}}{c_{Fe^{2+}}}\\&=0.68+0.059\lg\frac{1.00\times10^{-2}}{1.00\times10^{-3}}\\&=0.74\ (V)\end{aligned}$$

三、氧化还原平衡常数及化学计量点电位

1. 化学平衡常数

在氧化还原滴定分析法中，要求氧化还原反应进行得越完全越好，而反应的完全程度是由它的平衡常数来衡量的。氧化还原反应的平衡常数可以根据能斯特方程和有关电对的条件电极电位或标准电极电位求得。例如，下列氧化还原反应

$$n_2Ox_1+n_1Red_2 \rightleftharpoons n_1Ox_2+n_2Red_1 \tag{5-4}$$

当反应式(5-4) 达到平衡时，则有：

$$\frac{[Red_1]^{n_2}[Ox_2]^{n_1}}{[Ox_1]^{n_2}[Red_2]^{n_1}}=K(平衡常数) \tag{5-5}$$

两电对的电极电位为：

$$Ox_1+n_1e^- \rightleftharpoons Red_1$$

$$Ox_2+n_2e^- \rightleftharpoons Red_2$$

$$E_1=E_1^{\ominus}+\frac{0.059}{n_1}\lg\frac{[Ox_1]}{[Red_1]}$$

$$E_2=E_2^{\ominus}+\frac{0.059}{n_2}\lg\frac{[Ox_2]}{[Red_2]}$$

当反应式(5-4) 达到平衡时，$E_1=E_2$，则：

$$E_1^{\ominus}+\frac{0.059}{n_1}\lg\frac{[Ox_1]}{[Red_1]}=E_2^{\ominus}+\frac{0.059}{n_2}\lg\frac{[Ox_2]}{[Red_2]}$$

$$E_1^{\ominus}-E_2^{\ominus}=\frac{0.059}{n_1n_2}\lg\left[\left(\frac{[Ox_2]}{[Red_2]}\right)^{n_1}\left(\frac{[Red_1]}{[Ox_1]}\right)^{n_2}\right] \tag{5-6}$$

将式(5-5) 代入式(5-6) 中得：

$$\lg K=\frac{n_1n_2}{0.059}(E_1^{\ominus}-E_2^{\ominus}) \tag{5-7}$$

由此可知氧化还原反应的平衡常数 K 值的大小是直接由氧化剂和还原剂两电对的标准电极电位之差来决定的。两者差值越大，K 值也就越大，反应进行得越完全。根据两个电对的电极电位值，就可以计算氧化还原反应的平衡常数 K 值。

例 2　对于氧化还原反应

$$n_2Ox_1+n_1Red_2 \rightleftharpoons n_1Ox_2+n_2Red_1$$

当 $n_1=n_2=1$，若达到化学计量点时，氧化还原反应的完全程度达 99.9%以上，问 $\lg K$ 至少应为多少？$E_1^\ominus-E_2^\ominus$ 又至少应为多少？

解：要使反应完全程度达 99.9%以上，即要求

$$\frac{[Red_1]}{[Ox_1]}\geqslant 10^3 \qquad \frac{[Ox_2]}{[Red_2]}\geqslant 10^3$$

故
$$\lg K=\lg\frac{[Red_1][Ox_2]}{[Ox_1][Red_2]}\geqslant 6$$

则
$$E_1^\ominus-E_2^\ominus=0.059\lg K\geqslant 0.059\times 6\approx 0.35\ (V)$$

一般地说，氧化还原反应要定量地进行，则该反应达到平衡时，其 $\lg K\geqslant 6$，$E_1^\ominus-E_2^\ominus\geqslant 0.35V$，这样的氧化还原反应才能应用于滴定分析。但要注意，两电对的电极电位相差很大，仅仅说明该氧化还原反应有进行完全的可能，但不一定能定量反应，也不一定能迅速完成。

如果考虑溶液中各种副反应的影响，则应以相应的条件电极电位代入式中，算得的是条件平衡常数：

$$\lg K'=\lg\left[\left(\frac{c_{Red_1}}{c_{Ox_1}}\right)^{n_2}\left(\frac{c_{Ox_2}}{c_{Red_2}}\right)^{n_2}\right]=\frac{n_1n_2}{0.059}(E_1^{\ominus'}-E_2^{\ominus'}) \tag{5-7a}$$

对于有不对称电对参加的氧化还原反应，可以证明，式(5-7) 及式(5-7a) 都是适用的。

2. 化学计量点电位

当氧化还原反应达到化学计量点时，反应体系的电位称为化学计量点电位。此时的电位同样可以根据溶液中各有关组分的浓度关系，按照能斯特方程求得。例如，对于下列氧化还原反应：

$$n_2Ox_1+n_1Red_2 \rightleftharpoons n_1Ox_2+n_2Red_1$$

有关电对及其电极电位为：

$$Ox_1+n_1e^- \rightleftharpoons Red_1$$

$$E_1=E_1^\ominus+\frac{0.059}{n_1}\lg\frac{[Ox_1]}{[Red_1]}$$

$$Ox_2+n_2e^- \rightleftharpoons Red_2$$

$$E_2=E_2^\ominus+\frac{0.059}{n_2}\lg\frac{[Ox_2]}{[Red_2]}$$

反应达到化学计量点时，两电对的电位相等，即化学计量点时的电位（E_{sp}），此时：

$$E_1=E_2=E_{sp}$$

将 E_1乘以 n_1，E_2乘以 n_2，两式相加，整理得到：

$$(n_1+n_2)\ E_{sp}=n_1E_1^\ominus+n_2E_2^\ominus+0.059\lg\frac{[Ox_1]_{sp}[Ox_2]_{sp}}{[Red_1]_{sp}[Red_2]_{sp}}$$

从反应式看出，在化学计量点时：

$$\frac{[Ox_1]_{sp}}{[Red_2]_{sp}}=\frac{n_2}{n_1} \qquad \frac{[Ox_2]_{sp}}{[Red_1]_{sp}}=\frac{n_1}{n_2}$$

故
$$\lg\frac{[Ox_1]_{sp}[Ox_2]_{sp}}{[Red_1]_{sp}[Red_2]_{sp}}=\lg\frac{n_2n_1}{n_1n_2}=0$$

整理后，可得化学计量点电位公式：

$$E_{sp}=\frac{1}{n_1+n_2}(n_1E_1^{\ominus}+n_2E_2^{\ominus}) \tag{5-8}$$

若以条件电极电位表示，为：

$$E_{sp}=\frac{1}{n_1+n_2}(n_1E_1^{\ominus'}+n_2E_2^{\ominus'}) \tag{5-9}$$

由此可知，氧化还原反应达到化学计量点时的电位是由两个电对的条件电极电位决定的。选择氧化还原指示剂有时需以化学计量点时 E_{sp} 的数值作依据。

对于有不对称电对参加的复杂氧化还原反应，情况较复杂，但仍可用相似的方法推导出有关的计算公式。

四、影响氧化还原反应速率的因素

在氧化还原反应中，根据有关电对的标准电极电位或条件电极电位，可以判断反应的方向和反应进行完全的程度。然而这只能指出反应进行的可能性，并不能表明反应速率的快慢。不同的氧化还原反应，其反应速率可以有很大差别。这是因为氧化还原反应过程比较复杂。许多氧化还原反应中，氧化剂和还原剂之间的电子转移会遇到很多阻力。如溶液中的溶剂分子和各种配位体都可能阻碍电子的转移。物质之间的静电作用也是阻碍电子转移的因素之一。而且由于价态的变化，原子或离子的电子层发生了改变，甚至引起有关化学键性质和物质组成的变化，从而阻碍电子的转移。氧化还原反应大多经历一系列的中间步骤，即反应是分步进行的。整个反应的速率是由最慢的一步决定的。总的反应式所表示的仅仅是一系列反应总的结果，而没有指出反应的历程和速度。在滴定分析中，要求氧化还原反应必须定量、迅速地进行，所以对于氧化还原反应除了从平衡观点来了解反应的可能性外，还应该从它的反应速率来考虑反应的现实性。下面具体讨论影响氧化还原反应速率的因素，以便设法创造条件加速反应以满足滴定分析的要求。

1. 反应物浓度对反应速率的影响

在一般情况下，增加反应物质的浓度可以加快反应速率。例如，在酸性溶液中一定量的 $K_2Cr_2O_7$ 和 KI 反应：

$$Cr_2O_7^{2-}+6I^-+14H^+ = 2Cr^{3+}+3I_2+7H_2O$$

此反应速率较慢，通常采用适当增大 I^- 的浓度（KI 过量 5 倍）和 H^+ 的浓度（约 $0.4mol\cdot L^{-1}$）来加速反应，只需 3～5min 反应就可以进行完全。但酸度不能太大，否则将促使空气中的氧对 I^- 的氧化速率也加快，造成分析误差。

2. 温度对反应速率的影响

温度对反应速率的影响也是很复杂的。温度的升高对于大多数反应来说，可以加快反应速率。通常温度每升高 10℃，反应速率增加 2～3 倍。例如，在酸性溶液中，$KMnO_4$ 与 $H_2C_2O_4$ 的反应：

$$2MnO_4^-+5C_2O_4^{2-}+16H^+ = 2Mn^{2+}+10CO_2+8H_2O$$

在常温下反应速率很慢，若温度控制在 75～85℃时，反应速率显著提高。但是提高温度并不是对所有氧化还原反应都是有利的，有时会加速副反应的发生。上面介绍的 $K_2Cr_2O_7$ 和 KI 的反应，若用加热方法来加快反应速率，则生成的 I_2 反而会挥发而引起损失。又如，草酸溶液加热温度过高或时间过长，由于草酸分解而引起的误差也会增大。有些还原性物质如 Fe^{2+}、Sn^{2+} 等也会因加热而更容易被空气中的氧所氧化，从而造成分析结果的误差，在这种情况下，只能采用其他方法提高反应速率。

3. 催化剂对反应速率的影响

在分析化学中，经常使用催化剂来改变反应速率。催化剂是能够改变反应速率而不改变平衡的一种物质。虽然它以循环的方式进入反应历程，但是最终并不改变其状态和数量，催化剂有正催化剂和负催化剂之分。正催化剂加快反应速率，负催化剂减慢反应速率。平常所说的催化剂一般指正催化剂。使用催化剂是加快反应速率的有效方法之一。

例如，将 $KMnO_4$ 逐滴加入温热的酸性草酸盐中，最初几滴褪色很慢，在滴定过程中，反应速率逐步加快，这是由于反应自身产生 Mn^{2+} 起催化作用所致。这种利用生成物本身作催化剂的反应称为自动催化反应。如果滴定前加入少许 Mn^{2+}，滴定反应就能很快进行。$KMnO_4$ 与 $H_2C_2O_4$ 之间的反应机理比较复杂，在此不再赘述。自动催化反应有一个特点，即开始时反应速率较慢，随着反应的进行，反应生成物（催化剂）浓度逐渐增大，反应速率也越来越快，随后由于反应物浓度越来越低，反应速率又逐渐降低。

4. 诱导反应

有些氧化还原反应在通常情况下并不发生或进行很慢，但在另一反应进行时会促进这一反应的发生。这种由于一个氧化还原反应的发生促进另一氧化还原反应进行，称为诱导反应。例如，在酸性溶液中，$KMnO_4$ 氧化 Cl^- 的反应速率很慢，但是当溶液中同时存在 Fe^{2+} 时，$KMnO_4$ 氧化 Fe^{2+} 的反应可以加速 $KMnO_4$ 氧化 Cl^- 的反应。其中，Fe^{2+} 称为诱导体，MnO_4^- 称为作用体，Cl^- 称为受诱体。

诱导反应与催化反应不同，催化反应中，催化剂参加反应后恢复到原来的状态；而诱导反应中，诱导体参加反应后变成其他物质，受诱体也参加反应，以致增加了作用体的消耗量。因此用 $KMnO_4$ 滴定 Fe^{2+}，当有 Cl^- 存在时，将使 $KMnO_4$ 溶液消耗量增加，而使测定结果产生误差，故在用 $KMnO_4$ 法测定物质时，一般不用 HCl 介质而用 H_2SO_4 介质，以取得正确的滴定结果。

阅读材料　科学家——能斯特

瓦尔特·赫尔曼·能斯特（Walther Hermann Nernst），1864 年 6 月 25 日生于西普鲁士的布里森，德国物理学家、物理化学家、化学史家、发明家，是 W·奥斯特瓦尔德的学生，热力学第三定律创始人，能斯特灯的创造者。1887 年毕业于维尔茨堡大学，并获博士学位，在那里，他认识了阿仑尼乌斯，并把他推荐给奥斯特瓦尔德当助手。1888 年，他得出了电极电势与溶液浓度的关系式，即能斯特方程。

能斯特先后在格廷根大学和柏林大学任教。他的研究成果很多，主要有：发明了闻名于世的白炽灯（能斯特灯）、建议规定铂氢电极的电位为零、能斯特方程、能斯特热定理（热力学第三定理）、低温下固体比热容的测定等，因而获 1920 年诺贝尔化学奖。

他把成绩的取得归功于导师奥斯特瓦尔德的培养，因而自己也毫无保留地把知识传授给学生，其学生中有三位诺贝尔物理奖获得者（米利肯，1923 年；安德森，1936 年；格拉泽，1960 年）。师徒五代相传是诺贝尔奖史上空前的。

由于纳粹的迫害，能斯特于 1933 年离职，1941 年 11 月 18 日在德国逝世，终年 77 岁，1951 年他的骨灰移葬格廷根大学。

第二节　氧化还原滴定的原理

一、氧化还原滴定曲线

在氧化还原滴定过程中，随着标准溶液的加入，溶液中氧化剂和还原剂的浓度逐渐变化，有关电对的电极电位数值也随之改变。当滴定到达化学计量点附近时，再滴入极少量的标准溶液就会引起电极电位的急剧变化。由两电对的电极电位可以计算滴定过程中溶液电位的变化。若用曲线形式表示标准溶液用量和电位变化的关系，即得到氧化还原滴定曲线。氧化还原滴定曲线可以通过实验测出数据而描出，对于有些反应，也可以用能斯特公式计算出各滴定点的电位值。

现以在 $1mol \cdot L^{-1}$ H_2SO_4 溶液中，用 $0.1000mol \cdot L^{-1}$ $Ce(SO_4)_2$ 标准溶液滴定 $20.00mL$ $0.1000mol \cdot L^{-1}$ $FeSO_4$ 为例，讨论滴定过程中标准溶液用量和电极电位之间量的变化情况。

滴定反应式： $Ce^{4+}+Fe^{2+} \xrightleftharpoons{1mol \cdot L^{-1}H_2SO_4} Ce^{3+}+Fe^{3+}$

两个电对的条件电极电位：

$$Fe^{3+}+e^- \rightleftharpoons Fe^{2+} \qquad E^{\ominus'}(Fe^{3+}/Fe^{2+})=0.68V$$

$$Ce^{4+}+e^- \rightleftharpoons Ce^{3+} \qquad E^{\ominus'}(Ce^{4+}/Ce^{3+})=1.44V$$

在滴定过程中：

$$E(Fe^{3+}/Fe^{2+})=E^{\ominus'}(Fe^{3+}/Fe^{2+})+0.059\lg\frac{c_{Fe^{3+}}}{c_{Fe^{2+}}}$$

$$E(Ce^{4+}/Ce^{3+})=E^{\ominus'}(Ce^{4+}/Ce^{3+})+0.059\lg\frac{c_{Ce^{4+}}}{c_{Ce^{3+}}}$$

在 Fe^{2+} 溶液中每加一份 Ce^{4+} 溶液后的反应达到平衡时，都有 $E(Fe^{3+}/Fe^{2+})=E(Ce^{4+}/Ce^{3+})$，因此，可从两个电对中选用便于计算的电对，按能斯特方程计算体系的电位值 E，来确定滴定各个阶段、各平衡点的电位。

1. 化学计量点前

因加入的 Ce^{4+} 几乎全部被 Fe^{2+} 还原为 Ce^{3+}，到达平衡时 Ce^{4+} 的浓度很小，不易直接求得，但如果知道了滴定分数，就可求得 $\frac{c_{Fe^{3+}}}{c_{Fe^{2+}}}$，按下式计算 E 值。

设 Fe^{2+} 被滴定的分数为 a，则：

$$E=E^{\ominus'}(Fe^{3+}/Fe^{2+})+0.059\lg\frac{a}{1-a}$$

例如：当加入 $Ce(SO_4)_2$ 标准溶液 99.9%（即加入 19.98mL）时，Fe^{2+} 的溶液剩余 0.1%（即余 0.02mL）时，溶液电位是：

$$E=0.68+0.059\lg\frac{99.9}{0.1}=0.86\ (V)$$

2. 化学计量点时

当达到化学计量点时，可根据化学计量点电位公式 $E_{sp}=\frac{1}{n_1+n_2}(n_1E_1^{\ominus'}+n_2E_2^{\ominus'})$ 求得化学计量点电位值为：

$$E_{sp}=\frac{1}{n_1+n_2}[n_1E_1^{\ominus'}(Ce^{4+}/Ce^{3+})+n_2E_2^{\ominus'}(Fe^{3+}/Fe^{2+})]=\frac{1}{2}\times(0.68+1.44)=1.06\ (V)$$

3. 化学计量点后

Fe^{2+} 几乎全部被 Ce^{4+} 氧化为 Fe^{3+}，$c_{Fe^{2+}}$ 不易直接求得，但只要知道加入过量 Ce^{4+} 的分数，就可以求得 $\frac{c_{Ce^{4+}}}{c_{Ce^{3+}}}$，按下式计算 E 值。

设滴入 Ce^{4+} 的分数为 a（$a>100\%$），则生成 Ce^{3+} 的分数为 100%，过量的 Ce^{4+} 为 $a-1$，得：

$$E = E^{\ominus'}(Ce^{4+}/Ce^{3+}) + 0.059\lg\frac{a-100\%}{100\%}$$

例如，当滴入了 100.1% 的 Ce^{4+}，Ce^{4+} 过量 0.1%（即过量 0.02mL）时，溶液电位是：

$$E = 1.44 + 0.059\lg\frac{0.1}{100} = 1.26(V)$$

化学计量点过后各滴定点的电位值可按同样方法计算。将滴定过程中不同滴定点的电位计算结果列于表 5-1，并绘制滴定曲线如图 5-1。

表 5-1　在 1mol・L^{-1} H_2SO_4 溶液中，用 0.1000mol・L^{-1} $Ce(SO_4)_2$ 滴定 20.00mL 0.1000mol・L^{-1} Fe^{2+} 溶液电位的变化

加入 Ce^{4+} 溶液		电位/V	加入 Ce^{4+} 溶液		电位/V
体积/mL	分数 a/%		体积/mL	分数 a/%	
1.00	5.0	0.60	19.80	99.0	0.80
2.00	10.0	0.62	19.98	99.9	0.86 ⎫
4.00	20.0	0.64	20.00	100.0	1.06 ⎬ 滴定突跃
8.00	40.0	0.67	20.02	100.1	1.26 ⎭
10.00	50.0	0.68	22.00	110.0	1.38
12.00	60.0	0.69	30.00	150.0	1.42
18.00	90.0	0.74	40.00	200.0	1.44

从图 5-1 可得以下结论。

① 化学计量点附近体系的电位有明显的突变，称为滴定突跃。

② 滴定分数为 50% 附近的电位是还原剂电对的电位 $E^{\ominus}(Fe^{3+}/Fe^{2+})$。这一区域内电位比较稳定，曲线平坦，与强碱滴定弱酸、当弱酸被滴定 50% 时中 ($pH=pK_a$) 有一个缓冲区相似。

③ 由于两电对的电子转移数相等（都是 1），化学计量点的电位恰好处于滴定突跃的中间，在化学计量点附近，滴定曲线是对称的。

④ 氧化还原滴定曲线突跃的长短和氧化剂、还原剂两电对的条件电极电位的差值大小有关。两电对的条件电极电位相差较大，滴定突跃就较长，反之，其滴定突跃就较短。

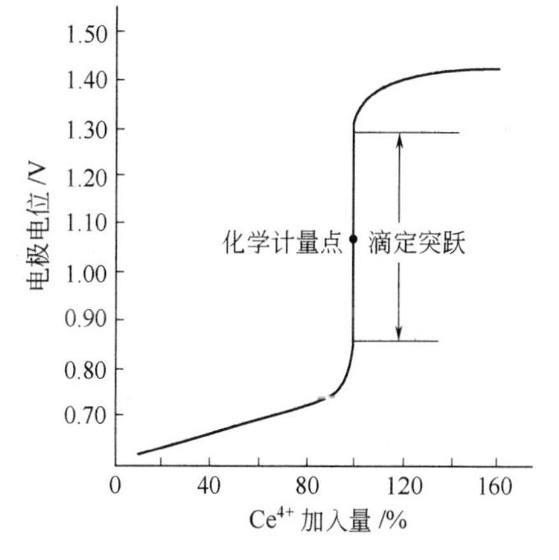

图 5-1　用 0.1000mol・L^{-1} $Ce(SO_4)_2$ 滴定 20.00mL 0.1000mol・L^{-1} Fe^{2+} (1mol・L^{-1} H_2SO_4)

二、氧化还原滴定终点的确定

在氧化还原滴定中，除了用电位法确定其终点外，通常是用指示剂来指示滴定终点。氧化还原滴定中常用的指示剂有以下三类。

1. 自身指示剂

在氧化还原滴定过程中，有些标准溶液或被测的物质本身有很深的颜色，而滴定产物为无色或颜色很淡，滴定时就无需另加指示剂，它们本身的颜色变化起着指示剂的作用，这种物质叫做自身指示剂。例如，以 $KMnO_4$ 标准溶液滴定 $FeSO_4$ 溶液：

$$MnO_4^- + 5Fe^{2+} + 8H^+ \rightleftharpoons Mn^{2+} + 5Fe^{3+} + 4H_2O$$

由于 $KMnO_4$ 本身具有深紫色，而 Mn^{2+} 几乎无色，所以当滴定到化学计量点时，稍微

过量的 $KMnO_4$ 就使被测溶液出现粉红色，表示滴定终点已经达到。实验证明，$KMnO_4$ 的浓度约为 $2\times10^{-6}mol\cdot L^{-1}$时，就可以观察到溶液的粉红色。

2. 专属指示剂

专属指示剂是指能与滴定剂或被滴定物质反应生成特殊颜色的物质而指示终点。例如，可溶性淀粉与游离碘生成深蓝色配合物的反应是专属反应。当 I_2 被还原为 I^- 时，蓝色消失；当 I^- 被氧化为 I_2 时，蓝色出现，反应非常灵敏。当 I_2 的浓度为 1×10^{-5} $mol\cdot L^{-1}$时即能看到蓝色。因此，可从蓝色的出现或消失指示终点。又如 SCN^- 和 Fe^{3+} 生成深红色配合物，用 $TiCl_3$ 滴定 Fe^{3+} 时，SCN^- 是适宜的指示剂。当 Fe^{3+} 全部被还原时，SCN^- 和 Fe^{3+} 配合物的红色消失，指示终点的到达。

3. 氧化还原指示剂

氧化还原指示剂是本身具有氧化还原性质的复杂有机化合物。在氧化还原滴定过程中能发生氧化还原反应，而它的氧化型和还原型具有不同的颜色。在滴定过程中，它参与氧化还原反应后结构发生改变而引起颜色的变化，因而可指示氧化还原滴定终点。现以 Ox 和 Red 分别表示指示剂的氧化型和还原型，则其氧化还原半反应如下：

$$Ox + ne^- \rightleftharpoons Red$$

根据能斯特方程，指示剂的电极电位与浓度之间的关系为：

$$E = E_{In}^{\ominus'} + \frac{0.059}{n}\lg\frac{c_{Ox}}{c_{Red}}$$

式中，$E_{In}^{\ominus'}$ 表示指示剂的条件电极电位。当$\frac{c_{Ox}}{c_{Red}}\geqslant 10$ 时，显示指示剂氧化型的颜色，$\frac{c_{Ox}}{c_{Red}}\leqslant\frac{1}{10}$时，显示指示剂还原型的颜色。因此，与酸碱指示剂相似，氧化还原指示剂的变色电位范围是：

$$E_{In}^{\ominus'} - \frac{0.059}{n} \sim E_{In}^{\ominus'} + \frac{0.059}{n}$$

随着滴定体系电位的改变，指示剂氧化态和还原态的浓度比也发生变化，因而使溶液的颜色发生变化。指示剂不同，$E_{In}^{\ominus'}$ 值不同，同一种指示剂在不同的介质中 $E_{In}^{\ominus'}$ 值也不同。

表 5-2 列出一些重要的氧化还原指示剂的标准电极电位。在选择指示剂时，应使氧化还原指示剂的标准电极电位尽量与反应的化学计量点的电位相一致，以减小滴定终点的误差。

例如，用 $K_2Cr_2O_7$ 溶液滴定 Fe^{2+}，以二苯胺磺酸钠为指示剂，则滴定到化学计量点时，稍微过量的 $K_2Cr_2O_7$ 溶液就使二苯胺磺酸钠由无色的还原态氧化为紫红色的氧化态，以指示终点的到达。

表 5-2 几种氧化还原指示剂的标准电极电位

指示剂	$E_{In}^{\ominus'}$（$[H^+]=1mol\cdot L^{-1}$）/V	颜色		指示剂溶液
		氧化态	还原态	
亚甲基蓝	0.53	蓝	无色	0.05%水溶液
二苯胺	0.76	紫	无色	0.1%浓 H_2SO_4 溶液
二苯胺磺酸钠	0.84	紫红	无色	0.05%水溶液
邻苯氨基苯甲酸	0.89	紫红	无色	0.1%Na_2CO_3 溶液
邻二氮菲亚铁	1.06	浅蓝	红	0.025$mol\cdot L^{-1}$水溶液
硝基邻二氮菲亚铁	1.25	浅蓝	紫红	0.025$mol\cdot L^{-1}$水溶液

阅读材料 氧化还原滴定法的起源

氧化还原滴定法始于18世纪末，在其发展过程中滴定仪器也不断得到改进，特别是有了适宜的指示剂以后，在19世纪这种滴定法才占据了重要地位。

氧化还原滴定法的产生与以下两个因素有关：一是舍勒于1774年发现了氯气，以后氯气应用到纺织工业中代替了日晒漂白法，而其漂白质量的好坏与次氯酸盐浓度的大小有直接关系；二是测定次氯酸盐浓度采用了滴定法。1795年，由法国人德克劳西（Descroizilles）以靛蓝的硫酸溶液滴定次氯酸，至溶液颜色变绿为止，成为最早的氧化还原滴定法。1826年，法国人比拉狄厄（H. dela Bellardiere）制得碘化钠，以淀粉作指示剂，滴定次氯酸钙，这是碘量法的首次应用。从此，这种分析方法得到发展和完善。1846年，法国人马格里特（F. Margueritte）又研发出高锰酸钾氧化还原滴定法，首次用该法测定铁，此后将该法扩展，应用于测定其他可被还原为低价化合物的金属。19世纪40年代以来，还发展出重铬酸钾滴定法等多种利用氧化还原反应和特定指示剂相结合的滴定方法，使定量分析方法迅速得到发展并沿用至今。

第三节 氧化还原滴定前的预处理

一、进行预先氧化或还原处理的必要性

用氧化还原滴定法分析试样时，被测组分所具有的价态往往不是滴定反应所要求的价态，因此在滴定之前，必须预先进行氧化或还原处理，使被测组分变为能与滴定剂快速而又定量反应的特定价态。例如，测定铁矿石中总铁含量，当用酸分解试样时，铁主要以 Fe^{3+} 存在，必须先用金属 Zn 或 $SnCl_2$ 将 Fe^{3+} 还原为 Fe^{2+}，才能用氧化剂 $K_2Cr_2O_7$ 或 $Ce(SO_4)_2$ 标准溶液滴定。为使反应顺利进行，在滴定前将全部被测组分转变为适宜滴定价态的氧化或还原处理步骤，称为氧化还原的预处理。预处理时所用的氧化剂或还原剂必须符合一定的条件。

二、对预氧化剂或还原剂的要求

滴定前所选用的预氧化剂或还原剂应符合下列条件。

① 必须将欲测组分定量地氧化或还原到所需价态，反应速率尽可能快。

② 反应应具有较好的选择性，以避免试样中其他组分的干扰。

采用电位大小合适的氧化剂或还原剂时，它只氧化（或还原）欲测组分成特定价态，而与其他共存组分不发生反应，也可以利用氧化还原速度的差异，达到选择氧化或还原的目的。例如，用重铬酸钾法测定钛铁矿中铁的含量，若用金属锌（$E^{\ominus}=-0.76V$）为预还原剂，则不仅还原 Fe^{3+}，而且也能还原 Ti^{4+} [$E^{\ominus}(Ti^{4+}/Ti^{3+})=0.10V$]，其分析结果将是铁、钛两者的总量。因此要选用 $SnCl_2$ [$E^{\ominus}(Sn^{4+}/Sn^{2+})=0.154V$] 为预还原剂，它只能还原 Fe^{3+}，其选择性比较好。

③ 过量的氧化剂或还原剂必须容易完全除去。

一般采取加热分解、沉淀过滤或其他化学处理方法除去。例如，对过量的 $NaBiO_3$，微溶于水，过滤除去，过量的 $(NH_4)_2S_2O_8$、H_2O_2 可加热分解除去。

三、预处理常用的氧化剂和还原剂

表5-3、表5-4分别列出了在预处理中常用的氧化剂和还原剂，在分析试样时，可根据实际情况选择使用。

表 5-3 预处理常用的氧化剂

氧化剂	反应条件	主要应用	过量氧化剂除去方法
过二硫酸盐[$(NH_4)_2S_2O_8$]	酸性溶液，Ag^+作催化剂	$Ce^{3+} \longrightarrow Ce^{4+}$ $VO^{2+} \longrightarrow VO_3^-$ $Mn^{2+} \longrightarrow MnO_4^-$ $Cr^{3+} \longrightarrow Cr_2O_7^{2-}$	煮沸分解
固体铋酸钠($NaBiO_3$)	硝酸介质，室温	$Mn^{2+} \longrightarrow MnO_4^-$ $Ce^{3+} \longrightarrow Ce^{4+}$	$NaBiO_3$微溶于水，过滤除去
高氯酸($HClO_4$)	浓$HClO_4$，加热	$Cr^{3+} \longrightarrow Cr_2O_7^{2-}$ $VO^{2+} \longrightarrow VO_3^-$	放冷、冲稀即失去氧化性，煮沸除去生成的Cl_2
氯水(Cl_2) 溴水(Br_2)	酸性或中性	$I \longrightarrow IO_3^-$	煮沸或通空气流，过量的溴可用苯酚除去
H_2O_2	$2mol \cdot L^{-1}NaOH$	$Cr^{3+} \longrightarrow CrO_4^{2-}$	在碱性溶液中煮沸分解(加入少量Ni^{2+}或I^-可加速分解)
高碘酸钾(KIO_4)	酸性，加热	$Mn^{2+} \longrightarrow MnO_4^-$	与Hg^{2+}生成$Hg(IO_4)_2$过滤除去

表 5-4 预处理常用的还原剂

还原剂	使用条件	用途	过量还原剂去除方法
$SnCl_2$	HCl 溶液，加热	$Fe^{3+} \longrightarrow Fe^{2+}$ Mo(Ⅵ) ⟶ Mo(Ⅴ) As(Ⅴ) ⟶ As(Ⅲ)	快速加入过量$HgCl_2$氧化，生成Hg_2Cl_2过滤
SO_2	H_2SO_4溶液，SCN^-催化，加热	$Fe^{3+} \longrightarrow Fe^{2+}$ As(Ⅴ) ⟶ As(Ⅲ) Sb(Ⅴ) ⟶ Sb(Ⅲ) V(Ⅴ) ⟶ V(Ⅳ)	煮沸或通CO_2气流
$TiCl_3$	酸性溶液	$Fe^{3+} \longrightarrow Fe^{2+}$	水稀释，少量$TiCl_3$被水中溶解的O_2氧化(可加Cu^{2+}催化)
Al	HCl 溶液	Sn(Ⅳ) ⟶ Sn(Ⅱ) Ti(Ⅳ) ⟶ Ti(Ⅲ)	过滤或加酸溶解
锌汞齐还原柱	H_2SO_4溶液	$Fe^{3+} \longrightarrow Fe^{2+}$ $Cr^{3+} \longrightarrow Cr^{2+}$ Ti(Ⅳ) ⟶ Ti(Ⅲ) V(Ⅴ) ⟶ V(Ⅱ)	过滤或加酸溶解

阅读材料　滴定速度对滴定分析结果的影响

滴定速度对滴定分析的测定结果影响较大。一是由于在滴定分析中标准滴定溶液或样品溶液从滴定管中流出速度的不同，使溶液在管壁上残留附着量也不同；二是不同的滴定反应，其反应速度往往有很大的差别（离子反应速度较快，中性分子反应速度较慢，电子转移反应历程复杂、速度较慢，沉淀反应速度较慢），但滴定速度必须低于反应速度，以准确判定计量点和避免发生副反应。另外应根据滴定反应的特点，控制适宜的反应条件，促进滴定反应迅速完成。因此，在进行滴定时，滴定速度控制为6～8mL/min，达到终点后不必等一定时间，而且立即读数，则溶液的残留附着量已经少到可以忽略不计，从而避免了可能产生的系统误差，保证了滴定分析的准确度。

如果在滴定分析中滴定速度过快，即使等若干分钟后再读数，滴定管内壁附着的滴定溶液仍然较多，导致较大的滴定误差。可以做一个简单的实验证明这一点：取两只相同规格的滴定管，用同一瓶中的 $0.1mol \cdot L^{-1}$ 高锰酸钾标准溶液，按上述两种方法分别放出相同体积的标准溶液 35.00mL，读数后立即以白色为背景，比较两只滴定管上附着的溶液的颜色，实验结果表明，后一种方法即使等若干分钟后读数，其紫红色仍明显深于前一种方法的管壁颜色，说明标准滴定溶液在管壁上残留附着量要大。实验表明后一种方法容易引入系统误差。

第四节　高锰酸钾法及其应用实例

一、概述

高锰酸钾法是以 $KMnO_4$ 作为标准溶液的氧化还原滴定法。它的优点是 $KMnO_4$ 氧化能力强，本身呈深紫色，用它滴定无色或浅色溶液时，一般不需另加指示剂，应用广泛。高锰酸钾法的主要缺点是试剂常含有少量杂质，使溶液不够稳定；又由于 $KMnO_4$ 的氧化能力强，可以和很多还原性物质发生作用，所以干扰比较严重。

$KMnO_4$ 是一种强氧化剂，它的氧化能力和还原产物与溶液的酸度有关。在强酸性溶液中，MnO_4^- 被还原为 Mn^{2+}：

$$MnO_4^- + 8H^+ + 5e^- \rightleftharpoons Mn^{2+} + 4H_2O \quad E^{\ominus} = 1.51V$$

在弱酸性、中性或弱碱性溶液中，MnO_4^- 被还原为 MnO_2：

$$MnO_4^- + 2H_2O + 3e^- \rightleftharpoons MnO_2 + 4OH^- \quad E^{\ominus} = 0.59V$$

在强碱性溶液中，如 NaOH 浓度大于 $2mol \cdot L^{-1}$ 的碱性溶液中，MnO_4^- 能被很多有机物还原为 MnO_4^{2-}：

$$MnO_4^- + e^- \rightleftharpoons MnO_4^{2-} \quad E^{\ominus} = 0.564V$$

由于 $KMnO_4$ 在强酸性溶液中有更强的氧化能力，同时生成近乎无色的 Mn^{2+}，便于滴定终点的观察，因此一般都在强酸性条件下使用。但是在碱性条件下，$KMnO_4$ 氧化有机物的反应速率比在酸性条件下更快，所以用高锰酸钾法测定有机物时，大都在碱性溶液中进行。

应用高锰酸钾法时，可根据待测物质的性质采用不同的方法。

(1) 直接滴定法　许多还原性物质如 Fe^{2+}，As(Ⅲ)，Sb(Ⅲ)，H_2O_2，$C_2O_4^{2-}$，NO_2^- 等，可用 $KMnO_4$ 标准溶液直接滴定。

(2) 间接滴定法　某些非氧化还原性物质可以用间接滴定法进行测定。例如，测定 Ca^{2+} 时，可首先将 Ca^{2+} 沉淀为 CaC_2O_4，再用稀 H_2SO_4 将所得沉淀溶解，用 $KMnO_4$ 标准溶液滴定溶液中的 $C_2O_4^{2-}$，从而间接求得 Ca^{2+} 的含量。

(3) 返滴定法　有些氧化性物质不能用 $KMnO_4$ 溶液直接滴定，可用返滴定法。例如，测定 MnO_2 的含量时，可在 H_2SO_4 溶液中加入一定过量的 $Na_2C_2O_4$ 标准溶液，待 MnO_2 与 $C_2O_4^{2-}$ 作用完毕后，用 $KMnO_4$ 标准溶液滴定过量的 $C_2O_4^{2-}$。

二、$KMnO_4$ 标准溶液的配制和标定

1. 配制

市售 $KMnO_4$ 的纯度仅在质量分数 99%左右，其中常含有少量 MnO_2 和其他杂质。同

时，蒸馏水中常含有微量还原性物质如尘埃、有机物等。这些物质都能使 $KMnO_4$ 还原而析出 $MnO(OH)_2$ 沉淀；这些生成物以及热、光、酸、碱等外界条件的改变均会促进 $KMnO_4$ 的分解，因而 $KMnO_4$ 标准溶液不能直接配制。必须先配制成近似浓度的溶液，然后再用基准物质进行标定。

为了配制较稳定的 $KMnO_4$ 溶液，常采用下列措施。

① 称取稍多于理论量的 $KMnO_4$，溶解在一定体积的蒸馏水中。

② 将配好的 $KMnO_4$ 溶液加热至沸，并保持微沸约 1h，然后放置 2～3 天，使溶液中可能存在的还原性物质完全氧化。

③ 用玻璃砂芯漏斗过滤，除去析出的沉淀。

④ 将过滤后的 $KMnO_4$ 溶液储存于棕色试剂瓶中，并存放于暗处，以待标定。如需要浓度较稀的 $KMnO_4$ 溶液，可用蒸馏水将 $KMnO_4$ 溶液临时稀释和标定后使用，但不宜长期储存。

2. 标定

标定 $KMnO_4$ 溶液的基准物质有 $Na_2C_2O_4$、$H_2C_2O_4 \cdot 2H_2O$、$(NH_4)_2Fe(SO_4)_2 \cdot 6H_2O$、$As_2O_3$ 和纯铁丝等。其中最常用的是 $Na_2C_2O_4$，它易于提纯，性质稳定，不含结晶水。$Na_2C_2O_4$ 在 105～110℃烘干约 2h，冷却后就可以使用。

在 H_2SO_4 溶液中，MnO_4^- 与 $C_2O_4^{2-}$ 的反应为：

$$2MnO_4^- + 5C_2O_4^{2-} + 16H^+ = 2Mn^{2+} + 10CO_2\uparrow + 8H_2O$$

为了使这个反应能够定量较快地进行，应该注意下列条件。

（1）温度　在室温下，这个反应的速率缓慢，因此常将 $Na_2C_2O_4$ 溶液加热至 75～85℃时进行滴定。温度不宜超过 90℃，否则会使部分 $H_2C_2O_4$ 发生分解：

$$H_2C_2O_4 \longrightarrow CO_2\uparrow + CO\uparrow + H_2O$$

（2）酸度　溶液应保持足够大的酸度，一般滴定酸度应控制在 $0.5 \sim 1mol \cdot L^{-1}$。如果酸度不足，$KMnO_4$ 易分解为 MnO_2；酸度过高，会促使 $H_2C_2O_4$ 分解。

（3）滴定速度　开始滴定时的速度不宜太快，否则加入的 $KMnO_4$ 溶液来不及与 $C_2O_4^{2-}$ 反应，即在热的酸性溶液中发生分解。一旦反应开始有 Mn^{2+} 生成后，Mn^{2+} 对该反应有催化作用，滴定速度即可适当地加快。

$$4MnO_4^- + 12H^+ \longrightarrow 4Mn^{2+} + 5O_2\uparrow + 6H_2O$$

（4）催化剂　开始加入的几滴 $KMnO_4$ 溶液褪色较慢，随着滴定产物 Mn^{2+} 的生成，反应速率逐渐加快。因此，可在滴定前加入几滴 $MnSO_4$ 作为催化剂。

（5）终点　用 $KMnO_4$ 溶液滴定至溶液出现的淡粉红色 30s 不褪色即为终点。放置时间过长，空气中的还原性气体和灰尘都能使 $KMnO_4$ 还原而褪色。

标定好的 $KMnO_4$ 溶液在放置一段时间后，若发现有 MnO_2 沉淀析出，应过滤并重新标定。

三、高锰酸钾法应用实例

1. H_2O_2 的测定（直接滴定法）

高锰酸钾氧化能力很强，能直接滴定许多还原性物质如 Fe^{2+}、As(Ⅲ)、Sb(Ⅲ)、$C_2O_4^{2-}$、NO_2^- 和 H_2O_2 等。

以 H_2O_2 的测定为例，过氧化氢在酸性溶液中能定量地还原 MnO_4^-，其反应式为：

$$2MnO_4^- + 5H_2O_2 + 6H^+ = 2Mn^{2+} + 5O_2\uparrow + 8H_2O$$

此反应在室温下于 H_2SO_4 介质中即可顺利进行滴定。开始时反应较慢，随着 Mn^{2+} 生成而加速反应，也可以先加入少量 Mn^{2+} 作催化剂。但是 H_2O_2 中若含有机物质，也会消耗 $KMnO_4$，致使分析结果偏高。这时应采用碘量法或铈量法测定 H_2O_2。

碱金属或碱土金属的过氧化物可采用同样的方法测定。

2. 钙的测定（间接滴定法）

Ba^{2+}、Ca^{2+}、Zn^{2+}、Th^{4+} 和 La^{3+} 等金属离子在溶液中没有可变价态，但它们能与 $C_2O_4^{2-}$ 定量地生成沉淀，可用高锰酸钾间接测定。

以 Ca^{2+} 的测定为例，在一定条件下使 Ca^{2+} 与 $C_2O_4^{2-}$ 完全反应生成草酸钙沉淀，经过滤洗涤后，将 CaC_2O_4 沉淀溶于热的稀 H_2SO_4 溶液中，最后用 $KMnO_4$ 标准溶液滴定试液中的 $H_2C_2O_4$，根据所消耗 $KMnO_4$ 的量间接求得钙的含量。反应式如下。

沉淀：
$$Ca^{2+} + C_2O_4^{2-} \xlongequal{} CaC_2O_4 \downarrow$$

酸溶：
$$CaC_2O_4 + 2H^+ \xlongequal{} Ca^{2+} + H_2C_2O_4$$

滴定：
$$2MnO_4^- + 5H_2C_2O_4 + 6H^+ \xlongequal{} 2Mn^{2+} + 10CO_2 \uparrow + 8H_2O$$

为了保证 Ca^{2+} 与 $C_2O_4^{2-}$ 之间能定量反应完全，并获得颗粒较大的 CaC_2O_4 沉淀以便于过滤洗涤，必须采取相应的措施：可先用 HCl 酸化含 Ca^{2+} 试液，再加入过量 $(NH_4)_2C_2O_4$，然后用稀氨水中和试液酸度在 pH 为 3.5～4.5（甲基橙指示剂显黄色），以使沉淀缓慢生成。沉淀经过陈化后过滤洗涤，洗去沉淀表面吸附的 $C_2O_4^{2-}$，直至洗涤液中不含 $C_2O_4^{2-}$ 为止。必须注意，高锰酸钾法测定钙时，控制试液的酸度至关重要。如果是在中性或弱碱性试液中进行沉淀反应，就有部分 $Ca(OH)_2$ 或碱式草酸钙生成，造成测定结果偏低。

3. MnO_2 和有机物的测定（返滴定法）

有些氧化性物质不能用 $KMnO_4$ 直接滴定，可先加入一定量过量的还原剂（如亚铁盐、草酸盐等），待还原后，再在酸性条件下用 $KMnO_4$ 标准溶液返滴剩余的还原剂。用此方法可测定 MnO_4^-、MnO_2、$Cr_2O_7^{2-}$、Ce^{4+}、PbO_2、Pb_3O_4 和 ClO_3^- 等。

以软锰矿中 MnO_2 含量的测定为例，称取一定质量的矿样，准确加入定量过量的固体 $Na_2C_2O_4$，然后在 H_2SO_4 介质中缓慢加热，待 MnO_2 与 $C_2O_4^{2-}$ 作用完毕后，再用 $KMnO_4$ 标准溶液滴定剩余的 $C_2O_4^{2-}$，据消耗 $KMnO_4$ 标准溶液的体积即可求出样品中 MnO_2 的含量。反应式如下。

还原：
$$MnO_2 + C_2O_4^{2-} + 4H^+ \xlongequal{} Mn^{2+} + 2CO_2 \uparrow + 2H_2O$$

滴定：
$$2MnO_4^- + 5H_2C_2O_4 + 6H^+ \xlongequal{} 2Mn^{2+} + 10CO_2 \uparrow + 8H_2O$$

4. 测定某些有机化合物

在强碱性溶液中，$KMnO_4$ 与有机物反应后，还原为绿色的 MnO_4^{2-}。利用这一反应，可用 $KMnO_4$ 法测定某些有机化合物。

例如，将甘油、甲酸或甲醇等加入到一定量过量的碱性 $KMnO_4$ 标准溶液中：

$$CH_2(OH)CH(OH)CH_2(OH) + 14MnO_4^- + 20OH^- \longrightarrow 3CO_3^{2-} + 14MnO_4^{2-} + 14H_2O$$
$$HCOO^- + 2MnO_4^- + 3OH^- \longrightarrow CO_3^{2-} + 2MnO_4^{2-} + 2H_2O$$
$$CH_3OH + 6MnO_4^- + 8OH^- \longrightarrow CO_3^{2-} + 6MnO_4^{2-} + 6H_2O$$

待反应完成后，将溶液酸化，此时 MnO_4^{2-} 将歧化：

$$3MnO_4^{2-} + 4H^+ \rightleftharpoons 2MnO_4^- + MnO_2 + 2H_2O$$

准确地加入过量的 $FeSO_4$ 标准溶液，将所有高价锰离子全部还原为 Mn^{2+}，再用 $KMnO_4$ 标准溶液滴定过量的 $FeSO_4$。由两次加入 $KMnO_4$ 的量及 $FeSO_4$ 的量计算有机化合物的含量。

这种方法还可用于测定甘醇酸（羟基乙酸）、柠檬酸、酒石酸、水杨酸、甲醛、苯酚、葡萄糖等有机化合物。

5. 化学需氧量COD（chemical oxygen demand）的测定

指在一定条件下，用强氧化剂氧化水体中还原性物质所消耗的氧化剂的量，换算成氧的质量浓度（以 $mg \cdot L^{-1}$ 计），称为化学需氧量。它是度量水体受还原性物质（主要是有机物）污染程度的综合性指标之一，目前已成为环境监测分析的重要项目。

测定时，在水样中加入 H_2SO_4 及一定量的 $KMnO_4$ 溶液，置沸水浴中加热，使其中的还原性物质氧化。剩余的 $KMnO_4$ 用一定量过量的 $Na_2C_2O_4$ 还原，再以 $KMnO_4$ 标准溶液返滴定。该法适用于地表水、饮用水和生活污水COD的测定。以 $KMnO_4$ 法测得的化学需氧量，称为 COD_{Mn}，或称"高锰酸盐指数"。对于工业废水中COD的测定，要采用 $K_2Cr_2O_7$ 法。

四、高锰酸钾法计算示例

例3 称取基准物质 $Na_2C_2O_4$ 0.1500g溶解在强酸性溶液中，然后用 $KMnO_4$ 标准溶液滴定，到达终点时用去20.00mL，计算 $KMnO_4$ 溶液的浓度。

解：滴定反应是

$$2MnO_4^- + 5C_2O_4^{2-} + 16H^+ = 2Mn^{2+} + 10CO_2\uparrow + 8H_2O$$

由上述反应式可知

$$c_{KMnO_4}V_{KMnO_4} = \frac{2}{5}\times\frac{m_{Na_2C_2O_4}}{M_{Na_2C_2O_4}}$$

$$c_{KMnO_4} = \frac{2}{5}\times\frac{m_{Na_2C_2O_4}}{M_{Na_2C_2O_4}V_{KMnO_4}}$$

$$= \frac{2}{5}\times\frac{0.1500g}{134.00g\cdot mol^{-1}\times 20.00\times 10^{-3}L}$$

$$= 0.02239mol\cdot L^{-1}$$

例4 称取0.5000g石灰石试样，溶解后，沉淀为 CaC_2O_4，经过滤、洗涤后溶于 H_2SO_4 中，用 $0.02000mol\cdot L^{-1}$ $KMnO_4$ 标准溶液滴定，到达终点时消耗30.00mL $KMnO_4$ 溶液，计算试样中以Ca和以 $CaCO_3$ 表示的质量分数。

解：沉淀反应是

$$Ca^{2+} + C_2O_4^{2-} = CaC_2O_4\downarrow$$

溶解反应是

$$CaC_2O_4 + 2H^+ = Ca^{2+} + H_2C_2O_4$$

滴定反应是

$$2MnO_4^- + 5C_2O_4^{2-} + 16H^+ = 2Mn^{2+} + 10CO_2\uparrow + 8H_2O$$

由上述反应可知

$$CaCO_3\text{-}Ca^{2+}\text{-}CaC_2O_4\text{-}\frac{5}{2}KMnO_4$$

因此

$$n_{Ca^{2+}} = \frac{5}{2}n_{KMnO_4}$$

即

$$\frac{m_{Ca^{2+}}}{M_{Ca^{2+}}} = \frac{5}{2}c_{KMnO_4}V_{KMnO_4}$$

$$w(\mathrm{Ca})=\frac{m_{\mathrm{Ca}}}{m_{样}}=\frac{\frac{5}{2}c_{\mathrm{KMnO_4}}V_{\mathrm{KMnO_4}}M_{\mathrm{Ca}}}{m_{样}}\times 100\%$$

$$=\frac{\frac{5}{2}\times 0.02000\mathrm{mol\cdot L^{-1}}\times 30.00\times 10^{-3}\mathrm{L}\times 40.08\mathrm{g\cdot mol^{-1}}}{0.5000\mathrm{g}}\times 100\%$$

$$=12.02\%$$

同理

$$w(\mathrm{CaCO_3})=\frac{m_{\mathrm{CaCO_3}}}{m_{样}}=\frac{\frac{5}{2}c_{\mathrm{KMnO_4}}V_{\mathrm{KMnO_4}}M_{\mathrm{CaCO_3}}}{m_{样}}\times 100\%$$

$$=\frac{\frac{5}{2}\times 0.02000\mathrm{mol\cdot L^{-1}}\times 30.00\times 10^{-3}\mathrm{L}\times 100.09\mathrm{g\cdot mol^{-1}}}{0.5000\mathrm{g}}\times 100\%$$

$$=30.03\%$$

阅读材料　一种新型滴定管

常规酸式滴定管相对于碱式滴定管，结构比较复杂，制造成本较高，并且尖嘴中的气泡不易排出。酸式滴定管洗净后，不但玻璃旋塞处需涂抹上凡士林，而且在使用过程中，玻璃旋塞易从旋塞槽中拉出或用力过度卡死旋塞导致漏液。鉴于常规酸式滴定管有诸多缺陷，人们研制出了一种结构简单、使用方便的新型滴定管。

1. 新型滴定管构造、特点和制作要求

(1) 新型滴定管构造及特点　新型滴定管由刻度管（上端口内壁是磨砂的）、塑料管（两端与玻璃管相连）、玻璃管、胶管（内置玻璃球，通过玻璃管与塑料管套接在一起）构成。

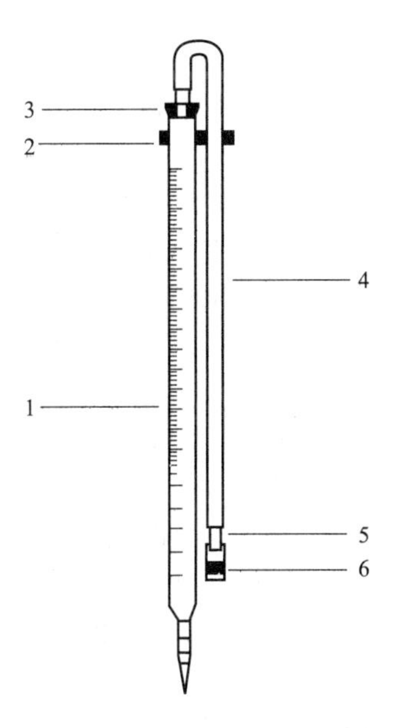

新型酸式滴定管的结构

1—刻度管；2—塑料管夹；3—磨口玻璃塞；4—塑料管；5—玻璃管；6—胶管

（2）新型滴定管制作要求

刻度管与常规碱式滴定管类似，差别在于其上端口内壁是磨砂的，下端尖嘴和刻度管主体是一个整体，不通过胶管或玻璃旋塞连接，刻度管容量为50mL，最小分度0.01mL，20℃容量允差 ±0.005mL；其内径均匀，弯曲度不大于长度的0.3%。塑料管内径不大于1mm，长度与刻度管长度相当，要与磨口玻璃塞上的玻璃管以及胶管套接的玻璃管紧密套牢；胶管内的玻璃球大小适宜，胶管紧套在与塑料管套接的玻璃管上。

2. 新型滴定管使用方法

使用时，打开磨口玻璃塞，尖嘴向下，顶在包有聚四氟乙烯生料带的橡胶塞上，从刻度管上端口加入滴定液；1～2min后，盖上磨口玻璃塞，把滴定管夹在滴定管夹上；捏玻璃球周围的橡胶，刻度管内滴定液便会从尖嘴流下，一直到刻度管内液面下边缘与零刻度线相切为止。静置1～2min，如果液面下边缘仍与零刻度线相切，便可以开始滴定。滴定操作与碱式滴定管类似。

由于新型管没有常规管的旋塞，不用涂凡士林，节省了操作时间，避免了凡士林涂抹量不合适而发生漏液和旋塞孔堵塞等现象。对于易挥发性的滴定液，用新型管可以避免挥发性物质挥发到大气中，测定结果更准确、可靠。

第五节　重铬酸钾法及其应用实例

一、概述

重铬酸钾法是以 $K_2Cr_2O_7$ 作为标准溶液的氧化还原滴定法。它的优点是 $K_2Cr_2O_7$ 容易提纯（可达99.99%），干燥后，可以作为基准物质，因而可用直接法配制 $K_2Cr_2O_7$ 标准溶液。$K_2Cr_2O_7$ 标准溶液非常稳定，可以长期保存在密闭容器中。据文献记载，一瓶 $0.017mol \cdot L^{-1}$ $K_2Cr_2O_7$ 溶液放置24年后，其浓度无明显改变。$K_2Cr_2O_7$ 的氧化性不如 $KMnO_4$ 的强，在室温下，当HCl浓度低于 $3mol \cdot L^{-1}$ 时，$Cr_2O_7^{2-}$ 不氧化 Cl^-，故可在HCl介质中进行滴定。

$K_2Cr_2O_7$ 是一种强氧化剂，它只能在酸性条件下与还原剂作用，$Cr_2O_7^{2-}$ 被还原为 Cr^{3+}：

$$Cr_2O_7^{2-} + 14H^+ + 6e^- \longrightarrow 2Cr^{3+} + 7H_2O \quad E^{\ominus} = 1.33V$$

在酸性介质中，橙色的 $Cr_2O_7^{2-}$ 的还原产物是绿色的 Cr^{3+}，颜色变化难以观察，故不能根据 $Cr_2O_7^{2-}$ 本身颜色变化来确定终点，而需采用氧化还原指示剂确定滴定终点，如二苯胺磺酸钠等。

二、重铬酸钾法应用实例

（一）铁矿石中全铁量的测定

重铬酸钾法是测定铁矿石中全铁量的经典方法。试样（铁矿石）一般用热浓盐酸溶解，加 $SnCl_2$ 趁热把 Fe^{3+} 还原为 Fe^{2+}，冷却后，过量的 $SnCl_2$ 用 $HgCl_2$ 氧化，溶液中析出 Hg_2Cl_2 丝状的白色沉淀。用水稀释并加入 $1\sim2mol \cdot L^{-1}$ 的 H_2SO_4-H_3PO_4 混合酸，以二苯胺磺酸钠作为指示剂，用 $K_2Cr_2O_7$ 标准溶液滴定至溶液由浅绿色变为紫红色，即为滴定终点。其主要反应式如下。

HCl溶解：　$Fe_2O_3 + 6HCl \longrightarrow 2FeCl_3 + 3H_2O$

$SnCl_2$ 还原：　$2Fe^{3+} + Sn^{2+} \longrightarrow 2Fe^{2+} + Sn^{4+}$

$K_2Cr_2O_7$ 滴定：　$Cr_2O_7^{2-} + 6Fe^{2+} + 14H^+ \longrightarrow 2Cr^{3+} + 6Fe^{3+} + 7H_2O$

在滴定前加入 H_3PO_4 的目的是生成无色稳定的 $Fe(HPO_4)_2^-$，消除 Fe^{3+}（黄色）的影响，同时降低溶液中 Fe^{3+} 的浓度，从而降低 Fe^{3+}/Fe^{2+} 的电极电位，因而滴定突跃范围增大，使二苯胺磺酸钠指示剂变色的电位范围较好地落在滴定的电位突跃范围之内，避免指示剂引起的终点误差。

为了保护环境，近年来研究了无汞测铁的许多新方法。

1. 钨酸钠作为预还原阶段的指示剂

样品用酸溶解后，以 $SnCl_2$ 还原大部分 Fe^{3+}，再以钨酸钠作为指示剂，用 $TiCl_3$ 定量还原剩余的 Fe^{3+}，当过量一滴 $TiCl_3$ 溶液，即可使溶液中作为指示剂的 Na_2WO_4 还原为蓝色的五价钨的化合物，俗称“钨蓝”，故使溶液呈现蓝色。在加水稀释后，以 Cu^{2+} 为催化剂，稍过量的 Ti^{3+} 被水中的溶解氧氧化。钨蓝也受氧化，蓝色褪去。其后的滴定步骤与前面相同。预处理还原反应如下。

$SnCl_2$ 还原：　$2Fe^{3+} + Sn^{2+} = 2Fe^{2+} + Sn^{4+}$

$TiCl_3$ 还原：　$Fe^{3+} + Ti^{3+} = Fe^{2+} + Ti^{4+}$

2. 硅钼黄作为预还原阶段的指示剂

样品用酸溶解后，用硅钼黄作为预还原阶段的指示剂。加稍过量的 $SnCl_2$ 趁热把 Fe^{3+} 全部还原为 Fe^{2+}，稍过量的 $SnCl_2$ 将硅钼黄还原为硅钼蓝，指示预还原终点。其他步骤操作与上述方法相同。

（二）利用 $Cr_2O_7^{2-}$ 与 Fe^{2+} 的反应间接测定其他物质

$Cr_2O_7^{2-}$ 与 Fe^{2+} 的反应速率快，无副反应发生，计量关系明确，指示剂变色明显。此反应除了直接测定铁外，还可以利用它间接地测定许多物质。

1. 测定氧化剂

如 NO_3^- 在一定条件下可定量地氧化 Fe^{2+}：

$$NO_3^- + 3Fe^{2+} + 4H^+ = 3Fe^{3+} + NO\uparrow + 2H_2O$$

在试液中加入过量的 Fe^{2+} 标准溶液，待反应完全后，用 $K_2Cr_2O_7$ 标准溶液返滴剩余的 Fe^{2+}，即可间接求得 NO_3^- 的含量。

2. 测定非氧化还原性物质

例如测定 Pb^{2+}、Ba^{2+} 等，先在一定条件下制得 $PbCrO_4$ 或 $BaCrO_4$ 沉淀，经过滤、洗涤后溶解于酸中，以 Fe^{2+} 标准溶液滴定生成的 $Cr_2O_7^{2-}$，从而间接求出 Pb^{2+} 或 Ba^{2+} 的含量。凡是能与 CrO_4^{2-} 生成难溶化合物的离子都可以用此法间接测定。

反应式：　$2BaCrO_4 + 2H^+ = Cr_2O_7^{2-} + 2Ba^{2+} + H_2O$

3. 化学需氧量（COD）的测定

对于工业废水，我国规定用重铬酸钾法进行测定。其方法是：在硫酸介质中，以硫酸银为催化剂，加入一定量过量的 $K_2Cr_2O_7$ 标准溶液，当加热煮沸时，$K_2Cr_2O_7$ 能完全氧化废水中有机物质和其他还原性物质。反应完全后以邻二氮菲亚铁为指示剂，用硫酸亚铁铵标准溶液返滴剩余的 $K_2Cr_2O_7$。测定水样的同时，按同样步骤做空白实验，根据水样和空白消耗的 Fe^{2+} 标准溶液的差值，计算水样中的化学需氧量。以 $K_2Cr_2O_7$ 法测得的化学需氧量称为 COD_{Cr}。

三、重铬酸钾法计算示例

例 5　称取铁矿试样 0.5000g，溶解并将 Fe^{3+} 还原成 Fe^{2+}，以 $0.02000mol \cdot L^{-1}$ $K_2Cr_2O_7$ 标准溶液滴定至终点时共消耗 28.80mL，试计算试样中 Fe 的质量分数、Fe_2O_3 的质量分数以及 $K_2Cr_2O_7$ 标准溶液对 Fe、Fe_2O_3 的滴定度。

解：滴定反应是

$$Cr_2O_7^{2-} + 6Fe^{2+} + 14H^+ = 2Cr^{3+} + 6Fe^{3+} + 7H_2O$$

由上述反应可知

$$Cr_2O_7^{2-}\text{-}6Fe^{2+}$$

$$n_{Fe^{2+}}=6n_{K_2CrO_7}$$

$$w(Fe)=\frac{6c_{K_2Cr_2O_7}V_{K_2Cr_2O_7}M_{Fe}}{m_{样}}\times100\%$$

$$=\frac{6\times0.02000mol\cdot L^{-1}\times28.80\times10^{-3}L\times55.85g\cdot mol^{-1}}{0.5000g}\times100\%$$

$$=38.60\%$$

$$w(Fe_2O_3)=W(Fe)\times\frac{M_{Fe_2O_3}}{2M_{Fe}}$$

$$=38.60\%\times\frac{159.7g\cdot mol^{-1}}{2\times55.85g\cdot mol^{-1}}$$

$$=55.19\%$$

$$T_{Fe/K_2Cr_2O_7}=6c_{K_2Cr_2O_7}M_{Fe}$$

$$=6\times0.02000\times10^{-3}mol\cdot mL^{-1}\times55.85g\cdot mol^{-1}$$

$$=0.006702g\cdot mL^{-1}$$

$$T_{Fe_2O_3/K_2Cr_2O_7}=3c_{K_2Cr_2O_7}M_{Fe_2O_3}$$

$$=3\times0.02000\times10^{-3}mol\cdot mL^{-1}\times159.7g\cdot mol^{-1}$$

$$=0.009582g\cdot mL^{-1}$$

阅读材料　药物或水果中抗坏血酸含量的测定

依据抗坏血酸能还原过量的 Fe^{3+} 为 Fe^{2+}，以二苯胺磺酸钠为指示剂，用重铬酸钾标准溶液进行滴定，从而测得药物或水果中抗坏血酸的含量。

操作步骤如下。

① 称取一定量的维生素 C 片剂 20 片，称准至 0.0001g，求出平均片重后研细，称取适量粉剂，溶解过滤后置于 250mL 锥形瓶中。或者称取一定量的去皮水果，进行打浆和榨汁，过滤定容后制成样品溶液。取一定量的样品溶液加入到 250mL 锥形瓶中。

② 往锥形瓶中加入一定量的 Fe^{3+} 溶液，溶液颜色变为浅黄色后，加入 50mL 水和数滴钨酸钠溶液，再滴加三氯化钛溶液至试液成浅蓝色后再过量滴 2 滴，用重铬酸钾标准溶液滴定至蓝色刚好褪去为止。

③ 加入 15mL 硫酸-磷酸混合液和 5 滴二苯胺磺酸钠指示剂，立即用重铬酸钾标准溶液滴定至终点出现，记录所消耗的标准溶液的体积，平行测定三份。

④ 通过反应的定量关系，计算药物或水果中抗坏血酸含量。注意在进行水果中抗坏血酸含量测定时，加入掩蔽剂掩蔽一些可以和 Fe^{3+} 反应的金属离子。

第六节　碘量法及其应用实例

一、概述

碘量法是以 I_2 作为氧化剂或以 I^- 作为还原剂进行测定的分析方法。固体 I_2 在水中的溶解度很小（$0.0013mol\cdot L^{-1}$）且易挥发，故通常将 I_2 溶解在 KI 溶液中，这时 I_2 在溶液中是以 I_3^- 配离子形式存在：

$$I_2 + I^- \rightleftharpoons I_3^-$$

为方便和明确化学计量关系，一般仍简写为 I_2，其半反应式为：

$$I_2 + 2e^- \rightleftharpoons 2I^- \quad E^{\ominus} = +0.545V$$

由电对 I_2/I^- 电极电位的大小来看，I_2 是较弱的氧化剂，能与较强的还原剂作用；而 I^- 则是中等强度的还原剂，能与许多氧化剂作用。因此，碘量法测定可用直接法和间接法两种方式进行。

（一）**直接碘量法**（碘滴定法）

在酸性或中性溶液中，用 I_2 标准溶液直接滴定电极电位比 $E^{\ominus}(I_2/I^-)$ 小的较强的物质，如：S^{2-}、SO_3^{2-}、Sn^{2+}、$S_2O_3^{2-}$、As(Ⅲ)、Sb(Ⅲ)、维生素 C 等强还原剂的方法称为直接碘量法，又叫碘滴定法。

例如，钢铁中硫的测定，试样在近 1300℃的燃烧管中通 O_2 燃烧，使钢铁中的硫转化为 SO_2，再用 I_2 标准溶液直接滴定，其反应为：

$$I_2 + SO_2 + 2H_2O = 2I^- + SO_4^{2-} + 4H^+$$

采用淀粉作指示剂，终点变色非常明显。

但是直接碘量法不能在碱性溶液中进行，当溶液的 pH＞8 时，部分 I_2 要发生歧化反应。

$$3I_2 + 6OH^- = IO_3^- + 5I^- + 3H_2O$$

会带来测定误差。在酸性溶液中，也只有少数还原能力强而不受 H^+ 浓度影响的物质才能发生定量反应，又由于电对 I_2/I^- 的标准电极电位不高，所以直接碘法不如间接碘法应用广泛。

（二）**间接碘量法**（滴定碘法）

电极电位比 $E^{\ominus}(I_2/I^-)$ 高的氧化性物质在一定条件下用 I^- 还原，定量析出的 I_2 可用 $Na_2S_2O_3$ 标准溶液进行滴定，这种方法称为间接碘量法，又叫滴定碘法。间接碘量法可用于测定 Cu^{2+}、MnO_4^-、CrO_4^{2-}、$Cr_2O_7^{2-}$、H_2O_2、AsO_4^{3-}、SbO_4^{3-}、ClO_4^-、NO_2^-、IO_3^-、BrO_3^-、ClO^-、Fe^{3+} 等氧化性物质。

例如，铜的测定是将过量的 KI 与 Cu^{2+} 反应，定量析出 I_2，然后用 $Na_2S_2O_3$ 标准溶液滴定，其反应如下：

$$2Cu^{2+} + 4I^- = 2CuI\downarrow + I_2$$

$$I_2 + 2S_2O_3^{2-} = 2I^- + S_4O_6^{2-}$$

注意，间接碘量法必须在中性或弱酸性溶液中进行，因为在碱性溶液中 I_2 与 $Na_2S_2O_3$ 将发生下列反应：

$$S_2O_3^{2-} + 4I_2 + 10OH^- = 2SO_4^{2-} + 8I^- + 5H_2O$$

同时，I_2 在碱性溶液中发生歧化反应：

$$3I_2 + 6OH^- = IO_3^- + 5I^- + 3H_2O$$

在强酸性溶液中，$Na_2S_2O_3$ 溶液会发生歧化分解反应：

$$S_2O_3^{2-} + 2H^+ = SO_2 + S + H_2O$$

并且 I^- 在酸性溶液中易被空气中的 O_2 氧化。

（三）提高碘量法测定结果准确度的措施

碘量法的误差来源主要有两个方面：一是碘易挥发；二是在酸性溶液中 I^- 易被空气中的 O_2 氧化，为此，应采取适当的措施，以提高分析结果的准确度。

1. 防止碘挥发

（1）加入过量的 KI（一般比理论值大 2～3 倍），由于生成了 I_3^-，增大 I_2 的溶解度，可减少 I_2 的挥发损失。

（2）反应时溶液的温度不能高，一般在室温下进行。

（3）滴定开始时不要剧烈振动溶液，尽量轻摇、慢摇，以减少 I_2 与空气的接触。但是必须摇匀，局部过量的 $Na_2S_2O_3$ 会自行分解。

（4）注意淀粉指示剂的使用。应用间接碘量法时，一般要在 I_2 的黄色已经很浅即近终点时，加入淀粉指示液并充分摇动。若是加入太早，则大量的 I_2 与淀粉结合生成蓝色物质，这一部分 I_2 就不易与 $Na_2S_2O_3$ 溶液反应，将给滴定带来误差。

（5）间接碘量法的滴定反应要在带有磨口玻璃塞的碘量瓶中进行。为使反应完全，加入 KI 后要放置一会（一般不超过 5min），放置时用水封住瓶口。

2. 防止 I^- 被空气中 O_2 氧化

（1）在酸性溶液中，用 I^- 还原氧化剂时，应避免阳光照射，可用棕色试剂瓶贮存 I^- 标准溶液。

（2）Cu^{2+}、NO_2^- 等催化空气对 I^- 的氧化，应设法消除干扰。

（3）析出 I_2 后，一般应立即用 $Na_2S_2O_3$ 标准溶液滴定。

（4）滴定速度要适当快些。

二、碘量法标准溶液的制备

碘量法需要配制和标定 I_2、$Na_2S_2O_3$ 两种标准溶液，它们的配制和标定方法如下。

（一）$Na_2S_2O_3$ 溶液的配制和标定

固体 $Na_2S_2O_3 \cdot 5H_2O$ 容易风化，并含有少量 S、S^{2-}、SO_3^{2-}、CO_3^{2-} 和 Cl^- 等杂质，因此不能用直接称量法配制标准溶液，而且配好的 $Na_2S_2O_3$ 溶液也不稳定，易分解。这是由于在水中的微生物、水中溶解的 CO_2、空气中的氧作用下，发生下列反应：

$$Na_2S_2O_3 \xrightarrow{\text{微生物}} Na_2SO_3 + S\downarrow$$

$$S_2O_3^{2-} + CO_2 + H_2O \longrightarrow HSO_3^- + HCO_3^- + S\downarrow$$

$$S_2O_3^{2-} + \frac{1}{2}O_2 \longrightarrow SO_4^{2-} + S\downarrow$$

此外，水中微量的 Cu^{2+} 或 Fe^{3+} 等也能促进 $Na_2S_2O_3$ 溶液分解。

因此，配制 $Na_2S_2O_3$ 溶液时，称取需要量的 $Na_2S_2O_3 \cdot 5H_2O$，溶于新煮沸（可以除去 CO_2 和杀死细菌）且冷却的蒸馏水中，加入少量 Na_2CO_3 使溶液保持微碱性，可抑制微生物的生长，防止 $Na_2S_2O_3$ 的分解。配制的 $Na_2S_2O_3$ 溶液应储于棕色瓶中，放置暗处以防光照分解，约一周后过滤再进行标定。这样配制的溶液也不易长期保存，应定期加以标定。若发现溶液变浑浊或有硫析出，要过滤后再标定其浓度，或弃去重配。

$Na_2S_2O_3$ 溶液的准确浓度可用 $K_2Cr_2O_7$、KIO_3 等基准物质进行标定。$K_2Cr_2O_7$、KIO_3 分别与 $Na_2S_2O_3$ 之间的 $E^{\ominus}$ 虽然相差较大，但它们之间的反应无定量关系，应采用间接的方法标定。

称取一定量的 $K_2Cr_2O_7$，在酸性溶液中与过量 KI 作用，析出相当量的 I_2，然后以淀粉为指示剂，用 $Na_2S_2O_3$ 溶液滴定析出的碘。有关反应式如下：

$$Cr_2O_7^{2-} + 6I^- + 14H^+ = 2Cr^{3+} + 3I_2\downarrow + 7H_2O$$

或

$$IO_3^- + 5I^- + 6H^+ = 3I_2\downarrow + 3H_2O$$

$$I_2 + 2S_2O_3^{2-} = 2I^- + S_4O_6^{2-}$$

根据 $K_2Cr_2O_7$ 的质量及 $Na_2S_2O_3$ 溶液滴定时所消耗的量，可以计算出 $Na_2S_2O_3$ 溶液的准确浓度。

用 $K_2Cr_2O_7$ 为基准物标定 $Na_2S_2O_3$ 溶液时应注意以下几点。

① $K_2Cr_2O_7$ 与 KI 反应时，溶液的酸度愈大，反应速率愈快，但酸度过大时，I^- 容易

被空气中的 O_2 氧化，溶液的酸度一般以 0.2～0.4mol·L^{-1} 为宜。

② 由于 $K_2Cr_2O_7$ 与 KI 的反应速率慢，应将溶液储存于碘量瓶或锥形瓶（盖好表面皿），放置暗处 3～5min，待反应完全后，再以 $Na_2S_2O_3$ 溶液滴定。

若用 KIO_3 作为基准物质来标定，只需稍过量的酸，即可与 KI 迅速反应，不必放置，宜及时进行滴定，这样空气氧化 I^- 的机会很少。

③ 用 $Na_2S_2O_3$ 溶液滴定前，应先用蒸馏水稀释。一是降低酸度，可减少空气中 O_2 对 I^- 的氧化，二是使 Cr^{3+} 的绿色减弱，便于观察滴定终点。但若滴定至溶液从蓝色转变为无色后，又很快出现蓝色，这表明 $K_2Cr_2O_7$ 与 KI 的反应还不完全，应重新标定。如果滴定到终点后，经过几分钟，溶液才出现蓝色，这是由于空气中的 O_2 氧化 I^- 所引起的，不影响标定的结果。

④ 所用 KI 溶液中不应含有 KIO_3 和 I_2。如果 KI 溶液显黄色，则应事先用 $Na_2S_2O_3$ 溶液滴定至无色后再使用。

（二）I_2 溶液的配制和标定

I_2 的挥发性很强，准确称量很困难，一般是配成大致浓度的溶液后再标定。

1. 配制

先用托盘天平称取碘，由于 I_2 几乎不溶于水，易溶于 KI 溶液，故配制时应将 I_2、KI 与少量的水一起在研钵中研磨后再用水稀释到一定体积，并保存于棕色试剂瓶中于暗处保存有待标定。注意防止溶液遇热、见光以及与橡皮等有机物接触，否则浓度会发生变化。

2. 标定

标定 I_2 溶液可用 As_2O_3 基准试剂，也可用已知浓度的 $Na_2S_2O_3$ 标准溶液来标定。As_2O_3 难溶于水，但可以用 NaOH 溶液溶解，使之生成亚砷酸盐：

$$As_2O_3+6OH^- \Longrightarrow 2AsO_3^{3-}+3H_2O$$

标定时先酸化，再用 $NaHCO_3$ 调节 pH≈8.0，用 I_2 溶液滴定 AsO_3^{3-}，反应定量而快速：

$$AsO_3^{3-}+H_2O+I_2 \rightleftharpoons AsO_4^{3-}+2I^-+2H^+$$

这个反应是可逆的。在中性或微碱性溶液中能定量地向右进行。在酸性溶液中，则 AsO_4^{3-} 氧化 I^- 而析出 I_2。

三、碘量法应用实例

（一）海波含量的测定——直接碘量法

$Na_2S_2O_3$ 俗称大苏打或海波，是无色透明的单斜晶体，易溶于水，水溶液呈弱碱性，有还原作用，可用作定影剂、去氯剂和分析试剂。

测定原理：样品溶于水后在 pH＝5.0 的 HAc-NaOAc 缓冲溶液存在下，加入淀粉指示液，可用 I_2 标准溶液直接滴定。加入甲醛以消除样品中可能存在的杂质（亚硫酸钠）的干扰，滴定至溶液变蓝为终点。

滴定反应：

$$I_2+2S_2O_3^{2-} \Longrightarrow 2I^-+S_4O_6^{2-}$$

（二）铜合金中铜含量的测定——间接碘量法

测定原理：将铜合金（黄铜或青铜）试样于 $HCl+H_2O_2$ 溶液中加热分解除去过量的 H_2O_2。在弱酸性溶液中，铜与过量的 KI 作用析出相应量的 I_2，用 $Na_2S_2O_3$ 标准溶液滴定析出的 I_2，即可求出铜的含量。其主要反应式如下：

$$Cu+2HCl+H_2O_2 \Longrightarrow CuCl_2+2H_2O$$

$$2Cu^{2+}+4I^- \Longrightarrow 2CuI\downarrow+I_2\downarrow$$

$$I_2+2S_2O_3^{2-} \Longrightarrow 2I^-+S_4O_6^{2-}$$

加入过量KI，使Cu^{2+}的还原趋于完全。由于CuI沉淀强烈地吸附I_2，使测定结果偏低，故在近终点时，加入适量KSCN，使CuI($K_{sp}=1.1\times10^{-12}$)转化为溶解度更小的CuSCN($K_{sp}=4.8\times10^{-15}$)，转化过程中释放出I_2，反应生成的I^-又可以利用，这样就可以使用较少的KI而使反应进行得更完全。其反应式：

$$CuI + SCN^- \longrightarrow CuSCN\downarrow + I^-$$

（三）漂白粉中有效氯的测定——间接碘量法

漂白粉的主要成分是$Ca(ClO)_2$，其他还有$CaCl_2$、$Ca(ClO_3)_2$及CaO等。漂白粉的质量以能释放出来的氯量来衡量，称为有效氯，以含Cl的质量分数表示。

测定原理：使试样溶于稀H_2SO_4介质中，加过量KI，反应生成的I_2用$Na_2S_2O_3$标准溶液滴定，其主要反应式为：

$$ClO^- + 2I^- + 2H^+ \rightleftharpoons I_2 + Cl^- + H_2O$$

$$ClO_2^- + 4I^- + 4H^+ \rightleftharpoons 2I_2 + Cl^- + 2H_2O$$

$$ClO_3^- + 6I^- + 6H^+ \rightleftharpoons 3I_2 + Cl^- + 3H_2O$$

$$I_2 + 2S_2O_3^{2-} \longrightarrow 2I^- + S_4O_6^{2-}$$

（四）某些有机物的测定

碘量法在有机分析中应用很广泛。凡是能被碘直接氧化的物质，只要反应速率足够快，就可用直接碘量法进行测定。例如巯基乙酸（$HSCH_2COOH$）、四乙基铅［$Pb(C_2H_5)_4$］、抗坏血酸（维生素C）及安乃近药物等。

间接碘量法的应用更为广泛。在葡萄糖、甲醛、丙酮及硫脲等的碱性试液中，加入一定量过量的I_2标准溶液，使有机物被氧化。例如在葡萄糖溶液中加碱使溶液呈碱性，然后加入I_2标准溶液，其反应的过程如下：

$$I_2 + 2OH^- \longrightarrow IO^- + I^- + H_2O$$

$$CH_2OH(CHOH)_4CHO + IO^- + OH^- \longrightarrow CH_2OH(CHOH)_4COO^- + I^- + H_2O$$

溶液中剩余的IO^-歧化为IO_3^-和I^-：

$$3IO^- \longrightarrow IO_3^- + 2I^-$$

溶液酸化后又析出I_2：

$$IO_3^- + 5I^- + 6H^+ \longrightarrow 3I_2 + 3H_2O$$

最后以$Na_2S_2O_3$滴定析出的I_2。

在上述反应中，1mol I_2产生1mol IO^-，而1mol IO^-与1mol葡萄糖反应，因此，1mol葡萄糖与1mol I_2相当。与葡萄糖反应后剩余的IO^-经由歧化和酸化过程仍恢复为等量的I_2。根据$S_2O_3^{2-}$与I_2的反应计量关系，从I_2标准溶液的加入量和滴定时$S_2O_3^{2-}$的消耗量即可求出葡萄糖的含量。

（五）卡尔·费休法测定水

1. 基本原理

利用I_2氧化SO_2时，需要定量的H_2O参加反应：

$$I_2 + SO_2 + 2H_2O \rightleftharpoons H_2SO_4 + 2HI$$

利用此反应，可以测定很多有机物或无机物中的微量H_2O，但该反应是可逆的，要使反应向右进行，需要加入适量的碱性物质以中和反应后生成的酸，因此，通常用吡啶作溶剂，其反应式为：

$$C_5H_5N\cdot I_2 + C_5H_5N\cdot SO_2 + C_5H_5N + H_2O \longrightarrow 2C_5H_5NHI + C_5H_5NSO_3$$

但生成的$C_5H_5NSO_3$也能与水反应干扰测定：

$$C_5H_5NSO_3 + H_2O \longrightarrow C_5H_5NHOSO_2OH$$

加入甲醇可以防止上述副反应发生：

$$C_5H_5NSO_3 + CH_3OH \longrightarrow C_5H_5NHOSO_2OCH_3$$

因此卡尔·费休法测定水分的滴定剂是含有碘、二氧化硫、吡啶和甲醇的混合液，称为卡尔·费休试剂。该试剂对水的滴定度一般用纯水或二水酒石酸钠进行标定。

2. 终点的确定方法

(1) 目视法　卡尔·费休试剂呈现 I_2 的棕色，与水反应后棕色立即褪去。当滴定至溶液出现棕色时，表示到达终点。

(2) 电量法　又叫"死停终点"法。浸入滴定池溶液中的两支铂丝电极之间施加小量电压（几十毫伏）。溶液中存在水时，由于溶液中不存在可逆电对，外电路没有电流流过，电流表指针指零；当滴定到达终点时，稍过量的 I_2 与生成的 I^- 构成了可逆电对 I_2/I^-，使电流表指针突然偏转，非常灵敏。

四、碘量法计算示例

例 6　称取铜合金试样 0.2316g，溶解后加入过量的 KI，生成的 I_2 用 0.1100mol·L^{-1} $Na_2S_2O_3$ 标准溶液滴定，终点时共消耗 $Na_2S_2O_3$ 标准溶液 23.32mL，计算试样中铜的质量分数。

解： 滴定反应为

$$2Cu^{2+} + 4I^- = 2CuI\downarrow + I_2$$

$$I_2 + 2S_2O_3^{2-} = 2I^- + S_4O_6^{2-}$$

由上述反应可知

$$Cu^{2+}\text{-}S_2O_3^{2-}$$

$$n_{Cu^{2+}} = n_{Na_2S_2O_3}$$

$$w(Cu) = \frac{c_{Na_2S_2O_3}V_{Na_2S_2O_3}M_{Cu}}{m_{样}} \times 100\%$$

$$= \frac{0.1100\text{mol}\cdot\text{L}^{-1} \times 23.32 \times 10^{-3}\text{L} \times 63.55\text{g}\cdot\text{mol}^{-1}}{0.2316\text{g}} \times 100\%$$

$$= 70.39\%$$

例 7　称取含有苯酚的试样 0.2500g，溶解后加入含有过量 KBr 的 0.05000mol·L^{-1} $KBrO_3$ 溶液 12.50mL，经酸化后放置，反应完全后加入 KI，用 0.05003mol·L^{-1} $Na_2S_2O_3$ 标准溶液 14.96mL 滴定析出的 I_2，计算试样中苯酚的质量分数。

解： 主要反应如下

$$KBrO_3 + 5KBr + 6HCl = 6KCl + 3Br_2 + 3H_2O$$

$$C_6H_5OH + 3Br_2 = C_6H_2Br_3OH + 3HBr$$

$$Br_2 + 2KI = I_2 + 2KBr$$

$$I_2 + 2S_2O_3^{2-} = 2I^- + S_4O_6^{2-}$$

由上述反应可知

$$KBrO_3\text{-}3Br_2$$

$$n_{Br_2} = 3n_{KBrO_3}$$

设由 $KBrO_3$ 生成的 Br_2 的物质的量为 n_{Br_2}，则

$$n_{Br_2} = 3 \times 0.05000\text{mol}\cdot\text{L}^{-1} \times 12.50 \times 10^{-3}\text{L}$$

$$= 1.875 \times 10^{-3}\text{mol}$$

又

$$Br_2\text{-}2Na_2S_2O_3$$

设溴与酚发生取代反应后剩余的 Br_2 的物质的量为 n'_{Br_2}，则

$$n'_{Br_2} = \frac{1}{2}n_{Na_2S_2O_3}$$

$$n'_{Br_2} = \frac{1}{2} c_{Na_2S_2O_3} V_{Na_2S_2O_3}$$

$$= \frac{1}{2} \times 14.96 \times 10^{-3} L \times 0.05003 mol \cdot L^{-1}$$

$$= \frac{1}{2} \times 14.96 \times 10^{-3} L \times 0.05003 mol \cdot L^{-1}$$

$$= 0.3742 \times 10^{-3} mol$$

设与苯酚发生取代反应的 Br_2 的物质的量为 n''_{Br_2}，则

$$n''_{Br_2} = 1.875 \times 10^{-3} mol - 0.3742 \times 10^{-3} mol$$

$$= 1.5008 \times 10^{-3} mol$$

又

$$C_6H_5OH\text{-}3Br_2$$

$$n_{C_6H_5OH} = \frac{1}{3} n''_{Br_2}$$

所以

$$w(C_6H_5OH) = \frac{\frac{1}{3} n''_{Br_2} M_{C_6H_5OH}}{m_{样}} \times 100\%$$

$$= \frac{\frac{1}{3} \times 1.5008 \times 10^{-3} mol \times 94.11 g \cdot mol^{-1}}{0.2500 g} \times 100\%$$

$$= 18.83\%$$

阅读材料　如何延长淀粉指示剂的有效期

淀粉指示剂溶液，由于容易变质，不能长久存放，通常采用以下方法进行处理，延长淀粉指示剂的有效期。

（1）加水杨酸　称取 1.0g 淀粉，用水调成糊状，倒入 100mL 沸腾的蒸馏水中，另取 0.5g 水杨酸溶于少量乙醇后倒入淀粉溶液，趁热将淀粉溶液倒入蒸馏水中并稀释至 2000mL，摇匀，备用。

（2）加硼酸　称取 1.0g 淀粉，用少许水拌匀，徐徐倒入充分沸腾的 500mL 热水中，加 0.5g 硼酸，继续煮沸 5min，并用煮沸的热水稀释至 2000mL，摇匀，备用。硼酸可以作淀粉溶液的防腐剂，使淀粉溶液可放置 1 年以上。

（3）加碘化汞-碘化钾　称取 5.0g 淀粉，加 0.5g 碘化汞、2g 碘化钾，置于研钵中，加少许水研磨将悬浮液缓缓倒入 500mL 沸水中，煮沸至溶液澄清，冷却用水稀释至 1000mL。这种淀粉溶液可放置 1～2 年。

（4）加对羟基苯甲酸乙酯　在淀粉溶液中，加入适量的对羟基苯甲酸乙酯，在 30℃ 左右温度下亦可保存半年之久。

第七节　其他氧化还原滴定法

一、溴酸钾法

1. 溴酸钾法的原理

溴酸钾法是以氧化剂 $KBrO_3$ 为滴定剂的氧化还原滴定法。$KBrO_3$ 是强氧化剂，在酸性溶液中，其半反应式为：

$$BrO_3^- + 6H^+ + 6e^- \longrightarrow Br^- + 3H_2O \quad E^{\ominus} = 1.44V$$

$KBrO_3$ 容易提纯，在 180℃烘干后，就可以直接称量配制成 $KBrO_3$ 标准溶液。$KBrO_3$ 溶液的浓度也可以用间接碘量法进行标定。一定量的 $KBrO_3$ 在酸性溶液中与过量 KI 反应而析出 I_2，其反应式：

$$BrO_3^- + 6I^- + 6H^+ \longrightarrow Br^- + 3I_2 + 3H_2O$$

析出的 I_2 可以用 $Na_2S_2O_3$ 标准溶液滴定。溴酸钾法常与碘量法配合使用。

利用溴酸钾法可以直接测定一些还原性物质，如 As(Ⅲ)、Sb(Ⅲ)、Fe(Ⅱ)、H_2O_2、Sn(Ⅱ) 和 Tl(Ⅰ) 等。

$$BrO_3^- + 3Sb^{3+} + 6H^+ \longrightarrow Br^- + 3Sb^{5+} + 3H_2O$$

$$BrO_3^- + 3As^{3+} + 6H^+ \longrightarrow Br^- + 3As^{5+} + 3H_2O$$

用 BrO_3^- 标准溶液滴定时，可以甲基橙或甲基红的钠盐水溶液为指示剂，当滴定到达化学计量点之后，稍微过量的 BrO_3^- 与 Br^- 作用生成 Br_2，使指示剂被氧化而破坏，溶液褪色，指示滴定终点到达。但是在滴定过程中滴定速度不宜过快，并摇动均匀，应尽量避免滴定剂的局部过浓，导致滴定终点过早出现。再者，甲基橙或甲基红在反应中由于指示剂结构被破坏而褪色，必须再滴加少量指示剂进行检验，如果新加入少量指示剂也立即褪色，这说明真正到达滴定终点，如果颜色不褪，就应该小心地继续滴定至终点。

在实际应用上，溴酸钾法主要用于测定有机物。在称取 $KBrO_3$ 配制标准溶液时，加入过量的 KBr 于其中，配成 $KBrO_3$-KBr 标准溶液。在测定有机物质时，将此标准溶液加到酸性试液中，这时 BrO_3^- 与 Br^- 发生如下反应。

$$BrO_3^- + 5Br^- + 6H^+ \longrightarrow 3Br_2 + 3H_2O$$

生成的 Br_2 就立即与有机物作用，实际上这相当于即时配制的 Br_2 标准溶液。$KBrO_3$-KBr 标准溶液很稳定，只在酸化时才发生上述反应，这就解决了由于溴水不稳定而不适合于配成标准溶液作滴定剂的问题。Br_2 可以和某些有机化合物发生取代反应，故可以用来测定许多芳香化合物及其他有机物；借助 Br_2 的取代作用，可以测定有机物的不饱和程度。溴与有机物反应的速率较慢，必须加入过量的标准溶液。与有机物反应完成后，过量的 Br_2 用碘量法测定。

$$Br_2 + 2I^- \longrightarrow 2Br^- + I_2$$

$$I_2 + 2S_2O_3^{2-} \longrightarrow 2I^- + S_4O_6^{2-}$$

因此，测定有机物时，溴酸钾法一般是与碘量法配合使用的。

2. 溴酸钾法的应用实例——苯酚含量的测定

在苯酚的酸性试液中加入一定量过量的 $KBrO_3$-KBr 标准溶液，使苯酚与生成的过量 Br_2 反应后，加入过量的 KI 与剩余的 Br_2 反应，析出的 I_2 用 $Na_2S_2O_3$ 标准溶液滴定，以淀粉作为指示剂。有关反应式如下：

$$C_6H_5OH + 3Br_2 \longrightarrow C_6H_2Br_3OH \downarrow + 3H^+ + 3Br^-$$

$$Br_2 + 2I^- \longrightarrow 2Br^- + I_2$$

反应中物质的化学计量关系是：

$$KBrO_3\text{-}3Br_2\text{-}3I_2\text{-}6S_2O_3^{2-}$$

$$C_6H_5OH\text{-}3Br_2\text{-}3I_2\text{-}6S_2O_3^{2-}$$

即 1mol 苯酚与 1mol $KBrO_3$ 相当，滴定时采用返滴定法。

苯酚是煤焦油的主要成分之一，是许多高分子材料、医药、农药以及合成染料等的主要原料，也广泛地用于杀菌消毒等，但另一方面苯酚的生产和应用对环境造成污染，所以苯酚是经常需要监测的项目之一。苯酚在水中的溶解度小，通常可将试样与 NaOH 作用，生成易溶于水的苯酚钠。

二、硫酸铈法

硫酸铈 $Ce(SO_4)_2$ 是强氧化剂，在酸性溶液中，Ce^{4+} 与还原剂作用被还原为 Ce^{3+}，其半反应式如下：

$$Ce^{4+} + e^- \longrightarrow Ce^{3+} \quad E^\ominus = 1.61V$$

Ce^{4+}/Ce^{3+} 电对的条件电极电位与酸性介质的种类和浓度有关：在 1～8mol·L^{-1} $HClO_4$ 溶液中为 1.74～1.87V；在 0.5～4mol·L^{-1} H_2SO_4 溶液中为 1.42～1.44V；在 1mol·L^{-1} HCl 溶液中为 1.28V，但此时 Cl^- 可以使 Ce^{4+} 缓慢还原为 Ce^{3+}，因此用 Ce^{4+} 作滴定剂时常在 H_2SO_4 介质中用 $Ce(SO_4)_2$ 作为滴定剂。能用 $KMnO_4$ 滴定的物质一般也能用 $Ce(SO_4)_2$ 滴定。当然 $HClO_4$ 溶液也是铈量法常用的滴定介质。$Ce(SO_4)_2$ 溶液具有下列优点。

① 稳定，加热到 100℃也不分解，并且放置时间较长。

② 可由容易提纯的 $Ce(SO_4)_2 \cdot 2(NH_4)_2SO_4 \cdot 2H_2O$ 直接称量配制标准溶液，不必进行标定。

③ 铈的还原反应是单电子反应，没有中间产物，反应简单，副反应少。有机物（如乙醇、甘油、糖）存在时，用 Ce^{4+} 滴定 Fe^{2+} 仍可得到准确结果。

④ 可在 HCl 介质中进行滴定 由于 Ce^{4+} 极易水解，生成碱式盐沉淀，配制 Ce^{4+} 标准溶液和滴定时，都应在强酸溶液中进行。$Ce(SO_4)_2$ 虽然呈黄色，但显色不够灵敏，常用邻二氮菲-亚铁作指示剂。

铈盐价格较贵是铈量法的不足之处。

阅读材料 氧化还原滴定法在不同行业中的应用

氧化还原滴定法在不同行业中应用广泛，主要有以下几个方面。

(1) 在农业上的应用 玉米芯是大量存在的植物废料，其中含有多聚戊糖，用盐酸浸取后，经过特殊处理而得木糖。用高锰酸钾溶液滴定可以测定出木糖含量。

饲料中硫酸锰含量的测定是在磷酸介质中用硝酸铵作氧化剂，以氧化还原滴定法测定。该方法精密度好，准确度高。

(2) 在工业上的应用 在 80℃的酸性溶液中，以硫酸亚铁标准溶液同氯金酸反应，10min 内析出黄金，过量的硫酸亚铁用重铬酸钾溶液反滴定，可计算氯金酸中的金含量。

用碱熔法使紫菜中的碘与碱金属结合形成碘化物，用沸水提取。在酸性条件下，用过量饱和溴水氧化碘化物成碘酸盐，用苯酚除去剩余的溴，再以碘化钾生成游离碘，以硫代硫酸钠标准溶液滴定，测定紫菜中的碘含量。

空气中微量氯气含量的测定及氯碱车间空气中微量氯气含量的测定都采用溴酸钾滴定法，该法省时省力，简便易行，不包括采样时间仅用 5～7min。

(3) 在环保方面的应用 对硝基苯乙酮生产中的碱洗液含有硝基苯类化合物，对环境有较大的危害。通常在碱洗液中加入高锰酸钾进行氧化脱色，经中和反应得到对硝基苯甲酸，是一种变废为宝的好方法。

污染水中砷和锑的测定，可在酸性溶液中，用硫酸肼将五价砷及五价锑还原为三价砷及三价锑，然后在盐酸介质中，以甲基橙为指示剂，先用硫酸铈标准溶液滴定三价锑，然后用溴酸钾标准溶液滴定三价砷。

(4) 在医药和其他方面的应用 茯苓中重要有效成分之一的茯苓多糖的测定，是在茯苓木提取液中采用高锰酸钾滴定法。同时可考察与其他药物配伍时提取液中多糖的含量变化来确定茯苓的合理用药途径。

甲基磺酸锡 Sn^{2+} 和 Sn^{4+} 含量的测定，是在 $6mol \cdot L^{-1}$ HCl 中用锌粉把 Sn^{4+} 还原为 Sn^{2+}，加入硫酸铁铵快速氧化 Sn^{2+}，硫酸铁铵中的 Fe^{3+} 被还原为 Fe^{2+}，用重铬酸钾法滴定 Fe^{2+} 来间接测定。

习 题

1. 什么是氧化还原滴定法？根据所用标准溶液不同，氧化还原滴定法分为哪几种方法？写出每种方法的基本反应式和滴定条件。

2. 应用于氧化还原滴定的反应应具备什么主要条件？

3. 什么是条件电极电位？它与标准电极电位有何区别？

4. 氧化还原滴定中，可用哪些方法检测终点？氧化还原指示剂的变色原理和选择原则与酸碱指示剂有何异同？

5. 在氧化还原滴定前，为什么要进行预处理？预处理对所用的氧化剂和还原剂有何要求？

6. 如何配制 $KMnO_4$、$K_2Cr_2O_7$、I_2、$Na_2S_2O_3$ 标准滴定溶液？其浓度如何计算？

7. 在 100mL 溶液中含有 $KMnO_4$ 1.5804g，问此溶液物质的量浓度是多少？

($0.1000mol \cdot L^{-1}$)

8. 称取基准物质 $Na_2C_2O_4$ 0.1523g，标定 $KMnO_4$ 溶液时用去 24.85mL，计算 $KMnO_4$ 溶液的浓度。

($0.01829mol \cdot L^{-1}$)

9. 用 $KMnO_4$ 法滴定工业硫酸亚铁的含量，称取样品 1.3545g，溶解后，在酸性条件下用 $c_{KMnO_4} = 0.02000mol \cdot L^{-1}$ 的高锰酸钾溶液滴定时，消耗 37.52mL，求 $FeSO_4 \cdot 7H_2O$ 的质量分数。

(77.01%)

10. 称取含 MnO_2 的试样 0.5000g，在酸性溶液中加入过量 $Na_2C_2O_4$ 0.6020g 缓慢加热。待反应完全后，过量的 $Na_2C_2O_4$ 在酸性介质中用 28.00mL $c_{KMnO_4} = 0.0400mol \cdot L^{-1}$ 的高锰酸钾溶液滴定，求试样中 MnO_2 的质量分数。

(29.43%)

11. 双氧水 10.00mL（密度 $1.010g \cdot mL^{-1}$），以 $0.1200mol \cdot L^{-1}$ $KMnO_4$ 溶液滴定时，用去 36.80mL，计算双氧水中 H_2O_2 的质量分数。

(3.72%)

12. 配制 500mL 浓度为 $0.02000mol \cdot L^{-1}$ $K_2Cr_2O_7$ 溶液，应称取 $K_2Cr_2O_7$ 多少克？

(2.9419g)

13. 称取铁矿石试样 0.2000g，经处理后滴定时消耗 $c = 0.01200mol \cdot L^{-1}$ 的 $K_2Cr_2O_7$ 标准溶液 25.00mL，计算铁矿石中铁的质量分数。

(50.27%)

14. 用基准物质 $K_2Cr_2O_7$ 来标定 $Na_2S_2O_3$ 溶液的浓度。称取纯 $K_2Cr_2O_7$ 0.4903g，用水溶解后，配成 100.00mL 溶液。取出此溶液 25.00mL，加入适量 H_2SO_4 和 KI，滴定时消耗 24.95mL $Na_2S_2O_3$ 溶液，计算 $Na_2S_2O_3$ 溶液物质的量浓度。

($0.1002mol \cdot L^{-1}$)

15. 已知 $K_2Cr_2O_7$ 标准溶液的浓度为 $0.01667mol \cdot L^{-1}$，计算它对 Fe、Fe_2O_3、$FeSO_4 \cdot 7H_2O$ 的滴

定度各是多少？

（$0.005586g\cdot mL^{-1}$；$0.007986g\cdot mL^{-1}$；$0.02781g\cdot mL^{-1}$）

16. 用 $0.02500mol\cdot L^{-1}$ I_2 标准溶液 20.00mL 恰好能滴定 0.1000g 辉锑矿中的锑，计算辉锑矿中 Sb_2S_3 的质量分数。主要反应为：

$$SbO_3^{3-}+I_2+2HCO_3^- = SbO_4^{3-}+2I^-+2CO_2\uparrow+H_2O$$

（84.93%）

17. 称取铜合金试样 0.2000g，以间接碘量法测定其铜含量。溶解后加入过量的 KI，析出的 I_2 用 $0.1000mol\cdot L^{-1}$ $Na_2S_2O_3$ 标准溶液滴定，终点时共消耗 $Na_2S_2O_3$ 标准溶液 20.00mL，计算试样中铜的质量分数。

（63.55%）

第六章　配位滴定法

知识与技能目标

1. 熟悉并掌握EDTA（乙二胺四乙酸）以及EDTA与金属离子形成的配合物的结构和性质，了解EDTA在水溶液中存在的七种型体。

2. 理解并掌握EDTA与金属离子配位反应的配位离解平衡、配位平衡常数的概念。

3. 了解并掌握副反应、副反应系数的概念，特别是酸效应、金属离子的配位效应系数的计算。在此基础上，深刻理解条件稳定常数的概念，及其与稳定常数的区别。

4. 了解酸效应曲线，并能熟练应用。

5. 熟练掌握使用单一或两种金属离子准确滴定的判别式的方法。

6. 了解常用金属离子指示剂的适用范围。

7. 了解熟悉配位滴定的应用。

第一节　配位滴定法概述

一、配位滴定法

20世纪以来，容量分析中最大的成就莫过于氨羧络合剂滴定法的发明。早在20世纪30年代人们已经知道氨三乙酸、乙二胺四乙酸等在碱性介质中能与钙、镁离子生成极稳定的配合物，可用于水的软化和皮革的脱钙。瑞士苏黎世工业大学化学家施瓦岑巴赫（1904—1978）对这类化合物的物理性质进行了广泛的研究，提出以紫脲酸铵为指示剂，用EDTA滴定来测定水的硬度，获得了很大的成功。随后，又在1946年提出以铬黑T作为这项滴定的指示剂，从而奠定了EDTA滴定法的基础。现在，配位滴定法早已发展为比较完善、成熟、经典的分析方法，大多数金属元素都可用EDTA滴定，特别是它能直接滴定碱土金属、铝及稀土元素，可以这样说，配位滴定是最重要的容量分析法之一。

配位滴定法也称作络合滴定法，很显然，它是以配位反应为基础的滴定分析方法，即金属离子与配位剂结合形成配合物。配合物是依靠配位键形成的化合物，种类很多。作为滴定用的配位剂可分为无机和有机两类。人们很早就发现了无机配合物，能够形成无机配合物的反应也很多，但完全能应用于配位滴定的却非常有限。配位滴定就像其他的滴定方法一样，配位反应必须具备下列条件：

① 反应必须完全，即生成的配合物必须相当稳定；

② 反应必须按一定的化学反应式定量进行；

③ 反应必须迅速，并有适当的方法指示反应的终点。

大多数的无机配合物都不够稳定，或者反应过程复杂，存在逐级配位现象，很难确定它们的化学反应式，而有些反应则找不到适当的指示剂。因此，无机配位剂能用于配位滴定分析的并不多。

自从有机配位剂出现以来，配位滴定分析得到了长足的进展，有机配位剂（主要是多齿配位体）能满足上述配位滴定反应的要求，在分析化学中得到了广泛的应用。目前在配位滴定分析中应用最为广泛的有机配位剂是以乙二胺四乙酸（ethylene diamine tetraacetic acid,

简称 EDTA）为代表的氨羧配位剂。

二、氨羧配位剂

氨羧配位剂是一类含有氨基二乙酸基团 $-N(CH_2COOH)_2$ 的有机化合物。

分子中含有氨“氮”和羧“氧”两种配位原子，几乎能与所有金属离子配位，生成稳定的、可溶性的配合物。所有的氨羧配位剂多达几十种，比较重要的有以下几种。

1. 乙二胺四乙酸（EDTA）

结构式为：

$$\begin{matrix} ^{-}OOCH_2C & & & & & & CH_2COO^{-} \\ & \diagdown & & & & \diagup & \\ & & N^{+}H-H_2C-CH_2-H^{+}N & & & & \\ & \diagup & & & & \diagdown & \\ HOOCH_2C & & & & & & CH_2COOH \end{matrix}$$

2. 氨三乙酸（NTA）

结构式为：

$$H^{+}N\begin{cases} CH_2COOH \\ CH_2COO^{-} \\ CH_2COOH \end{cases}$$

3. 环己烷二氨基四乙酸（DCTA）

结构式为：

$$\begin{matrix} & H_2 & & & CH_2COO^{-} \\ & C & & H^{+}N & \\ H_2C & & CH & & CH_2COOH \\ | & & | & & \\ H_2C & & CH & & CH_2COO^{-} \\ & C & & H^{+}N & \\ & H_2 & & & CH_2COOH \end{matrix}$$

4. 乙二胺四丙酸（EDTP）

结构式为：

$$\begin{matrix} & & CH_2COO^{-} \\ & H^{+}N & \\ CH_2 & & CH_2COOH \\ | & & \\ CH_2 & & CH_2COO^{-} \\ & H^{+}N & \\ & & CH_2COOH \end{matrix}$$

其中，EDTA 应用最为广泛，所谓的配位滴定法主要是指 EDTA 滴定法。

阅读材料　配位滴定法的基础——配位化学

正如其他的滴定分析方法一样，配位（络合）滴定法是以配位化学反应为基础，即配位化学。配位化学是在无机化学基础上发展起来的一门边缘学科。它所研究的主要对象为配位化合物（coordination compounds）简称配合物。

国外文献上最早记载的配合物是我们熟悉的一种染料即普鲁士蓝。1704 年，普鲁士染料厂的一位工人把兽皮或牛血和碳酸钠在铁锅中一起煮沸，得到一种蓝色的染料，后来经详细研究即为 $Fe_4[Fe(CN)_6]_3$。距今已有 300 多年的历史。

最早关于配合物的研究是 1798 年法国塔索尔特（Tassert）关于橘黄色氯化钴 $[Co(NH_3)_6]Cl_3$ 的研究，他在 $CoCl_2$ 溶液中加入 $NH_3 \cdot H_2O$ 后没有得到棕黑色 $Co(OH)_3$ 沉淀，而是得到了橘黄色结晶，起初认为这是一种复合物（$CoCl_3 \cdot 6NH_3$），但他在该橘黄色结晶的溶液中加碱后得不到 NH_3，也检查不出 Co^{3+} 的存在，可见 Co^{3+} 与 NH_3 是紧密结合在一起的，而加 $AgNO_3$ 后却得到了 AgCl 沉淀，证明 Cl^- 是游离的。塔索尔特的报道使一些化学家开始研究这类化合物，因为当时的原子价理论不能解释这类化合物，故称之为复杂化合物，即络合物（complex compounds）。在此后的一百多年里，人们用测定摩尔电导的方法研究这类物质的性质，从而推导出每个化合物分子中所含的离子数。这一时期，许多实验事实的积累为配位化学奠定了实验基础，但理论上一直无法解释。直到 1893 年，瑞士苏黎世大学年轻的化学家维尔纳（Werner），提出了现在常称之为维尔纳配位理论的学说。维尔纳的配位理论奠定了配位化学的理论基础，真正意义的配位化学从此得以建立。他因而获得了 1913 年的诺贝尔化学奖，也成了配位化学的奠基人。

[摘自汪丰云，顾家山，王晓锋等．配位化学的发展史．化学教育，2011，32 (2)：75-77]

第二节　乙二胺四乙酸的性质及配合物

一、乙二胺四乙酸

乙二胺四乙酸简称 EDTA，用 H_4Y 表示，为四元酸，是一种白色晶体粉末，微溶于水，22℃时，100mL 水中可溶解 0.02g，难溶于酸和一般有机溶剂，易溶于氨水和 NaOH 溶液，生成相应的盐溶液。由于 EDTA 在水中的溶解度小，使用时，通常将其制备为二钠盐 $Na_2H_2Y \cdot 2H_2O$，一般也称为 EDTA 或 EDTA 二钠盐，它在水中溶解度较大。

H_4Y 溶解于水时，其中两个羧基上 H^+ 会与自身分子中的 N 原子发生作用，形成双偶极离子（参看前述结构式），在强酸性溶液中，羧基上还可接受两个 H^+，形成 H_6Y^{2+}，实际相当于六元酸，因此在水溶液中存在如下离解平衡：

$$H_6Y^{2+} \rightleftharpoons H^+ + H_5Y^+ \qquad K_{a1} = \frac{[H^+][H_5Y^+]}{[H_6Y^{2+}]} = 10^{-0.9}$$

$$H_5Y^+ \rightleftharpoons H^+ + H_4Y \qquad K_{a2} = \frac{[H^+][H_4Y]}{[H^5Y^+]} = 10^{-1.6}$$

$$H_4Y \rightleftharpoons H^+ + H_3Y^- \qquad K_{a3} = \frac{[H^+][H_3Y^-]}{[H_4Y]} = 10^{-2.0}$$

$$H_3Y^- \rightleftharpoons H^+ + H_2Y^{2-} \qquad K_{a4} = \frac{[H^+][H_2Y^{2-}]}{[H_3Y^-]} = 10^{-2.67}$$

$$H_2Y^{2-} \rightleftharpoons H^+ + HY^{3-} \qquad K_{a5} = \frac{[H^+][HY^{3-}]}{[H_2Y^{2-}]} = 10^{-6.16}$$

$$HY^{3-} \rightleftharpoons H^+ + Y^{4-} \qquad K_{a6} = \frac{[H^+][Y^{4-}]}{[HY^{3-}]} = 10^{-10.26}$$

由上可知，EDTA 在水溶液中总是以 H_6Y^{2+}、H_5Y^+、H_4Y、H_3Y^-、H_2Y^{2-}、HY^{3-}、Y^{4-} 7 种型体存在。它们的分布分数 δ 与溶液的 pH 有关，如图 6-1 所示。

由图 6-1 可以看出，不同的 pH 时，主要存在的型体也不同。如表 6-1 所示。

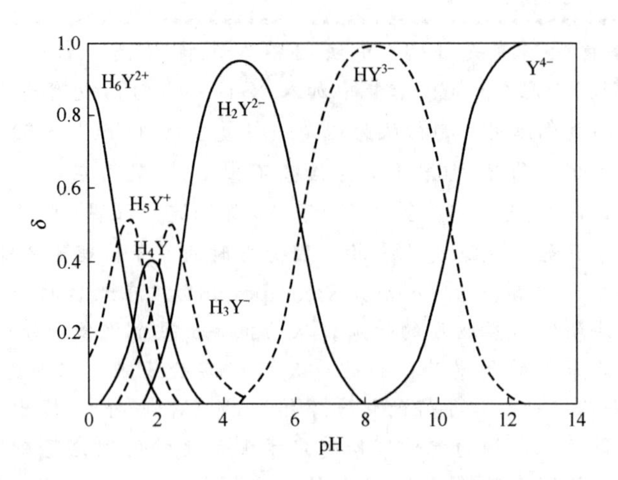

图 6-1 EDTA各种存在型体分布

表 6-1 不同 pH 时，EDTA 主要存在的型体

pH	<1	1～1.6	1.6～2.0	2.0～2.7	2.7～6.2	6.2～10.3	>10.3
主要型体	H_6Y^{2+}	H_5Y^+	H_4Y	H_3Y^-	H_2Y^{2-}	HY^{3-}	Y^{4-}

从上述数据可知，pH>10.3 时，EDTA 主要以 Y^{4-} 形式存在，而 Y^{4-} 与金属离子形成的配合物最稳定，因此溶液的酸度是影响配合物稳定性的重要因素。

二、EDTA 与金属离子的配合物

乙二胺四乙酸是含有氨基和羧基的配位剂，属多齿配位体，可以与多数金属离子发生配位反应，形成稳定的螯合物。不仅可用于配位滴定，而且还可用于去除干扰离子的掩蔽剂。EDTA 分子中具有四个羧氧原子、两个氨氮原子，也就是有六个配位原子，能与大多数金属离子形成螯合物，且组成比为 1∶1，不存在逐级配位现象，溶液体系简单。以 EDTA 二钠盐为代表，反应式如下：

$$M^{2+} + H_2Y^{2-} \rightleftharpoons MY^{2-} + 2H^+$$

$$M^{3+} + H_2Y^{2-} \rightleftharpoons MY^- + 2H^+$$

$$M^{4+} + H_2Y^{2-} \rightleftharpoons MY + 2H^+$$

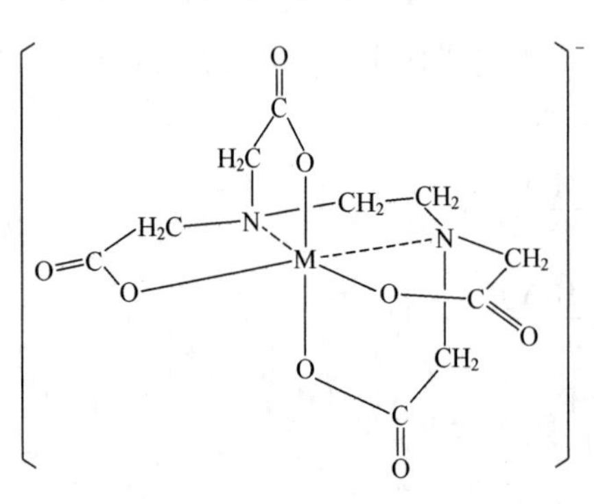

图 6-2 EDTA-M^{3+} 螯合物的立体结构

只有少数高价金属离子不与 EDTA 形成 1∶1 的螯合物，如 Mo(Ⅴ) 与 EDTA 形成的螯合物为 $(MoO_2)_2Y^{2-}$。一般与金属离子形成的螯合物中，可有多个五元环，根据配位理论，5～6 元环的螯合物比较稳定，所以大多数金属离子与EDTA 形成的配合物都非常稳定。其立体结构如图6-2 所示。

从图 6-2 上可以清楚地看出，该螯合物形成五个五元环：四个 O—C—C—N（两端与 M 相连）及一个 N—C—C—N（两端与 M 相连），这类环状结构的螯合物是很稳定的。

无色金属离子与 EDTA 形成的螯合物也为无色，有色的金属离子所形成的螯合物颜色加深，妨碍终点的观察，但有时可用于显色反应，用分光光度法测定这些离子。如：CoY^- 为紫红色，CrY^- 为深紫色，MnY^- 为紫红色，NiY^{2-} 为蓝绿色，FeY^- 为黄色，CuY^{2-} 为深蓝色。

大多数金属离子与 EDTA 的反应迅速，但也有在室温下反应较慢的，如 Cr^{3+} 和 Al^{3+}，需煮沸片刻后方能与 EDTA 反应完全。

总之，金属离子与 EDTA 的配位反应具有突出的特点。

① 生成配合物稳定，配位比简单，可以定量计算。

② 能与大多数金属离子螯合，且产物稳定。

③ 水溶性好，能在水溶液中进行。

④ 大多数反应迅速。

正是这些因素使 EDTA 配位滴定分析得到了广泛的应用。

阅读材料　配位滴定分析的历史

在滴定分析发展过程中，曾缺少可以直接滴定金属离子的方法，而这一空白在上世纪中期被络合滴定填补。这个方法的奠基者是瑞士的施瓦岑巴赫教授（1904—1978 年）。在 1945 年，施瓦岑巴赫教授及其同事就已从事与乙二胺四乙酸（简称 EDTA）及其相关物质性质的研究，并称这类物质为“氨羧络合物”。因为这种强有力的络合剂几乎能与所有的金属离子产生络合反应，而形成一种水溶性而难解离络合物，以形成这种络合物作为容量法的基础，即称之为“络合滴定”。

在此之后的十几年来，络合滴定迅速发展。至 1957 年，对络合滴定的研究已达高峰，络合滴定已成为容量滴定的一个重要分支。对滴定环境、结果影响的深入了解和不断有新的指示剂的使用，使得络合滴定的实用性不断增强。至 1962 年，周期表中近五十个元素能被乙二胺四乙酸（二钠盐）直接滴定（包括回滴法），以及十五个元素如钠、钾、磷、砷等可作间接滴定。EDTA 及其衍生物的发展为络合滴定提供更多可选择的螯合剂，金属指示剂的应用也让滴定终点更为准确，掩蔽剂的使用增强了络合滴定的选择性。

第三节　配合物在水溶液中的平衡

配位平衡是配位滴定法的理论依据，同时也广泛应用于分析化学各种分离和测定中。配位平衡所涉及的平衡关系较复杂，为了定量处理各种因素对配位平衡的影响，在本节中，引入了副反应系数，特别是酸效应和配位效应，并导出了条件稳定常数。

一、配合物的稳定常数

EDTA 与大多数金属离子形成的配合物都是 1∶1 型。如：

$$M^{2+} + H_2Y^{2-} \rightleftharpoons MY^{2-} + 2H^+$$

$$M^{4+} + H_2Y^{2-} \rightleftharpoons MY + 2H^+$$

为方便书写，并省略电荷数，简化为：

$$M + Y \rightleftharpoons MY \qquad (6\text{-}1)$$

当上述配位反应达到化学平衡时，就有：

$$K_{MY} = \frac{[MY]}{[M][Y]} \qquad (6\text{-}2)$$

K_{MY}即是配合物 MY 的稳定常数（化学平衡常数），其值与溶液的温度和离子强度有关，与各组分浓度无关，通常以其对数值 $\lg K$ 表示。K_{MY}越大，正向反应程度越高，配合物 MY 越稳定。常见金属离子与 EDTA 所形成的配合物的稳定常数列于表 6-2 中。配位反应也可以写成这样的形式：

$$MY \rightleftharpoons M+Y$$

于是 $K_{不稳}=\frac{[M][Y]}{[MY]}$，$K_{不稳}$ 称为不稳定常数（或解离常数）。

很明显，$K_{MY}K_{不稳}=1$

下面看另一种情况。多个配体与金属离子形成 ML_n 型配合物：

$$M+L \rightleftharpoons ML \qquad K_1=\frac{[ML]}{[M][L]}$$

$$ML+L \rightleftharpoons ML_2 \qquad K_2=\frac{[ML_2]}{[M][ML]}$$

$$\cdots$$

$$ML_{n-1}+L \rightleftharpoons ML_n \qquad K_n=\frac{[ML_n]}{[ML_{n-1}][L]}$$

K_i 称为逐级稳定常数。令：

$$\beta_1=K_1$$

$$\beta_2=K_1K_2$$

$$\cdots$$

$$\beta_n=K_1K_2\cdots K_n$$

β_i 称为累积稳定常数，β_n 称为总稳定常数，在配位滴定中，使用累积稳定常数计算比较方便，后面要用到。不同配合物的各级累积稳定常数可在书后附表中查到。

表 6-2　常见金属 MY 的稳定常数（$I=0.1mol \cdot L^{-1}$，20℃）

阳离子	$\lg K_{稳}$	阳离子	$\lg K_{稳}$	阳离子	$\lg K_{稳}$
Na^{+}	1.66	Ce^{3+}	15.98	Cu^{2+}	18.80
Li^{+}	2.79	Al^{3+}	16.3	Hg^{2+}	21.8
Ba^{2+}	7.86	Co^{2+}	16.31	Th^{4+}	23.2
Sr^{2+}	8.73	Cd^{2+}	16.46	Cr^{3+}	23.4
Mg^{2+}	8.69	Zn^{2+}	16.50	Fe^{3+}	25.1
Ca^{2+}	10.69	Pb^{2+}	18.04	U^{4+}	25.80
Mn^{2+}	13.87	Y^{3+}	18.09	Bi^{3+}	27.94
Fe^{2+}	14.32	Ni^{2+}	18.62		

二、副反应系数

用 EDTA 滴定金属离子生成配合物的反应是主反应。在实际测定过程中，常常要加入缓冲溶液来控制溶液的酸度，加入某种掩蔽剂来掩蔽干扰离子，这就不可避免要发生一些副反应，如下所示：

M + Y ⇌ MY　　主反应

M: OH → M(OH) … M(OH)$_n$（水解效应）；L → ML … ML$_n$（配位效应）

Y: H → HY … H$_6$Y（酸效应）；N → NY（干扰离子副反应）

MY: H → MHY；OH → M(OH)Y（混合配位效应）

副反应

其中，N 为干扰离子；L 为辅助配位体，如 NH_4Cl-NH_3 缓冲溶液中的 NH_3 可以与 M 离子发生配位反应。M、Y 的副反应不利于主反应的进行，MY 的副反应有利于主反应的进行。一般情况下，对于 M 的副反应，配位效应是主要的；对于 Y 的副反应，酸效应是主要的；对于 MY 的混合配位效应，往往可以忽略，但仍讨论，以作比较。如何定量描述副反应对主反应的影响程度呢？这就引出了副反应系数的概念，下面分别加以讨论。

1. EDTA 的酸效应与酸效应系数

从上面反应式中可看出，由于 H^+ 与 Y 反应生成较稳定的 H_nY（$n=1\sim6$），使 Y 参与主反应能力降低，这种现象称为酸效应，可用酸效应系数表示：

$$\alpha_{Y(H)}=\frac{[Y']}{[Y]} \tag{6-3}$$

$\alpha_{Y(H)}$ 表示在一定 pH 下未与金属离子配位的 EDTA 各种形式总浓度是游离的 Y 浓度的多少倍。[Y] 是指游离 Y 的平衡浓度；[Y′] 表示未与 M 配位的所有 EDTA 的总浓度，如下式：

$$[Y']=[Y]+[HY]+\cdots+[H_6Y] \tag{6-4}$$

$\alpha_{Y(H)}$ 的意义：数值越大，游离 [Y] 越小，副反应越严重；数值越小，游离的 [Y] 越大，副反应不严重。当数值为 1 时，[Y]=[Y′]，表明 H^+ 没有与 Y 反应，EDTA 全部以 Y 形式存在，此时没有副反应。$\alpha_{Y(H)}$ 的具体计算可由下式给出：

$$\alpha_{Y(H)}=1+\frac{[H^+]}{K_{a6}}+\frac{[H^+]^2}{K_{a6}K_{a5}}+\cdots+\frac{[H^+]^6}{K_{a6}K_{a5}\cdots K_{a1}} \tag{6-5}$$

例 1　计算 pH=5.0 时氰化物的酸效应系数。

解：已知 $[H^+]=10^{-5}\,mol\cdot L^{-1}$，查表 HCN 的 $K_a=6.2\times10^{-10}$

$$\alpha_{CN(H)}=1+\frac{[H^+]}{K_a}=1+\frac{10^{-5}}{6.2\times10^{-10}}=1.6\times10^4$$

例 2　计算 pH=5.0 时 EDTA 的酸效应系数 $\alpha_{Y(H)}$。

解：已知 EDTA 的各级离解常数 $K_{a6}\sim K_{a1}$ 分别为 $10^{-10.26}$、$10^{-6.16}$、$10^{-2.67}$、$10^{-2.0}$、$10^{-1.6}$、$10^{-0.9}$，$[H^+]=10^{-5}\,mol\cdot L^{-1}$

$$\alpha_{Y(H)}=1+\frac{10^{-5.0}}{10^{-10.26}}+\frac{10^{-10}}{10^{-16.42}}+\frac{10^{-15.0}}{10^{-19.09}}+\frac{10^{-20.0}}{10^{-21.09}}+\frac{10^{-25.0}}{10^{-22.69}}+\frac{10^{-30.0}}{10^{-23.59}}\approx10^{6.45}$$

$\lg\alpha_{Y(H)}=6.45$

由上面计算可知，酸效应系数 $\alpha_{Y(H)}$ 的大小取决于 K_a 及 pH，在已知体系中完全由 pH 确定。在研究配位平衡时，它是一个很重要的数值，由于它变化范围大，故用 $\lg\alpha_{Y(H)}$ 表示，为应用方便，将不同 pH 对应的 $\lg\alpha_{Y(H)}$ 计算出来，见表 6-3。可以看出，酸度越高，酸效应越严重，多数情况下，$\lg\alpha_{Y(H)}>1$，也就是有酸效应存在，只有在强碱性介质中（pH>12），$\lg\alpha_{Y(H)}=0.01$，此时，EDTA 以 Y 形式存在，配位能力最强，没有酸效应。

表 6-3　不同 pH 的 $\lg\alpha_{Y(H)}$

pH	$\lg\alpha_{Y(H)}$	pH	$\lg\alpha_{Y(H)}$	pH	$\lg\alpha_{Y(H)}$
0	23.64	3.4	9.70	6.8	3.55
0.4	21.32	3.8	8.85	7.0	3.32
0.8	19.08	4.0	8.44	7.5	2.78
1.0	18.01	4.4	7.64	8.0	2.27
1.4	16.02	4.8	6.84	8.5	1.77
1.8	14.27	5.0	6.45	9.0	1.28
2.0	13.51	5.4	5.69	9.5	0.83
2.4	12.19	5.8	4.98	10.0	0.45
2.8	11.09	6.0	4.65	11.0	0.07
3.0	10.60	6.4	4.06	12.0	0.01

2. 金属离子的配位效应及配位效应系数

金属离子与辅助配位剂 L 发生配位反应，使 M 的浓度降低，导致参与主反应能力降低的现象称为配位效应，用 $\alpha_{M(L)}$ 表示配位效应系数。其定义为：

$$\alpha_{M(L)}=\frac{[M']}{[M]} \tag{6-6}$$

$$[M']=[M]+[ML]+[ML_2]+\cdots+[ML_n] \tag{6-7}$$

式中，M′表示未与 EDTA 配位的金属离子的总浓度；[M] 表示游离的金属离子平衡浓度。$\alpha_{M(L)}$ 的物理意义：未参与主反应的金属离子各型体的总浓度是游离金属离子浓度的多少倍。数值越大，表明金属离子被辅助配位剂 L 配位的越完全，副反应越严重，当数值为 1 时，表明 M 没有副反应。$\alpha_{M(L)}$ 的具体计算可由下式给出：

$$\alpha_{M(L)}=1+\beta_1[L]+\beta_2[L]^2+\cdots+\beta_n[L]^n \tag{6-8}$$

由上式知，辅助配位体 L 的浓度越大，$\alpha_{M(L)}$ 也越大，金属离子的配位效应越严重，不利于主反应的进行。

例 3 在 0.10mol·L^{-1}的 $[AlF_6]^{3-}$ 溶液中，含有游离 F^- 0.010mol·L^{-1}，求溶液中 Al^{3+} 的浓度。

解：由式(6-6)，$\alpha_{M(L)}=\frac{[M']}{[M]}$，$[M']=0.10$mol·L^{-1}，只需先求出 $\alpha_{M(L)}$ 即可。

查累积稳定常数 β_1，…，β_6 分别为 1.4×10^6、1.4×10^{11}、1.0×10^{15}、5.6×10^{17}、2.3×10^{19}、6.9×10^{19}

$$\begin{aligned}\alpha_{M(L)}&=1+1.4\times10^6\times0.01+1.4\times10^{11}\times0.01^2+1.0\times10^{15}\times0.01^3+5.6\times10^{17}\times\\&\quad 0.01^4+2.3\times10^{19}\times0.01^5+6.9\times10^{19}\times0.01^6\\&=9.0\times10^9\end{aligned}$$

$$[Al^{3+}]=\frac{0.10}{9.0\times10^9}=1.1\times10^{-11}(\text{mol}\cdot\text{L}^{-1})$$

3. 混合配位效应与混合配位效应系数

对于 MY 可发生如下副反应：

$$MY+H \rightleftharpoons MHY$$

$$MY+OH \rightleftharpoons M(OH)Y$$

混合配位系数用 α_{MY} 表示，与前面处理方法类似，其定义为：

$$\alpha_{MY}=\frac{[MY']}{[MY]} \tag{6-9}$$

α_{MY} 的物理意义：数值越大，副反应越严重，越有利于主反应的进行。由于生成物不稳定，$\alpha_{MY}\approx1$，混合配位效应可忽略不计。

三、条件稳定常数

通过前面的讨论，知道配位滴定法的主反应为：$M+Y \rightleftharpoons MY$，稳定常数为 K_{MY}，当有副反应存在时，该主反应的稳定常数不变，仍为 K_{MY}，具体数值可从相关文献中查得。根据上面讨论的副反应系数，进一步推导平衡常数公式，借以引出一个新的概念。

由式(6-3)、式(6-6)、式(6-9) 得，$[Y]=\frac{[Y']}{\alpha_{Y(H)}}$、$[M]=\frac{[M']}{\alpha_{M(L)}}$、$[MY]=\frac{[MY']}{\alpha_{MY}}$，代入下式：

$$K_{MY}=\frac{[MY]}{[M][Y]}=\frac{[MY']}{[M'][Y']}\times\frac{\alpha_{M(L)}\alpha_{Y(H)}}{\alpha_{MY}} \tag{6-10}$$

令

$$K'_{MY}=\frac{[MY']}{[M'][Y']} \tag{6-11}$$

K'_{MY}称为条件稳定常数。整理式(6-10)，得：

$$K'_{MY}=K_{MY}\frac{\alpha_{MY}}{\alpha_{M(L)}\alpha_{Y(H)}} \tag{6-12}$$

对上式取对数，得 $\lg K'_{MY}=\lg K_{MY}+\lg\alpha_{MY}-\lg\alpha_{M(L)}-\lg\alpha_{Y(H)}$。

若溶液中只有酸效应，则上式可简化为：

$$\lg K'_{MY}=\lg K_{MY}-\lg\alpha_{Y(H)} \tag{6-13}$$

从以上的推导过程中引出了一个新概念 K'_{MY}，也称作条件稳定常数，它是个重要概念，应用它可以判断金属离子滴定的可行性并可进行滴定终点金属离子浓度的计算等，这将在后面讨论。为了准确理解、把握这个概念，特作以下说明。

① 无论滴定的主反应有无副反应，该主反应的化学平衡常数都是 K_{MY}，其值的大小就表示了主反应进行的程度。K'_{MY}只是为了简化、方便解决问题而提出的概念，它的严格的数学定义式就是式(6-12)，它是各个副反应系数对稳定常数影响的综合反映。从式(6-12)式可明显地看出，浓度（如酸度）变化，K'_{MY}将随之改变，所以 K'_{MY}不是化学平衡常数，将其称为 XXXX 常数并不合适，容易混淆平衡常数的概念，由于历史和习惯上的原因，本书仍称其为条件稳定常数，但不能与稳定常数 K_{MY}混淆。

② 从式(6-12) 可看出，$K'_{MY}\leqslant K_{MY}$，当无副反应，即副反应系数等于 1 时，$K'_{MY}=K_{MY}$，以 K_{MY}为基准，条件稳定常数的大小反映了副反应影响主反应严重的程度，其值越小，副反应影响越严重；其值越大，副反应影响越小，当与 K_{MY}相等时，就不存在副反应，也即是副反应的影响程度为零。它表示了主反应按计量关系完全反应程度的标度。假定配位滴定中存在有酸效应，条件稳定常数要小于稳定常数，此时消耗的 EDTA 并不是全部用来滴定（1∶1）金属离子完全反应，有一部分被酸消耗，这当然给滴定分析带来了误差，若 K'_{MY}很小，酸效应特别严重，滴定分析甚至无法进行。

例 4　计算 pH＝3.0 和 pH＝8 时 CaY 的 K'_{MY}，仅考虑酸效应的影响。

解： ① pH＝3.0 时，查表得，$\lg\alpha_{Y(H)}=10.60$，$\lg K_{CaY}=10.69$

$$\lg K'=10.69-10.60=0.09\quad K'=1.23$$

② pH＝8.0 时，查表得，$\lg\alpha_{Y(H)}=2.27$，$\lg K_{CaY}=10.69$

$$\lg K'=10.69-2.27=8.42\quad K'=2.6\times10^{8}$$

计算结果表明，pH＝8.0 时 CaY 比较稳定，而 pH＝3.0 时，酸效应太严重，以至于滴定反应无法定量进行。因此，在配位滴定中，酸度的控制尤其重要。

阅读材料　我国配位化学的开拓者和奠基人——戴安邦先生

戴安邦先生（1901—1999 年），是我国著名的无机化学家、化学教育家、配位化学的开拓者和奠基人。他一生长达 70 多年的时间为我国培养无数高质量科教人才，在教学上提出“启发式八则”和“全面教育理论”，影响深远。他在国内开拓配位化学研究领域，建立配位化学研究所和配位化学国家重点实验室，大力促进国内外学术交流，培养了众多学术人才，使我国配位化学和无机化学在国际上占有重要地位。他提倡“基础理论应为科学发展服务，为应用研究储备资料和积累力量”。“解决实际问题推动科学发展”是他的科研思想。“崇实，贵确，求真，创新和存疑”是一个科学工作者应具有的高尚品德。他身体力行，不辞劳苦，从实际中找课题，在科研和教书育人方面贡献了一生。他的品德高尚，为后人作出了榜样。

［摘自罗勤慧．我国配位化学的开拓者和奠基人——戴安邦先生．化学进展，2011，23（12）：2405-2410］

第四节 配位滴定法原理

一、配位滴定曲线

在酸碱滴定中，随着滴定剂的加入，溶液中 H^+ 的浓度不断变化，当达到计量终点时，溶液的 pH 值发生突变，指示终点的指示剂的颜色也发生明显的变化，从而确定滴定的终点。配位滴定的情况与此类似，随着 EDTA 的加入，金属离子 M 不断被配合，其浓度不断减小，当达到滴定终点时，pM($-\lg[M]$) 值发生突变，用适当的指示剂指示终点即可。

为正确理解掌握配位滴定的条件与影响因素，有必要详述配位滴定曲线的绘制。下面通过具体的例子加以说明。

例 5 在 pH=12.0 时，用 $0.0100 mol \cdot L^{-1}$ EDTA 滴定 20.00mL $0.0100 mol \cdot L^{-1}$ Ca^{2+} 溶液，计算终点及终点前后（突跃）的 pCa 值。只考虑酸效应的影响。

解： 首先计算条件稳定常数 K'，由式(6-13)，

$$\lg K'_{CaY}=\lg K_{CaY}-\lg\alpha_{Y(H)}=10.69-0.01=10.68$$

$$K'_{CaY}=4.8\times10^{10}$$

① 终点时 pCa 的计算 当达到计量终点时，$[Ca]=[Ca']=[Y']$，$[CaY]=[CaY']$，此时的 CaY 可认为是 Ca 与 Y 按计量关系完全反应而得，由于副反应影响小，可以不考虑 CaY 的离解。

$$[CaY]=\frac{20.00\times0.0100}{20.00+20.00}=\frac{1}{2}\times0.01=0.00500(mol\cdot L^{-1})$$

$$K'_{CaY}=\frac{[CaY']}{[Ca'][Y']}=\frac{[CaY]}{[Ca]^2},[Ca]=\sqrt{\frac{[CaY]}{K'_{CaY}}}=\sqrt{\frac{0.00500}{4.8\times10^{10}}}=3.2\times10^{-7}(mol\cdot L^{-1})$$

pCa=6.50

② 终点前后 pCa 的计算 计量点前，当加入 19.98mL EDTA 时，

$$溶液中游离的[Ca]=\frac{20.00-19.98}{20.00+19.98}\times0.0100=5.0\times10^{-6}(mol\cdot L^{-1}),pCa=5.30$$

计量点后，当加入 20.02mL EDTA 时，

$$[Y']=\frac{20.02-20.00}{20.02+20.00}\times0.0100=5.0\times10^{-6}(mol\cdot L^{-1})$$

$$[CaY]=\frac{1}{2}\times0.01=0.00500(mol\cdot L^{-1})$$

由 $K'_{CaY}=\frac{[CaY']}{[Ca'][Y']}$，得 $[Ca]=\frac{[CaY]}{K'_{CaY}[Y']}$，代入数据，得

$$[Ca]=2.1\times10^{-8}(mol\cdot L^{-1})\ pCa=7.68$$

滴定突跃从 5.30～7.68。通过以上的方法，以滴定分数为横坐标、以 pM 为纵坐标就可以绘制配位滴定曲线。参看图 6-3、图 6-4。

由图 6-3、图 6-4 可以看出，配位滴定与酸碱滴定类似，计量点附近，有一个突跃，突跃越大，滴定的准确度越高。哪些因素影响滴定突跃的大小呢？有两个因素：(1) 配合物的条件稳定常数 K'_{MY}，当金属离子的浓度一定时，K'_{MY} 越大，突跃越大，见图 6-3；(2) 金属离子浓度，当 K'_{MY} 一定时，金属离子的浓度越大，突跃越大。

二、准确滴定金属离子的判别

根据前面的讨论，影响突跃有两个因素：K'_{MY} 和金属离子的浓度。按滴定分析的一般要求，滴定所允许的相对误差不能大于 0.1%，通过相关方法，可以推导出下式：

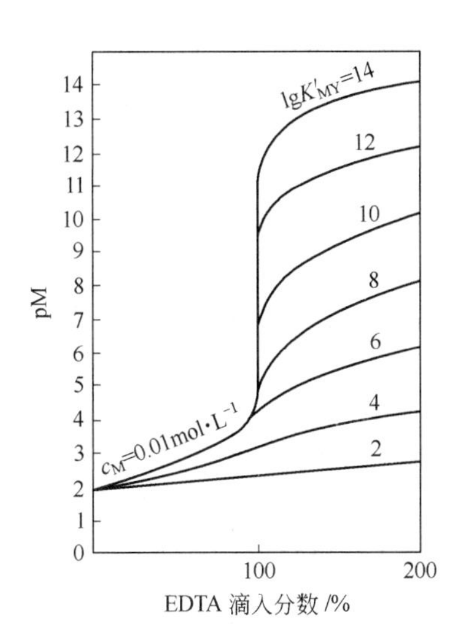

图 6-3　不同 $\lg K'_{MY}$时的滴定曲线

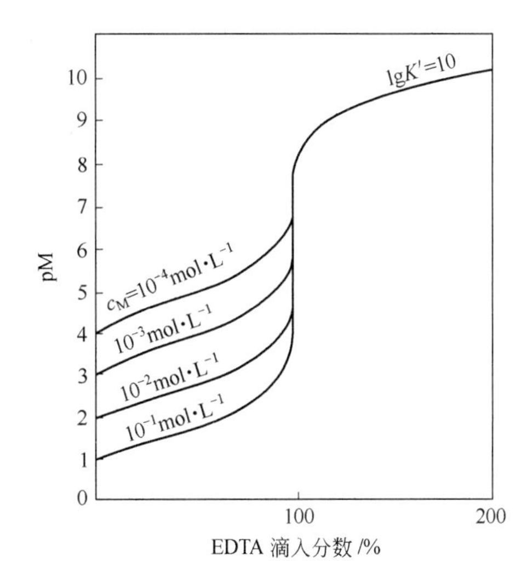

图 6-4　不同［M］的滴定曲线

$$cK'_{MY}\geqslant 10^6$$

$$\lg cK'_{MY}\geqslant 6 \tag{6-14}$$

上式即为能准确滴定金属离子的判别式（误差小于 0.1%），c 为终点时金属离子的浓度，对于等浓度滴定，c 为金属离子初始浓度的一半$\left(c=\frac{1}{2}c_0\right)$。

例 6　pH＝4.00 时，用 2×10^{-3} mol·L^{-1} EDTA 滴定同样浓度的 Zn^{2+} 溶液，能否准确滴定？

解： 已知 $\lg K_{ZnY}=16.50$，$\lg\alpha_{Y(H)}=8.44$，$\lg K'=16.50-8.44=8.06$，

$$c=\frac{2\times10^{-3}}{2}=1\times10^{-3}(\text{mol}\cdot\text{L}^{-1})$$

$\lg cK'_{MY}=8.06-3=5.06<6$，故不能准确滴定。

三、酸效应曲线

由上面的讨论，准确滴定金属离子判别式：$\lg cK'_{MY}\geqslant 6$，令 $c=0.01$mol·L^{-1}，可得 $\lg K'_{MY}\geqslant 8$，只考虑酸效应情况下：

$$\lg K_{MY}-\lg\alpha_{Y(H)}\geqslant 8$$

$$\lg\alpha_{Y(H)}\leqslant \lg K_{MY}-8 \tag{6-15}$$

利用上式可以求得滴定某个金属离子所允许的最高酸度（最低 pH 值）。如滴定 Ca^{2+}，假定其浓度为 0.01mol·L^{-1}，$\lg\alpha_{Y(H)}\leqslant 10.69-8$，$\lg\alpha_{Y(H)}\leqslant 2.69$，查表知，pH≈7.5，即要准确滴定 Ca^{2+}需使溶液的 pH≥7.5。对于不同的金属离子，可以求得滴定允许的最小 pH 值，当然允许的终点误差为 0.1%，将各种金属离子允许的最小 pH 值连成曲线，即为酸效应曲线。如图 6-5 所示。

那么是不是 pH 越大越好呢？当然不是，pH 大到一定程度，金属离子会发生水解，也称作羟基配合效应。必须指出，酸效应曲线只考虑了酸度的影响，$c=0.01$mol·L^{-1}，实际分析时，可作为参考，具体的 pH 应由实验确定。

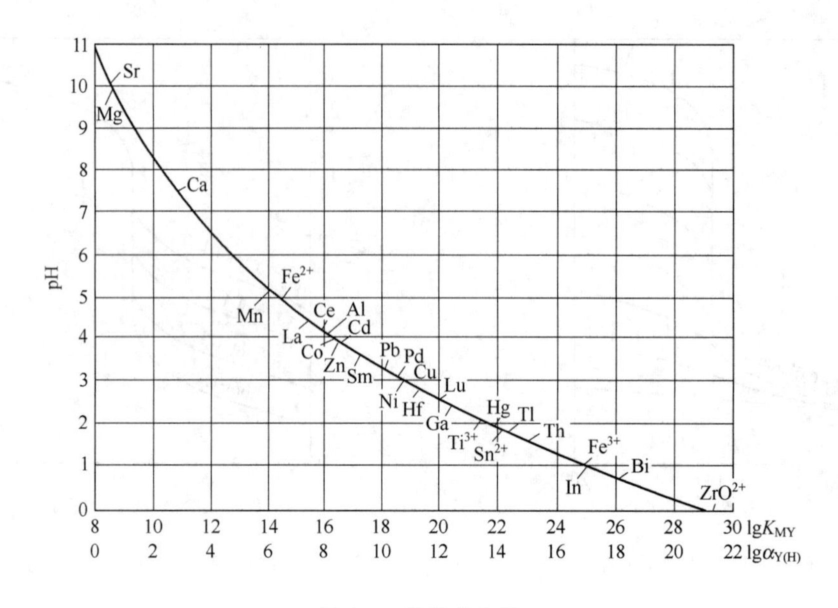

图 6-5 酸效应曲线

阅读材料 21 世纪的配位化学处于现代化学的中心地位

自从 Werner 在 1893 年提出配位理论以来，配位化学的发展已有 108 年的历史。到了 21 世纪，配位化学已远远超出无机化学的范围，正在形成一个新的二级化学学科，并且处于现代化学的中心地位，理由如下。

1. 配位化学与所有二级化学学科以及生命科学、材料科学、环境科学等一级科学都有紧密的联系和交叉渗透。

① 与理论化学的交叉产生"理论配位化学"——配位场理论、配合物的分子轨道理论、配合物的分子力学、从头计算等。

② 与物理化学的交叉产生"物理配位化学"，包括"结构配位化学"、"配合物的热力学和动力学"。

③ 在均相和固体表面的配位作用是催化科学的基础。

④ 配合物在分析化学、分离化学和环境科学中有广泛的应用。

⑤ 配位化学是无机化学和有机化学的桥梁。它们间的交叉产生"金属有机化学"、"簇合物化学"、"超分子化学"等。

⑥ 配位化学与高分子化学交叉产生"配位高分子化学"。配合物是无机-有机杂化和复合材料的黏结剂。

⑦ 配位化学与生物化学交叉产生"生物无机化学"，进一步将发展成"生命配位化学（life coordination chemistry）"，包括"给体-受体化学"，"配位药物化学"，再与理论化学及计算化学交叉产生"药物设计学"等。

⑧ 配位化学与材料化学交叉产生"功能配位化学"。

⑨ 配位化学与纳米科学技术交叉产生"纳米配位化学"。

⑩ 配位化学在工业化学中有广泛应用，如鞣革、石油化工和精细化工中用的催化剂等。

2. 如果把21世纪的化学比作一个人，那么物理化学、理论化学和计算化学是脑袋，分析化学是耳目，配位化学是心腹，无机化学是左手，有机化学和高分子化学是右手，材料科学（包括光、电、磁功能材料，结构材料，催化剂及能转化材料等）是左腿，生命科学是右腿，通过这两条腿使化学学科坚实地站在国家目标的地坪上。

（摘自徐光宪院士在2001年全国第四届配位化学会议上作的大会报告提纲）

第五节　金属离子指示剂

在配位滴定中，通常利用一种能与金属离子生成有色配合物的显色剂来指示滴定过程中金属离子浓度的变化，这种显色剂称为金属离子指示剂，简称金属指示剂。它能与金属离子形成与其本身有显著不同颜色的配合物，从而指示滴定终点。

一、金属指示剂的变色原理

金属指示剂也是一种配位剂，它们一般均为有机弱酸。如果将少量的指示剂加入待测金属离子溶液时，一部分金属离子 M 便与指示剂 In 反应形成配合物：

$$\underset{}{M} + \underset{\substack{(\text{指示剂})\\(\text{颜色 A})}}{In} \rightleftharpoons \underset{\substack{(\text{配合物})\\(\text{颜色 B})}}{MIn}$$

此时溶液的颜色就是指示剂配合物 MIn 的颜色。

滴定过程中 $M+Y \rightleftharpoons MY$，此时溶液呈现颜色 B(MIn)。

化学计量点时，M 与 EDTA 全部配位，微过量的 EDTA 则夺取 MIn 中的金属离子，使指示剂游离出来，呈现其本身的颜色 A，A 与 B 有明显的区别，从而可确定终点的到达。终点时的反应如下：

$$\underset{(\text{颜色 B})}{MIn}+Y \rightleftharpoons MY+\underset{(\text{颜色 A})}{In}$$

现在以 EDTA 滴定 Mg^{2+} 用铬黑 T 作指示剂为例，来说明金属指示剂变色原理。

指示剂铬黑 T(BT) 本身在 pH＝7～11 的溶液中显蓝色，与 Mg^{2+} 反应生成酒红色的配合物：

$$Mg^{2+}+\underset{(\text{蓝色})}{BT} \rightleftharpoons \underset{(\text{酒红色})}{Mg\text{-}BT}$$

滴定开始时，EDTA 首先与游离的 Mg^{2+} 配位生成无色的配合物，这时溶液仍显 Mg-BT 的颜色（酒红色）。直到接近终点时，游离的 Mg^{2+} 几乎全部被 EDTA 配合以后，再加入 EDTA 时，由于 Mg-BT 不如 MgY 稳定，因此，EDTA 便夺取 Mg-BT 中的 Mg^{2+} 而使铬黑 T 游离出来：

$$\underset{(\text{酒红色})}{Mg\text{-}BT+Y} \rightleftharpoons \underset{(\text{无色})}{MgY} + \underset{(\text{蓝色})}{BT}$$

所以当溶液由酒红色突变为蓝色时，即为滴定终点，这种颜色改变反差很大，非常明显，极易判断。

二、金属指示剂应具备的条件

从指示剂的变色原理可以看出，适于滴定的金属指示剂应有下列条件。

① 指示剂本身 In 的颜色与指示剂配合物 MIn 的颜色应有明显的区别。

② 指示剂配合物 MIn 应有适当的稳定性，即 MIn 足够地稳定，但又要比 MY 的稳定性

小。若MIn稳定性太低，就会提前出现终点，且变色不敏锐；如果稳定性太高，就会使终点拖后，若稳定性高于MY的稳定性，则EDTA不能夺出MIn中的金属离子，显色反应失去可逆性，得不到滴定终点。此外，显色配合物应易溶于水，若生成胶体溶液或沉淀，则会影响颜色反应的可逆性，使变色不明显。

③ 指示剂应具有一定的选择性，即在一定条件下，只对某种金属离子发生显色反应。

常用的指示剂见表6-4。

表6-4 常用的金属指示剂

指示剂	适用的pH	颜色变化		直接滴定的离子	配制	注意事项
		In	MIn			
铬黑T，简称(E)BT	8～10	蓝	红	pH＝10，Mg^{2+}、Zn^{2+}、Cd^{2+}、Pb^{2+}、Mn^{2+}及稀土元素离子	1∶100 NaCl(s)	Fe^{3+}、Al^{3+}、Cu^{2+}、Ni^{2+}等离子封闭EBT
酸性铬蓝K	8～13	蓝	红	pH＝10，Mg^{2+}、Zn^{2+}	1∶100 NaCl(s)	
二甲酚橙，简称XO	＜6	亮黄	红	pH＜1，ZrO^{2+}；pH＝1～3.5，Bi^{3+}；pH＝5～6，Zn^{2+}、Pb^{2+}、Cd^{2+}、Hg^{2+}、Tl^{3+}及稀土元素离子	0.5％水溶液（5g·L^{-1}）	Fe^{3+}、Al^{3+}、Ni^{2+}等离子封闭XO
磺基水杨酸，简称SSAL	1.5～2.5	无色	紫红	pH＝1.5～2.5，Fe^{3+}	5％水溶液	SSAL本身无色，FeY黄色
钙指示剂，简称NN	12～13	蓝	红	pH＝12～13，Ca^{2+}	1∶100 NaCl(s)	Fe^{3+}、Al^{3+}、Ni^{2+}、Cu^{2+}离子封闭
PAN	2～12	黄	紫红	pH＝2～3，Th^{4+}、Bi^{3+}；pH＝4～5，Cu^{2+}、Ni^{2+}、Pb^{2+}、Cd^{2+}等离子	0.1％乙醇溶液	MIn溶解度小，为防止僵化，需加热

三、使用指示剂应注意的问题

1. 指示剂的封闭现象

某指示剂能与某些金属离子生成极稳定的配合物，这些配合物较对应的MY配合物更稳定，以致到达化学计量点时滴入过量EDTA，指示剂也不能释放出来，溶液颜色不变化，这种现象称作指示剂的封闭现象。例如，用铬黑T作指示剂，在pH＝10的条件下，用EDTA滴定Ca^{2+}、Mg^{2+}时，Fe^{3+}、Al^{3+}、Ni^{2+}对铬黑T有封闭作用，这时，可加入少量三乙醇胺（掩蔽Fe^{3+}、Al^{3+}）和KCN（掩蔽Ni^{2+}）以消除干扰。有时封闭现象是由于MIn的颜色变化可逆性差所造成的，有色配合物MIn不能很快被EDTA破坏，尽管MY比MIn稳定。如Al^{3+}对二甲酚橙有封闭作用，可先加入过量的EDTA，然后用Zn^{2+}标准溶液返滴定即可。

2. 指示剂的僵化现象

有些指示剂和金属离子的配合物在水中的溶解度小，使EDTA与指示剂金属离子配合物MIn的置换缓慢，使终点拖长，终点的颜色变化不明显，这种现象称为指示剂僵化。这时，可加入适当的有机溶剂或加热，以增大其溶解度。例如，用PAN作指示剂时，可加入少量的甲醇或乙醇，也可将溶液适当加热以加快置换速度，使指示剂的变色敏锐一些。

3. 指示剂的氧化变质现象

金属指示剂大多数是具有许多双键的有色化合物，易被日光、氧化剂、空气所分解；有些指示剂在水溶液中不稳定，日久会变质。如铬黑T、钙指示剂的水溶液均易氧化变质，所以常配成固体混合物或加入具有还原性的物质来配成溶液，如加入盐酸羟胺等还原剂。一般使用指示剂都是现场配用，够用即可，若配制过多，由于保存的原因，易造成浪费。

阅读材料　配位滴定法连续测定铜和锌的新指示剂

1-(2-吡啶偶氮)-2-萘酚(PAN) 是常用络合滴定铜和锌的指示剂和光度显色剂，由于其非水溶性较差，因此作为络合滴定的指示剂需加入有机溶剂改善反应条件，作为显色剂则多用萃取或加入表面活性剂增溶。考虑到PAN的缺陷，通过实验证明，完全可用一种新的指示剂代替PAN，新的指示剂为：3,5-diCl-PADMAB，在pH为5.0的乙酸-乙酸钠介质中，可连续测定铜和锌。先用抗坏血酸和硫脲联合掩蔽铜，EDTA滴定锌，然后用过氧化氢解蔽铜，再用EDTA滴定铜，终点颜色变化：锌由紫红色变为亮黄色，铜由紫蓝色变为黄绿色，变化明显，方法简便，准确度高。用于合金样品中铜和锌的测定。具体方法如下。

移取不同比例（1∶10）～(10∶1）的铜、锌标准溶液于250mL锥形瓶中，加入$10g\cdot L^{-1}$抗坏血酸溶液1mL、$100g\cdot L^{-1}$硫脲溶液5mL、$1g\cdot L^{-1}$对硝基酚溶液2滴，用氨水中和至黄色，再用稀硝酸调至黄色恰好褪去；加入pH为5.0的乙酸-乙酸钠缓冲溶液10mL，用水稀至30mL，加入3,5-diCl-PADMAB指示剂5滴，用EDTA标准溶液滴定至亮黄色即为锌量，然后，加入过氧化氢2～3mL解蔽铜，摇匀后，用EDTA标准溶液滴定至黄绿色即为铜量。

［摘自张利，刘洁，朱化雨．配位滴定法连续测定铜和锌的新指示剂．理化检验——化学分册，2006，42（11）：931-932］

第六节　配位滴定选择性与滴定方式及应用

一、提高配位滴定选择性

前面讨论的是滴定单一金属离子（M），但实际情况比较复杂，由于EDTA能和大多数金属离子形成稳定的配合物，而溶液中往往同时存在多种金属离子，这样，在滴定时常常互相干扰。如何提高配位滴定的选择性是配位滴定要解决的重要问题。提高配位滴定的选择性就是要采用多种方法消除共存金属离子（N）的干扰，以有利于对金属离子M（待测）进行准确滴定。为了减少或消除共存离子的干扰，在实际滴定中，常用下列几种方法。

（一）控制酸度

前面已经讨论过，对于单一金属离子M，能够准确滴定的判别式为：$\lg cK'_{MY}\geqslant 6$，此时滴定误差≤0.1%。

如果溶液中同时存在M、N两种或两种以上金属离子，N为干扰离子，这时情况就比较复杂，干扰的情况与二者的K'值和浓度有关。待测离子的浓度c_M越大，干扰离子浓度c_N越小；待测离子K'_{MY}越大，干扰离子K'_{NY}越小，则滴定M时，N的干扰就越小。一般情况下，若满足下式：

$$\lg c_M K'_{MY}-\lg c_N K'_{NY}\geqslant 5 \tag{6-16}$$

或

$$\Delta\lg cK'\geqslant 5$$

就可以准确滴定M，而N不干扰，此时滴定M的误差≤0.3%，符合分析工作的要求。要准确滴定M，要求$\lg cK'_{MY}\geqslant 6$，今设$\lg cK'_{MY}=6$，代入式(6-16)，则：

$$\lg c_{N}K'_{NY}\leqslant 1 \tag{6-17}$$

在这种特定条件下，若满足上式，则 N 将不干扰 M 的滴定。

在配位滴定中，常利用酸效应控制溶液的 pH 值，使 $\lg cK'_{MY}\geqslant 6$，且 $\lg c_{N}K'_{NY}\leqslant 1$，这时即可准确滴定 M 而不受 N 的干扰。具体选择合适的 pH 值时，还需考虑金属离子的水解问题。下面看一个具体的例子。

例 7 某溶液中含有 Bi^{3+}、Pb^{2+}，浓度均为 $0.02mol\cdot L^{-1}$，要准确滴定 Bi^{3+}，pH 应如何控制？

解： 查表知，$\lg K_{BiY}=27.94$，$\lg K_{PbY}=18.04$，$\Delta\lg cK>5$，预计可以选择滴定 Bi^{3+}。

已知金属离子浓度为$\frac{0.02}{2}=0.01(mol\cdot L^{-1})$，要准确滴定 Bi^{3+} 所允许的最高酸度可从酸效应曲线上查得（图 6-5），pH≈0.7，即滴定 Bi^{3+} 时要求 pH>0.7。

要使 Pb^{2+} 不干扰，必须满足式(6-17)

$$\lg c_{N}K'_{NY}\leqslant 1 \quad c_{Pb}=0.01mol\cdot L^{-1}\text{代入得 }\lg K'_{NY}\leqslant 3$$

即 $\lg K_{PbY}-\lg\alpha_{Y(H)}\leqslant 3$，$\lg\alpha_{Y(H)}\geqslant 15.04$，查表 6-3，pH≤1.6

此时，要考虑 Bi^{3+} 的水解。pH≈2 时，Bi^{3+} 水解。

所以合适的 pH 范围为 0.7～1.6，实际工作中，选择 pH≈1。如果 pH 小于 0.7，Bi^{3+} 就不能准确滴定，如果 pH 大于 1.6，Pb^{2+} 就开始干扰。

必须指出，虽然控制酸度是消除干扰最简便、有效的方法，但它是有条件的。当两种离子浓度很接近，同时稳定常数也接近时，就不能使用此方法，可采取其他办法，如预分离(参看本书第十一章)、掩蔽等方法，也可选用其他滴定剂。

（二）利用掩蔽和解蔽

利用掩蔽剂来降低干扰离子的浓度，使它们不与 EDTA 结合，或使它们与 EDTA 的配合物的条件稳定常数减至很小，从而消除干扰。常用的掩蔽方法有配位掩蔽法、沉淀掩蔽法、氧化还原掩蔽法等几种。

1. 配位掩蔽法

利用配位反应降低干扰离子浓度以消除干扰的方法称为配位掩蔽法。这是滴定分析中应用最广泛的一种方法。例如，用 EDTA 测定水中的 Ca^{2+}、Mg^{2+} 时，Fe^{3+}、Al^{3+} 的存在对测定有干扰，此时可加入掩蔽剂三乙醇胺，它能与 Fe^{3+}、Al^{3+} 形成稳定的配合物，而不与 Ca^{2+}、Mg^{2+} 作用。再如，用 EDTA 滴定溶液中的 Zn^{2+} 时，Ag^{+} 有干扰，可加入 NH_3-NH_4Cl缓冲溶液，一方面控制了溶液的酸度，另一方面缓冲溶液中的 NH_3 也起到了掩蔽作用，此时可准确滴定 Zn^{2+} 而 Ag^{+} 不干扰。

常用的掩蔽剂有以下几种。

KCN：剧毒，必须在碱性溶液中使用。可掩蔽的离子 Co^{2+}、Ni^{2+}、Zn^{2+}、Ag^{+}、Cu^{2+} 等。

NH_4F：可掩蔽的离子 Al^{3+}、Ca^{2+}、Mg^{2+}、Ti^{4+} 等。

三乙醇胺：可掩蔽的离子 Fe^{3+}、Al^{3+} 等。

酒石酸：可掩蔽的离子 Fe^{3+}、Al^{3+}、Ca^{2+}、Mg^{2+}、Cu^{2+}、Sn^{4+}、Mo^{4+}、Sb^{3+} 等。

更详细的使用内容可参考相关文献资料。究竟选择哪些掩蔽剂是一个实践性很强的问题，最终需要通过实验确定。

2. 沉淀掩蔽法

利用沉淀反应降低干扰离子的浓度以消除干扰的方法称为沉淀掩蔽法。如在 Ca^{2+}、Mg^{2+} 共存的溶液中，加入 NaOH 使溶液的 pH>12，形成 $Mg(OH)_2$ 沉淀，而不干扰 Ca^{2+} 的测定。沉淀掩蔽法不是理想的掩蔽方法，如生成沉淀时，存在有共沉淀现象，影响滴定的准确度，而对指示剂的吸附作用也影响终点的观察。沉淀的颜色或体积很大都会妨碍终点的观察。由于以上不利因素，沉淀掩蔽法应用不广泛。

3. 氧化还原掩蔽法

利用氧化还原反应来改变干扰离子的价态，以消除其干扰的方法，称为氧化还原掩蔽法。如 Fe^{3+} 与 Fe^{2+}，前者与 EDTA 形成的配合物比后者与 EDTA 的配合物稳定得多。在 pH=1 时，用 EDTA 滴定 Bi^{3+}，Fe^{3+} 的存在将造成干扰，此时可以用还原剂将 Fe^{3+} 还原为 Fe^{2+}，从而消除其干扰。所用的还原剂为羟胺或抗坏血酸。氧化还原掩蔽法只适于易发生氧化还原反应的金属离子，且生成物不干扰测定的情况。目前应用有限。

4. 采用选择性的解蔽剂

在 MY 配合物溶液中，加入一种试剂，将已被配位的金属离子或配位剂释放出来的作用称为解蔽，这种试剂称为解蔽剂，可以提高配位滴定的选择性。

例如，测定铜合金中的 Pb^{2+}、Zn^{2+} 时，在碱性溶液中，加入 KCN 掩蔽 Cu^{2+}、Zn^{2+}，此时 Pb^{2+} 不能被掩蔽，故可在 pH=10 时，以铬黑 T 为指示剂，用 EDTA 标准溶液滴定 Pb^{2+}，从而可求得其含量。在滴定 Pb^{2+} 后的溶液中，加入解蔽剂甲醛将 Zn^{2+} 从 $[Zn(CN)_4]^{2-}$ 中释放出来：

$$4HCHO+[Zn(CN)_4]^{2-}+4H_2O \longrightarrow Zn^{2+}+4H_2C\begin{matrix}\diagup OH\\ \diagdown CN\end{matrix}+4OH^-$$

用 EDTA 继续滴定，可测得 Zn^{2+} 的含量。此时，甲醛不能将 Cu^{2+} 解蔽出来。

（三）选用其他滴定剂

随着配位滴定法的发展，除 EDTA 外又研制了一些新型的氨羧配合物作为滴定剂，如 EGTA、DCTA、EDTP 等。它们与金属离子形成配合物的稳定性各有特点，有可能提高滴定某些金属离子的选择性。

二、滴定方式

在配位滴定法中，采用不同的滴定方式，不仅可以扩大配位滴定的应用范围，同时也可提高配位滴定的选择性。

（一）直接滴定法

直接滴定法是配位滴定中的基本方法。它是将试样处理成溶液后，调节至所需的酸度，加入必要的其他试剂（掩蔽剂、辅助配位剂等）和指示剂，用 EDTA 直接滴定。

采用直接滴定法，必须符合下列条件。

① EDTA 与待测金属离子反应速率快，且满足 $\lg cK'_{MY} \geqslant 6$。

② 应有变色敏锐的指示剂，且没有封闭现象。

③ 在选用的滴定条件下，待测离子不发生水解和沉淀反应。

对于水解和沉淀反应，可加入辅助配位剂来解决。例如在 pH≈10 时，滴定 Pb^{2+}，为防止 Pb^{2+} 的水解，可预先在酸性溶液中加入酒石酸盐将 Pb^{2+} 配合，再调节溶液的 pH≈10 后进行滴定。在这里，酒石酸盐是辅助配位剂。

多数情况下，直接滴定法误差小，也比较简易、快速，仅在没有办法直接滴定时，才考虑其他滴定方式。

（二）返滴定法

如果不能使用直接滴定法，则可考虑采用返滴定法。这种方法是在待测溶液中先准确加入已知量过量的 EDTA 溶液，然后用另一金属离子的标准溶液来滴定过量的 EDTA，用差减法计算待测离子的含量。

以滴定 Al^{3+} 为例，用 EDTA 直接滴定时，存在下列问题。

① Al^{3+}对二甲酚橙指示剂有封闭作用。

② Al^{3+}与 EDTA 反应缓慢，需要过量并加热煮沸，配位反应才能进行完全。

③ 在酸度不高时，Al^{3+}水解生成一系列多核羟基配合物，它们与 EDTA 反应缓慢，且配位必不恒定。甚至将酸度提高至滴定 Al^{3+}的最高酸度（pH≈4.1）仍不能避免多核配合物的形成。为解决上述问题，可先加入一定过量的 EDTA 标准溶液，在 pH≈3.5 时，煮沸溶液，待反应完全后，调节溶液 pH＝5.0～6.0，加入二甲酚橙指示剂，即可用 Zn^{2+}标准溶液进行返滴定，从而求出铝的含量。

例 8 测定铝盐中的铝含量时，准确称取试样 0.2800g，溶解后加入 0.05000mol·L^{-1} EDTA 标准溶液 25.00mL，在 pH＝3.5 时，加热煮沸，使 Al^{3+}与 EDTA 反应完全后，调节溶液的 pH 为 5.0～6.0，加入二甲酚橙指示剂，用 0.02500mol·L^{-1} $Zn(Ac)_2$ 标准溶液 22.50mL 滴定至红色，求铝的百分含量。

解： 根据以上所述，知道

消耗的 EDTA 总的物质的量为$\dfrac{0.05000\times25.00}{1000}$mol

用去的 Zn^{2+}的物质的量为$\dfrac{0.02500\times22.50}{1000}$mol

所以实际与 Al^{3+}作用的 EDTA 物质的量为$\left(\dfrac{0.05000\times25.00}{1000}-\dfrac{0.02500\times22.50}{1000}\right)$mol

$$故\ w_{Al}=\frac{(0.05000\times25.00-0.02500\times22.50)\times26.98}{0.2800\times1000}\times100\%$$

$$=6.62\%$$

（三）置换滴定法

不能进行直接滴定时，也可采用置换滴定法。它是利用置换反应，置换出相当量的另一金属离子或置换出 EDTA，然后滴定。置换滴定法的方式灵活多样。例如置换金属离子，当金属离子 M 不能直接滴定时，可使其与另一金属离子的配合物 NL 反应，置换出 N。

$$M+NL = ML+N$$

然后用 EDTA 滴定 N，根据 N 与 M 的反应比，可由 EDTA 的消耗量计算出 M 的量。例如，Ag^+与 EDTA 形成的配合物很不稳定，直接滴定得不到准确的结果，但它与 CN^-的配合物却很稳定，它可从 $[Ni(CN)_4]^{2-}$中置换出 Ni^{2+}。

$$2Ag^+ +[Ni(CN)_4]^{2-} = 2[Ag(CN)_2]^- +Ni^{2+}$$

然后用 EDTA 直接滴定置换出的 Ni^{2+}，根据 Ni^{2+}的量可以推算出 Ag^+的量。

置换滴定法是提高配位滴定选择性的途径之一，也可以改善指示剂指示终点的敏锐性。

（四）间接滴定法

有些金属离子（如 Li^+、K^+等）和一些非金属离子（如 SO_4^{2-}、PO_4^{3-} 等）由于不能与 EDTA 配位，或生成的配合物不稳定，不便于配位滴定，此时可采用间接滴定的方法。

例如，PO_4^{3-} 的测定，在一定条件下，可将其沉淀为 $MgNH_4PO_4$，然后过滤、洗净并溶解，调节溶液 pH＝10，用铬黑 T 作指示剂，以 EDTA 标准溶液滴定 Mg^{2+}，从而求出磷的含量。再如，K^+不与 EDTA 反应，但可使其沉淀为 $K_2NaCo(NO_2)_6\cdot6H_2O$，将沉淀分离后，再使其溶解，然后用 EDTA 滴定其中的 Co^{3+}，根据沉淀中 K^+与 Co^{3+}的化学计量关系，可计算出 K^+的量。

三、EDTA 标准溶液的配制和标定

EDTA 标准溶液的浓度一般为 0.05mol·L^{-1}或 0.02mol·L^{-1}。常用其二钠盐配制，$Na_2H_2Y\cdot2H_2O$ 的相对分子质量为 372.24，若配制约 0.02mol·L^{-1}的 EDTA，可称取其

二钠盐 7.5g，溶于约 300mL 温水中，冷却，用水稀释至 1L（必要时过滤），摇匀。此时 EDTA 浓度只是近似浓度，准确浓度必须进行标定。EDTA 标准溶液应储存于聚乙烯塑料容器中，以保持溶液长期稳定。若储存于玻璃容器中，EDTA 将溶解玻璃中的钙而生成 CaY，使 EDTA 浓度慢慢降低，因此每隔一段时间使用时，应重新标定 EDTA 的浓度。

标定 EDTA 溶液的基准物质很多，如 Zn、Cu、Bi、$CaCO_3$、ZnO 和 $MgSO_4 \cdot 7H_2O$ 等。

阅读材料　提高配位滴定选择性的途径

在实际测定工作中，一般待测液都同时含有若干种金属离子，由于 EDTA 配位性能没有选择性，因此共存离子相互干扰，很难直接准确测定其中某一种金属离子的含量，这些干扰主要存在两个方面：一是对滴定反应的干扰，即在 M 离子被滴定的过程中，干扰离子也发生反应，多消耗滴定剂造成滴定误差；二是对滴定终点颜色的干扰，即在某些条件下，虽然干扰离子的浓度及其与 EDTA 的配合物稳定性都足够小，在 M 被滴定到化学计量点附近时，N 还基本上没有配位，不干扰滴定反应，即 $\Delta \lg cK' \geqslant 5$。但是由于金属指示剂的广泛性，有可能和 N 形成一种与 MIn 同样（或干扰）颜色的配合物，致使 M 的化学计量点无法检测。

从以上讨论可知，若要准确测定一种金属离子 M 而不被共存离子干扰，就需要改变滴定条件，以提高配位滴定的选择性和准确性，一般有以下几种途径。

① 控制溶液的酸度，调整酸效应系数，改变金属离子配合物的条件稳定常数。

② 采用掩蔽、解蔽和预先分离干扰离子的方法，降低共存离子的游离浓度，或改变共存离子的价态，减小共存离子的稳定性，使 $\Delta \lg cK' \geqslant 5$。

③ 选择其他的氨羧配合剂或多胺类螯合剂 X 作滴定剂，改变条件稳定常数，使 $\lg cK'_{MY} \geqslant 6$，$\Delta \lg cK' \geqslant 5$，以达到准确滴定 M 的目的。

（摘自潘祖亭，黄朝表主编《分析化学》. 华中科技大学出版社，2011）

习　题

1. EDTA 与金属离子的配合物有哪些特点？

2. EDTA 与金属离子形成的配合物为什么配位比多为 1∶1？

3. 条件稳定常数 K'_{MY} 是否是化学平衡常数？它与稳定常数 K_{MY} 有何不同？有哪些因素影响 K'_{MY} 的大小？K'_{MY} 有什么含义？

4. 比较酸碱滴定曲线和配位滴定曲线，说明其共性和特性。

5. 酸效应曲线是如何绘制的？有什么用途？

6. 金属指示剂应具备哪些条件？

7. 提高配位滴定选择性的方法有哪些？

8. 含有 Mg^{2+} 的溶液，其浓度为 $0.02mol \cdot L^{-1}$。pH＝5.0 时，用 EDTA 能否准确滴定？pH＝10.0 时，用 EDTA 能否准确滴定？

9. 计算用 EDTA 滴定下列金属离子所允许的最低 pH 值（假设 $c = 0.01mol \cdot L^{-1}$）

（1）Zn^{2+}　（2）Fe^{3+}　（3）Al^{3+}　（4）Cu^{2+}

10. 称取 $CaCO_3$ 基准物质 1.0000g，用 HCl 溶解后，在容量瓶中稀释至 250mL。取 25mL 标定 EDTA 标准溶液的浓度，EDTA 溶液的用量为 21.00mL，计算 EDTA 的浓度？

（$0.04757mol \cdot L^{-1}$）

11. 用配位滴定法测定氯化锌（$ZnCl_2$）的含量。称取 0.2500g 试样，溶于水后，稀释至 250mL，吸取 25mL，在 pH＝5～6 时，用二甲酚橙作指示剂，用 0.01024mol・L^{-1} EDTA 标准溶液滴定，用去 17.61mL，计算试样中 $ZnCl_2$ 的质量分数。

（98.31%）

12. 称取 0.5000g 煤试样，灼烧并使其中的硫完全氧化成 SO_4^{2-}。处理成溶液并除去重金属离子后，加入 0.05000mol・L^{-1}的 $BaCl_2$ 20.00mL，使之生成 $BaSO_4$ 沉淀。过量的 Ba^{2+} 用 0.02500mol・L^{-1} EDTA 滴定，用去 20.00mL。计算煤中含硫百分率。

（3.21%）

13. 一个含有浓度均为 0.02mol・L^{-1} 的 Fe^{3+}、Al^{3+}、Mg^{2+} 的溶液，判别能否用同样浓度的 EDTA 分别准确滴定？计算滴定各离子适宜的 pH 范围。

（Fe^{3+}：1～2；Al^{3+}：4.2～5.5；Mg^{2+}：10～12）

14. 测定合金钢中的 Ni 含量。称取试样 0.500g，处理后制成 250.0mL 试液。准确取 50.00mL 试液，用丁二酮肟将其中 Ni^{2+} 沉淀分离，并将沉淀溶解于热 HCl 中，得到 Ni^{2+} 试液。再加入 0.05000mol・L^{-1} 的 EDTA 溶液 30.00mL，多余的 EDTA 用 0.02500mol・L^{-1} Zn^{2+} 标准溶液返滴定，消耗 14.56mL，计算合金钢试样中 Ni 的质量分数。

（66.67%）

15. 锡青铜中 Sn^{4+} 含量的测定。称取试样 0.2000g，制成溶液，加入过量的 EDTA 标准溶液，使共存的 Cu^{2+}、Zn^{2+}、Pb^{2+} 全部生成配合物。剩余的 EDTA 用 0.01000mol・L^{-1} $Zn(Ac)_2$ 标准溶液滴定。以二甲酚橙作指示剂达终点。然后加入适量的 NH_4F，此时只有 Sn^{4+} 与 F^- 生成 SnF_6^{2-}，同时置换出 EDTA，再用 $Zn(Ac)_2$ 标准溶液滴定，用去 22.30mL，求锡青铜试样中 Sn 的质量分数。

（13.24%）

第七章　沉淀滴定法

知识与技能目标

1. 通过对沉淀溶度积和溶解度的学习，掌握二者之间的关系并会进行有关的计算；理解并掌握影响沉淀溶解度的因素、沉淀形成和溶解的条件、方法以及有关的计算。

2. 了解什么是沉淀滴定法；着重掌握莫尔法、佛尔哈德法、法扬斯法的测定原理、滴定条件及应用范围；学会沉淀滴定法的有关计算。

在生产上，常利用沉淀反应进行物质的分离、提纯以及物质的分析。本章主要讨论沉淀生成和溶解及其影响因素，在沉淀平衡理论基础上的沉淀滴定分析和应用。

第一节　沉淀的溶解平衡

任何电解质在水溶液中都有一定的溶解度，只是溶解的程度不同，有的电解质易溶于水，如 NaCl、KNO_3 等；有的电解质难溶于水，如 AgCl、$BaSO_4$、$Mg(OH)_2$ 等。绝对不溶的电解质是不存在的，人们通常把溶解度小于 0.01g 的物质称为难溶电解质。难溶电解质在水中的溶解能力虽差，但溶解的部分可认为是完全电离的，且以水合离子形式存在，不存在电解质分子；而解离的离子相互碰撞又能重新结合形成沉淀，因而在水中建立一个沉淀溶解平衡。下面先来了解难溶物质的溶度积和溶解度。

一、溶度积常数

在一定温度下，将 AgCl 晶体放入水中，晶体表面的 Ag^+、Cl^- 在水分子的作用下，脱离晶体进入水溶液中，与水分子结合形成自由移动的水合离子，此过程称为物质的溶解。同时，在溶液中不断运动的 Ag^+、Cl^- 又会相互碰撞，重新结合成 AgCl 晶体而沉积到晶体表面，这一过程即是沉淀。在一定温度下，当沉淀和溶解的速率相等时，难溶电解质固体和已解离的离子之间就建立起一个动态平衡状态，称为沉淀溶解平衡。平衡时的溶液也是难溶电解质的饱和溶液，与弱酸、弱碱的化学平衡不同，沉淀溶解平衡是在固体和溶液离子之间建立的，它是一种多相平衡体系。AgCl 的沉淀溶解平衡为：

$$AgCl(s) \rightleftharpoons Ag^+(aq) + Cl^-(ag)$$

根据化学平衡原理，平衡时溶液中各物质之间的浓度关系为：

$$K^\ominus = \frac{[Ag^+][Cl^-]}{[AgCl]}$$

式中，$[Ag^+]$、$[Cl^-]$ 为 Ag^+、Cl^- 的浓度；[AgCl] 是未溶解的 AgCl 固体的浓度，可视为常数，将其代入平衡常数 $K^\ominus$ 中，则上式可表示为：

$$K_{sp}^\ominus = [Ag^+][Cl^-]$$

$K_{sp}^\ominus$ 称为溶度积常数，简称溶度积，它表示在一定温度下，难溶电解质的饱和溶液中，解离出的各离子浓度幂次方的乘积为一常数。与其他平衡常数一样，溶度积常数也只与难溶电解质的本性和温度有关，与溶液中的离子浓度无关。

$K_{sp}^\ominus$ 值的大小反映了难溶物质的溶解能力，$K_{sp}^\ominus$ 越大，溶液中离子浓度越大，难溶物质越易溶解。常见的一些难溶电解质的 $K_{sp}^\ominus$ 可查附录七。

对于一般的难溶电解质 A_mB_n，在一定温度下达到沉淀溶解平衡时，其溶度积常数可表示为：

$$A_mB_n(s) \rightleftharpoons mA^{n+}(aq)+nB^{m-}(aq)$$
$$K_{sp}^{\ominus}=[A^{n+}]^m[B^{m-}]^n$$

例如：

$$Mg(OH)_2(s) \rightleftharpoons Mg^{2+}(aq)+2OH^-(aq)$$
$$K_{sp}^{\ominus}[Mg(OH)_2]=[Mg^{2+}][OH^-]^2$$

上面的溶度积常数表达式是在没有其他因素的影响下，难溶电解质在水中溶解部分完全电离成简单离子，不存在未电离分子，离子之间的相互作用影响很小，可以忽略不计，离子的浓度近似等于离子的活度，在这种条件下存在上述关系。但实际上，有许多难溶物质在水中并不能完全电离，仍有未电离分子存在，如一些难溶的氢氧化物 $Fe(OH)_3$、$Al(OH)_3$ 等，在它们的溶液中，除了 Fe^{3+}、Al^{3+} 和 OH^- 外，还有其他一些离子与其共存，像 $Fe(OH)_2^+$、$Fe(OH)^{2+}$、FeO^+ 等，同时离子之间也会产生相互作用，因此上述的关系式是一个不精确的计算式。为了简便起见，一般情况下不考虑这些因素的影响。

二、沉淀的溶解度

溶度积和溶解度都反映了难溶电解质溶解能力的大小，它们之间既有联系，又有不同点，溶度积是只与温度有关的一个常数，而溶解度除与温度有关外，还与溶液中离子的浓度大小有关。如果将溶解度用 S 表示，单位换算成 $mol \cdot L^{-1}$。溶度积和溶解度之间可以相互换算。

如对 AB 型：$S=[A^+]=[B^-]$。二者的换算关系为：

$$K_{sp}^{\ominus}=S^2 \qquad S=\sqrt{K_{sp}^{\ominus}}$$

对一般的 A_mB_n 型：

$$K_{sp}^{\ominus}=m^m n^n S^{m+n} \qquad S=\frac{[A^{n+}]}{m}=\frac{[B^{m-}]}{n}$$

$$S=\sqrt[m+n]{\frac{K_{sp}^{\ominus}}{m^m n^n}}$$

例 1 在 298K 时，AgCl 的溶度积为 1.8×10^{-10}，求 AgCl 的溶解度。

解： AgCl 的溶解度 S 为

$$S=\sqrt{K_{sp}^{\ominus}(AgCl)}=\sqrt{1.8\times10^{-10}}=1.34\times10^{-5}(mol \cdot L^{-1})$$

例 2 已知在 298K 时，AgI 的溶解度为 $2.26\times10^{-6}g \cdot L^{-1}$，求 AgI 的溶度积。

解： 先将溶解度单位由 $g \cdot L^{-1}$ 换算成 $mol \cdot L^{-1}$

$$S=\frac{2.26\times10^{-6}}{234.8}=9.625\times10^{-9}(mol \cdot L^{-1})$$

$$K_{sp}^{\ominus}=S^2=(9.625\times10^{-9})^2=9.3\times10^{-17}$$

由上面的例子可看出，对同类型的难溶电解质来说，溶解度越大，溶度积越大；但对不同类型的难溶电解质，就不能简单地这样比较，要通过计算来比较，这是因为溶解度大，溶度积并不一定大。例如，AgCl 和 Ag_2CrO_4 溶度积分别为 1.8×10^{-10}、1.1×10^{-12}，而它们的溶解度分别为 $1.3\times10^{-5}mol \cdot L^{-1}$、$6.5\times10^{-5}mol \cdot L^{-1}$，显然 Ag_2CrO_4 溶度积虽小，但它的溶解度比 AgCl 的大。

溶度积 $K_{sp}^{\ominus}$ 是在一定条件下难溶电解质的饱和溶液中离子浓度幂次方的乘积，那么对于非饱和溶液中其离子浓度的乘积，则称为离子积，用 Q 表示。例如，在 $BaSO_4$ 溶液中的离子积为 $Q=[Ba^{2+}][SO_4^{2-}]$，Ag_2S 溶液中的离子积为 $Q=[Ag^+]^2[S^{2-}]$。Q 是指任意离子浓度下的乘积，是不定值，其数学表达式与溶度积常数一样，但意义不同。

对于任何难溶电解质溶液，可以由化学平衡原理解释比较离子积 Q 与 $K_{sp}^{\ominus}$ 的大小来判断它是否形成沉淀或溶解。这就是判断难溶电解质在溶液中沉淀、溶解与否的溶度积规则。

① 当 $Q=K_{sp}^{\ominus}$ 时，饱和溶液，处于平衡状态，无沉淀析出。

② 当 $Q<K_{sp}^{\ominus}$ 时，不饱和溶液，平衡向溶解方向进行，若有沉淀存在，则将被溶解至溶液呈饱和状态。

③ 当 $Q>K_{sp}^{\ominus}$ 时，过饱和溶液，平衡向生成沉淀的方向进行，因此有沉淀析出，直至溶液呈饱和为止。

三、影响沉淀溶解度的因素

不同难溶电解质的溶解度是不相同的，即使是同一离子形成的不同难溶电解质，它们的溶解度和溶度积也是不相同的，例如 AgCl、AgBr、AgI 的溶度积分别为 1.8×10^{-10}、5.0×10^{-13}、8.3×10^{-17}。因此，在重量分析中，为了使被测离子沉淀得更完全，溶解损失最小，就要选择适当的沉淀剂来减小沉淀的溶解度。在一般的常量分析中，溶液中的离子浓度小于 $1.0\times10^{-5}mol\cdot L^{-1}$，就认为沉淀完全了。

影响沉淀溶解度的因素有多种，主要是同离子效应、盐效应、酸效应及配位效应，其次是温度、溶剂、生成沉淀的颗粒大小和结构等因素。

1. 同离子效应

向难溶电解质的饱和溶液中加入过量的与难溶电解质组成含有相同离子的沉淀剂，增加了与难溶电解质组成相同离子的浓度，降低了难溶电解质的溶解度，这一效应称为沉淀溶解平衡的同离子效应。例如向 $BaSO_4$ 的饱和溶液中加入 $BaCl_2$ 或 Na_2SO_4，由于同离子效应作用，$BaSO_4$ 的沉淀溶解平衡都将会向生成 $BaSO_4$ 的方向移动，使 $BaSO_4$ 的溶解度降低。

例 3 298K 时，$PbSO_4$ 的溶解度为 $1.3\times10^{-4}mol\cdot L^{-1}$，溶度积为 1.6×10^{-8}，若向该溶液中加入 Na_2SO_4 使 SO_4^{2-} 的浓度为 $0.01mol\cdot L^{-1}$，问此时 $PbSO_4$ 的溶解度变为多少？

解： 设 $PbSO_4$ 的溶解度为 $S(mol\cdot L^{-1})$，则平衡时 $[Ba^{2+}]=S(mol\cdot L^{-1})$，$[SO_4^{2-}]=0.01+S\approx0.01mol\cdot L^{-1}$

$$K_{sp}^{\ominus}=[Pb^{2+}][SO_4^{2-}]=0.01S$$

$$S=\frac{1.6\times10^{-8}}{0.01}=1.6\times10^{-6}(mol\cdot L^{-1})$$

由计算可见，加入过量的 SO_4^{2-} 后，$PbSO_4$ 的溶解度由原来的 $1.3\times10^{-4}mol\cdot L^{-1}$ 降为 $1.6\times10^{-6}mol\cdot L^{-1}$，此时有 $PbSO_4$ 沉淀析出。

在实际生产中，常利用同离子效应达到使某种离子沉淀完全的目的，减少原料的损失。那么所加入的另一离子的试剂称为沉淀剂，沉淀剂一般是指易溶的强电解质，但是也并不是加入的沉淀剂越多越好，过多的沉淀剂在产生同离子效应的同时也会发生盐效应或配位效应，从而使沉淀的溶解度增大，因此，加入的沉淀剂应适量，一般过量 50%～100%，灼烧时易挥发除去的沉淀剂一般过量 20%～30%。另外，洗涤沉淀时，也要用含相同离子的稀溶液进行洗涤，以减少沉淀的溶解损失。

例 4 计算欲使 $0.001mol\cdot L^{-1}$ 溶液中的 Ca^{2+} 开始沉淀和沉淀完全时的 CO_3^{2-} 浓度至少应为多少？（$CaCO_3$ 的溶度积为 2.8×10^{-9}）

解： 根据溶度积规则，$Q>K_{sp}^{\ominus}$，即有沉淀生成，则有

$$[Ca^{2+}][CO_3^{2-}]>2.8\times10^{-9} \quad [Ca^{2+}]=0.001mol\cdot L^{-1}$$

所以

$$[CO_3^{2-}]>2.8\times10^{-6}mol\cdot L^{-1}$$

沉淀完全时，$Ca^{2+} \leqslant 1.0\times10^{-5}$ mol·L^{-1}，此时

$$[CO_3^{2-}] > \frac{2.8\times10^{-9}}{[Ca^{2+}]} = 2.8\times10^{-4}\ mol\cdot L^{-1}$$

2. 盐效应

向难溶电解质的饱和溶液中加入一些与该难溶电解质非共有离子的其他可溶性盐类时，会引起难溶电解质的溶解度增大，这种现象称为盐效应。

产生盐效应的主要原因是：向难溶电解质的饱和溶液中加入其他可溶性盐类或过量沉淀剂时，增加了离子强度，离子之间的相互牵制作用增强，使离子的活度降低，离子之间相互碰撞结合的机会减弱，沉淀溶解的平衡破坏，平衡向溶解的方向进行，因而增大了沉淀的溶解度。例如，AgCl、$BaSO_4$ 在 $NaNO_3$ 溶液中的溶解度比在纯水中的溶解度都大。一般来说，组成沉淀的离子电荷越高，加入的其他盐类的离子电荷越大，盐效应的影响越大。

3. 酸效应

由于溶液的酸度变化而引起沉淀溶解度的改变称为酸效应。溶液的酸度升高时，组成沉淀的一些弱酸根阴离子如 CO_3^{2-}、PO_4^{3-}、$C_2O_4^{2-}$、S^{2-} 等以及 OH^- 都会与 H^+ 结合生成弱电解质，降低了阴离子的浓度，使难溶的弱酸盐或氢氧化物溶解，增大了沉淀的溶解度。而当酸度降低时，组成沉淀的金属阳离子会发生水解，生成弱电解质金属氢氧化物，降低了阳离子的浓度，因此也会增大沉淀的溶解度。

例 5 要使溶液中的 Mg^{2+} 沉淀完全，应控制溶液的 pH 值为多少？[已知 $Mg(OH)_2$ 的溶度积为 1.8×10^{-11}]

解：沉淀完全时，$[Mg^{2+}] \leqslant 1.0\times10^{-5}$ mol·L^{-1}

$$[Mg^{2+}][OH^-]^2 = K_{sp}^{\ominus}$$

即

$$1.0\times10^{-5}[OH^-]^2 = 1.8\times10^{-11}$$

$$[OH^-] = 1.3\times10^{-3}\ mol\cdot L^{-1}$$

$$pOH = 2.89$$

$$pH = 14 - 2.89 = 11.11$$

要使 Mg^{2+} 沉淀完全，溶液的 pH 值应不小于 11.11。

4. 配位效应

在无机化学中学习过，向 AgCl 沉淀溶液中加入适量氨水，AgCl 沉淀将会溶解，原因是：

$$AgCl(s) + 2NH_3(aq) \rightleftharpoons [Ag(NH_3)_2]^+(aq) + Cl^-(aq)$$

加入过量的氯化物，AgCl 沉淀也会溶解。

$$AgCl(s) + Cl^-(aq) \rightleftharpoons [AgCl_2]^-(aq)$$

由于 Ag^+、AgCl 能与 NH_3、Cl^- 形成配合物，破坏了 AgCl 的沉淀溶解平衡，增大了 AgCl 的溶解度，像这种由于组成沉淀的金属离子和一些试剂发生配位反应而增大沉淀溶解度的现象称为配位效应。

以上分析了影响沉淀溶解度的四个因素，其中同离子效应是减小沉淀溶解度的有利方面，而其他三个方面是影响沉淀溶解度的不利因素，它们之间又有相互作用影响，因此在实际分析工作中，应视具体情况，采取相应措施，提高分析的准确度。

除上述影响因素外，温度、溶剂、沉淀颗粒的大小及沉淀的时间都对沉淀的溶解度产生影响。(1) 沉淀的溶解大多是吸热反应，温度升高，沉淀的溶解度增大。(2) 无机物沉淀多为离子化合物，在纯水中的溶解度比在有机溶剂中大，因此沉淀时常加入有机溶剂如乙醇、丙酮、二硫化碳等以减小沉淀的溶解损失。(3) 对沉淀的颗粒大小来说，晶体颗粒越小，表面积越大，沉淀越易溶解。(4) 形成沉淀的时间越长，沉淀的晶体结构会发生改变，从而影

响其溶解度。因此在分析过程中，这些因素都要加以考虑。

四、沉淀的生成和溶解

1. 沉淀的生成

根据溶度积规则，当离子积大于溶度积时，就会有沉淀生成。一般常用的方法是：加入沉淀剂、控制溶液的酸度。

例 6　向 0.001mol・L^{-1}的 $CaCl_2$ 溶液中加入等体积的 0.002mol・L^{-1} $Na_2C_2O_4$ 溶液，是否有沉淀生成？($CaC_2O_4 \cdot H_2O$ 的溶度积为 2.32×10^{-9})

解：混合后 Ca^{2+}、$C_2O_4^{2-}$ 的浓度减小一半，分别为

$$[Ca^{2+}]=0.0005mol \cdot L^{-1}$$

$$[C_2O_4^{2-}]=0.001mol \cdot L^{-1}$$

$$Q=[Ca^{2+}][C_2O_4^{2-}]=0.0005\times0.001=5\times10^{-7}>2.32\times10^{-9}$$

溶液中有沉淀生成。

例 7　欲使 0.01mol・L^{-1} Cu^{2+} 开始沉淀的溶液 pH 值应为多大？[$Cu(OH)_2$ 的溶度积为 2.2×10^{-20}]

解：$[Cu^{2+}][OH^-]^2=K_{sp}^{\ominus}$时，开始出现沉淀

$$0.01[OH^-]^2=2.2\times10^{-20}$$

$$[OH^-]=1.5\times10^{-9}$$

$$pOH=8.82$$

$$pH=14-pOH=14-8.82=5.18$$

2. 分步沉淀

在实际分析工作中，通常溶液中是多种离子共存的，加入沉淀剂，可能有几种离子与之反应生成沉淀，形成沉淀的先后次序就有可能不同。例如，在含有同浓度 SO_4^{2-}、CrO_4^{2-} 的溶液中逐滴加入 $Pb(NO_3)_2$ 溶液，将会先看到黄色的 $PbCrO_4$ 沉淀，然后出现白色的 $PbSO_4$ 沉淀。这是因为二者的溶度积和溶解度不同，与 Ag^+ 结合生成沉淀的先后不同。

$$K_{sp}^{\ominus}(PbSO_4)=1.6\times10^{-8} \quad K_{sp}^{\ominus}(PbCrO_4)=2.8\times10^{-13}$$

$$K_{sp}^{\ominus}(PbSO_4)>K_{sp}^{\ominus}(PbCrO_4)$$

所以 $PbCrO_4$ 先沉淀。像这种由于溶解度不同而先后出现沉淀的现象称为分步沉淀。对于分步沉淀出现的先后次序，不能简单地以溶度积的大小来判断。同类型的难溶电解质并且被沉淀的离子浓度相同或接近时，溶度积小的先沉淀；不同类型的且溶液中的离子浓度不同，要根据具体的计算来判断。

例 8　试计算向同为 0.001mol・L^{-1}的 Cl^-、I^- 溶液中逐滴加入 $AgNO_3$ 溶液，问出现沉淀的顺序如何？(AgCl、AgI 的溶度积分别为 1.8×10^{-10}、8.3×10^{-17})

解：生成 AgCl 沉淀所需的 Ag^+ 浓度为

$$[Ag^+]=1.8\times10^{-10}/0.001=1.8\times10^{-7}(mol \cdot L^{-1})$$

生成 AgI 沉淀所需的 Ag^+ 浓度为

$$[Ag^+]=8.3\times10^{-17}/0.001=8.3\times10^{-14}(mol \cdot L^{-1})$$

生成 AgI 沉淀所需的 Ag^+ 浓度远小于生成 AgCl 沉淀所需的 Ag^+ 浓度，因此 AgI 先沉淀，当溶液中的 Ag^+ 浓度增加到 1.8×10^{-7} mol・L^{-1}时，开始出现 AgCl 沉淀。此时溶液中 I^- 的浓度为

$$[I^-]=\frac{K_{sp}^{\ominus}(AgI)}{[Ag^+]}=\frac{8.3\times10^{-17}}{1.8\times10^{-7}}=4.6\times10^{-10}(mol \cdot L^{-1})$$

可见 I^- 的浓度远远小于沉淀完全时所应有的 1.0×10^{-5} mol・L^{-1}，说明当 AgCl 开始

沉淀时，I^-早已沉淀完全了。

例 9 欲除去 0.01mol·L^{-1} Mg^{2+}溶液中的少量 Fe^{3+}杂质，应如何控制溶液的 pH? {已知 $K^{\ominus}_{sp}[Mg(OH)_2]=5.6\times10^{-12}$，$K^{\ominus}_{sp}[Fe(OH)_3]=2.8\times10^{-39}$}

解： 当 $Mg(OH)_2$ 的离子积 $Q=K^{\ominus}_{sp}$时，开始出现沉淀，此时溶液中 OH^- 的浓度为

$$[Mg^{2+}][OH^-]^2=5.6\times10^{-12}$$

$$[OH^-]=2.4\times10^{-5}\text{mol}\cdot\text{L}^{-1}$$

$$pOH=4.62$$

$$pH=14-pOH=14-4.62=9.38$$

当 $[Fe^{3+}]<1.0\times10^{-5}$mol·L^{-1}时，可认为 Fe^{3+}被完全除去，则此时的 OH^- 浓度为

$$1.0\times10^{-5}[OH^-]^3=2.8\times10^{-39}$$

$$[OH^-]=6.5\times10^{-12}\text{mol}\cdot\text{L}^{-1}$$

$$pOH=11.18$$

$$pH=2.82$$

当开始生成 $Mg(OH)_2$ 沉淀时的 Fe^{3+}浓度为

$$[Fe^{3+}][OH^-]^3=2.8\times10^{-39}$$

$$[Fe^{3+}]=2.0\times10^{-25}\text{mol}\cdot\text{L}^{-1}$$

由计算可看出，完全除去溶液中 Fe^{3+}的最大 pH 值为 2.82，生成 $Mg(OH)_2$ 沉淀的最低 pH 值为 9.38，而此时的 Fe^{3+}早已被完全除尽了。所以只要控制溶液的 pH 值在 2.82～9.38 之间，就可达到除去少量 Fe^{3+}杂质的目的。

3. 沉淀的溶解

要使沉淀溶解，就要破坏沉淀溶解平衡，降低溶液中的离子浓度，使 $Q<K^{\ominus}_{sp}$，从而达到沉淀溶解的目的。采取的措施主要有以下几种。

(1) 加入酸或碱　在难溶电解质饱和溶液中加入酸或碱，生成弱电解质（弱酸、弱碱和水)，降低了阴离子的浓度，使沉淀溶解。

例如 $Mg(OH)_2$、$CaCO_3$、FeS 等难溶固体可溶于盐酸溶液中，反应分别为：

$$Mg(OH)_2+2H^+\rightleftharpoons Mg^{2+}+2H_2O$$

$$CaCO_3+2H^+\rightleftharpoons Ca^{2+}+CO_2\uparrow+H_2O$$

$$FeS+2H^+\rightleftharpoons Fe^{2+}+H_2S\uparrow$$

由于生成弱电解质水和挥发性物质 CO_2、H_2S，促使平衡向溶解的方向进行。一般地，沉淀的溶度积越大，生成的弱电解质越弱，越易溶解。如 FeS 溶于盐酸，CuS 则不溶于盐酸，因为 $K^{\ominus}_{sp}(FeS)>K^{\ominus}_{sp}(CuS)$。

(2) 通过氧化还原反应　许多难溶物质虽不溶于较强的酸碱，但能被一些强氧化剂氧化溶解。如 CuS、Ag_2S、PbS 等可用浓硝酸溶解。例如：

$$3CuS+8HNO_3=3Cu(NO_3)_2+3S\downarrow+2NO\uparrow+4H_2O$$

(3) 加入配位剂，生成配合物　例如：AgCl、$Cu(OH)_2$ 都能溶于氨水，因为 Ag^+、Cu^{2+}与 NH_3 分子分别生成 $[Ag(NH_3)_2]^+$、$[Cu(NH_3)_4]^{2+}$，降低了 Ag^+、Cu^{2+}浓度，促进了沉淀溶解。

(4) 沉淀的转化　例如向白色的 $PbSO_4$ 沉淀溶液中加入 Na_2S 溶液并搅拌，可观察到白色沉淀转变为黑色沉淀，$PbSO_4$ 沉淀转变成溶解度更小的 PbS 沉淀。像这种由一种沉淀转化为另一种沉淀的过程称为沉淀的转化。它是根据不同难溶电解质的溶度积不同及沉淀溶解平衡来进行的。两种难溶电解质的溶度积差别越大，转化反应越易进行。例如锅炉中难溶于酸的锅垢 $CaSO_4$ 可先用 Na_2CO_3 溶液处理，使之转化为易溶于酸的 $CaCO_3$，达到去除锅垢的目的。

阅读材料　溶洞奇观的形成

当我们走进溶洞，看到各种千奇百怪、形态各异的洞内景象时，不禁会在赞叹之余，对这些神奇的景观感到不解。其实，溶洞的形成是石灰岩地区地下水长期溶蚀的结果，石灰岩里不溶性的碳酸钙受水和二氧化碳的作用，能转化为微溶性的碳酸氢钙。由于石灰岩层各部分含石灰质多少不同，被侵蚀的程度不同，就逐渐被溶解分割成互不相依、千姿百态、陡峭秀丽的山峰和奇异景观的溶洞。溶有碳酸氢钙的水，当从溶洞顶滴到洞底时，由于水分蒸发或压强减少，以及温度的变化都会使二氧化碳溶解度减小而析出碳酸钙的沉淀。这些沉淀经过千百万年的积聚，渐渐形成了钟乳石、石笋等。洞顶的钟乳石与地面的石笋连接起来，就会形成奇特的石柱。

在自然界，溶有二氧化碳的雨水，会使石灰石构成的岩层部分溶解，使碳酸钙转变成可溶性的碳酸氢钙，当受热或压强突然减小时溶解的碳酸氢钙会分解重新变成碳酸钙沉淀。

大自然经过长期和多次的重复上述反应，从而形成各种奇特壮观的溶洞。

第二节　沉淀滴定法

以沉淀反应为基础的滴定分析方法称为滴定分析法。沉淀反应很多，但能用于滴定分析的并不多，这是由沉淀滴定分析的条件决定的，它必须满足以下几点要求：

① 沉淀反应速率要快，且有确定的化学计量关系；

② 生成的沉淀溶解度要小；

③ 有适当的方法指示化学计量点；

④ 沉淀的吸附现象不妨碍滴定终点的确定。

满足上述条件并且目前能得到广泛应用的是银量法。

银量法是指利用生成难溶性银盐的反应来进行分析测定的方法。即

$$Ag^+ + X^- = AgX\downarrow$$

银量法可以测定 Cl^-、Br^-、I^-、SCN^-、Ag^+ 等及含卤素的一些有机化合物，如水中的有机氯化物、残留的有机氯农药等，它主要应用于化学和冶金工业。

根据指示终点所用指示剂不同，常用的银量法有莫尔法、佛尔哈德法、法扬斯法三种。

一、莫尔法

1. 测定原理

莫尔法是在中性或弱碱性溶液中，以 K_2CrO_4 为指示剂，用 $AgNO_3$ 标准溶液滴定 Cl^- 的一种分析方法。根据分步沉淀原理，AgCl 的溶解度比 Ag_2CrO_4 的小，滴定过程中先析出 AgCl 沉淀。随着 $AgNO_3$ 的不断加入，AgCl 沉淀的生成，Cl^- 浓度不断减小，当 AgCl 沉淀完全后，过量的 Ag^+ 与 CrO_4^{2-} 作用生成砖红色的 Ag_2CrO_4 沉淀而指示终点的到达。滴定的反应为：

$$Ag^+ + Cl^- = AgCl\downarrow（白色）\qquad K_{sp}^{\ominus}=1.8\times10^{-10}$$

$$2Ag^+ + CrO_4^{2-} = Ag_2CrO_4\downarrow（砖红色）\qquad K_{sp}^{\ominus}=1.1\times10^{-12}$$

2. 滴定条件

（1）指示剂的用量　K_2CrO_4 指示剂本身呈黄色，它的用量多少会直接影响对终点的判断以及滴定误差的大小。为了获得比较准确的分析结果，应严格控制 CrO_4^{2-} 的浓度。

在化学计量点时：

$$[Ag^+]=[Cl^-]=\sqrt{K_{sp}^{\ominus}}=\sqrt{1.8\times10^{-10}}=1.3\times10^{-5}(mol\cdot L^{-1})$$

若此时恰好生成 Ag_2CrO_4，理论上需要的 CrO_4^{2-} 浓度为：

$$[CrO_4^{2-}]=\frac{K_{sp}^{\ominus}(Ag_2CrO_4)}{[Ag^+]^2}=\frac{1.1\times10^{-12}}{(1.3\times10^{-5})^2}=6.1\times10^{-3}(mol\cdot L^{-1})$$

在化学计量点时，这样大的 CrO_4^{2-} 浓度是 Ag_2CrO_4 饱和溶液的浓度，不足以观测到生成的 Ag_2CrO_4 沉淀颜色的明显改变，影响对终点的判断。因此，在实际工作中，CrO_4^{2-} 的浓度比理论上的需要大些。但 CrO_4^{2-} 浓度过大，滴定至终点时，溶液中剩余的 Cl^- 浓度就大，CrO_4^{2-} 的黄色也会影响终点的观察；CrO_4^{2-} 浓度过低，就会增加 $AgNO_3$ 标准溶液的用量，使分析结果产生较大的正误差。实验证明，CrO_4^{2-} 的浓度约为 $5.0\times10^{-5}mol\cdot L^{-1}$ 较为适宜。

(2) 溶液的 pH 值　滴定应在中性或弱碱性（pH＝6.5～10.5）的溶液中进行。若溶液呈酸性，H^+ 与 CrO_4^{2-} 发生反应：

$$2CrO_4^{2-}+2H^+ \rightleftharpoons 2HCrO_4^- \rightleftharpoons Cr_2O_7^{2-}+H_2O$$

从而使 CrO_4^{2-} 的浓度降低，Ag_2CrO_4 沉淀溶解，终点颜色变化不明显或不改变。若溶液碱性过大，则会有黑褐色 Ag_2O 沉淀析出，增加了 $AgNO_3$ 的用量，影响分析结果的精确度。

$$2Ag^+ +2OH^- = Ag_2O\downarrow +H_2O$$

若溶液的酸性或碱性较强时，用酚酞作指示剂，用硼砂、$NaHCO_3$ 或 $CaCO_3$ 和 HNO_3 中和。

(3) 滴定的溶液中不能含有氨，因为 NH_3 与 Ag^+ 易形成 $[Ag(NH_3)_2]^+$，多消耗 $AgNO_3$ 溶液。有氨存在时，必须用酸中和，控制溶液的 pH 值在 6.5～7.2。

(4) 对于能与 Ag^+ 生成沉淀的阴离子如 PO_4^{3-}、S^{2-}、CO_3^{2-}、AsO_4^{3-} 等；与 CrO_4^{2-} 生成沉淀的阳离子如 Ba^{2+}、Pb^{2+} 等，以及在中性或弱碱性溶液中易发生水解的离子如 Fe^{3+}、Sn^{2+}、Sn^{4+}、Al^{3+} 等，都会干扰测定，滴定前应先除去或掩蔽。

(5) 由于 AgCl 对 Cl^- 有强烈的吸附作用，降低 Cl^- 的浓度，使终点提前，因此，滴定过程中应剧烈摇动，以减弱 AgCl 的吸附作用。此外，莫尔法测定溴化物时，AgBr 也会对 Br^- 产生吸附；而 AgI 和 AgSCN 沉淀对 I^- 和 SCN^- 吸附作用更强烈，对测定结果的影响较大，不适宜于 I^-、SCN^- 的测定。

3. 应用范围

莫尔法主要适用于氯化物和溴化物的测定及间接测定含氯、溴的一些有机化合物。只能用 Ag^+ 滴定 Cl^-，不能用 Cl^- 滴定 Ag^+，因滴定前生成的 Ag_2CrO_4 沉淀难以转化为 AgCl 而造成滴定误差。

二、佛尔哈德法

1. 测定原理

佛尔哈德法是在酸性溶液中，以铁铵矾 $[NH_4Fe(SO_4)_2\cdot 12H_2O]$ 作指示剂，用 KSCN 或 NH_4SCN 标准溶液滴定 Ag^+ 溶液的一种测定方法。其滴定反应为：

$$Ag^+ +SCN^- = AgSCN\downarrow\ (白色)$$

当滴定至化学计量点时，稍过量的 SCN^- 与 Fe^{3+} 反应生成红色的 $[Fe(SCN)]^{2+}$ 配合物，达到滴定终点。终点反应为：

$$Fe^{3+} +SCN^- = [Fe(SCN)]^{2+}\ (红色)$$

此法在滴定过程中，由于反应生成的 AgSCN 沉淀易吸附溶液中的 Ag^+ 而使终点提前，因此滴定时要剧烈摇动，使吸附的 Ag^+ 释放出来。

2. 测定方法

(1) 直接滴定法　对于含 Ag^+ 的酸性试液，以铁铵矾作指示剂，直接用 KSCN 或 NH_4SCN 标准溶液进行测定的分析方法为直接滴定法。该法主要用于直接测定 Ag^+。

(2) 间接滴定法　主要用于不含 Ag^+ 的卤离子、SCN^- 的测定。它是向待测溶液中加入一定体积的过量 $AgNO_3$ 标准溶液，等待测离子与 Ag^+ 完全反应后，再以铁铵矾作指示剂，以 NH_4SCN 标准溶液滴定剩余的 Ag^+，根据消耗的 $AgNO_3$ 和 NH_4SCN 标准溶液的体积来计算被测物质含量的方法。滴定反应为：

$$Ag^+ + Cl^- = AgCl\downarrow \text{(白色)}$$

$$Ag^+ + SCN^- = AgSCN\downarrow \text{(白色)}$$

$$Fe^{3+} + SCN^- = [Fe(SCN)]^{2+} \text{(红色)}$$

此法在滴定到终点出现红色后，经摇动会很快消失，使终点难以确定。这是因为 AgSCN 的溶度积 $[K_{sp}^{\ominus}(AgSCN)=1.0\times10^{-12}]$ 比 AgCl 的溶度积 $[K_{sp}^{\ominus}(AgCl)=1.8\times10^{-10}]$ 小，终点时，AgCl 饱和溶液中的 Ag^+ 浓度与稍过量的 SCN^- 浓度的离子积大于 AgSCN 的溶度积，便析出 AgSCN 沉淀，使 Ag^+ 的浓度降低，AgCl 的溶解平衡被破坏，促使 AgCl 不断溶解，因而 AgCl 沉淀转化为 AgSCN 沉淀，其反应如下：

$$AgCl(s) + SCN^- \rightleftharpoons AgSCN\downarrow + Cl^-$$

同时由于 SCN^- 浓度的降低，引起 $[Fe(SCN)]^{2+}$ 的分解，红色消失。要得到稳定持久的红色，就需要继续滴加 SCN^-，造成较大的滴定误差。

为避免上述现象的出现，一般采取的措施是：一在滴定前将生成的 AgCl 沉淀从溶液中除去，对滤液进行滴定；二在滴定前加入有机溶剂（如硝基苯）将 AgCl 沉淀颗粒包围起来，使之与外部溶液隔离，避免了沉淀的转化过程，也会得到较好的效果。

3. 滴定条件

(1) 滴定必须在酸性溶液中进行，不能在中性或碱性溶液中进行。在中性或碱性溶液中，Fe^{3+} 发生水解生成棕色 $Fe(OH)_3$ 沉淀，影响终点的确定。

(2) 终点时要观察到 $[Fe(SCN)]^{2+}$ 微红色的理论最低浓度为 $6.0\times10^{-6}mol\cdot L^{-1}$，此时的 Fe^{3+} 浓度约为 $0.04mol\cdot L^{-1}$，这样高的 Fe^{3+} 浓度会使溶液呈较深的橙黄色而影响终点颜色的观察。因此 Fe^{3+} 的浓度一般保持在 $0.015mol\cdot L^{-1}$，就会得到较好的效果，滴定的误差不超过 0.2%。

(3) 能与 SCN^- 发生反应的强氧化剂、氮的低价氧化物及铜盐、汞盐等干扰物质必须预先除去。

(4) 在测定 Br^-、I^- 时，生成的 AgBr 和 AgI 沉淀的溶度积小于 AgSCN 的溶度积，不会发生沉淀的转化，终点颜色变化明显，不需将沉淀滤去或加入有机掩蔽剂。但在测定 I^- 时，应先加入过量的 $AgNO_3$ 后再加指示剂，否则 Fe^{3+} 会将 I^- 氧化而产生误差。

佛尔哈德法可以测定 Ag^+、X^-、SCN^- 等，其应用比莫尔法应用广泛，因为它在酸性溶液中滴定时，可以排除许多弱酸根离子（如 PO_4^{3-}、CO_3^{2-} 等）的干扰，提高了选择性。

三、法扬斯法

1. 测定原理

用吸附指示剂确定滴定终点的银量法称为法扬斯法。吸附指示剂是指一些有机化合物被吸附在沉淀表面后，其分子结构发生了改变，从而引起颜色的改变，以此来指示滴定的终点。例如用 $AgNO_3$ 标准溶液滴定 Cl^- 时，常用荧光黄作指示剂，溶液的 pH=7～10，荧光黄是一种有机弱酸，用 HFIn 表示，它在水溶液中的电离为：

$$HFIn \rightleftharpoons H^+ + FIn^- \text{(黄绿色)}$$

在化学计量点前，溶液中的 Cl^- 过量，AgCl 沉淀选择性吸附 Cl^- 而形成带负电荷的 $AgCl \cdot Cl^-$，FIn^- 不被吸附，溶液呈黄绿色。当达到化学计量点时，稍微过量的 Ag^+ 便会使 AgCl 沉淀胶粒选择吸附 Ag^+ 而形成带正电荷的 $AgCl \cdot Ag^+$，它强烈吸附 FIn^- 使其结构发生改变，溶液由黄绿色变为粉红色。反应过程可用下式表示：

$$AgCl \cdot Ag^+ + \underset{(黄绿色)}{FIn^-} \rightleftharpoons \underset{(粉红色)}{AgCl \cdot Ag^+ \cdot FIn^-}$$

常见的吸附指示剂及其使用条件见表 7-1。

表 7-1　常用吸附指示剂

指　示　剂	被测离子	滴　定　剂	适用 pH 范围
荧光黄	Cl^-	Ag^+	7～10(一般 7～8)
二氯荧光黄	Cl^-	Ag^+	4～10(一般 5～8)
曙红	Br^-、I^-、SCN^-	Ag^+	2～10(一般 3～8)
溴甲酚绿	SCN^-	Ag^+	4～5
甲基紫	SO_4^{2-}、Ag^+	Ba^{2+}、Ag^+	酸性溶液

2. 测定条件

(1) 吸附指示剂是被吸附在沉淀表面上而发生颜色改变，为了使终点颜色变化明显，需要沉淀有较大的表面积，因此滴定时常加入糊精或淀粉溶液等胶体保护剂，阻止沉淀的聚沉现象。

(2) 吸附指示剂大多是有机弱酸，它被吸附的是其电离出的阴离子，并且不同的指示剂其 pK_a 不同。为了减小指示剂的阴离子与 H^+ 结合成不被吸附的弱酸分子的趋势，就要根据需要控制一定的溶液 pH 值。

(3) 卤化银易感光变色，影响终点的观察，因此滴定应避免强光照射。

(4) 被测离子的浓度不能过低，否则生成的沉淀量太少而使终点不易观察。例如用荧光黄为指示剂测定 Cl^- 时，Cl^- 的浓度要大于 $0.005mol \cdot L^{-1}$。

(5) 测定 Cl^- 时，不能用曙红作指示剂，因 AgCl 沉淀对曙红阴离子的吸附能力很强，在化学计量点之前，曙红阴离子就被吸附而发生颜色改变。

四、沉淀滴定法的应用实例

1. 硝酸银、硫氰酸氨标准溶液的标定

例 10　称取基准物质 NaCl 0.2000g，溶于水后，加入 50.00mL $AgNO_3$ 标准溶液，以铁铵钒为指示剂，用 NH_4SCN 标准溶液滴定至微红色，用去 NH_4SCN 标准溶液 25.00mL。已知 1.00mL NH_4SCN 标准溶液相当于 1.20mL $AgNO_3$ 标准溶液，计算 $AgNO_3$ 和 NH_4SCN 溶液的浓度。

解： $M_{NaCl} = 58.44g \cdot L^{-1}$

$$c_{AgNO_3} = \frac{m_{NaCl}}{M_{NaCl}V_{AgNO_3}} = \frac{0.2000}{58.44 \times (50.00 - 1.20 \times 25.00)} \times 10^3 = 0.1711(mol \cdot L^{-1})$$

$$c_{NH_4SCN} = \frac{c_{AgNO_3}V_{AgNO_3}}{V_{NH_4SCN}} = \frac{0.1711 \times 1.20}{1.00} = 0.2053(mol \cdot L^{-1})$$

2. 可溶性氯化物中氯的测定

可溶性氯化物、海水、盐湖水等高含量氯的测定可用莫尔法，控制溶液的 pH 值在 6.5～10.5。对农产品如蔬菜、水果中残留含氯农药、化肥的测定，可先将试样提取；如果试样中含有 PO_4^{3-}、CO_3^{2-}、SO_3^{2-} 等干扰离子，应在酸性条件下，用佛尔哈德法进行测定。

例 11　称取 0.4000g 食盐试样，溶于水后，以 K_2CrO_4 作指示剂，用 $0.3000mol \cdot L^{-1}$

的 $AgNO_3$ 标准溶液滴定，消耗 22.50mL，计算 NaCl 的质量分数。

解：

$$w(\text{NaCl})=\frac{(cV)_{\text{AgNO}_3}M_{\text{NaCl}}}{m_{\text{NaCl}}}\times 100\%=\frac{0.3000\times 22.5\times 10^{-3}\times 58.44}{0.4000}\times 100\%=98.62\%$$

例 12　称取 KBr 试样 1.2310g，加水溶解后，转入到 100mL 容量瓶中定容。吸取此溶液 10.00mL 于锥形瓶中，加入 $0.1045\text{mol}\cdot\text{L}^{-1}$ $AgNO_3$ 标准溶液 20.00mL，及新煮沸并已冷却的 $6\text{mol}\cdot\text{L}^{-1}$ HNO_3 溶液 5mL 和蒸馏水 20.00mL，再加入铁铵钒指示剂 1mL，用 $0.1212\text{mol}\cdot\text{L}^{-1}$ 的 NH_4SCN 标准溶液滴定至终点，用去 8.78mL，试计算 KBr 的质量分数。

解： 10.00mL 样品液消耗 $AgNO_3$ 的物质的量为

$$(0.1045\times 20.00-0.1212\times 8.78)\times 10^{-3}=1.026\times 10^{-3}(\text{mol})$$

KBr 的摩尔质量为 $119.0\text{g}\cdot\text{mol}^{-1}$

则 10.00mL 样品液中 KBr 的质量为

$$1.026\times 10^{-3}\times 119.0=0.1221(\text{g})$$

KBr 的质量分数为

$$w(\text{KBr})=\frac{m_{\text{KBr}}}{m_{\text{样品}}}\times 100\%=\frac{0.1221}{1.2310\times\frac{10}{100}}\times 100\%=99.19\%$$

3. 银合金中银的测定

先将银合金溶解在 HNO_3 中制成溶液，溶解时需要加热煮沸，除去氮的低价氧化物，因为它们能与 SCN^- 结合形成红色化合物而影响终点的观测。其反应如下：

$$Ag+NO_3^-+2H^+ = Ag^++NO_2\uparrow+H_2O$$

$$HNO_2+H^++SCN^- = NOSCN+H_2O$$

试样溶解后，以铁铵钒为指示剂，用标准 NH_4SCN 溶液滴定。

例 13　称取银合金试样 0.3000g，用酸溶解后，加铁铵钒指示剂，用 $0.1000\text{mol}\cdot\text{L}^{-1}$ NH_4SCN 标准溶液滴定，用去 23.80mL，计算样品中银的百分含量。

解：

$$\text{银的摩尔质量}=107.9\text{g}\cdot\text{mol}^{-1}$$

$$\text{银的含量}=\frac{0.1000\times 23.80\times 107.9}{0.3000\times 10^3}\times 100\%=85.60\%$$

阅读材料　盖吕萨克的银量法

Gay-Lussac 法又叫等浊滴定法或浊度法，是一百多年前由法国人 Josephlouis Gay-Lussac（1778—1850 年）提出用氯化物来测定银含量的方法。这种方法确定终点不需要指示剂。其原理是：以硝酸银滴定氯化钠至化学计量点时，溶液是氯化银的饱和溶液并含有相同浓度的银离子和氯离子。如果在上层清液中加入少量的氯离子或银离子，由于生成氯化银沉淀而使清液变浑浊，这是因为两种离子不管哪一种过量都会降低氯化银的溶解。在化学计量点时的试样上层清液中加入稍过量的银离子所得到的浊度是与加入同样过量的氯离子所得到的浊度相等。如果氯离子还过量，那么在试样上清液中加入银离子所造成的浊度比加入过量的氯离子所造成的浊度要深得多；同样如果滴定过程中硝酸银已加得过量，将会看到相反的效果。因此，在应用这种方法时，在接近化学计量点时抽取两份上层清液，分别用硝酸银和氯化物试验。如果发现浊度不相等，继续用硝酸银或氯化物滴定到浊度相等为止。

该法的不足之处就是操作比较烦琐。

习　题

1. 解释下列名词，说明它们之间的关系。

（1）溶解度　（2）溶度积　（3）离子积

2. 影响沉淀溶解度的因素有哪些？

3. 向氯化银沉淀溶液中加入少量的 NaCl 晶体，会出现什么现象？如加入大量的 NaCl 晶体，则又会出现什么现象？

4. 下列说法是否正确？

（1）两种难溶电解质比较，溶度积小的溶解度也一定小。

（2）欲使溶液中的某种离子沉淀完全，加入的沉淀剂越多越好。

（3）沉淀完全就是将溶液中的离子完全除去。

（4）向含有多种离子的溶液中加入沉淀剂时，溶解度小的一定先沉淀。

5. 解释下列现象。

（1）$BaCO_3$ 溶于稀盐酸或稀硝酸。

（2）向 AgCl 沉淀中加入 KI 溶液，会生成黄色的 AgI 沉淀。

（3）CuS 沉淀溶于硝酸而不溶于盐酸。

（4）AgCl 沉淀可溶于氨水。

（5）$Mg(OH)_2$ 能溶于铵盐，而 $Al(OH)_3$、$Fe(OH)_3$ 不能溶于铵盐。

6. 莫尔法测定 Cl^- 时，为什么要控制溶液的酸度在 6.5～10.5 之间？为什么不宜用莫尔法测定 I^-？

7. 用佛尔哈德法测定 Cl^- 时，不加有机溶剂会出现什么结果？测定 Br^-、I^- 时，不加硝基苯对测定结果有无影响？

8. 简述吸附指示剂的作用原理，在法扬斯法中加入淀粉的作用。

9. 已知 $CaCO_3$ 和 $Mg(OH)_2$ 的溶度积分别为 2.8×10^{-9} 和 1.8×10^{-11}，试比较它们在水中的溶解度哪个大？

10. 计算 AgBr 在 $0.01mol\cdot L^{-1}$ 的 KBr 溶液中的溶解度。（AgBr 的溶度积为 5.0×10^{-13}）

（7.1×10^{-5}）

11. 计算 $Ba(OH)_2$ 饱和溶液的 pH 值。［$Ba(OH)_2$ 的溶度积是 5.0×10^{-3}］

（13.34）

12. 下列溶液等体积混合是否有沉淀生成？

（1）$2.0\times10^{-3}mol\cdot L^{-1}$ $AgNO_3$ 溶液和 $2.0\times10^{-3}mol\cdot L^{-1}$ K_2CrO_4 溶液

（2）$1.0\times10^{-5}mol\cdot L^{-1}$ $AgNO_3$ 溶液和 $2.0\times10^{-4}mol\cdot L^{-1}$ KCl 溶液

13. 向浓度均为 $0.10mol\cdot L^{-1}$ 的 Ba^{2+}、Ag^+ 混合液中滴加 Na_2SO_4 溶液，哪种离子先沉淀？此时的 SO_4^{2-} 浓度为多大？当第二种离子沉淀时，第一种离子是否沉淀完全？能否将这两种离子进行分离？

（Ba^{2+}；$1.08\times10^{-9}mol\cdot L^{-1}$）

14. 准确量取 10.00mL 生理盐水，加入 5%K_2CrO_4 指示剂 0.5mL，用 $0.1045mol\cdot L^{-1}$ $AgNO_3$ 标准溶液滴定至砖红色，用去 14.58mL，计算生理盐水的质量浓度。

（$8.913\times10^{-3}g\cdot mL^{-1}$）

15. 称取可溶性氯化物 0.2266g，加水溶解后，加入 30.00mL $0.1121mol\cdot L^{-1}$ 的 $AgNO_3$ 标准溶液，过量的 Ag^+ 用 $0.1185mol\cdot L^{-1}$ 的 NH_4SCN 标准溶液滴定，用去 6.50mL，计算试样中氯的质量分数。

（40.56%）

第八章　重量分析法

知识与技能目标

1. 掌握重量分析对沉淀形式和称量形式的要求，了解重量分析法的分类。
2. 掌握沉淀剂的选择原则及用量。
3. 了解沉淀的形成、类型及沉淀条件。
4. 熟练掌握重量分析的操作技术。
5. 掌握重量分析法的应用及分析结果的计算。

第一节　重量分析法概述

重量分析法是以测定重量的方法来确定被测组分含量的定量分析法。它通常是通过物理方法或化学反应将试样中待测组分与其他组分分离，以称量质量的方法称得待测组分或它的难溶化合物的质量，计算出待测组分在试样中的含量。

一、重量分析法的分类

根据分离被测组分所用方法的不同，重量分析法一般可分为沉淀法、气化法、萃取法和电解法。

1. 沉淀法

沉淀法是重量分析的主要方法。它是在被测试液中加入沉淀剂，使被测组分生成难溶化合物，经分离、洗涤、过滤、烘干或灼烧成为组成固定的物质，然后准确称量，再计算被测组分的含量。例如，用称量法测定试样中 SO_4^{2-} 的含量。将试样溶解制备成溶液，加入过量的 $BaCl_2$ 溶液，使其生成 $BaSO_4$ 沉淀，经过滤、洗涤、烘干，准确称量 $BaSO_4$ 的质量，计算出试样中 SO_4^{2-} 的含量。

在粮油检验中，油脂中的磷脂含量通常采用此法测定。

2. 气化法（或挥发法）

这种方法适用于挥发性组分的测定。利用物质的挥发性，通过加热或蒸馏等方法使一定质量试样中的被测组分转化为挥发性的物质逸出，然后根据试样质量的减少，计算被测组分的含量；或者当该组分逸出时，选择适当的吸收剂将该组分的气体全部吸收，根据吸收剂质量的增加，计算被测组分的含量。例如，要测定氯化钡（$BaCl_2 \cdot 2H_2O$）中结晶水的含量，可将一定质量的试样放在烘箱内加热，使水分逸出至恒重，根据氯化钡晶体试样的减轻量计算出水分的含量。也可以用吸湿剂（如高氯酸镁）吸收逸出的水分，然后根据吸湿剂质量的增加计算水分含量。

粮食水分、油脂水分及挥发物的测定均可采用这种方法。

3. 萃取法

萃取法是用选择性溶剂将被测组分从样品中萃取出来，然后把被测组分和萃取剂分离（蒸馏或烘干），根据萃取物的质量，计算样品中被测组分的含量。

例如，粮食或油料中粗脂肪含量的测定采用的就是这种方法。

4. 电解法

利用电解原理，在电解池中使被测组分在电极上析出，根据电极质量的增加求得试样中相应组分的含量。

重量分析法是经典的化学分析方法，它通过直接称量得到分析结果，不需要从容量器皿中引入许多数据，也不需要基准物质作比较，在操作熟练的前提下，通常能得到准确的分析结果，相对误差在0.1%～0.2%，可用于测定含量大于1%的常量组分，有时也用于仲裁分析。但是重量分析法操作比较麻烦，程序多，分析时间长，不适用于快速分析。另外，称量法灵敏度较低，不适用于微量组分分析，而只能用于常量组分分析。在重量分析法中，以沉淀法最为重要，而且应用也较多，所以本章主要介绍沉淀称量法。

二、重量分析法的主要操作过程

重量分析法的主要操作过程如下：

$$\text{试样}\xrightarrow{\text{溶解}}\text{试液}\xrightarrow{\text{沉淀}}\text{沉淀形式}\xrightarrow{\text{过滤、洗涤}}\text{纯净沉淀形式}\xrightarrow{\text{烘干或灼烧}}\text{称量形式}\xrightarrow{\text{称量}}\text{结果}$$

能否获得纯净的沉淀形式和理想的称量形式是沉淀重量分析成功与否的关键。

1. 溶解

将试样溶解制成试液。根据不同性质的试样，选择适当的溶剂。对于不溶于水的试样，一般采用酸溶法、碱溶（熔）法或熔融法。

2. 沉淀

加入适当的沉淀剂，使与待测组分定量反应生成难溶化合物沉淀。

3. 过滤和洗涤

过滤使沉淀与母液分开。根据沉淀性质的不同，过滤沉淀时常采用漏斗和无灰滤纸或玻璃砂芯漏斗。洗涤沉淀是为了除去不挥发的盐类和母液。洗涤时要选择适当的洗涤液，以防沉淀溶解或形成胶体。洗涤沉淀要采用少量多次的原则。

4. 烘干和灼烧

烘干的目的是除去沉淀中的洗涤剂和挥发性物质同时使沉淀组成达到恒定。烘干的温度和时间应随着沉淀的不同而异。烘干温度一般在低于250℃。灼烧的目的是除去沉淀中的洗涤剂和挥发性物质外，还可使初始生成的沉淀在高温下转化为组成恒定的沉淀。灼烧的温度一般在高于250℃。以滤纸过滤的沉淀常置于瓷坩埚中进行烘干和灼烧。若沉淀需加氢氟酸处理，应改用铂坩埚。使用玻璃砂芯坩埚过滤的沉淀应在电烘箱里烘干。

5. 称量达到恒重

称得称量形式质量即可计算出分析结果。不论沉淀是烘干或是灼烧，其最后称量必须达到恒重。即沉淀反复烘干或灼烧后经冷却称量，直至两次称量的质量相差不大于0.2mg。

三、重量分析对沉淀形式和称量形式的要求

利用沉淀反应进行重量分析时，加入适当的沉淀剂，使被测组分以适当的组成形式沉淀下来，这种组成形式称为沉淀形式。沉淀经过滤、洗涤、烘干或灼烧以后，得到的用于称量的有关物质的组成形式称为称量形式。沉淀形式和称量形式可以相同，也可以不同，例如，用草酸沉淀钙离子时，沉淀形式为$CaC_2O_4 \cdot H_2O$，而经过滤、洗涤、烘干、灼烧后的称量形式为CaO，两者组成不同。用$BaSO_4$称量法测定Ba^{2+}或SO_4^{2-}时，沉淀形式和称量形式都是$BaSO_4$，两者组成相同。

为了获得准确的分析结果，重量分析中对沉淀形式和称量形式均有较高的要求。

1. 重量分析对沉淀形式的要求

（1）沉淀的溶解度要小。沉淀的溶解度必须很小，这样才能保证被测组分沉淀完全。通常要求沉淀在滤液和洗涤液（总体积一般为200mL）中的溶解损失质量不超过0.2mg。

（2）沉淀力求纯净，尽量避免其他杂质的玷污，否则就不能获得准确的分析结果。

（3）沉淀应易过滤和洗涤，因此在进行沉淀时，要尽量得到粗大的晶型沉淀。如果生成非晶型沉淀，则应注意掌握沉淀条件，得到易于过滤和洗涤的沉淀。

（4）沉淀应易于转化为称量形式。

2. 重量分析对称量形式的要求

（1）称量形式必须有恒定的化学组成。这是计算分析结果的依据。

（2）称量形式必须十分稳定。在实验条件下不受空气中水、CO_2、O_2 等因素的影响而发生变化，本身也不分解变质。

（3）称量形式的摩尔质量要大。称量形式的摩尔质量大时，待测组分在称量形式中的百分含量就小，可以减小称量的相对误差，提高分析结果的准确度。

例1　重量分析法测定铝离子的含量时，可以用氨水沉淀为 $Al(OH)_3$，后灼烧成称量形式 Al_2O_3 进行称量。也可以用 8-羟基喹啉沉淀为 8-羟基喹啉铝［$(C_9H_6NO)_3Al$］，烘干后（沉淀形式与称量形式相同）进行称量，按这两种称量形式的化学组成计算，0.1000g 铝可获得 0.1888gAl_2O_3 或 1.7040g $(C_9H_6NO)_3Al$。分别计算两种称量形式的称量相对误差。

解：电光分析天平的称量误差一般为±0.2mg，因此称量 Al_2O_3 和 $(C_9H_6NO)_3Al$ 的相对误差分别为

$$E_{Al_2O_3}=\frac{\pm 0.0002}{0.1888}\times 100\%\approx\pm 0.1\%$$

$$E_{(C_9H_6NO)_3Al}=\frac{\pm 0.0002}{1.7040}\times 100\%\approx\pm 0.01\%$$

显然，用 8-羟基喹啉法测定铝的准确度比用氨水沉淀法高。

阅读材料　重量分析法的奠基人——克拉普鲁特

克拉普罗特（Klaproth，Martin Heinrich）德国化学家和矿物学家。1743 年 12 月 1 日生于普鲁士萨克森的韦尼格罗德，1759 年在一位药剂师处当学徒，1771 年在柏林开设药店，并在一所外科医学院任教，1792 年在柏林炮兵学校当讲师，1810 年成为柏林大学第一任化学教授和柏林科学院院士，1975 年当选为英国皇家学会会员。

最早的定量分析是重量分析法，克拉普鲁特是该法的奠基人，他不仅创立一系列定量操作方法，如灼烧、恒重、干燥等，他还利用换算因子求得金属质量，同时引进质量百分比概念，应用这一概念帮助人们轻而易举地发现新的元素。

克拉普罗特不但是重量分析法的奠基人，而且对新元素的发现成绩卓著。1789 年他分析沥青油矿时发现元素铀并命名，同年分析锆石时发现元素锆；1795 年分析匈牙利的红色电气石时，证实英国 W. 格雷戈尔 1791 年发现的新元素，并取名为钛；1798 年证实 1782 年 F.J. 米勒·冯·赖兴施泰因在金属矿中发现的新元素，并命名为碲；1803 年证实同年 J.J. 贝采利乌斯发现的铈并命名。他是 A.L. 拉瓦锡反燃素说的拥护者，编著有《矿物学的化学知识》一书。

1817 年 1 月 1 日因病于柏林逝世，终年 74 岁。

第二节　沉淀剂的选择与沉淀条件

一、沉淀剂的选择

重量分析所用的沉淀剂首先应根据对沉淀形式和称量形式的要求来选择。其次还应注意

以下两个问题。

① 沉淀剂最好是易挥发或易分解的物质。为了使沉淀反应进行完全，常要加入过量沉淀剂。因此，在沉淀中不可避免地含有部分沉淀剂，若沉淀剂具有挥发性，在干燥灼烧时便可以除去。例如，沉淀 Fe^{3+} 时选用具有挥发性的 $NH_3 \cdot H_2O$ 而不用 NaOH 作沉淀剂就是这个缘故。

当无合适的挥发性沉淀剂而不得不使用非挥发性沉淀剂时，则沉淀剂用量不宜过多，并注意洗涤。

② 沉淀剂应具有特效性或具有良好的选择性。要求沉淀剂只能和待测组分生成沉淀，而不与试液中的其他组分起作用。如在 Ni^{2+} 的测定中常常用丁二酮肟，而不用 H_2S 做沉淀剂，就是因为 H_2S 能与其他阳离子生成沉淀，而丁二酮肟与 Ni^{2+} 的反应选择性较好，即便有少量干扰离子，也便于设法掩蔽或排除。特效性反应或选择性好的反应都可以避免或减少干扰组分的影响，简化实验操作，缩短实验时间。

二、沉淀剂的用量

重量分析中，沉淀是否完全主要取决于沉淀的溶解度和沉淀剂的用量。若沉淀形式的溶解损失量不超过 0.2mg，即可以认为沉淀反应已达到完全。事实上，按计量关系加入沉淀剂，沉淀作用很少能达到这一要求。

例 2 测定硫酸钠含量时，采用硫酸钡沉淀法，若称取 0.4g $Na_2SO_4 \cdot 10H_2O$，则理论上应加入 $0.05g \cdot mL^{-1}$ 的氯化钡溶液的体积 V 为多少？若溶液的总体积为 200mL，计算达到沉淀溶解平衡时沉淀的损失量。

解： 理论上应加入 $0.05g \cdot mL^{-1}$ 的氯化钡溶液的体积 V 可由下式计算求得。

$$Na_2SO_4 \cdot 10H_2O + BaCl_2 \cdot 2H_2O = 2NaCl + BaSO_4 \downarrow + 12H_2O$$

$$V = \frac{M_{BaCl_2 \cdot 2H_2O} m_{Na_2SO_4 \cdot 10H_2O}}{M_{Na_2SO_4 \cdot 10H_2O} \times 0.05g \cdot mL} = \frac{244.3g \cdot mol^{-1} \times 0.4g}{322.2g \cdot mol^{-1} \times 0.05g \cdot mL^{-1}} = 6mL$$

加入 6mL 的沉淀剂，达到沉淀溶解平衡时，溶液中 Ba^{2+} 浓度几乎与 SO_4^{2-} 的浓度相等，其浓度的乘积等于 $BaSO_4$ 沉淀的溶度积。

$$[Ba^{2+}][SO_4^{2-}] = K_{sp} = 1.1 \times 10^{-10}$$

$$[Ba^{2+}] = [SO_4^{2-}] = 1.05 \times 10^{-5} (mol \cdot L^{-1})$$

若沉淀时溶液的总体积为 200mL，已知 $BaSO_4$ 的摩尔质量为 $233.5g \cdot mol^{-1}$，则沉淀的溶解损失量为

$$1.05 \times 10^{-5} mol \cdot L^{-1} \times 233.5g \cdot mol^{-1} \times 200 \times 10^{-3} L = 5 \times 10^{-4} g = 0.5mg$$

这个数值是允许损失量（0.2mg）的 2.5 倍。可见，根据计量关系加入理论用量的沉淀剂时，沉淀作用通常达不到实际完全。如果加入适当过量的沉淀剂，则由于同离子效应，可使沉淀作用趋于完全。

例 3 在上例中加入过量 50% 的沉淀剂，沉淀的损失量又为多少？

解： 加入 9mL $BaCl_2$ 试液，有 6mL 结合成沉淀，尚余 3mL，在 200mL 溶液中剩余 $BaCl_2$ 浓度应为

$$\frac{3mL \times 0.05g \cdot mL^{-1}}{244.3g \cdot mol^{-1} \times 200 \times 10^{-3} L} = 0.003mol \cdot L^{-1}$$

$BaCl_2$ 为强电解质，溶液中 Ba^{2+} 浓度也等于 $0.003mol \cdot L^{-1}$，故溶液中 SO_4^{2-} 的浓度应为

$$[SO_4^{2-}] = \frac{K_{sp}}{[Ba^{2+}]} = \frac{1.1 \times 10^{-10}}{3 \times 10^{-3}} = 3.6 \times 10^{-8} (mol \cdot L^{-1})$$

因此 $BaSO_4$ 溶解损失的量为

$$3.6\times10^{-8}mol \cdot L^{-1}\times200\times10^{-3}L\times233.5g \cdot mol^{-1}=1.7\times10^{-6}g=1.7\times10^{-3}mg$$

这一损失量远小于所允许的误差。可见过量50%的沉淀剂已能使沉淀作用达到完全。但是如果沉淀剂不具挥发性，则不宜过量太多，通常以过量20%～30%为宜。

应当指出，沉淀剂过量太多，有时不但不能降低沉淀的溶解度，反而会因为配位效应、盐效应，使沉淀的溶解度增大。例如：

$$AgCl+Cl^- \rightleftharpoons [AgCl_2]^-$$

结果使 AgCl 沉淀的溶解度增大，测量的准确度下降。

三、沉淀的形成

沉淀滴定中已经讨论了溶液中形成沉淀的必要条件，即在一定温度下，难溶化合物的离子积必须大于该物质的溶度积。

通常沉淀的形成，要经历如下过程：

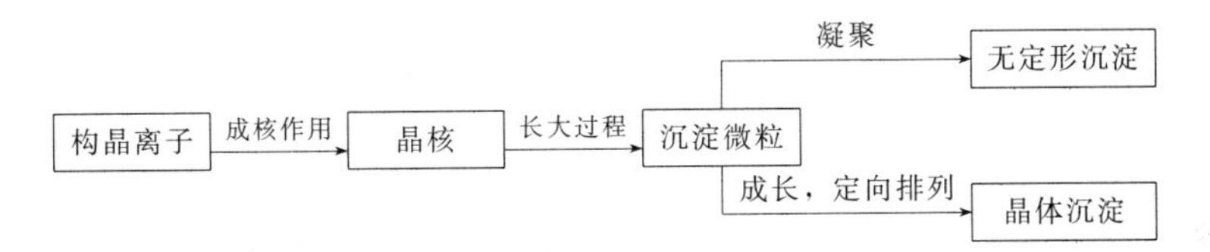

在过饱和溶液中，构晶离子先形成晶核，然后成长为沉淀微粒。

1. 晶核的产生，沉淀微粒的出现

在难溶化合物的过饱和溶液中，由于离子积大于溶度积，所以处于不稳定状态。离子之间存在着自发缔合作用，以便降低游离状态的离子浓度，使溶液向稳定状态过渡。这种过饱和溶液中离子之间的自发缔合达到一定数目后，即可形成晶核。

由于构晶离子不断沉积在晶核上，晶核逐渐长大，达到一定程度时，就形成了沉淀微粒。

2. 聚集速度、定向速度及其影响因素

构晶离子自发缔合形成晶核的过程就是聚集的过程。因此，构晶离子缔合成晶核的速度被称为聚集速度。一部分晶核形成后，溶液中游离态的离子仍有相互缔合形成新晶核的可能，同时，构晶离子在晶核的静电引力作用下，也有按一定的晶格结构进行有序排列，有使晶核逐渐长大的趋势，我们把构晶离子在静电作用下，围绕晶核进行有序排列的速度，称为定向速度。

聚集速度主要由溶液的浓度（指过饱和程度）和沉淀的溶解度所决定。溶液的浓度越小，沉淀的溶解度越大，则聚集速度就越小。反之，溶液的浓度越大，而沉淀的溶解度越小，则聚集速度就越大。

定向速度主要由沉淀本身的性质所决定。一般来说，极性较强的盐类均有较大的定向速度。如 $BaSO_4$、$MgNH_4PO_4$ 等。

3. 沉淀的类型

根据沉淀的物理性质，将沉淀可粗略地分为两类：一类是晶型沉淀，另一类是非晶型沉淀（无定形沉淀）。$BaSO_4$ 是典型的晶型沉淀，$Fe_2O_3 \cdot xH_2O$ 是典型的非晶型沉淀，它们的最大差别是沉淀颗粒的大小不同，晶型沉淀的颗粒直径在0.1～1nm之间，非晶型沉淀的颗粒直径一般小于0.1nm。

以等重的晶型沉淀和非晶型沉淀相比较，由于晶型沉淀是由较大的沉淀颗粒组成，内部排列较规则，结构紧密，所以整个沉淀所占的体积是比较小的。非晶型沉淀是由许多疏松聚集的微小沉淀颗粒组成的，沉淀颗粒的排列杂乱无章。其中又包含许多数目不定的水分子，所以整个沉淀体积庞大。

重量分析最好是获得晶型沉淀。

聚集速度与定向速度的相对大小决定了沉淀的类型。如果聚集速度大大超过定向速度，则构晶离子很快缔合成大量晶核，溶液的过饱和程度迅速降低，溶液中没有更多的构晶离子再聚集和定向排列到晶核上，这样就会得到非晶型沉淀。反之定向速度大大超过聚集速度，溶液中最初生成的晶核不是很多，有较多的构晶离子以晶核为中心，依次定向排列，这样就会得到颗粒较大的晶型沉淀。

四、晶型沉淀的沉淀条件

（1）反应应在稀溶液中进行　在稀溶液中沉淀，聚集速度较慢，有利于得到大颗粒的晶型沉淀。这样的沉淀易过滤和洗涤。同时，由于沉淀颗粒大，溶液稀，吸附杂质的作用也不显著，有利于得到纯净的沉淀。但是不能理解为溶液越稀越好，如果溶液太稀，由于沉淀溶解而引起的损失可能超过允许限量。因此，对于溶解度较大的沉淀，溶液不能太稀。

（2）反应应在热溶液中进行　一般来说，沉淀的溶解度随着温度的升高而增大，沉淀吸附的杂质随着温度的升高而减少。在热溶液中进行沉淀反应时，一方面可增加沉淀的溶解度，降低溶液的过饱和程度，即降低聚集速度，以便获得大的沉淀颗粒，另一方面又能减少杂质的吸附量，有利于得到纯净的沉淀。同时，升高温度也可以提高构晶离子的扩散速度，加快晶核的成长。但是对于在热溶液中溶解度较大的沉淀，必须冷却到室温后再进行过滤。否则，由于在母液中溶解损失增大会引起较大的误差。

（3）在不断搅拌下，均匀缓慢地加入沉淀剂　通常，当一滴沉淀剂溶液加入到被测试液中，由于来不及扩散，所以在两种溶液混合的地方，沉淀剂的浓度比溶液中其他地方的浓度大，这种现象称“局部过浓”现象。由于局部过浓，使该部分溶液的过饱和度变大，导致大量晶核迅速形成，以至于最后只能获得颗粒较小、纯度较差的沉淀。在不断搅拌下，缓慢地加入沉淀剂，可避免局部浓度过大。

（4）沉淀应放置陈化　所谓陈化，就是沉淀析出完全后，让初生的沉淀与母液一起放置一段时间的处理过程。在陈化过程中，小晶粒逐渐溶解，大晶粒逐渐长大。这是因为在同样条件下，小晶粒的溶解度比大晶粒大。在同一溶液中，对大晶粒为饱和溶液时，对小晶粒还未饱和。因此，小晶粒就要溶解。随着溶解的进行，溶液对大颗粒就是过饱和的，构晶离子在大颗粒表面沉积的过程不断进行，导致小晶粒不断溶解，大晶粒不断长大，直至小晶粒消失。见图 8-1、图 8-2。

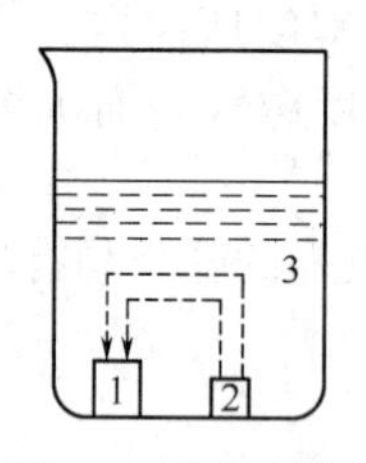

图 8-1　陈化过程

1—大晶粒；2—小晶粒；3—溶液

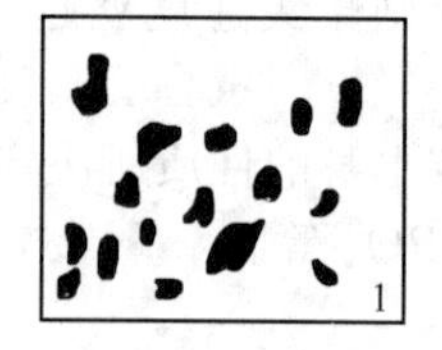

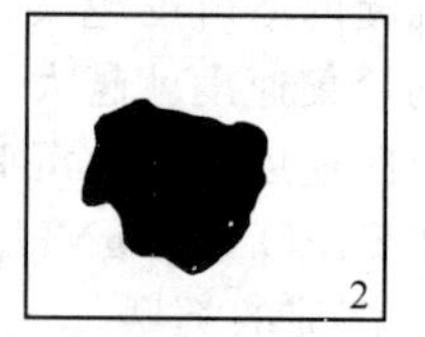

图 8-2　$BaSO_4$ 沉淀的陈化效果

1—未陈化；2—室温下陈化四天

沉淀经陈化后，不仅使小晶粒消失、大晶粒长大，易于过滤和洗涤，而且可以使不完整的晶粒转化为较为完整的晶粒，减少包藏在沉淀内部的杂质，使沉淀更加纯净。保持一定温度，可以缩短陈化的时间，有些沉淀需要在室温下陈化几小时甚至十几小时，加热后，由于加快了离子的扩散速度，可缩短为几十分钟。

（5）为减少沉淀的溶解损失，应将沉淀冷却后再过滤。

五、均相沉淀法

在溶液中通过缓慢的化学反应，逐步而均匀地在溶液中产生沉淀剂，使沉淀在整个溶液中均匀、缓慢地形成，因而生成颗粒较大的沉淀，该法称为均相沉淀法。例如，在含有 Ba^{2+} 的试液中加入硫酸甲酯，利用酯水解产生的 SO_4^{2-} 均匀缓慢地生成 $BaSO_4$ 沉淀。

$$(CH_3)_2SO_4 + 2H_2O = 2CH_3OH + SO_4^{2-} + 2H^+$$

此外，还可利用其他有机化合物的水解、配合物的分解、氧化还原反应等来缓慢产生所需的沉淀剂。

均相沉淀法是称量沉淀法的一种改进方法，但均相沉淀法对避免生成混晶及后沉淀的效果不大，且长时间地煮沸溶液使溶液在容器壁上沉积一层黏结的沉淀，不易洗下，往往需要用溶剂溶解再沉淀，这也是均相沉淀法的不足之处。

阅读材料　电重量分析法

重量分析法除了有沉淀法、挥发法、萃取法外，还有另外一种方法，即电解分析法，也叫电重量分析法。

电重量分析法是建立在电解过程基础上的电化学分析法。此法中被测定的金属离子以一定组成的金属状态在阴极上析出或以一定组成的氧化物形态在阳极上析出。从析出的重量可求出溶液中金属离子的含量。这种方法实质上与化学重量分析法相同，只是用"电"代替沉淀剂而已。电解分析法又可分为控制电位电解法和恒电流电解法。例如，在盛有硫酸铜溶液的烧杯中浸入两个铂电极，加上足够大的直流电压进行电解，此时阳极上有氧气析出，阴极上有铜析出，通过称量阴极上析出的铜的质量，就可以对硫酸铜中的铜含量进行测定。

电重量分析法的优点是准确度高，可对高含量的物质进行分析测定。不足之处是不能对微量物质进行分析，而且费时。

第三节　重量分析的操作技术

重量分析的基本操作技术主要包括：沉淀反应的完成，沉淀的过滤与洗涤、干燥或灼烧，称量等步骤。

一、沉淀反应的完成

沉淀反应的完成就是往试样溶液中加入适当的沉淀剂，使被测组分完全转变为沉淀形式。这个过程是重量分析中最基本，也是最重要的环节。

首先应准备好有关仪器用具，把试样制备成溶液。通常需准备烧杯、直径与烧杯匹配的表面皿，以及玻璃棒等。然后根据沉淀的类型选择合适的沉淀条件，进行沉淀反应，最后检查沉淀反应是否完全。

现以晶型沉淀为例。在做好有关准备以后，选择适当的沉淀剂，右手持玻璃棒搅拌，左手拿胶头滴管慢慢地滴加沉淀剂，滴管口要接近液面，以免溶液溅出。尽可能充分搅拌，但勿使玻璃棒碰击杯壁或杯底，以免划损烧杯造成沉淀的黏附或使烧杯破损。

溶液如需加热，一般在电热板或水浴锅上进行。沉淀反应结束后应检查沉淀是否完全。其方法是：将溶液静置片刻，待沉淀沉降后，沿杯壁于上层清液中加入 1～2 滴沉淀剂，观察滴落处是否浑浊，如果不浑浊表示已沉淀完全，否则应再补加沉淀剂。如此检查直至沉淀完全为止。然后盖上表面皿，保持一定温度陈化。

二、过滤和洗涤

过滤的目的是将沉淀从母液中分离出来，以便与过量沉淀剂、共存组分或其他杂质分开，再经洗涤，获得纯净的沉淀。

过滤、洗涤的操作要求：

① 在整个操作过程中不得有沉淀的损失；

② 既要洗去杂质，又要尽量避免和减小沉淀的溶解；

③ 过滤和洗涤要一次连续完成，不要间断。

（一）用滤纸和漏斗过滤

对于后续操作中需要灼烧的沉淀，常用滤纸过滤。灼烧时滤纸必须被完全烧尽。

1. 选择滤纸

滤纸分定量滤纸和定性滤纸两种。重量分析法中要用定量滤纸过滤。

定量滤纸灼烧后，灰分小于 0.1mg 者称为“无灰滤纸”；灰分质量可以忽略；若灰分质量大于 0.2mg，则应从称得的沉淀质量中将其扣除。定量滤纸多为圆形，直径有 7cm、9cm、11cm、12.5cm 数种。滤纸的孔隙有“快速”、“中速”、“慢速”三种。

定量滤纸的灰分质量与滤纸的直径有关：滤纸直径 7cm，每张滤纸的灰分质量为 0.035mg；9cm 的为 0.055mg；11cm 的为 0.085mg：12.5cm 的为 0.10mg。

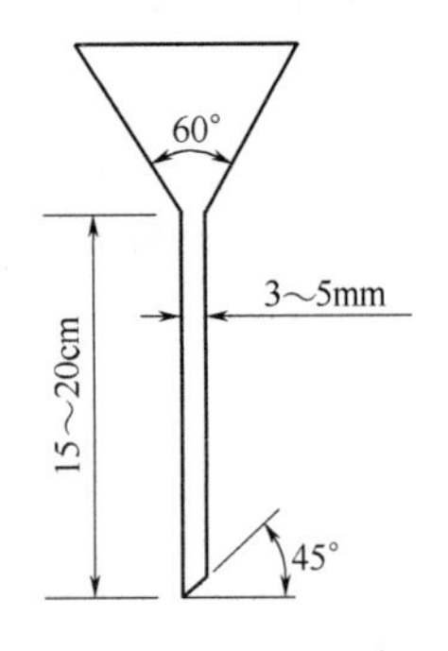

图 8-3　漏斗的选择

根据沉淀的性质选择不同滤速的滤纸：细晶型沉淀选慢速滤纸，粗晶型沉淀宜选中速滤纸，胶状沉淀应选快速滤纸。

根据沉淀的体积选择滤纸的大小：沉淀应装至滤纸圆锥高度的 1/3～1/2 处；滤纸大小还应与漏斗相匹配，一般，滤纸上沿比漏斗上沿应低 0.5～1cm。

2. 选择漏斗

应选择锥体角为 60°的长颈漏斗，颈长 15～20cm，颈外径3～5mm，出水口处呈 45°，见图 8-3。

3. 折叠滤纸

折叠滤纸时手要干净。先将滤纸对折，在对折时不要折死，展成圆锥形，见图 8-4。将折好的滤纸放入漏斗，滤纸锥体的上部应与漏斗壁完全密合，如不能完全密合，可稍改变滤纸第二次对折时的角度，直到完全密合为止。滤纸锥体的下部与漏斗壁间应稍有间隙。用手轻压滤纸第二次的对折边，将其折死。取出滤纸，则该锥体一半是三层滤纸，另一半只有一层。将三层边的外边两层撕下一角，可使该处的内层滤纸更好地贴在漏斗壁上。撕下的滤纸角可放在洁净的表面皿中保存备用。

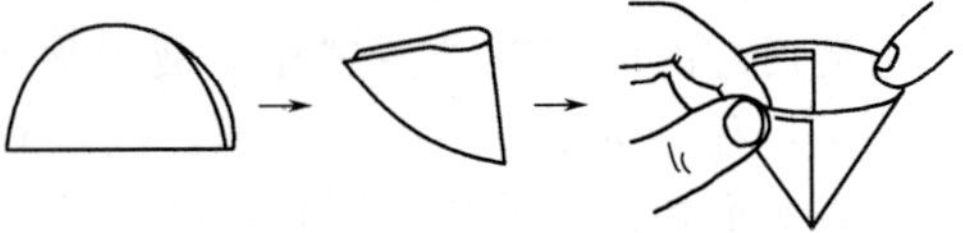

图 8-4　滤纸的折叠

4. 铺滤纸，做水柱

将折好的滤纸放入漏斗中，三层的一边与漏斗出水口短的一边对齐。用食指按住此边，用洗瓶细水流将滤纸润湿，然后轻轻按压滤纸边，使滤纸锥体的上部完全贴紧。加水至将近滤纸上沿，这时漏斗颈中应能全部被水充满，当滤纸中的水全部流尽后，漏斗颈中仍被水充满着，形成水柱。

若未能形成水柱，或水柱中有气泡，可用手指堵住漏斗出水口，稍稍掀起滤纸边（三层的一边），向空隙中加水，直到漏斗颈和漏斗中全部充满水，并且没有气泡为止。然后压紧滤纸边，放松手指，一般即可形成水柱。

如仍未能形成水柱，则可能是漏斗不合适，如颈过粗，或滤纸折叠的角度不合适或漏斗未洗净，必须重做。

准备好的漏斗置于漏斗架上，下边接一个洁净烧杯，用以承接滤液。漏斗出水口斜嘴的长边要紧靠烧杯壁，漏斗上盖一表面皿。

5. 过滤

一般多用倾泻法过滤，见图 8-5。

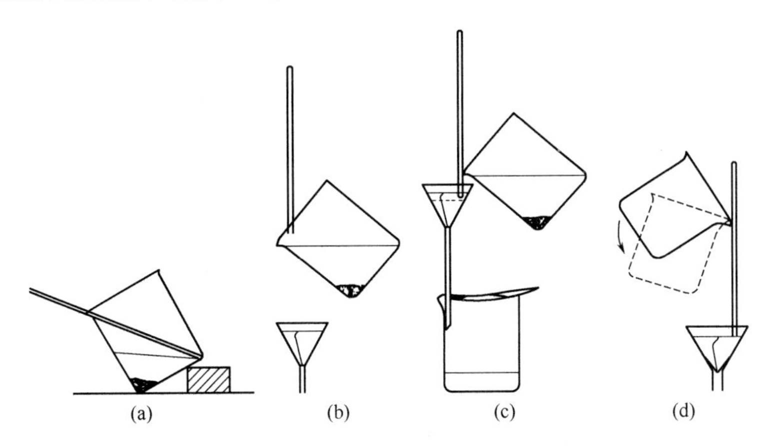

图 8-5　倾泻法过滤

(1) 将沉淀用的烧杯稍倾斜，烧杯嘴朝低的一边，静置，如图 8-5(a)。

(2) 待沉淀沉降后，将上层清液沿玻璃棒倾入漏斗中。玻璃棒要直立，下端对着三层滤纸的一边，要尽可能靠近滤纸，但不要触及滤纸。倾入溶液的量以液面达到滤纸高度的 2/3 为宜，如图 8-5(b)、图 8-5(c)。

(3) 当暂停倾注时，先将烧杯嘴沿玻璃棒向上提升，再将烧杯直立。待玻璃棒上的溶液流完后，将玻璃棒小心提起，放入烧杯中，但不要靠在烧杯嘴，如图 8-5(d)。

注意：开始过滤时，要检查滤液是否透明。如有浑浊，应另换一个清洁烧杯，并将第一次的滤液重新过滤。

6. 洗涤沉淀

当清液过滤完后，在烧杯中洗涤沉淀：每次用 10～20mL 洗涤液，要顺烧杯壁加入烧杯中，充分搅拌，静置，待沉淀下沉后，按上述倾泻法过滤。重复操作，洗涤 4～5 次。每次洗涤时都要尽可能将前次的洗涤液倾尽，然后再加洗涤液。

选择洗涤液的原则是：既不要加大沉淀的溶解，又要容易除去。常见方法有：(1) 晶型沉淀可用冷的稀沉淀剂。但如果沉淀剂是不易加热除去的物质，如沉淀 SO_4^{2-} 时用 $BaCl_2$ 为沉淀剂，就不宜用 $BaCl_2$ 作洗涤液，只能用蒸馏水或另选其他合适的溶液。(2) 无定形沉淀用热的强电解质溶液洗涤，常用的是易挥发铵盐溶液。(3) 溶解度稍大的沉淀用沉淀剂加适宜的有机溶剂作为沉淀剂。

7. 转移沉淀

即将烧杯中的沉淀全部定量地转移到漏斗中的滤纸内。

(1) 在烧杯中将沉淀洗涤几次后，再加入少量洗涤剂，搅拌混匀，立即将沉淀和洗涤液一同倾入漏斗中。重复操作 3～4 次，尽可能地将沉淀转移到滤纸中。然后将玻璃棒横架在烧杯口上，玻璃棒的下端应位于烧杯嘴上，且超出杯嘴 2～3cm。然后用食指压住玻璃棒上段，拇指在前，其余手指在后，拿起烧杯，举至漏斗上方，倾斜烧杯，使玻璃棒下端指向滤纸的三层边，用洗瓶冲洗烧杯内壁，使附着于杯壁上的沉淀全部转移到漏斗中，见图 8-6。

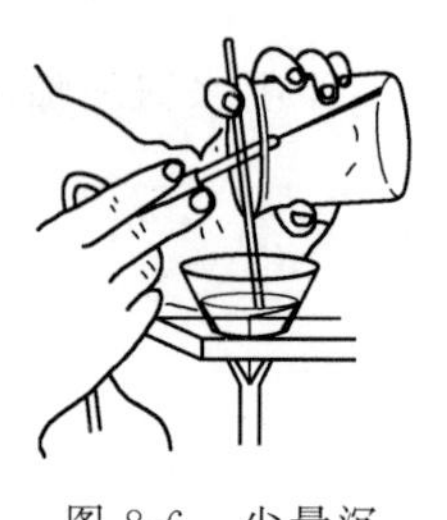

图 8-6 少量沉淀的转移

（2）最后再用折叠滤纸时撕下来的小块滤纸擦拭玻璃棒，并用玻璃棒蹭着滤纸擦拭烧杯。这块滤纸要放在漏斗中。

8. 再次洗涤

沉淀全部转移至滤纸上后，还需在漏斗中再次洗涤，既要充分洗净沉淀，还应洗净滤纸上黏附的母液。

洗涤方法：先从滤纸边缘处开始用洗瓶冲洗，让水流螺旋形向底部移动，使沉淀向滤纸底部集中，见图 8-7。

检查是否洗净：可用小试管接取一些滤液，加入相应沉淀剂，观察有无浑浊现象，如有浑浊，说明还未洗净，需继续洗涤，直至检查滤液时不再出现浑浊为止。

（二）用烧结过滤器过滤

1. 烧结过滤器

常用的烧结多孔过滤器有微孔玻璃漏斗（亦称滤板漏斗，见图 8-8）及微孔玻璃滤埚（亦称古氏过滤坩埚，见图 8-9）。

图 8-7 滤纸上沉淀的洗涤

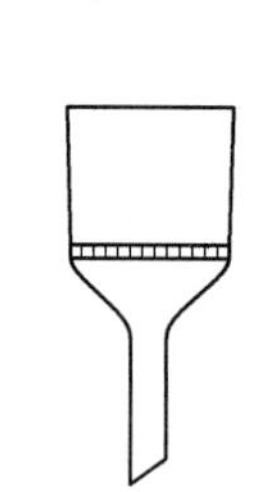

图 8-8 滤板漏斗

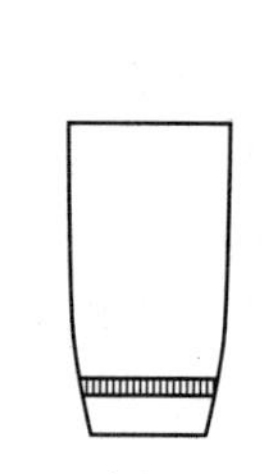

图 8-9 古氏过滤坩埚

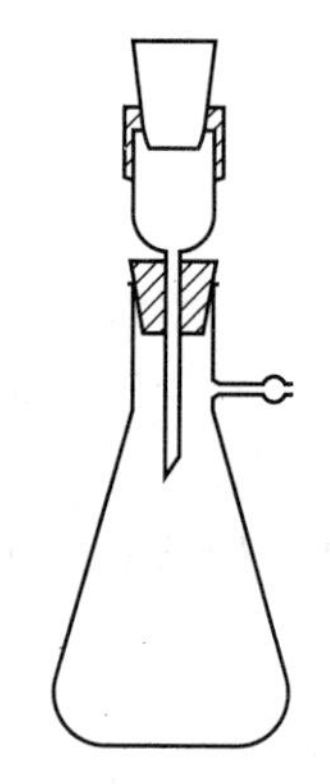

图 8-10 抽滤装置

（1）烧结多孔过滤器的孔径有多种，其牌号和等级比较乱。在此不多作介绍。

（2）不同孔径的滤器适用于过滤不同的物料。例如：孔径（$d/\mu m$）为 20～30 的，用于过滤大颗粒或胶状沉淀；孔径（$d/\mu m$）为 10～15 的，用于过滤大颗粒沉淀；孔径（$d/\mu m$）为 4～10 的，用于过滤细颗粒沉淀、汞等。

（3）烧结多孔过滤器只可烘干，绝不允许高温灼烧。

2. 过滤方法

（1）先将多孔滤器洗净，并在沉淀烘干时要求的温度下烘至质量恒重，于干燥器中冷却、保存备用。

（2）过滤时将多孔滤器与配套的古氏漏斗、抽滤瓶如图 8-10 装配好，接真空泵减压，用倾泻法过滤。过滤完毕，要先将系统通大气，再关真空泵。

（3）过滤、洗涤、沉淀转移等操作的方法和要求与用滤纸过滤的相同。

过滤时要注意：如沉淀量较大，可用滤板漏斗过滤。滤板漏斗可用橡胶塞或抽滤垫与抽滤瓶装配。用橡胶塞时，塞孔与漏斗颈不必紧密配合，宜相当松动才好。橡胶塞只起抽滤垫的作用，便于下步操作。

三、烘干与灼烧

采用烘干或灼烧，对过滤所得沉淀加热处理，使沉淀由沉淀式转化为称量式，即获得组成恒定并且与化学式表示的组成完全一致的沉淀。

烘干或灼烧时要使沉淀达到质量恒定。烘干或灼烧的操作方法如下。

（一）烘干

通常把在 250℃以下进行的热处理叫做烘干。烘干只能除去沉淀上所沾的洗涤液，它适用于沉淀式和称量式组成一致的沉淀。烘干处理操作简单，引入误差的机会小，耗能费时少，只要按要求温度放入烘箱中烘至质量恒重即可。

用多孔滤器过滤的沉淀只能用烘干方法处理。

（二）灼烧

温度高于 250℃的热处理通常称为灼烧。它适用于沉淀形式需经高温处理后才能转化为称量形式的沉淀的热处理。灼烧是在预先已灼烧至质量恒重的坩埚中进行的。凡是用滤纸过滤的沉淀，都应该也必须用灼烧方法处理。操作步骤如下。

1. 准备坩埚

选择大小合适的坩埚及相宜的坩埚盖，洗净、晾干、编号（可用含 Fe^{3+} 或 Co^{2+} 的蓝墨水在坩埚外壁上写号），然后高温灼烧。冷至室温后称量。再次灼烧、冷却、称量，直至质量恒重。

灼烧坩埚时所控温度应与以后灼烧沉淀时所需温度一致。

2. 折卷滤纸

用扁头玻璃棒或不锈钢扁铲把滤纸连同沉淀从漏斗中取出，按图 8-11(a)～图 8-11(e) 所示把滤纸折卷成小包，将沉淀包在里面。将它放入质量恒重并已准确称量过的坩埚中。放置时要使滤纸层数较多的部位朝上。

如为胶状沉淀，体积较大，不便于包裹时，可在漏斗中将滤纸沿边缘挑起，向中间折叠，将沉淀盖住，见图 8-11(f)。

如果滤纸已变干，可先用水将其润湿，以便于操作。

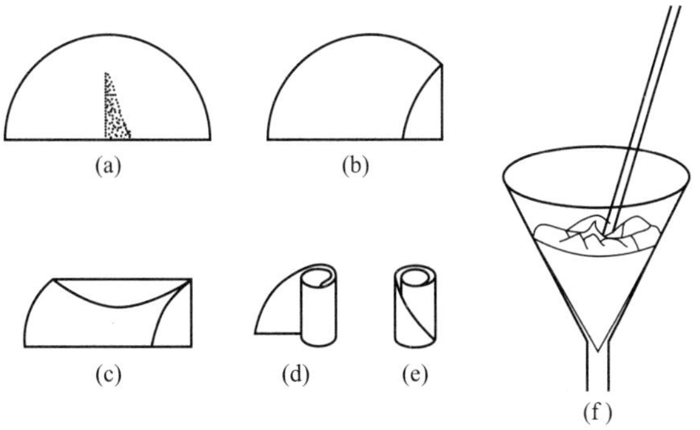

(a) (b) (c) (d) (e) (f)

晶体沉淀　　胶状沉淀

图 8-11　滤纸的折卷

3. 干燥与灰化

把坩埚置于泥三角上，坩埚盖斜靠在坩埚口的中部。调好煤气灯的高度、位置和火焰大小。如图 8-12(a)、图 8-12(b) 所示。

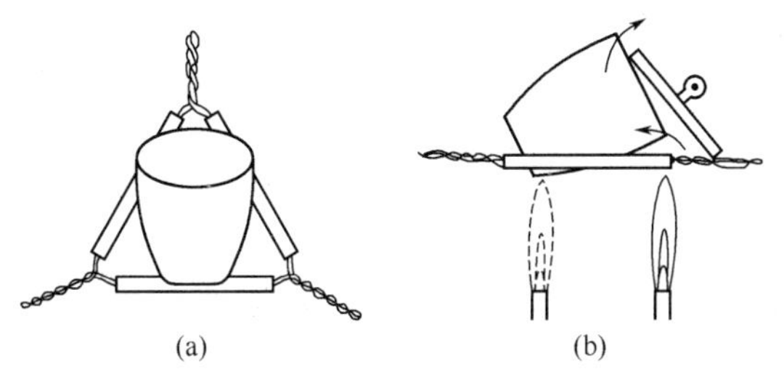

图 8-12　沉淀的干燥与滤纸的灰化

开始时要小火加热。为使沉淀能迅速干燥，应使火焰对着坩埚盖的中心，靠热气流干燥沉淀。

滤纸和沉淀干燥后，将灯焰移到坩埚底部，稍稍调大火焰，先将滤纸炭化，再继续加热使滤纸灰化。炭化过程中切忌滤纸燃烧，如不慎将其引燃，应先移去灯焰，立即用坩埚盖将火盖灭，切记：绝不可吹灭！否则会造成沉淀的损失。灰化时可小心转动坩埚，使受热均匀，加快灰化过程。

4. 灼烧沉淀

滤纸灰化后应立即将坩埚放入高温炉中灼烧。在所需温度下先灼烧 20～30min；重复灼烧时一般只需 15min。直至灼烧至质量恒重。

空坩埚与沉淀也可用煤气灯灼烧。用灯焰灼烧时，坩埚应直立于泥三角上，用大火焰灼烧 20～30min。灼烧过程中勿使火焰的焰心与坩埚底部接触。

图 8-13 干燥器

5. 冷却

灼烧后的高热坩埚应先在空气中冷却至红热消退后，再放入干燥器（图 8-13）中冷却，冷至室温。烘干的多孔过滤坩埚或漏斗可直接放入干燥器中冷却。

向干燥器中放入温热物体时，应先将盖子留一缝隙，稍等几分钟后再盖严。也可将盖子间断地推开 2～3 次，以使器内温度、压力与环境条件平衡。否则，干燥器内易形成负压，不易打开。

四、干燥器的使用

干燥器是具有磨口盖子的密闭厚壁玻璃器皿。磨口边缘涂很薄一层凡士林，使其密闭，干燥器底部放干燥剂。最常用的干燥剂是变色硅胶和无水氯化钙。其中有洁净的带孔瓷板。

使用干燥器时应注意以下各点。

① 干燥剂不宜放得太多，并要确保其吸水性能。失效后在烘箱中烘干可再生。

② 搬动干燥器时，应用双手，拇指要扣住盖子，绝不可抱着！

③ 打开干燥器的盖子时，要一手朝身体方向抱住干燥器，另一手握住盖顶上的圆球，以手掌托推住盖子的拱顶部位，均匀用力向外推移。要注意：绝不可向上掀盖子！一般也掀不开；推移时只能推盖子，绝不能推干燥器本体；取下的盖子必须仰放在桌子上，不可正着放置。

④ 将温热物体放入干燥器中时，空气受热膨胀会将盖子顶起来，为了防止盖子被掀跌，或者稍等一会再盖严，或者先用手按住盖子。不时把盖子稍微推开几次，以放出热空气。

阅读材料 常用坩埚的使用和维护

1. 铂坩埚

铂坩埚质软，使用时不要用手捏，以防变形；不能用玻璃棒捣刮铂坩埚内壁，以防损伤；不要将红热的铂坩埚放入冷水中骤冷。在加热和灼烧，均应在垫有石棉板或陶瓷板的电炉或电热板上进行，或在煤气灯的氧化焰上进行，不能与电炉丝、铁板及还原焰接触。滤纸如在铂坩埚中灼烧，应在低温和空气充足的情况下，让炭化的滤纸完全燃烧后，才能提高温度。

Pb、Bi、Sb、Sn、Ag、Hg 的化合物以及硫化物、磷和砷的化合物等不能在铂坩埚内灼烧或熔融。卤素和能析出卤素的物质如王水、HCl 以及某些氧化剂的混合物，对铂坩埚均有侵蚀作用。碱金属氧化物、氢氧化物、硝酸盐、亚硝酸盐、氰化物、氧化钡等在高温熔融时能侵蚀铂坩埚。组分不明的试样不能使用铂坩埚加热或熔融。铂坩埚内外壁应经常保持清洁和光亮。使用过的铂坩埚可用 1∶1 HCl 溶液煮沸清洗。如清洗不净，可用 $K_2S_2O_7$ 低温熔融 5～10min，如果用 $K_2S_2O_7$ 处理无效，可用 Na_2CO_3 或硼砂熔融。如仍有污点，则可用纱布包 100 筛孔以上的海沙加水润湿后，轻轻擦拭铂坩埚以恢复其表面的光泽。热的铂坩埚要用铂坩埚夹取。铂坩埚变形时，可放在木板上，一边滚动，一边用牛角匙压坩埚内壁整形。

2. 镍坩埚

镍坩埚抗碱性和抗侵蚀能力较强，故常用于熔融铁合金、矿渣、黏土，耐火材料等。

用镍坩埚熔样温度不宜超过 700℃，因在高温时，镍易被氧化。镍坩埚不能用于沉淀的灼烧。镍坩埚适用于 NaOH、Na_2O_2、Na_2CO_3、Na HCO_3 以及含有 KNO_3 的碱性溶剂熔融样品，不适用于 $KHSO_4$ 或 $NaHSO_4$、$K_2S_2O_7$ 或 $Na_2S_2O_7$ 等酸性溶剂以及含硫的碱性硫化物溶剂熔融样品。熔融状态的 Al、Zn、Pb、Sn、Hg 等金属盐，都能使镍坩埚变脆。硼砂也不能在镍坩埚中熔融。新的镍坩埚应先在马弗炉中灼烧成蓝紫色，除去表面的油污，然后用 1∶20 HCl 煮沸片刻，再用水冲洗干净。

3. 瓷坩埚

瓷坩埚可耐热 1200℃左右，适用于 $K_2S_2O_7$ 等酸性物质熔融样品。一般不能用于以 NaOH、Na_2O_2、Na_2CO_3 等碱性物质作溶剂熔融，以免腐蚀瓷坩埚。瓷坩埚不能和氢氟酸接触。瓷坩埚一般可用稀 HCl 煮沸洗涤。

4. 石英坩埚

石英坩埚可在 1700℃以下灼烧，但灼烧温度高于 1100℃石英会变成不透明，因此，熔融温度不应超过 800℃。石英质脆，易破，使用时要注意。石英坩埚不能和 HF 接触，高温时，极易和苛性碱及碱金属的碳酸盐作用。石英坩埚适于用 $K_2S_2O_7$、$KHSO_4$ 作溶剂熔融样品和用 $Na_2S_2O_7$（先在 212℃烘干）作溶剂处理样品。除 HF 外，普通稀无机酸可用作清洗液。

5. 聚四氟乙烯坩埚

聚四氟乙烯耐热近 400℃，但一般控制在 200℃左右使用，最高不要超过 280℃。能耐酸、耐碱，不受 HF 侵蚀，主要用于以氢氟酸作溶剂，如 F-$HClO_4$ 等。用于以 HF-H_2SO_4 作溶剂时不能冒烟，否则损坏坩埚。溶样时不会带入金属杂质，是其最大优点，另外表面光滑耐磨，不易损坏，机械强度较好。

第四节　重量分析法应用实例

一、可溶性硫酸盐中硫的测定（氯化钡沉淀法）

通常将试样溶解酸化后，以 $BaCl_2$ 溶液为沉淀剂，将试样中的 SO_4^{2-} 沉淀成 $BaSO_4$：

$$Ba^{2+} + SO_4^{2-} \longrightarrow BaSO_4 \downarrow$$

陈化后，沉淀经过滤、洗涤和灼烧至恒重。根据所得 $BaSO_4$ 称量形式的质量，可计算试样中含硫的质量分数。如果上述重量分析法的结果要求不十分精确，可采用玻璃砂芯坩埚抽滤 $BaSO_4$ 沉淀，烘干，称量。可缩短实验操作时间，适用于工业生产过程的快速分析。

$BaSO_4$ 沉淀的性质稳定，溶解度小，但是 $BaSO_4$ 是一种细晶型沉淀，要注意控制条件使生成较大晶体的 $BaSO_4$。因此必须在热的稀盐酸溶液中，在不断搅拌下缓缓滴加沉淀剂 $BaCl_2$ 稀溶液，陈化后，得到较粗颗粒的 $BaSO_4$ 沉淀。若试样是可溶性硫酸盐，用水溶解时，有水不溶残渣，应该过滤除去。试样中若含有 Fe^{3+} 等将干扰测定，应在加 $BaCl_2$ 沉淀剂之前，加入 1%EDTA 溶液进行掩蔽。

二、磷肥中磷含量的测定（磷钼酸喹啉称量法）

把磷肥样品按照一定的方法制备成分析用试液，使其中的磷化合物中的磷都转化成 PO_4^{3-}，在硝酸酸性介质中使其与钼酸盐、喹啉反应，生成黄色的磷钼酸喹啉沉淀。对沉淀过滤、洗涤、烘干至恒重、称量、计算。

$$PO_4^{3-} + 12MoO_4^{2-} + 3C_9H_7N + 27H^+ \longrightarrow (C_9H_7N)_3H_3[PO_4 \cdot 12MoO_3] \cdot H_2O \downarrow + 11H_2O$$

操作中应注意的问题有以下几个。

① 磷钼酸喹啉沉淀在酸性环境中才稳定，在碱性溶液中会分解为原来的简单离子。但酸度大虽对沉淀的生成有利，却会造成沉淀的物理性能差，使以后的过滤、洗涤困难；酸度低，导致反应不完全，测定结果偏低。

② NH_4^+ 具有和喹啉相近的性质，能生成黄色的磷钼酸铵沉淀，由于其分子量相对较少，易造成结果偏低。可加入丙酮消除 NH_4^+ 干扰，同时，丙酮的存在，能改善磷钼酸喹啉的物理性能，使沉淀颗粒粗大、疏松，便于过滤、洗涤。

③ 硅具有和磷相近的性质，能生成硅钼酸喹啉沉淀干扰测定，但在试液中存在有柠檬酸时，能和钼酸生成电离度较小的配合物，使其电离生成的钼酸根离子浓度仅满足生成磷钼酸喹啉沉淀而不生成硅钼酸喹啉沉淀，从而排除硅的干扰；同时，有柠檬酸存在还可进一步排除 NH_4^+ 的干扰。值得注意，柠檬酸的量不能太多，防止磷钼酸喹啉也不能沉淀完全。

实验证明，沉淀磷钼酸喹啉的最佳条件是：硝酸的酸度为 $0.6mol \cdot L^{-1}$，丙酮 $100g \cdot L^{-1}$，柠檬酸 $20g \cdot L^{-1}$，钼酸钠 $23g \cdot L^{-1}$，喹啉 $1.7g \cdot L^{-1}$。

④ 磷钼酸喹啉沉淀在不同温度下干燥，其组成不同。100～107℃，只脱去游离水分，组成为 $(C_9H_7N)_3H_3[PO_4 \cdot 12MoO_3] \cdot H_2O$，能达到恒量，但所需时间长；107～155℃，失去结晶水，但不完全，不易恒量；155～370℃，结晶水全部失去，组成为 $(C_9H_7N)_3H_3[PO_4 \cdot 12MoO_3] \cdot H_2O$，能达到恒量；370℃以上沉淀失去有机部分，组成为 $P_2O_5 \cdot 24MoO_3$，但不易恒量。由此，可见以 $(C_9H_7N)_3H_3[PO_4 \cdot 12MoO_3] \cdot H_2O$ 状态组成最稳定，易恒量。在实验中，可选择在250℃左右烘干20～30min或180℃左右烘干40～60min，即可达到恒量。

⑤ 在过滤洗涤磷钼酸喹啉沉淀时，若出现洗涤液浑浊的现象，则是由于酸度降低，钼酸盐水解析出三氧化钼的原因，不影响测定。

三、钢铁中镍含量的测定

钢铁是由铁矿石冶炼而得。含碳在1.7%以上的为生铁；含碳在0.2%～1.7%的为钢；含碳在0.2%以下的为低碳钢或纯铁。钢铁中的杂质主要是硅、锰、硫、磷四种元素。钢中如加入较一般钢铁中比例更多的硅或锰，或加入其他元素如镍、铬、钨、钼、钒等所成的钢则称为合金钢。由于这些元素的加入，钢的性质有很大改变，用途也更为广泛。

镍含量可以用丁二酮肟称量法测定。

丁二酮肟又名二甲基乙二肟、丁二肟、秋加叶夫试剂、镍试剂等。该试剂难溶于水，通常使用乙醇溶液或氢氧化钠溶液。在弱酸性（pH＞5）或氨性溶液中，丁二酮肟与 Ni^{2+} 生成组成恒定的 $Ni(C_4H_7O_2N_2)_2$ 沉淀。在有掩蔽剂（酒石酸或柠檬酸）存在下，可使 Ni^{2+} 与 Fe^{3+}、Cr^{3+} 等分离，因此，丁二酮肟是对 Ni^{2+} 具有较高选择性的试剂。

测定钢铁中的Ni时，将试样用酸溶解，然后加入酒石酸，并用氨水调节成pH=8～9的碱性溶液，加入丁二酮肟有机沉淀剂，就生成丁二酮肟镍红色螯合物沉淀，该沉淀溶解度很小，经过滤、洗涤后，在110℃烘干、称量，直至恒重。根据所得沉淀的质量计算出Ni的含量。

由于丁二酮肟是一种二元弱酸，控制适当的酸度非常重要。溶液酸度大时，使沉淀溶解度增大；若是溶液酸度小时，同样也会使沉淀的溶解度增大。实验证明，沉淀溶液的pH为7～10为宜。在热溶液中进行沉淀可减少试剂和其他杂质的共沉淀，但溶液的温度不能过高，否则乙醇挥发太多，会引起丁二酮肟本身沉淀。如果试样的溶液中含有 Fe^{3+}、Al^{3+}、Cr^{3+}、Ti^{4+} 等，在氨性溶液中生成氢氧化物沉淀干扰测定，所以在氨水加入试液前，需先加入柠檬酸或酒石酸将其掩蔽。在试样中Co、Cu含量较高或进行精确分析时，通常需要进行二次测定。

最后还需指出，有机沉淀剂与无机沉淀剂相比，具有更大的优越性。它的相对分子质量大，生成的沉淀溶解度小，组成恒定，选择性好，大多烘干后可直接称量，因此在重量分析中得到日益广泛的应用。常用的有机沉淀剂有：丁二酮肟、8-羟基喹啉、四苯硼酸钠等。

阅读材料　间接重量法测定花生壳中菲丁含量

菲丁（植酸钙）是一种重要的化工原料，可用来生产植酸和肌醇（环己六醇）。近年来，由于人们对肌醇的需求量不断增大，刺激了菲丁生产的迅猛增加，使得传统的菲丁生产原料——米糠及麸皮原料短缺、价格大幅上涨，导致菲丁生产成本上升。我国是花生生产大国，若菲丁含量适当，则以其为原料进行生产是切实可行的。

方法原理：用盐酸溶液从花生壳粉中浸出菲丁，在酸性介质中能与三价铁盐定量沉淀，其沉淀形式为 $[(C_6H_6)(OH)H_3(PO_4)_5]_3Fe_7$，沉淀过程不受其他物质如磷的干扰，因此，可向酸浸液中加入过量三价铁盐，过滤生成的菲丁铁盐沉淀物。向滤液中加入稀氨水溶液，使溶液呈弱碱性，过量的三价铁离子形成氢氧化物沉淀，将沉淀灼烧成 Fe_2O_3，定量分析已消耗的铁，然后间接计算出菲丁含量。

分析方法：先将花生壳洗净、烘干，然后粉碎至粒径不大于1mm，然后称取花生壳粉100g，放入800mL烧杯中，加入500mL 0.1mol·L^{-1}的盐酸溶液，将烧杯置于50℃水浴锅中，并不断搅拌；8h后进行过滤。取三份100mL滤液分别置于三个200mL烧杯中，各加50mL三氯化铁溶液，在100℃水浴锅中加热20min，使沉淀完全；然后转入200mL容量瓶，加水稀释至刻度，过滤沉淀；取滤液100mL置于200mL烧杯中，在80℃水浴中加热，滴加1∶1氨水溶液至pH值为10左右，边加边搅拌，静置10～15min，待沉淀物下沉后，再滴加数滴氨水于上层清液中，观察是否有沉淀生成。若无沉淀，表明已作用完全，趁热用定量滤纸过滤，再用稀氨水溶液洗涤沉淀4～5次，至洗出液中不含氯离子为止（取2mL洗出液于10mL试管中，加稀硝酸酸化后，滴加2滴硝酸银溶液，观察有无白色沉淀生成）。将滤纸和沉淀物一起取出，放入已烘至恒重的坩埚中，置于恒温干燥箱中干燥，然后将坩埚移入马弗炉中在900℃下灼烧30min，冷却后称其重量，直至恒重，由此即可计算出花生壳中菲丁的含量。

第五节　重量分析的误差及分析结果的计算

一、重量分析中的误差来源

重量分析中的误差主要来源于以下几个方面。

1. 称量误差

重量分析是依据天平称量获得分析结果的，因此，分析天平的精密程度跟分析结果的准确度密切相关。一般天平的允许误差为±0.1～0.2mg。为了减小称量的相对误差，并考虑沉淀便于过滤和洗涤，对于称量形式为晶型沉淀的质量，以0.1～0.5g为宜；体积疏松庞大的非晶型沉淀，称量形式的质量以0.08～0.1g为宜。

2. 溶解误差

在重量分析中，由于沉淀溶解而引起的误差有两种情况：一是沉淀的溶解度较大，而加入的沉淀剂过量不足；二是在沉淀的生成、洗涤过程中，溶液体积过大或洗涤液用量过大时，使沉淀的溶解误差增大。

因此，为了减免因沉淀不完全或沉淀溶解而引起的误差，必须严格控制溶液的体积和沉淀剂的用量。

3. 共沉淀和继沉淀误差

当一种物质从溶液中析出时，溶液中的某些其他组分在该条件下本来是可溶的，但它们却被沉淀带下来而混杂于沉淀之中，这种现象称为共沉淀现象。由于共沉淀现象使沉淀玷污是重量分析中误差的主要来源之一。

例如，测定 SO_4^{2-} 时，以 $BaCl_2$ 溶液为沉淀剂，若试液中存在 Fe^{3+}，当析出 $BaSO_4$ 沉淀时，本来可溶性的 $Fe_2(SO_4)_3$ 也会夹杂在其中，使沉淀灼烧后呈黄棕色（混有 Fe_2O_3）。

共沉淀现象主要由以下三方面引起，第一，表面吸附引起的共沉淀，这是由于在沉淀中，构晶离子按一定的规律排列，在晶体内部处于电荷平衡状态，但在晶体表面上，特别是在沉淀棱边和顶角，离子的电荷则不完全平衡，因而会导致沉淀表面吸附溶液中带异性电荷的非构晶离子；第二，形成混晶造成共沉淀，当杂质离子与构晶离子具有相同的电荷和相近的离子半径时，杂质就会在沉淀过程中取代构晶离子进入到沉淀内部，使沉淀遭受污染；第三，吸留和包藏引起共沉淀，由于沉淀剂加得多，沉淀生成得快，使表面吸附的杂质来不及离开就被后生成的沉淀覆盖，使母液和杂质嵌在其中。

除了共沉淀现象以外，重量分析中的沉淀还受到继沉淀的影响。继沉淀现象是陈化过程中某些本来难以析出组分逐步沉淀出来的现象。溶液的过饱和程度越大，陈化时间越长，继沉淀现象越严重，继沉淀引起的误差有时比共沉淀还大。

二、获得纯净沉淀的措施

前已述及重量分析中的误差来源，其中称量误差可以用适当增加称样量来减少，溶解误差可以用控制溶液总体积和沉淀剂用量来减免，对于共沉淀、继沉淀现象引起的误差，应当掌握好沉淀条件，尽量减免。

减小共沉淀和继沉淀引起的误差的主要措施有以下几个。

1. 选择适当的分析步骤

如果溶液中同时存在含量相差很大的两种离子，为了防止含量低的离子因共沉淀导致的损失，应该先沉淀含量低的离子，而不能使含量高的组分先沉淀。此外，对一些离子采用均相沉淀法等，也可以减免共沉淀和继沉淀造成的误差。

2. 选择合适的沉淀剂

选用有机沉淀剂，常可以减少共沉淀现象。

3. 改变杂质的存在形式

例如，沉淀 $BaSO_4$ 时，将 Fe^{3+} 还原为 Fe^{2+}，或者用 EDTA 将它络合，Fe^{3+} 的共沉淀量就大为减少。

4. 改善沉淀条件

沉淀条件包括溶液浓度、温度、试剂的加入次序和速度、陈化与否等。它们对沉淀纯度的影响情况列于表 8-1 中。

表 8-1 沉淀条件对沉淀纯度的影响

沉淀条件	混晶	表面吸附	吸留或包夹	后沉淀
稀释溶液	0	+	+	0
慢沉淀	不定	+	+	−
搅拌	0	+	+	0
陈化	不定	+	+	−
加热	不定	+	+	0
洗涤沉淀	0	+	0	0
再沉淀	+①	+	+	+

① 有时再沉淀也无效果，则应选用其他沉淀剂。

注：+表示提高纯度；−表示降低纯度；0 表示影响不太大。

5. 必要时再沉淀

将已得到的沉淀过滤后溶解，再进行第二次沉淀。第二次沉淀时，溶液中杂质的量大为降低，共沉淀或继沉淀现象自然减少。这种方法对于除去吸留和包夹的杂质效果很好。

6. 选择适当的洗涤液

利用四苯硼酸钾称量法测定钾肥中钾的含量时，由于四苯硼酸钾在水中的溶解度较大，在洗涤时应使用沉淀剂四苯硼酸钠的饱和溶液作洗涤液。

有时采用上述措施后，沉淀的纯度提高仍然不大，则可对沉淀中的杂质进行测定，再对分析结果加以校正。

在重量分析中，共沉淀或继沉淀现象对分析结果的影响程度随着具体情况的不同而不同。例如，用 $BaSO_4$ 称量法测定 Ba^{2+} 时，如果沉淀吸附了 $Fe_2(SO_4)_3$ 等外来杂质，灼烧后不能除去，则引起正误差。如果沉淀中夹有 $BaCl_2$，最后按 $BaSO_4$ 计算，必然引起负误差。如果沉淀吸附的是挥发性的盐类，灼烧后能完全除去，则将不引起误差。

三、重量分析结果的计算

重量分析是根据称量形式的质量来计算待测组分的含量的。

例如，欲采用重量分析法测定试样中硫含量或钴含量，操作如下：

$$\underset{\text{待测组分}}{S} \longrightarrow \underset{\text{试液}}{SO_4^{2-}} \xrightarrow[\text{沉淀剂}]{BaCl_2} \underset{\text{沉淀形式}}{BaSO_4\downarrow} \xrightarrow[\text{洗涤}]{\text{过滤}} \xrightarrow[\text{灼烧}]{800℃} \underset{\text{称量形式}}{BaSO_4}$$

$$\underset{\text{待测组分}}{Co} \longrightarrow \underset{\text{试液}}{Co^{2+}} \xrightarrow[\text{沉淀剂}]{(NH_4)_2HPO_4} \underset{\text{沉淀形式}}{CoNH_4PO_4 \cdot H_2O\downarrow} \xrightarrow[\text{洗涤}]{\text{过滤}} \xrightarrow[\text{灼烧}]{105\sim110℃} \underset{\text{称量形式}}{Co_2P_2O_7}$$

通过简单的化学计算，即可求出待测组分的质量：

$$m_S = m_{BaSO_4} \times \frac{M_S}{M_{BaSO_4}}$$

$$m_{Co} = m_{Co_2P_2O_7} \times \frac{2M_{Co}}{M_{Co_2P_2O_7}}$$

式中，m_{BaSO_4}、$m_{Co_2P_2O_7}$ 为称量形式的质量，随着试样中 S、Co 含量的不同而变化；$\frac{M_S}{M_{BaSO_4}}$ 和 $\frac{2M_{Co}}{M_{Co_2P_2O_7}}$ 为待测组分与称量形式的摩尔质量的比值，是个常数，称为化学因数（或称换算因数），用 F 表示。在计算化学因数时，要注意使分子与分母中待测元素的原子数目相等，所以在待测组分的摩尔质量和称量形式的摩尔质量之前有时需乘以适当的系数。分析化学手册中可以查到各种常见物质的化学因数。

例 4　称取氯化钡样品 0.4801g，经沉淀称量法分析后得到称量形式 $BaSO_4$ 的质量为 0.4578g，计算样品中 $BaCl_2$ 的百分含量。

解： 因为称量形式为 $BaSO_4$，1mol 称量形式相当于 1mol 待测组分，所以

$$w(BaCl_2) = \frac{m_{BaSO_4} \times \frac{M_{BaCl_2}}{M_{BaSO_4}}}{m_{样}} \times 100\%$$

$$= \frac{0.4578g}{0.4801g} \times \frac{208.3g \cdot mol^{-1}}{233.4g \cdot mol^{-1}} \times 100\%$$

$$= 85.10\%$$

例 5　分析铬矿中 Cr_2O_3 含量时，称取试样 0.5000g，经沉淀称量法分析后得到称量形式 $BaCrO_4$ 的质量为 0.2530g，求铬矿中 Cr_2O_3 的百分含量。

解： 因为称量形式为 $BaCrO_4$，1mol 称量形式相当于 1/2mol 待测组分，所以

$$w(Cr_2O_3)=\frac{m_{BaCrO_4}\times\frac{M_{Cr_2O_3}}{2M_{BaCrO_4}}}{m_{样}}\times100\%$$

$$=\frac{0.2530g}{0.5000g}\times\frac{152.0g\cdot mol^{-1}}{506.6g\cdot mol^{-1}}\times100\%$$

$$=15.18\%$$

例 6 称取某铁矿石试样 0.2500g，经处理后，沉淀形式为 $Fe(OH)_3$，称量形式为 Fe_2O_3，质量为 0.2491g，求 Fe 和 Fe_3O_4 的质量分数。

解：计算试样中 Fe 的质量分数，因为称量形式为 Fe_2O_3，1mol 称量形式相当于 2mol 待测组分，所以

$$w(Fe)=\frac{m_{Fe_2O_3}\times\frac{2M_{Fe}}{M_{Fe_2O_3}}}{m_{样}}\times100\%$$

$$=\frac{0.2491g}{0.2500g}\times\frac{2\times55.85g\cdot mol^{-1}}{159.7g\cdot mol^{-1}}\times100\%$$

$$=69.69\%$$

计算试样中 Fe_3O_4 的质量分数，因为 1mol 称量形式 Fe_2O_3 相当于 2/3mol 待测组分 Fe_3O_4，所以

$$w(Fe_3O_4)=\frac{m_{Fe_2O_3}\times\frac{2M_{Fe_3O_4}}{3M_{Fe_2O_3}}}{m_{样}}\times100\%$$

$$=\frac{0.2491g}{0.2500g}\times\frac{2\times231.54g\cdot mol^{-1}}{3\times159.7g\cdot mol^{-1}}\times100\%$$

$$=96.31\%$$

阅读材料　硫酸钡重量法测定钢铁中硫含量的主要误差来源

用硫酸钡重量法测定钢铁中硫含量时，主要误差来源有以下两个方面：一是来自硫酸钡沉淀本身的溶解度，造成负误差；二是来自硫酸钡沉淀对其他共存离子的吸附或共沉淀，造成正误差。

硫酸钡为晶型沉淀，其溶度积常数 K_{sp} 约为 10^{-10}。25℃时，在 100mL 水中可溶解约 0.25mg 硫酸钡；当温度升至 100℃时，100mL 水中可溶解约 0.40mg 硫酸钡。当溶液温度升高时，其溶解度也随之增大。例如当溶液中盐酸浓度从 $0.1mol\cdot L^{-1}$ 提至 $1mol\cdot L^{-1}$ 时，硫酸钡的溶解度可分别提高至 1.0mg 和 8.7mg，都超过水溶液中的 0.40mg。考虑到硫酸钡是离子晶体，常加入适量的乙醇来降低溶剂的极性，从而降低其溶解度。此外，硫酸钡的溶解度还与溶液的体积有关，溶液的体积增加，硫酸钡的溶解度也随之增大。因此，要求对沉淀剂的体积要加以控制。当硫含量较低时，即使采取种种措施，溶解损伤仍不可避免。

硫酸钡沉淀时，能吸附共存的其他离子。无其他离子存在时，也可吸附盐酸的氢离子和氯离子。因此，溶液中盐酸的量也要控制，以不超过 $0.05mol\cdot L^{-1}$ 为宜。由于硫酸钡对硝酸根的吸附比对氯离子严重，故不采用硝酸钡作沉淀剂。由于共沉淀作用，所得到的硫酸钡沉淀常含有少量的氯化钡。

习　题

1. 什么是重量分析法？有何优、缺点？

2. 影响沉淀溶解度的因素有哪几方面？

3. 叙述重量分析法的主要操作过程。

4. 重量分析法对沉淀形式和称量形式的要求是什么？

5. 重量分析法对沉淀剂的用量如何决定？

6. 晶型沉淀的沉淀条件是什么？

7. 什么是陈化？其作用是什么？

8. 减小共沉淀和继沉淀引起误差的主要措施有哪些？

9. 计算换算因数：（1）以 AgCl 为称量形式测定 Cl^-；（2）以 Fe_2O_3 为称量形式测定 Fe 和 Fe_3O_4；（3）以$Mg_2P_2O_7$ 为称量形式测定 P 和 P_2O_5。

［（1）0.2473；（2）0.6995、0.9666；（3）0.2783、0.6377］

10. 称取不纯的 $KHC_2O_4 \cdot H_2C_2O_4$ 样品 0.5200g。将试样溶解后，沉淀出 CaC_2O_4，灼烧成 CaO 后称重为 0.2140g，计算试样中 $KHC_2O_4 \cdot H_2C_2O_4$ 的质量分数。

（80.04%）

11. 称取磷矿石试样 0.4530g，溶解后以 $MgNH_4PO_4$ 形式沉淀，灼烧后得 $Mg_2P_2O_7$ 0.2825g，计算试样中 P 和 P_2O_5 的质量分数。

（17.36%；39.77%）

第九章　吸光光度法

知识与技能目标

1. 了解吸光光度法的特点和应用范围、显色反应和显色条件的选择。
2. 掌握光的吸收定律和单组分定量分析方法。
3. 学会吸收光谱曲线、标准工作曲线的绘制和测量条件的选择。
4. 了解分光光度计的组成部件和双组分溶液的测定方法。
5. 熟悉分光光度计的使用方法。

第一节　概　　述

众所周知，当一杯清水中滴入一滴蓝墨水，清水就变成蓝色溶液，滴入的墨水越多，溶液的蓝色就越深，其他的有色物质在溶液中也有这样的现象，即加入的有色物质越多，溶液的颜色越深。很多物质具有颜色，如高锰酸钾溶液呈紫色，重铬酸钾溶液呈橙色，溶液的颜色越深，其中有色物质的浓度就越大，人们利用比较溶液颜色的深浅来测定物质含量的方法称为比色法。但是也有很多物质是没有颜色的，或虽有颜色但不够明显，此时，可加入一种试剂与这种物质反应，生成有色物质后，再进行比色测定。例如，Fe^{3+} 与一定过量的 KSCN 试剂反应后，生成的 $Fe(SCN)_3$ 具有血红色。用肉眼观察比较溶液颜色的深浅来确定物质含量的方法称为目视比色法。用光电比色计来代替眼睛测定物质含量的方法称为光电比色法。

实践证明，无论物质有无颜色，当一定波长的光通过该物质的溶液时，只要物质对光有一定的吸收，根据物质对光的吸收程度，就可以确定该物质的组成和含量。这种是基于物质对光的选择吸收而建立起来的分析方法称为吸光光度法，又称分光光度法。包括比色法、紫外-可见分光光度法、红外分光光度法和原子吸收分光光度法。本章重点介绍可见光区的分光光度法。研究物质在紫外-可见光区的吸收，则称为紫外-可见光区的分光光度法。

分光光度法与滴定分析法相比，有以下特点。

① 灵敏度高。吸光光度法是测定物质微量组分（0.01%～1%）的常用方法，甚至可测定痕量组分（<0.01%）的含量。

② 准确度高。在常量（>1%）分析中，其准确度虽不如滴定分析、重量分析法高，但对于微量组分，一般吸光光度法的相对误差为2%～5%，完全能够满足微量组分的测定要求。

③ 操作简便，测定快速。仪器设备一般都不复杂，操作手续简便。

④ 应用广泛。吸光光度法适于微量和痕量分析领域，几乎所有的无机离子和许多有机化合物都可直接或间接地用分光光度法测定。它广泛地应用于工农业生产和生物、医学、临床、环保等领域。

阅读材料　牛顿与光的秘密

牛顿23岁时，鼠疫流行于伦敦。剑桥大学为预防学生被传染，通告学生休学回家避疫，学校暂时关闭。牛顿回到故乡林肯郡乡下。在乡下度过的休学日子里，他从没间断过学习和研究。万有引力、微积分、光的分析等发明的基础工作，都是这个期间完成的。

一次，他在用自制望远镜观察天体时，无论怎样调整镜片，视点总是不清楚。他想，这可能与光线的折光有关。接着就开始实验。他在暗室的窗户上留一个小圆孔用来透光，在室内窗孔后放一个三棱镜，在三棱镜后挂好白屏接受通过三棱镜折进的光。结果，大出意外，牛顿惊异地看到，白屏上所接受的折光呈椭圆形，两端现出多彩的颜色来。

对这个奇异的现象，牛顿进行了深入的思考。得知光受折射后，太阳的白光散为红、橙、黄、绿、蓝、靛、紫七种颜色。因此，白光（阳光）是由红、橙、黄、绿、蓝、靛、紫七色光线汇合而成。自然界雨后天晴，阳光经过天空中剩余水分的折射、反射，形成五彩缤纷的虹霓，正是这个道理。

经过进一步研究，牛顿指出世界万物所以有颜色，并非其自身有颜色。太阳普照万物，各物体只吸收它所接受的颜色，而将它所不能接受的颜色反射出来。这反射出来的颜色就是人们见到的各种物体的颜色。这一学说准确地道出颜色的根源，世界上自古以来所出现的各种颜色学说都被它所推翻。

第二节　光学分析的基本知识

电磁波又称电磁辐射，是一种在空间不需任何物质作传播媒介的高速传播的粒子流。电磁波具有波粒二象性：在空间传播时，具有反射、折射、干涉、衍射、偏振等现象，这些现象是电磁波波动性的体现，描述电磁波波动性的主要物理参数有速度（c）、频率（ν）、波长（λ）等。所谓波长是指在波传播的方向上两个相邻的波长或波谷之间的距离，单位有米（m）、厘米（cm）、微米（μm）、纳米（nm）；频率是指每秒钟波振动的次数，单位是赫兹（Hz）或兆赫（MHz）；电磁波在真空中的传播速度称为光速（$c \approx 3\times10^{8}\,\mathrm{m\cdot s^{-1}}$）。光速、波长、频率之间的关系为：

$$c=\lambda\nu$$

电磁波具有微粒性，即电磁波是由光子所组成的光子流。电磁波与物质相互作用时，光电效应、光的发射与吸收等现象就是微粒性的表现，光子的能量是描述电磁波微粒性的主要参数，它与光的频率成正比，其关系为：

$$E=h\nu$$

式中，h 为普朗克常数，其值约为 $6.623\times10^{-34}\,\mathrm{J\cdot s}$。

电磁波既然具有波粒二象性，两者必有一定的联系，将以上两式合并得：

$$E=h\nu=h\,\frac{c}{\lambda}$$

式中，c 和 h 均为常数。这说明不同频率或波长的电磁波，其光子能量不同，波长越短，频率越高，光子能量越大。若将电磁波按其波长或频率大小顺序排列成图表，则称该图表为电磁波谱，也称光谱。如表 9-1。

由表 9-1 可以看出，光是一种电磁波，波长在 400～760nm 的光称为可见光，是肉眼能觉察到的光，除可见光外，其他电磁波都是人眼不能感觉到的，称为不可见光。如果将一束白光通过三棱镜，就可以分为红、橙、黄、绿、青、蓝、紫七种颜色的光，所以称白光为复合光，而具有单一波长的光为单色光。应指出，单色光并非某一波长的光，而是具有一定的波长范围（表 9-2），波长范围越窄，单色光越纯。

表 9-1 电磁波谱

辐射区段	波长范围	原子或分子动的形式	分析方法
γ射线区	0.001～0.1nm	核能级跃迁	γ射线光谱法
X射线区	0.1～10nm	原子内层电子能级跃迁	X射线光谱法
远紫外区	10～200nm	分子中的原子外层电子跃迁	真空紫外光度法
近紫外区	200～400nm		紫外分光光度法
可见光区	400～760nm		比色法、可见分光光度法
近红外区	0.76～2.5μm	分子中涉及氢原子的振动	红外光谱法
中红外区	2.5～50μm	分子中原子的振动	红外光谱法
远红外区	50～1000μm	分子转动	远红外光谱法
微波区	0.1～100cm	电子自旋	微波光谱法
无线电波区	1～1000m	核磁共振	核磁共振光谱法

注：1. 波长范围的划分不是很严格，不同文献略有差异。

2. $1m=10^2cm=10^3mm=10^6\mu m=10^9nm$。

3. 分子吸收光能的特征不是连续的，而是量子化的，不同物质的分子结构不同，从低能级到高能级所吸收能量也不同，分子只能吸收相当于两个能级差的能量（即高能级的能量－低能级的能量）。

表 9-2 不同波长光线的颜色

波长/nm	620～760	590～620	560～590	500～560	480～500	430～480	400～430
颜色	红	橙	黄	绿	青	蓝	紫

图 9-1 光色互补示意

实验证明，白光不仅可由七种不同颜色的光混合而成，而且还可以由两种特定的色光按一定的强度比例混合而得，这两种颜色的光就称为互补色光，其关系如图 9-1 所示，从图9-1 中可以看出，绿光和紫光互补，蓝光和黄光互补等。

溶液所呈现的颜色是由于选择吸收了某种颜色的光所引起的，当白光通过有色溶液时，某些波长范围的光被吸收，只有一定波长范围的光可透过，人们所能看到的颜色就是透过的这一部分光的颜色。如 $KMnO_4$ 溶液之所以呈紫色，就是由于它吸收了白光中绿色光而透过紫色（绿色光的互补色光）；$CuSO_4$ 溶液吸收了红光，透过了蓝光，溶液呈现出蓝色；NaCl 溶液对各种颜色的光都透过，所以显无色；如果一束光将白光全部吸收，则溶液呈黑色。由此可见，溶液的颜色是基于对光选择吸收的结果。

溶液对各种光的吸收程度可以通过实验来测定。方法是让不同波长的光依次通过某一固定浓度的溶液，测定在各种波长下该溶液对光的吸收程度，用吸光度 A 表示，然后以波长 λ 为横坐标、吸光度为纵坐标作图，得一条曲线，称为光吸收曲线或吸收光谱曲线。它能更清楚地描述物质对不同波长光的吸收情况，光谱峰值处对应的波长称最大吸收波长，以 λ_{max} 表示，图 9-2 是 $0.0002mol \cdot L^{-1}$ $KMnO_4$ 和 $0.00016mol \cdot L^{-1}$ $K_2Cr_2O_7$ 溶液的吸收曲线。$KMnO_4$ 的 $\lambda_{max}=525nm$，而 $K_2Cr_2O_7$ 的 $\lambda_{max}=325nm$。图 9-3 为不同浓度的 $KMnO_4$ 溶液的吸收曲线。由图 9-2、图 9-3 可得：(1) 同一物质的吸收曲线是特征的，不同浓度的 $KMnO_4$ 溶液的吸收曲线相似，λ_{max}不变。不同物质吸收曲线形状不同，这些特征可以作为物质定性分析的依据。(2) 同一物质不同浓度的溶液在一定波长处吸光度随着浓度的增加而增大，这个特征可作为物质定量分析的依据。

吸收光谱曲线的产生是由于当分子从外界吸收能量之后，产生电子的跃迁，即分子的外层电子或价电子由基态跃迁至激发态。分子吸收的能量（如光能）具有量子化特

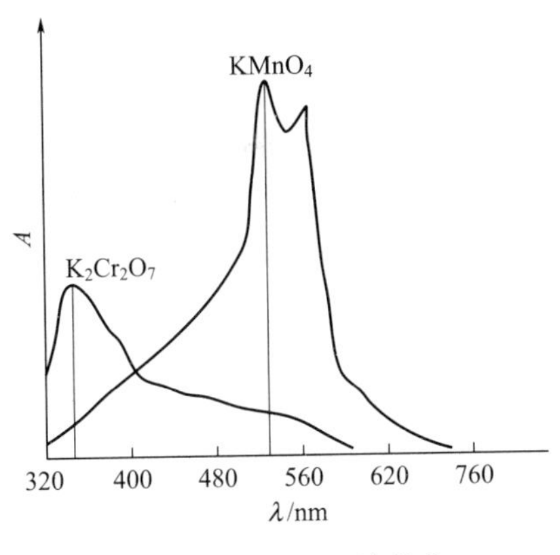

图 9-2　$K_2Cr_2O_7$ 溶液和 $KMnO_4$ 溶液的吸收曲线

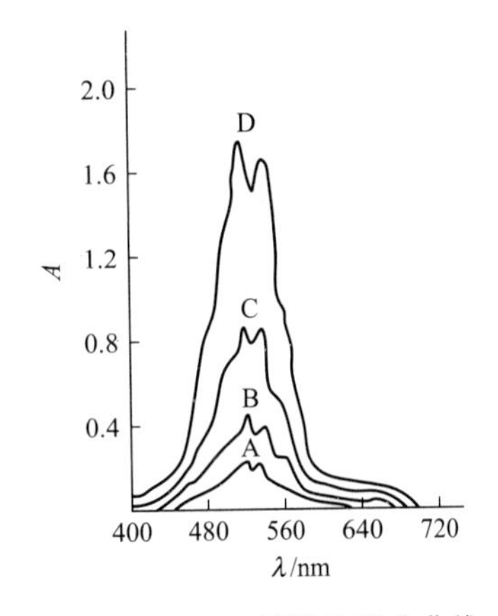

图 9-3　$KMnO_4$ 溶液的吸收曲线
A～D—$KMnO_4$ 溶液的浓度依次增加

征，只能吸收相当于激发态与基态能量之差的光能，所以物质的分子对光有选择性吸收。

阅读材料　白光 LED 的发光原理

白光 LED 发光的方式主要按使用 LED 发光二极管的使用数量可以分为单晶型和多晶型两种类型。

一种是单晶型，即一只单色的 LED 发光二极管加上相应的荧光粉，就如同日光灯的发光方式一样，采用 LED 发光二极管激发荧光粉发光。通常采用两种方式，一种方式是蓝光 LED 发光二极管激发黄色荧光粉产生白光，另一种方式是紫外光 LED 激发 RGB 三波长荧光粉来产生白光。许多厂商主要从事白光 LED 的研究，通常都先从蓝光 LED 开始研发及量产，有了蓝光 LED 的技术之后再开始研发白光 LED，然而目前最常用蓝光 LED 激发黄色荧光粉来产生白光，但是用蓝光 LED 来激发白光的方式的发光效率仍然不足，许多厂商开始向另外一个方向就是往紫外光 LED 来发展，利用紫外光 LED 加 RGB 三波长荧光粉来达到白光的效果，其发光效率比蓝光好许多。而紫外光 LED 加 RGB 三波长荧光粉的方法，其关键技术在高效率的荧光体合成法，也就是如何把荧光粉有效地附着在晶粒上的一项技术。

另一种是多晶型，即使用两个或两个以上的互补的两色 LED 发光二极管或把三原色 LED 发光二极管作为混合光而形成白光。采用多晶型产生白光的方式，因为不同的色彩的 LED 发光二极管的驱动电压、发光输出、温度特性及寿命各不相同，因此若使用多晶型 LED 发光二极管的方式产生白光，比单晶型 LED 产生白光的方式复杂，也因 LED 发光二极管的数量多，也使得多晶型 LED 的成本亦较高；若采用单晶型，则只要用一种单色 LED 发光二极管元素即可，而且在驱动电路上的设计会较为容易。

第三节　光的吸收定律

一、光的吸收定律

光的吸收定律即朗伯-比耳定律是朗伯于 1768 年研究了光的吸收与有色溶液的厚度之间的关系、比耳于 1859 年研究了光的吸收与有色溶液的浓度的定量关系综合得出的。它是分

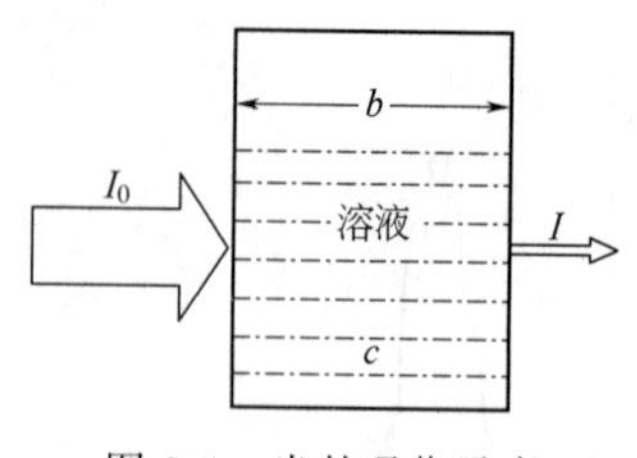

图 9-4 光的吸收示意

光光度法的理论依据。

让一束平行并具有一定波长的单色光通过均匀、非散射的有色溶液后，有一部分光被吸收，透过光的强度就要减弱。如果入射光的强度为 I_0，透过光的强度为 I，有色溶液的浓度为 c，液层厚度为 b，如图 9-4 所示。实验证明，有色溶液对光的吸收程度与该溶液的浓度、液层厚度以及入射光的强度等因素有关。

光的吸收定律可表述如下：当一束平行单色光通过均匀、非散射的有色待测稀溶液时，待测溶液的吸光度与溶液的浓度和液层厚度的乘积成正比。通常在测定中多用固定厚度的比色皿，一般为 1cm，溶液的浓度与吸光度成正比，用数学表达式为：

$$A=\lg I_0/I=Kbc$$

在吸光光度法中，通常把 I/I_0 称为透光率（也称透射比或透光度），用符号 T 表示，即：

$$T=I/I_0$$

A 与 T 的关系：

$$A=\lg I_0/I=-\lg T$$

式中，比例常数 K 与入射光的波长、物质的性质和溶液的温度等因素有关。常数 K 的值因溶液浓度 c、液层厚度 b 单位不同而异。

(1) 质量吸光系数　当浓度 c 的单位为 $g \cdot L^{-1}$、液层厚度 b 的单位为 cm 时，常数 K 用 a 表示，称为质量吸光系数，其单位为 $L \cdot g^{-1} \cdot cm^{-1}$，适用于摩尔质量未知的化合物。此时公式可表示为：

$$A=abc$$

质量吸光系数的物理意义为：浓度为 $1g \cdot L^{-1}$、液层厚度为 1cm，在一定波长下测得的吸光度值。

(2) 摩尔吸光系数　当溶液浓度 c 的单位为 $mol \cdot L^{-1}$、液层厚度 b 的单位为 cm 时，常数 K 用 ε 表示，称为摩尔吸光系数，其单位为 $L \cdot mol^{-1} \cdot cm^{-1}$，这样公式 $A=Kbc$ 可表示为：

$$A=\varepsilon bc$$

摩尔吸光系数的物理含义是：当浓度为 $1mol \cdot L^{-1}$、液层厚度为 1cm，在一定波长下测得的吸光度值。

摩尔吸光系数是吸光物质的重要参数之一，它表示物质对某一特定波长光的吸收能力。ε 愈大，表示该物质对某波长的光吸收能力愈强，测定的灵敏度也就愈高。因此，测定时，为了提高分析的灵敏度，通常选择摩尔吸光系数大的有色化合物进行测定，选择具有最大 ε 值的波长即最大波长 λ_{max} 作为入射光。一般认为 $\varepsilon<1\times10^4 L \cdot mol^{-1} \cdot cm^{-1}$ 灵敏度较低；ε 在 $1\times10^4 \sim 6\times10^4 L \cdot mol^{-1} \cdot cm^{-1}$ 属于中等灵敏度；$\varepsilon>6\times10^4 L \cdot mol^{-1} \cdot cm^{-1}$ 属于高灵敏度。

光的吸收定律不仅适用于可见光，也适用于红外线和紫外线；不仅适用于均匀非散射的液体，也适用于固体和气体。但在使用时应注意单色光的纯度、溶液浓度的范围，以减少对该定律的偏离程度。

二、偏离光吸收定律的原因

按照光的吸收定律，浓度 c 与吸光度 A 之间的关系应该是一条通过原点的直线。事实上，往往容易发生偏离而引起误差，如图 9-5 所示。导致偏离的原因有化学因素和物理因素等。

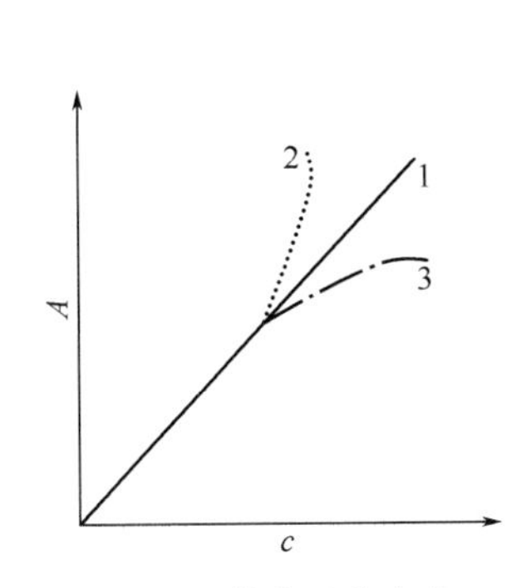

图 9-5　偏离吸收定律

1—无偏离；2—正偏离；3—负偏离

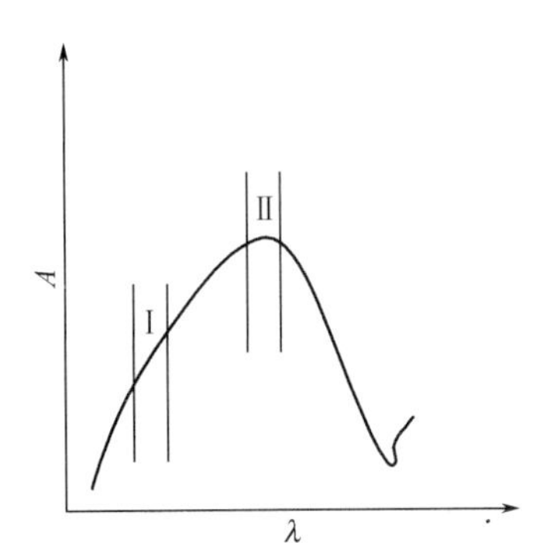

图 9-6　吸收谱带的选择

1. 化学因素

溶液中溶质可因浓度的改变而离解、缔合与溶剂间的作用等原因而发生偏离光的吸收定律的现象。如重铬酸钾的水溶液有以下平衡：$Cr_2O_7^{2-} + H_2O \rightleftharpoons 2CrO_4^{2-} + 2H^+$，若溶液严格地稀释 2 倍，$Cr_2O_7^{2-}$ 的浓度不是减少 2 倍，而是受稀释平衡向右移动的影响，$Cr_2O_7^{2-}$ 浓度的减少明显地多于 2 倍，结果产生偏离光的吸收定律而产生误差。

由化学因素引起的偏离有时可控制溶液条件设法减免。上例若在强酸溶液中测定 $Cr_2O_7^{2-}$，或在强碱性溶液中测定 CrO_4^{2-}，都可避免偏离现象。

2. 物理因素

(1) 非单色光　光的吸收定律只适用于单色光，但一般仪器所获得的入射光是具有一定波长范围的复合光，由于物质对不同波长的光有不同的吸光系数，而使得吸光度变化偏离光的吸收定律，在所使用的波长范围内，吸光物质的吸光系数变化越大，这种偏离就越严重，如图 9-6 所示的光的吸收曲线，谱带Ⅱ的吸光系数变化不大，用谱带Ⅱ进行分析，造成的偏离就比较小。而谱带Ⅰ的吸光系数变化较大，用谱带Ⅰ进行分析，就会造成较大的偏离，所以通常选择吸光物质的最大吸收波长作为分析波长。

(2) 反射光和散射光　入射光在比色皿内外界面之间通过时，有反射作用；有时溶液中存在胶粒或不溶性悬浮微粒时，使一部分入射光产生散射。实测吸光度增大，因而导致偏离光的吸收定律，一般情况下，可用空白对比补偿。

3. 透射比测量误差

在分光光度法中，仪器主要误差是透射比测量误差。经推导，测定结果与透射比测量误差的关系为：

$$\Delta c/c = 0.434\Delta T/T\lg T$$

通过上式计算证明，透射比太大或太小，测得浓度的相对误差均较大，只有当透射比 T 在 20%～65%（吸光度在 0.2～0.7）的范围内，测定结果相对误差较小（小于 2%），是测量适合的区域。误差最小的一点 T 为 36.5%，A 为 0.434，所以一般吸光

度 A 读数控制在0.2～0.7，精度高的分光光度计误差较小的读数范围可延伸到高吸收区0.2～2。

阅读材料　约翰·海因里希·朗伯

约翰·海因里希·朗伯（Johann Heinrich Lambert）（1728—1777年），德国数学家。他父亲是个裁缝，为了求学，12岁帮父亲工作，黄昏自习。自15岁，朗伯当过文员、报馆秘书和私人教师，在做私人教师时，他借助佑大图书馆学习。

朗伯一生对世人所做的贡献如下。

① 对光学进行了研究。

② 首度将双曲函数引入三角学。

③ 研究非欧几何的现象，包括双曲三角形的角度和面积。

④ 证明了π（3.1415926……）是无理数。

第四节　显色反应及显色条件的选择

一、显色反应和显色剂

有色物质本身具有明显的颜色，例如 $KMnO_4$ 溶液可以直接用作比色分析，但大多数物质如 Fe^{3+}、Al^{3+} 等，本身无色或颜色很浅，也就是说，它们对可见光不产生吸收或吸收不大，这就必须事先通过适当的化学处理，使该物质转变成对可见光产生较强吸收的有色化合物，然后再进行测定，这种加入某种试剂与被测组分变成有色物质的反应称为显色反应；与待测组分形成有色化合物的试剂称为显色剂。在可见分光光度法的实验中，选择合适的显色反应，并严格控制反应条件是十分重要的。

1. 显色反应

显色反应可以是氧化还原反应，也可以是配位反应，或兼有上述两种反应。其中配位反应较普遍。同一被测组分可与不同显色剂反应，生成不同的有色化合物，则其分析的灵敏度也不同，在分析时究竟选用何种显色反应较适宜应考虑下面几个因素。

① 选择性好。所用的显色剂最好是只与被测组分起显色反应，而试液中共存组分不干扰，这种试剂常称为特效的（或专属的）显色剂，实际上这种显色剂很少。对于选用仅与极少数组分产生显色的反应，加入适当掩蔽剂也容易于消除干扰物质的这类反应，同样可以认为是选择性好的显色反应。

② 灵敏度高。要提高分析的灵敏度，就应选择有色化合物摩尔吸光系数大的显色反应。如 Cu^{2+} 可与氨溶液、铜试剂和双硫腙反应，其摩尔吸光系数分别为 $\varepsilon_{620nm}=1.2\times10^{2}L\cdot mol^{-1}\cdot cm^{-1}$、$\varepsilon_{436nm}=1.3\times10^{4}L\cdot mol^{-1}\cdot cm^{-1}$以及 $\varepsilon_{545nm}=5.0\times10^{4}L\cdot mol^{-1}\cdot cm^{-1}$，可见灵敏度最高的是铜与双硫腙的显色反应。

③ 有色化合物的组成要恒定，化学性质要稳定。测量过程中，应保持吸光度基本不变，生成的有色化合物组成要恒定，化学性质要稳定，才能使待测组分符合定量关系。例如 Fe^{3+} 与磺基水杨酸作用生成黄色的磺基水杨酸铁配合物，$K_{稳}$ 约为 10^{42}，而 Fe^{3+} 与 SCN^- 作用生成 $[Fe(SCN)_6]^{3-}$，$K_{稳}$ 仅为 4.4×10^{4}，Fe^{3+} 与 SCN^- 作用形成1～6的硫氰化铁配合物，可以看出，Fe^{3+} 与 SCN^- 生成的有色化合物组成不恒定，性质不稳定，因此使用前者比后者效果更好。

④ 有色化合物与显色剂之间的颜色差别要大。有色化合物与显色剂之间的颜色差别大，

所引起的干扰就小。通常把两种有色物质最大吸收波长之差称为“对比度”。一般要求显色剂与有色化合物的对比度 $\Delta\lambda$ 在 60nm 以上。

⑤ 显色反应的条件要易于控制。控制显色反应的条件也是十分重要的，反应条件如果过严，不易控制，将会严重影响分析结果的准确度。

2. 显色剂

常用的显色剂可分为无机显色剂和有机显色剂，近年来又发展了三元配合物。

(1) 无机显色剂　许多无机试剂能与金属离子发生显色反应，但由于灵敏度和选择性都不高，具有实际应用价值的品种很有限，性能较好、用得较多的是硫氰酸盐、钼酸铵和过氧化氢等。

(2) 有机显色剂　最常用的显色剂是有机配位剂，它们可以和被测离子形成极其稳定的有色配合物。近年来有机显色剂的发展非常迅速，推动了吸光光度法的应用和发展。常用的有机显色剂见表 9-3。

表 9-3　常用的有机显色剂

显色剂	测定离子	显色条件	颜色	λ_{max}/nm	ε/L·mol^{-1}·cm^{-1}
双硫腙	Zn^{2+}	pH5.0, CCl_4 萃取	红紫	535	1.12×10^5
	Cd^{2+}	碱性, $CHCl_3$ 或 CCl_4 萃取	红	520	8.80×10^4
	Ag^+	pH4.5, $CHCl_3$ 或 CCl_4 萃取	黄	462	3.05×10^4
	Hg^{2+}	微酸性, CCl_4 萃取	橙	490	7.00×10^4
	Pb^{2+}	pH8～11, KCN 掩蔽, CCl_4 萃取	红	520	6.86×10^4
	Cu^{2+}	0.1mol·L^{-1} HCl, CCl_4 萃取	紫	545	4.55×10^4
铜试剂	Cu^{2+}	pH8.5～9.0, CCl_4 萃取	棕黄	436	1.29×10^4
硫脲	Bi^{2+}	1mol·L^{-1} HNO_3	橙黄	470	9.00×10^4
铝试剂	Al^{3+}	pH5.0～5.5HAc	深红	525	1.00×10^4
二甲酚橙	Pb^{2+}	pH4.5～5.5	红	580	1.94×10^4
	Zr^{4+}	0.8mol·L^{-1}HCl	红	535	3.38×10^4
丁二酮肟	Ni^{2+}	碱性, $CHCl_3$ 萃取	红	360	3.40×10^4
磺基水杨酸	Fe^{3+}	pH8.5	黄	420	5.50×10^3
亚硝基 R 盐	Co^{2+}	pH6.0～8.0, $CHCl_3$ 萃取	深红	550	1.06×10^4
新亚铜灵	Cu^+	pH3.0～9.0, 异戊醇萃取	黄橙	454	7.95×10^3
偶氮胂Ⅲ	Ba^{2+}	pH5.3	绿	640	5.10×10^3
邻菲罗啉	Fe^{2+}	pH3.0～6.0	橙红	510	1.11×10^4

(3) 三元配合物　前面介绍的多是一种金属离子（中心离子）与一种配位体配位反应的显色反应，这种反应生成的配合物为二元配合物，近年来，以三元配合物为基础的分光光度法受到关注。所谓三元配合物是指由三种不同组分所形成的配合物。在三种不同的组分中，至少有一种组分是金属离子，另外两种是配位体；或者至少有一种是配位体，另外两种是不同的金属离子；前者称为单核三元配合物，后者称为双核三元配合物。由于利用三元配合物显色体系可以提高灵敏度，改善分析特性，因此正逐渐得到广泛的应用。

二、显色条件的选择

用吸光光度法测定物质的含量要求严格控制显色反应条件，才能得到可靠的数据和准确的分析结果。显色反应条件有溶液的酸度、显色剂用量、温度、时间、溶剂及溶液中共存离子的影响等。现对显色反应的主要条件讨论如下。

1. 显色剂用量

从化学平衡的观点看，为了使显色反应进行完全，需加入过量显色剂，但显色剂不是愈多愈好，有时显色剂加入太多，反而引起副反应，对测定也不利。在实际应用中，显色剂的合适用量是通过实验来确定的，方法是：先固定被测组分的浓度和其他条件，然后分别加入不同量的显色剂，再分别测定它们的吸光度，最后绘制吸光度（A）与显色剂用量（V）的曲线。这时有三种情况的曲线，如图 9-7 所示。

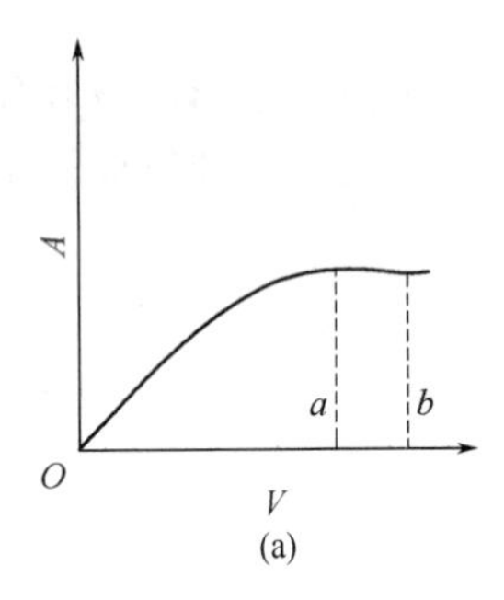

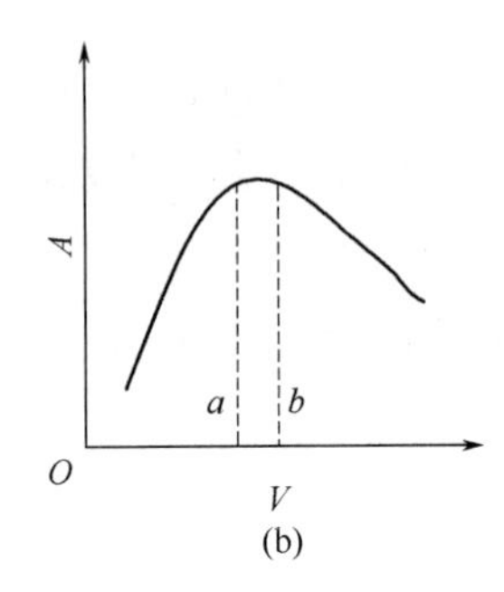

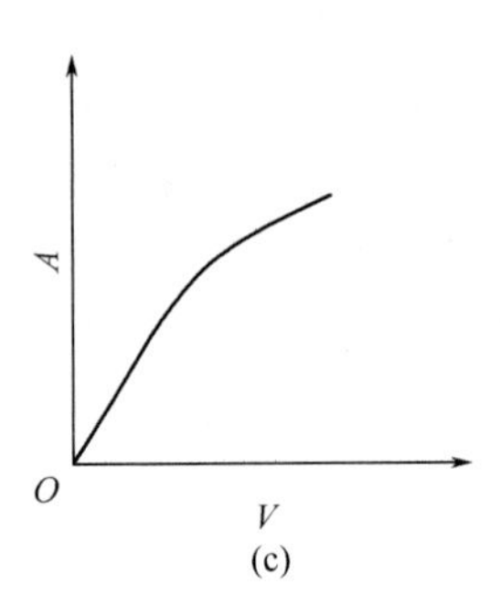

图 9-7 吸光度与显色剂加入量关系曲线

图 9-7(a) 是较常见的，说明显色剂的用量达到一定的数值后，溶液的吸光度不再增加，表明显色剂的用量已足够。这时可在 $a\sim b$ 之间选择显色剂的用量。若出现图 9-7(b) 曲线，则说明显色剂的用量在 $a\sim b$ 这一较窄的范围内，溶液的吸光度大且稳定，当显色剂用量继续增加时，溶液的吸光度反而下降。图 9-7(c) 表明：溶液的吸光度随着显色剂用量的增加也不断增加，这是由于生成颜色越来越深的高配位数配合物所导致的，这时应更加严格控制显色剂用量，使标准溶液和试样溶液生成的有色配合物的组成一样，否则，将会影响测定的结果，使结果不准确。

2. 溶液的酸度

酸度对显色反应的影响是多方面的。

显色反应通常是在合适的酸度下进行，由于大多数有机显色剂是弱酸（或碱），具有本身的性质，在水溶液中，除了显色反应外，还有副反应存在。

同一金属离子与同一试剂在不同酸度下会生成不同组成的有色配合物。酸度改变，从而影响有色物质的浓度甚至改变溶液的颜色；也可能引起待测组分水解，使待测组分或共存组分的存在状态发生改变，甚至形成沉淀，这些情况对显色反应是不利的。

A

pH

图 9-8 吸光度与 pH 关系曲线

由此可见，适宜的酸度是吸光光度法成败的关键。溶液的酸度必须经过实验来确定，其方法是：固定待测组分及显色剂浓度，改变溶液的 pH，制得几个显色液。在相同的测定条件下分别测定其吸光度，做出吸光度随 pH 变化的关系曲线。如图 9-8 所示，选择曲线平坦的部分对应的 pH 作为应控制的 pH 范围。在比色分析中，常采用缓冲溶液来控制溶液的酸度。

3. 溶液的温度

不同的显色反应对温度的要求不同。有的显色反应需要加温才能完成，有的有色物质在高温下反倒会分解。所以对不同的反应，应通过实践找出各自的适宜温度范围，但多数显色反应通常在室温下进行。例如，Fe^{3+}和邻二氮菲的显色反应常温下就可以完成；而用硅钼蓝法测定硅含量时，需在沸水浴中加热30s先形成硅钼黄，然后经还原形成硅钼蓝，如果在室温下则要10min才能显色完全。具体实验中，可通过绘制吸光度-温度的关系曲线来选择适宜的温度。

4. 显色时间

显色反应有的可瞬间迅速完成，但有的则要放置一段时间才能反应完全，所以应根据具体情况掌握适当的显色时间，在颜色稳定的时间范围内进行比色测定，也可以通过实验得到吸光度-时间的关系曲线进行选择。方法是在一定温度下，配制一份显色溶液，从加入显色剂起计算时间，每隔几分钟测一次吸光度，然后绘制吸光度随时间变化的曲线，从曲线上查出吸光度值大而且曲线变化平缓时所用的时间，即为合适的测定时间。

5. 溶剂的选择

有时在显色体系中加入有机溶剂，可降低有色物质的解离度，从而提高显色反应的灵敏度。例如，在水中，$[Fe(SCN)]^{2+}$的$K_{稳}$为200。而在90%乙醇中，$K_{稳}$为5×10^4，可见$[Fe(SCN)]^{2+}$的稳定性大大提高，颜色也明显加深。因此，利用有色化合物在有机溶剂中稳定性好、溶解度大的特点，可以选择合适的有机溶剂，来提高方法的灵敏度和选择性。

6. 共存离子的干扰与消除

共存离子的存在往往有以下几种情况。

① 共存离子本身有颜色。

② 共存离子与显色剂生成有色配合物。

③ 共存离子与显色剂或被测离子形成无色配合物，这样会使被测离子浓度降低，以致不与显色剂反应或反应不完全。

消除共存离子干扰的常用方法如下。

(1) 控制溶液的酸度　控制溶液的酸度是消除干扰的重要措施。许多显色剂是有机酸；控制溶液的酸度就可以控制显色剂的浓度，使某些金属离子显色而不使干扰离子显色。例如，用二苯硫腙法测定Hg^{2+}时，Cu^{2+}、Zn^{2+}、Pb^{2+}、Bi^{3+}、Co^{2+}、Ni^{2+}等可能与显色剂反应而显色，但在强酸条件下，这些干扰离子与二苯硫腙不能形成稳定的有色配合物，因此可通过调节酸度消除干扰。

(2) 加入掩蔽剂　在显色溶液中，加入一种能与干扰离子反应生成无色配合物的试剂，以消除干扰。例如，用偶氮氯膦类显色剂测定Bi^{3+}时，Fe^{3+}有干扰，可加入NH_4F使之形成$[FeF_6]^{3-}$无色配合物，消除干扰。采用掩蔽剂来消除干扰的方法是一种有效而且常用的方法，该方法要求加入的掩蔽剂不与被测离子反应，掩蔽剂和掩蔽产物的颜色必须不干扰测定。

(3) 改变干扰离子的价态　利用氧化还原反应改变干扰离子的价态以消除干扰。例如，用铬天青S测定铝时，Fe^{3+}有干扰，加入抗坏血酸将Fe^{3+}还原为Fe^{2+}后，可消除干扰。

(4) 利用参比溶液消除显色剂和某些共存离子的干扰　具体内容见本章第五节。

(5) 采用适当的分离方法消除干扰　可用溶剂萃取法、沉淀法、电解法、离子交换法等，预先使被测离子与各种干扰离子分离，然后进行测定。

(6) 通过选择合适的波长来消除干扰　具体内容见本章第五节。

阅读材料　可见光的光谱和 LED 白光的关系

众所周知，可见光光谱的波长范围为 380～760nm，是人眼可感受到的七色光——红、橙、黄、绿、青、蓝、紫，但这七种颜色的光都各自是一种单色光。例如 LED 发的红色光的峰值波长为 565nm。在可见光的光谱中是没有白色光的，因为白色光不是单色光，而是由多种单色光合成的复合光，正如太阳光是由七种单色光合成的白色光，而彩色电视机中的白色光也是由三基色红、绿、蓝合成。由此可见，要使 LED 发出白色光，它的光谱特性应包括整个可见的光谱范围。但要制造这种性能的 LED，现在的工艺条件是不可能实现的。根据人们对可见光的研究，人眼睛所能见的白色光，至少需两种光的混合，即二波长发光（蓝色光＋黄色光）或三波长发光（蓝色光＋绿色光＋红色光）的模式。上述两种模式的白色光，都需要蓝色光，所以摄取蓝色光已成为制造白色光的关键技术，即当前各大 LED 制造公司追逐的“蓝光技术”。国际上掌握“蓝光技术”的厂商仅有少数几家，所以白色光 LED 的推广应用，尤其是高亮度白色光 LED 在我国的推广还有一个过程。

第五节　测量条件的选择

选择适当的测量条件是获得准确测定结果的重要途径，选择合适的测量条件可以从以下几个方面考虑。

一、入射波长的选择

当用分光光度计测定被测溶液时，首先需要选择合适的入射波长，选择入射波长的依据是该被测物质的吸收曲线，原则是吸收最大，干扰最小。为了使测定结果有较高的灵敏度和准确度，应选择最大吸收波长的光作为入射光，在 λ_{max} 附近，波长稍许偏移，引起的吸光度的变化较小，可得到较好的分析结果。但是如果在最大吸收波长时，共存的组分也有吸收，就会产生干扰，这时，宁可选用灵敏度低些（应选曲线较平坦处对应的波长），但能减少或避免干扰的波长作入射光，以消除干扰。

二、参比溶液的选择

参比溶液是用来调节吸光度为零或透光率为 100％并与待测溶液起比较作用的一种溶液，用它可抵消某些影响测定的因素，以减少误差，所以参比溶液选用的得当与否对测定结果的准确度有较大影响，其选择方法如下。

1. 溶剂参比

当试剂、显色剂及所用其他试剂在测量波长处均无吸收，仅待测组分与显色剂的反应产物有吸收时，可用去离子水或纯溶剂做参比溶液。

2. 试剂参比

如果显色剂或加入的其他试剂在测量波长处略有吸收，应采用试剂空白做参比溶液。即按显色反应相同条件，只不加入试样，同样加入试剂和溶剂作为参比液，这种参比溶液可以消除试剂中的组分产生的影响。

3. 试液参比

如果显色剂在测量波长处无吸收，但待测试液中共存离子有吸收，此时可用不加显色剂的试剂做参比溶液。即将试液与显色溶液作同样处理，只是不加显色剂。这种参比溶液可以消除有色离子的影响。

4. 褪色参比

如果显色剂及样品中微量共存离子有吸收，这时可以在显色液中加入某种褪色剂，选择性地与被测离子配位（或改变其价态），生成无色配合物，使已显色的产物褪色，用此作为参比溶液，称为褪色参比溶液。褪色参比溶液可以消除显色剂的颜色及样品中微量共存离子的干扰。

三、吸光度测量范围的选择

吸光度在 0.2～0.7 时，测量的准确度较高，为此，可以采取以下措施。

(1) 计算而且控制试样的称出量。含量高时，少取样，或稀释试液；含量低时，可多取样，或萃取富集。

(2) 如果溶液已显色，则可通过改变比色皿厚度来调节吸光度的大小。

阅读材料 光的波粒二相性

人们对电磁辐射两重性的认识争论了很久，有两种说法：一是粒子说，把光看成微粒子，认为光与物质相互作用的现象（如吸收、发射、反射等），表明光是具有不连续能量的微粒，光具有粒子性；二是波动说，把光看成一种波，它可以反射、衍射、干涉、折射、散射、传播等，它可用速度、频率、波长等参数来描述，这表明光具有波的性质。

到 1900 年，普朗克提出量子论，把电磁辐射的粒子说和波动说联系起来，并提出了光量子（光子）能量与电磁辐射的频率有关。

从普朗克的理论我们发现：光具有波的性质，同时又具有粒子的性质。

第六节 吸光光度法及仪器

一、吸光光度法简介

1. 目视比色法

在目视比色法中，最简单、最常用的是标准系列法。

标准系列法是在一套由同一种质料制成的大小和形状完全相同的奈氏比色管中进行的，如图 9-9 所示。比色管的容积通常有 10mL、25mL、50mL、100mL 等数种。管上具有标线以表示容量。将一系列不同量的标准溶液依次加入比色管中，再分别加入等量的显色剂及其他试剂，并控制其他实验条件相同，最后稀释到同样的体积，这样就形成颜色由浅到深的标准色阶。然后将一定量待测试液加入到另一比色管中，在同样条件下显色，并稀释到同样的体积。从管口垂直向下或从侧面观察，如果待测溶液与标准色阶中某一标准溶液颜色深度相同，说明二者浓度相等；如果被测溶液颜色的深度介于两标准溶液之间，则被测溶液浓度为两标准溶液浓度的平均值。

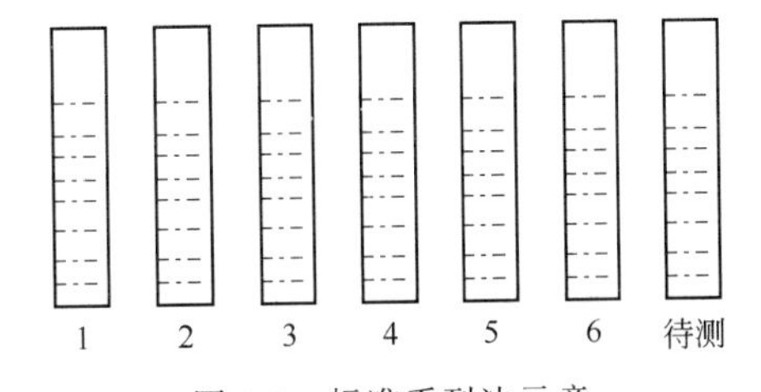

图 9-9 标准系列法示意

标准系列法的优点是：仪器简单、操作方便，适于大批试样的分析；不需要单色光，可直接在白光下进行；灵敏度较高，适宜于稀溶液中微量物质的测定。

标准系列法的主要缺点是：准确度较差，相对误差达 5%～20%。但应该指出，标准系列法的准确度虽然比滴定分析法低，对微量组分的测定已完全符合要求。

2. 光电比色法

光电比色法是利用光电效应，测量光线通过有色溶液透过光的强度以求出被测物质含量的方法。用于光电比色的仪器称为光电比色计。其是由以下五个主要部件构成：光源、滤光片、吸收池、测量系统、接收显示系统。光电比色法的基本原理是比较有色溶液对某一波长单色光的吸收程度，由光源发出的白光通过滤光片后，得到一定波长范围的近似单色光，让单色光通过吸收池有色溶液，透过光投射到测量系统光电池上，产生电流；光电池所产生的电流与透过光的强度成正比。光电流的大小用接收显示系统灵敏检流计来测量，在检流计的标尺上可读出相应的吸光度（A）或（T）。

光电比色法与目视比色法在原理上不尽相同。光电比色法是比较有色溶液对某一波长光的吸收情况，而目视比色法是比较有色溶液的透过光强度。如测定 $K_2Cr_2O_7$ 溶液含量时，光电比色法测定的是 $K_2Cr_2O_7$ 溶液对蓝色光的吸收情况，而目视比色法则是比较 $K_2Cr_2O_7$ 溶液橙色光透过的强度。

3. 分光光度法

分光光度法与光电比色法原理是一致的。都是依据有色溶液对光的吸收定律，吸光度与浓度成正比，通过测定溶液的吸光度就可求出溶液的浓度。不同的是获得单色光的方法不同：光电比色计用滤光片来获得，而分光光度计是用棱镜或光栅构成的单色器来获得。后者比前者获得的单色光更纯。

分光光度法的特点如下。

① 由于入射光是纯度较高的单色光，因此分光光度法可以得到十分精确的吸收光谱曲线，定量测定更加准确。

② 吸光度具有加和性，即如果吸光物质之间没有相互作用，那么体系的总吸光度等于各组分吸光度之和。由于可任意选取某种波长的单色光，所以不用分离同时可以测定多组分体系。

③ 分光光度法可以对紫外区（200～400nm）、可见区及红外区（760～2500nm）光有吸收物质的含量或浓度进行测定。

二、光电比色计和分光光度计的主要部件

应用较广泛的国内仪器最早是 581-G 型光电比色计，目前常用的有 721 型、722 型、751 型、752 型等，它们都是由以下五个部件构成的。

光源 → 单色器 → 吸收池 → 检测系统 → 信号显示系统

1. 光源（或称辐射源）

光源应有足够的辐射强度、良好的辐射稳定性等特点。可见光光源一般是钨灯，钨灯发出的复合光波长约在 400～1000nm 之间，为了保持光源发光强度的稳定，要求电源电压十分稳定，因此光源前面装有稳压器。紫外线区测定时，常用氢灯或氘灯作光源。

2. 分光系统（单色器）

分光系统（单色器）是一种能把光源辐射的复合光按照波长的长短色散，并能很方便地从其中分出所需单色光的光学装置。由于使用仪器不同，选用的单色器也不相同，光电比色计的单色器用滤光片；分光光度计的单色器一般包括狭缝和色散元件两部分。色散元件用棱镜或光栅做成。

（1）滤光片　滤光片的作用是使有色溶液最易吸收的光通过，其余波长范围的光被吸收，实际上通过它所得到的不是真正的单色光，而是具有一定波长范围的不纯的单色光。滤光片所选择的单色光波长范围越窄，其质量越好，一般的滤光片透过光的波长范围在 30～100nm（以半宽度作标准，半宽度即半峰高处的宽度，以 nm 为单位）。

一般来说，选择滤光片的原则是：滤光片最易透过的光应该是有色溶液最易吸收的光，也就是说，滤光片的颜色应与被测溶液的颜色为互补色。

（2）棱镜或光栅　早期的分光光度计一般用棱镜，近年来多用光栅。

棱镜是根据光的折射原理，将复合光色散为不同波长的单色光。然后再让所需波长的光通过一个很窄的狭缝照射到吸收池上。由于狭缝的宽度很窄，只有几个纳米，所以得到的单色光比较纯。

光栅是根据光的衍射和干涉原理来达到色散目的的。是一高度抛光的表面上刻大量平行、等距离的槽，照射到每一条槽上的光被衍射或散开成一定的角度，在其中的某些方向上产生干涉作用，使不同波长的光有不同方向，出现各级明暗条纹，形成光栅的各级衍射光谱。光栅色散后的光谱与棱镜不同，光栅的光谱各谱线之间距离相等，是均匀分布的连续光谱。

3. 吸收池（比色皿）

吸收池又称比色皿，是由无色透明的光学玻璃或熔融石英制成的。玻璃吸收池用于可见光光区测定，由于玻璃对紫外线有吸收，若在紫外线区测定，则必须用石英吸收池。吸收池的作用是盛装试液和参比溶液。比色器（皿）一般为长方形。有各种规格，如 0.5cm、1cm、2cm 等（这里规格指比色器内壁间的距离，实际是液层厚度）。同一组吸收池的透光率相差应小于 0.5%。

为了消除误差，使用吸收池时应注意以下几点。

① 拿吸收池时，只能用手指接触两个毛玻璃面，不可触摸光学面。

② 不能将光学面与硬物、脏物接触，只能用擦镜纸或丝绸擦拭光学面，因为滤纸较硬，尽量不用滤纸擦拭。

③ 试液不得长时间放在吸收池中，以免对吸收池有腐蚀。

④ 吸收池使用后应立即用水冲洗。有色物污染物可以用 $3mol \cdot L^{-1}$ HCl 和等体积的乙醇混合液浸泡洗涤，但应注意浸泡时间不能过长。

⑤ 不得在火焰或电炉上加热或烘烤吸收池。

4. 检测系统

检测系统是把透过吸收池后的透射光强度转换成电讯号的装置，故又称为光电转换器。只有通过接收器，才能将透射光转换成与其强度成正比的电流强度，也才有可能通过监测电流的大小来获得透射光强度的信息。检测系统应具有灵敏度高、对透过光的响应时间短、同时响应的线性关系好以及对不同波长的光具有相同的响应可靠性等特点。常用的检测器有光电池、光电管和光电倍增管三种。

（1）光电池　光电池是用某些半导体材料制成的光电转换元件。常用硒光电池。硒光电池是由三层物质所组成的，其表层是导电性能良好的可透光金属薄膜（金、铂、铜等）；中层是具有光电效应的半导体材料硒；底层是铁或铝片。当光透过上层金属照射到中层的硒片时，就有电子从半导体硒的表面逸出。由于电子只能单向流动到上层金属薄膜，使之带负电，成为光电池的负极。硒层失去电子后带正电，使下层铁片也带正电，成为光电池的正极。这样，在金属薄膜和铁片之间就会产生电位差，如果把光电池与检流计接通后，便会产生与照射光强度成正比的光电流。硒光电池产生的光电流可以用普通的灵敏检流计测量。但当光照射时间较长时，硒光电池会产生“疲劳”现象，无法正常工作，必须暂停使用。

（2）光电管　比较精密的仪器多用光电管代替光电池，光电管是一种二极管，阳极通常是一个镍环或镍片。阴极为一金属片上涂一层光敏物质，如氧化铯的金属片，这种光敏物质受到光线照射时可以放出电子。当光电管的两极与一个电池相连时，由阴极放出的电子将会在电场的作用下向阳极流动，形成光电流，并且光电流的大小与照射到它上面的光强度成正比。管内可以抽成真空，叫做真空光电管；也可以充进一些气体，叫充气光电管。由于光电管产生的光电流很小，需要用放大装置将其放大后才能用微安表测量。

（3）光电倍增管　光电倍增管是检测弱光最常用的光电子元件，它不但是光电转换元件，而且有放大作用。具有响应速度快、灵敏度更高的特点。比一般光电管高 200 倍。目前，紫外-可见分光光度计广泛使用光电倍增管做检测器。

5. 信号显示系统

常用的显示装置为较灵敏的检流计。检流计用于测量光电池受光照射后产生的电流，但其面板上标示的不是电流值，而是透光率 T 和吸光度 A，这样就可直接从检流计的面板上读取透光率和吸光度。因 $A=-\lg T$，故板面上吸光度的刻度是不均匀的。

三、721 型分光光度计的结构和使用方法

目前使用最普遍的为 721 型可见分光光度计，这种仪器适用于 350～800nm 波长范围。

1. 721 型分光光度计的结构

如图 9-10、图 9-11 所示。

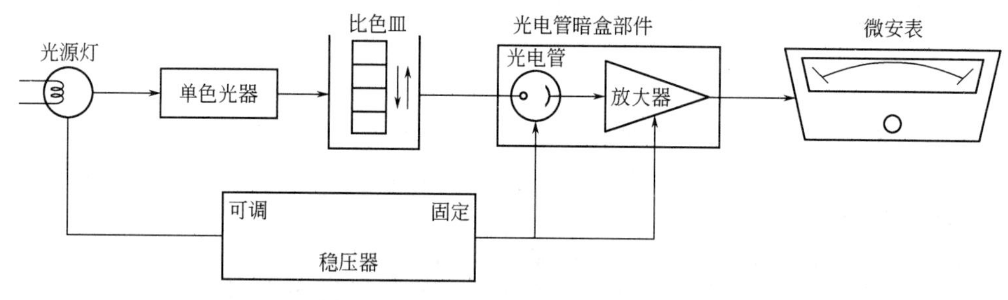

图 9-10　721 型分光光度计结构示意

2. 721 型分光光度计的使用方法

（1）仪器要安放在干燥的房间内，放置在坚固平稳的工作台上，室内照明不宜太强。热天时不能用电扇直接向仪器吹风，防止灯泡发光不稳定。

（2）使用本仪器之前，应该首先了解本仪器的结构和工作原理，以及各个操作旋钮的功能。在未接通电源之前，应该对于仪器的安全性能进行检查，电源接线应牢固，接地要良好，各个调节旋钮的起始位置应该正确，然后再接通电源开关。

（3）在仪器尚未接通电源时，电表的指针必须在“0”线上，若不是这样，则可以用电表上的校正螺丝进行调节。

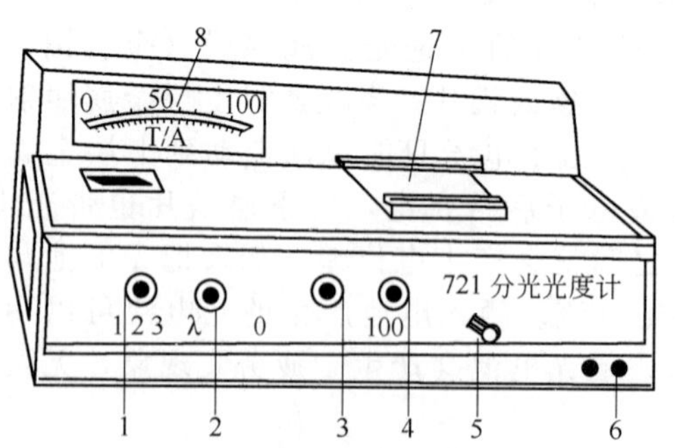

图 9-11　721 型分光光度计的外形简图

1—灵敏度挡；2—波长调节器；3—调“0”电位器；4—光量调节器；5—比色皿座架拉杆；6—电源开关；7—比色皿暗室；8—读数表头

（4）将仪器电源开关接通，打开比色皿暗室盖，选择需用单色波长，调节“0”电位器使电表指“0”；再将比色皿暗室盖合上，比色皿座处于蒸馏水（或其他空白溶液）校正位置，使光电管受光，旋转“100%”电位器使电表指针到满刻度附近，仪器预热约 20min。

（5）放大器灵敏度有五挡，是逐步增加的，“1”挡最低。其选择原则是：在能使空白溶液很好地调到“100%”的情况下尽可能采用灵敏度较低的挡，这样对仪器的保护和测定都有好处。所以在使用时，首先要调到“1”挡上，灵敏度不够时，再逐渐升高档次，但换挡和改变敏度时，必须重新校正“0”和“100%”。

(6) 如果需要大幅度改变波长时，在调“0”和“100%”后，应稍等片刻，因钨灯在急剧改变亮度后，需要一段热平衡时间，待指针稳定后再重新校正“0”和“100%”。

(7) 在校准“0”和“100%”的基础上，将被测溶液推入光路，电表指针所示刻度即为被测溶液的吸光度或透光度。按由低浓度到高浓度的顺序进行测定。

(8) 根据被测溶液浓度的不同，可选用不同规格光径长度的比色皿，目的是使电表读数处于误差最小的范围之内（一般控制吸光度在0.8以内）。

(9) 每次测定完毕后，应切断电源，各个调节旋钮要旋回起始位置，取出比色皿洗净放回比色皿盒内，罩上仪器罩。

(10) 仪器底部有两只干燥剂筒，应经常检查，若干燥剂变色失效，则应立即烘干或更换。比色皿暗室内两包硅胶也应定期取出烘干。

(11) 仪器工作几个月或经搬动后，要检查波长的准确性，以确保测定结果的准确可靠。

阅读材料　19世纪光学的发展

19世纪，初步发展起来的波动光学体系已经形成。杨氏（T. Young，1773—1829年）和菲涅耳（A. J. Fresnel，1788—1827年）的著作在这里起着决定性的作用。1801年，杨氏最先用干涉原理令人满意地解释了白光照射下薄膜颜色的由来和用双缝显示了光的干涉现象，并第一次成功地测定了光的波长。1815年，菲涅耳用杨氏干涉原理补充了惠更斯原理，形成了人们所熟知的惠更斯-菲涅耳原理。1808年，马吕（E. L. Malus，1775—1812年）偶然发现光在两种介质界面上反射时的偏振现象。为了解释这些现象，杨氏在1817年提出了光波和弦中传播的波相仿的假设，认为它是一种横波。菲涅耳进一步完善了这一观点并导出了菲涅耳公式。

1845年，法拉第（M. Faraday，1791—1867年）发现了光的振动面在强磁场中的旋转，提示了光现象和电磁现象的内在联系。1856年，韦伯（W. E. Weber，1804—1891年）和柯尔劳斯（R. Koh-Lrausch，1809—1858年）在莱比锡做的电学实验结果，发现电荷的电磁单位和静电单位的比值等于光在真空中的传播速度，即3×10^8m/s。麦克斯韦（J. C. Maxwell，1831—1879年）在1865年的理论研究中指出，电场和磁场的改变不会局限在空间的某部分，而是以数值等于电荷的电磁单位与静电单位比值的速度传播的，即电磁波以光速传播，这说明光是一种电磁现象。这个理论在1888年被赫兹（H. R. Hertz，1857—1894年）的实验证实，他直接从频率和波长来测定电磁波的传播速度，发现它恰好等于光速，至此，确立了光的电磁理论基础。

19世纪末到20世纪初，光学的研究深入到光的发生、光和物质相互作用的某些现象，例如炽热黑体辐射中能量是按波长分布的，特别是1887年赫兹发现的光电效应。1900年，普朗克（M. Planck，1858—1947年）提出了辐射的量子论，认为各种频率的电磁波只能是电磁波（或光）的频率与普朗克常数相乘的整数倍，成功地解释了黑体辐射问题。1905年，爱因斯坦（A. Einstein，1879—1955年）提出了普朗克的能量子假设，把量子论贯穿到整个辐射和吸收过程中，提出了杰出的光量子（光子）理论，圆满解释了光电效应，并为后来的许多实验例如康普顿效应所证实。1924年德布罗意（L. V. de Broglie，1892—1987年）创立了物质波学说。他大胆地设想每一物质的粒子都和一定的波相联系，这一假设在1927年为戴维孙（C. J. Davisson，1881—1958年）和革末（L. H. Germer，1896—1971年）的电子束衍射实验所证实。

第七节 吸光光度法的应用

一、定量分析

吸光光度法用于定量分析的依据是光的吸收定律。通过测定溶液对一定波长入射光的吸光度，可求得溶液的浓度或含量。

（一）单组分体系

1. 对照法（比较法）

对照法是先配制一份标准溶液，再用与配制标准溶液相同的方法来配制待测溶液，并在相同条件下，测得两者的吸光度。由光的吸收定律得：

$$A_{标}=K_{标}\ b_{标}\ c_{标}$$

$$A_{测}=K_{测}\ b_{测}\ c_{测}$$

由于标准溶液与被测溶液的性质一致，温度一致，入射光的波长一致，液层厚度相同，所以：

$$K_{标}=K_{测}\quad b_{标}=b_{测}$$

则

$$A_{标}/A_{测}=c_{标}/c_{测}$$

移项得：

$$c_{测}=A_{测}\ c_{标}/A_{标}$$

因而只要知道标准溶液的浓度，再测出标准溶液的吸光度、待测溶液的吸光度，就可以根据上述公式求出待测溶液的浓度了。

对照法适用于从试样中直接求得某一组分的含量。此法简便，但准确度较差，在测定时，要求标准溶液与试液的浓度相接近，否则将产生较大的误差。

2. 工作曲线法（标准曲线法）

工作曲线法是分光光度计最常用的一种方法。其步骤如下。

（1）吸收曲线的绘制　它是按照一定的操作规程进行显色。配制成一份参比溶液和一份标准溶液，通过调节单色器，连续改变单色光的波长，以测量有色溶液对不同波长光线的吸光度，从而绘出被测物质的吸收曲线。

（2）标准曲线的绘制　将一系列已知不同浓度的标准溶液按操作规程进行显色后，分别在最大吸收波长（无干扰时）处测定它们的吸光度，然后以吸光度为纵坐标、以标准溶液的浓度为横坐标作图，即得一条标准曲线或工作曲线，如图 9-12。

（3）试样的测定　在与标准曲线相同的操作条件下，对待测液进行显色，并测定其吸光度，从标准曲线上查其对应的浓度，从而求出被测组分的含量。

例 1　用邻二氮菲法测定 Fe^{2+} 得下列实验数据：

标准溶液浓度/mol·L^{-1}	1.00×10^{-5}	2.00×10^{-5}	3.00×10^{-5}	4.00×10^{-5}	6.00×10^{-5}	8.00×10^{-5}
吸光度	0.114	0.212	0.335	0.434	0.670	0.868

在相同的条件下，测得试样溶液的吸光度为 0.600，求试样溶液中的 Fe^{2+} 含量。

解： 根据表中数据，以吸光度 A 为纵坐标、标准溶液浓度为横坐标作图。如图 9-12。从曲线查得：吸光度为 0.600 时所对应的浓度为 5.40×10^{-5} mol·L^{-1}。即试样溶液中的 Fe^{2+} 含量为 5.40×10^{-5} mol·L^{-1}。

标准曲线法可避免每次测定都要配制标准色阶的麻烦，适用于成批样品的分析，因而能提高分析速度。

在化学实验中，除了吸光光度法以外，其他仪器分析也经常使用标准曲线法来获得未知溶液的浓度，但是由于测量仪器本身的精密度及测量的微小变化，即使同一浓度的溶液，两次测量的结果也不会完全一致，实验测得的结果可能不在同一条直线上，这时画出的直线随意性就大一些，如果采用最小二乘法来确定直线回归方程，就能更加准确了。

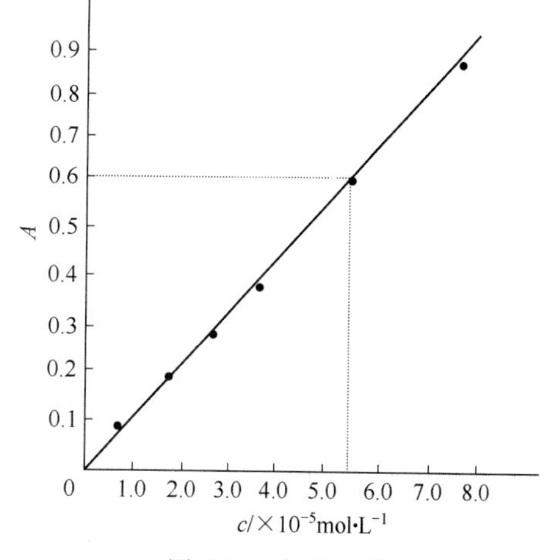

图 9-12　标准曲线

3. 最小二乘法

工作曲线可以用一元线性方程来表示：

$$y=a+bx$$

式中，x 是标准溶液的浓度；y 是其对应的吸光度；a，b 称作吸光系数，直线称为回归直线。b 是直线的斜率。可通过下式求出：

$$b=\frac{\sum_{i=1}^{n}(x_i-\overline{x})(y_i-\overline{y})}{\sum_{i=1}^{n}(x_i-\overline{x})^2}$$

式中，$\overline{x}$、$\overline{y}$分别是 x、y 的平均值；x_i、y_i 为第 i 个点的标准溶液的浓度和吸光度。a 为直线的截距，可由下式求得：

$$a=\frac{\sum_{i=1}^{n}y_i-b\sum_{i=1}^{n}x_i}{n}=\overline{y}-b\,\overline{x}$$

常用直线的相关系数 γ 来表示工作曲线线性的好坏，可由下式求出：

$$\gamma=b\sqrt{\frac{\sum_{i=1}^{n}(x_i-\overline{x})^2}{\sum_{i=1}^{n}(y_i-\overline{y})^2}}$$

相关系数接近于 1，说明工作曲线线性好，一般要求工作曲线的相关系数要大于 0.999。

例 2　以例 1 为例，用最小二乘法求试样溶液中的 Fe^{2+} 含量。

解： 设直线的回归方程为 $y=a+bx$，并令 $x=10^5c$

计算标准溶液浓度和吸光度的平均值分别为$\overline{x}=4.00$，$\overline{y}=0.439$

再计算直线的斜率 b

$$\sum_{i=1}^{n}(x_i-\overline{x})(y_i-\overline{y})=3.71$$

$$\sum_{i=1}^{n}(x_i-\overline{x})^2=34$$

$$b=\frac{\sum_{i=1}^{n}(x_i-\overline{x})(y_i-\overline{y})}{\sum_{i=1}^{n}(x_i-\overline{x})^2}=3.71/34=0.109$$

直线的截距　　　　$a=\overline{y}-b\,\overline{x}=0.439-4\times0.109=0.003$

可得直线回归方程　　　$A_{试}=0.003+0.109\times10^5c_{试}$

则　　　　　　　　$c_{试}=(A_{试}-0.003)/0.109\times10^5$

由题意知 $A_{试}=0.600$，代入上式得 $c_{试}=5.39\times10^{-5}\text{mol}\cdot\text{L}^{-1}$

直线的线性关系如何呢？让我们看一看它的直线相关系数 γ。

$$\sum_{i=1}^{n}(y_i-\overline{y})^2=0.405$$

则
$$\gamma=b\sqrt{\frac{\sum_{i=1}^{n}(x_i-\overline{x})^2}{\sum_{i=1}^{n}(y_i-\overline{y})^2}}=0.109\times\sqrt{\frac{34}{0.405}}=0.999$$

可以看出，实验所得的工作曲线线性符合要求。

（二）多组分体系

对含有多个组分的混合物、吸收光谱互相干扰的具体情况，根据吸光度具有加和性，可不进行分离而直接测定，以二组分为例，可分为三种情况。

1. 吸收光谱不重叠

混合物中组分 x、y 的吸收峰互相不干扰，如图 9-13(a)，即在 λ_1 处 y 组分无吸收，在 λ_2 处 x 组分无吸收，这种情况可以和单组分一样，分别在 λ_1 和 λ_2 处分别测定 x、y 组分的含量。

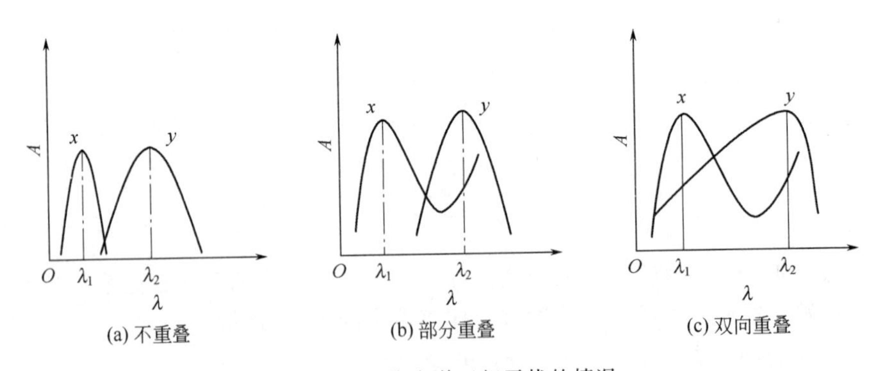

图 9-13　吸收光谱互相干扰的情况

2. 吸收光谱部分重叠

在 λ_1 处 y 组分无吸收，在 λ_2 处 x 组分有吸收，如图 9-13(b)，此时要先在 λ_1 处测定 x 组分的吸光度 $A_{\lambda_1}^{x}$，再在 λ_2 处测定组分 x、y 吸光度之和，根据吸光度具有加和性，可联立方程式求解。

$$\begin{cases}A_{\lambda_1}^{x}=\varepsilon_{\lambda_1}^{x}bc^{x}\\A_{\lambda_2}^{x+y}=A_{\lambda_2}^{x}+A_{\lambda_2}^{y}=\varepsilon_{\lambda_2}^{x}bc^{x}+\varepsilon_{\lambda_2}^{y}bc^{y}\end{cases}$$

式中，$\varepsilon_{\lambda_1}^{x}$、$\varepsilon_{\lambda_2}^{x}$、$\varepsilon_{\lambda_2}^{y}$分别由已知浓度的纯 x、y 组分标准溶液在相应的 λ_1、λ_2 处求得，$A_{\lambda_1}^{x}$、$A_{\lambda_2}^{x+y}$分别由分光光度计上读出。比色皿厚度已知，从而由上式可以求出 x、y 组分的含量或浓度。

3. 吸收光谱双向重叠

组分 x、y 相互重叠，如图 9-13(c)，则根据吸光度具有加和性，分别在 λ_1、λ_2 处测得总吸光度 $A_{\lambda_1}^{x+y}$、$A_{\lambda_2}^{x+y}$，再联立方程式求解。

$$\begin{cases}A_{\lambda_1}^{x+y}=A_{\lambda_1}^{x}+A_{\lambda_1}^{y}=\varepsilon_{\lambda_1}^{x}bc^{x}+\varepsilon_{\lambda_1}^{y}bc^{y}\\A_{\lambda_2}^{x+y}=A_{\lambda_2}^{x}+A_{\lambda_2}^{y}=\varepsilon_{\lambda_2}^{x}bc^{x}+\varepsilon_{\lambda_2}^{y}bc^{y}\end{cases}$$

式中，$\varepsilon_{\lambda_1}^{x}$、$\varepsilon_{\lambda_1}^{y}$、$\varepsilon_{\lambda_2}^{x}$、$\varepsilon_{\lambda_2}^{y}$分别由已知浓度的纯 x、y 组分标准溶液在相应的 λ_1 处求得；$A_{\lambda_1}^{x+y}$、$A_{\lambda_2}^{x+y}$分别由分光光度计上读出。比色皿厚度已知，从而由上式可以求出 x、y 组分的含量或浓度。

利用此方法对于双组分测定时，结果比较准确，当组分更多时，误差增大，此时可以利用电子计算机进行快速分析。

例 3　某试液中含有 x、y 两种组分，用 1.00cm 比色皿先用纯物质 x 标准溶液做工作曲线，求得 x 在 λ_1、λ_2 处的 $\varepsilon_{\lambda_1}^{x}=4800\text{L}\cdot\text{mol}^{-1}\cdot\text{cm}^{-1}$、$\varepsilon_{\lambda_2}^{x}=700\text{L}\cdot\text{mol}^{-1}\cdot\text{cm}^{-1}$，再以纯物质 y 做工作曲线，求得 $\varepsilon_{\lambda_1}^{y}=800\text{L}\cdot\text{mol}^{-1}\cdot\text{cm}^{-1}$、$\varepsilon_{\lambda_2}^{y}=4200\text{L}\cdot\text{mol}^{-1}\cdot\text{cm}^{-1}$，测定试液时，$\lambda_1$、$\lambda_2$ 处的吸光度分别为 0.580 和 1.10，求试液中 x、y 的浓度。

解：根据吸光度的加和性原理，联立方程式

$$\begin{cases}A_{\lambda_1}^{x+y}=A_{\lambda_1}^{x}+A_{\lambda_1}^{y}=\varepsilon_{\lambda_1}^{x}bc^{x}+\varepsilon_{\lambda_1}^{y}bc^{y}\\A_{\lambda_2}^{x+y}=A_{\lambda_2}^{x}+A_{\lambda_2}^{y}=\varepsilon_{\lambda_2}^{x}bc^{x}+\varepsilon_{\lambda_2}^{y}bc^{y}\end{cases}$$

代入数据得

$$\begin{cases}0.580=4800c^{x}+800c^{y}\\1.10=700c^{x}+4200c^{y}\end{cases}$$

解方程组得　$c^{x}=7.94\times10^{-5}\text{mol}\cdot\text{L}^{-1}$　$c^{y}=2.48\times10^{-5}\text{mol}\cdot\text{L}^{-1}$

二、示差分光光度法

在一般分光光度法中，以空白溶液为参比，只适用于微量或痕量组分的测定，对于高含量组分，超出了准确测量的读数范围，相对误差就比较大，如果使用示差分光光度法，则可以弥补这一缺点来测定高含量的组分。

示差分光光度法采用标准溶液代替空白溶液做参比溶液，此标准溶液浓度与试样溶液浓度接近，并略低于试样溶液的浓度，即 $c_{\text{s}}<c_{\text{x}}$，根据光的吸收定律：

$$A_{\text{x}}=Kbc_{\text{x}}$$

$$A_{\text{s}}=Kbc_{\text{s}}$$

$$\Delta A=A_{\text{x}}-A_{\text{s}}=Kb(c_{\text{x}}-c_{\text{s}})=Kb\Delta c$$

测定时，先用比试样溶液浓度稍低的标准溶液，加入各试剂显色，推入光路，调节其透光度为 100%，即吸光度为 0，再将试样在相同条件下显色，并推入光路，测得吸光度值即为与标准溶液之间的吸光度差值 ΔA（相对吸光度），它与试样溶液和参比溶液浓度差成正比，且处在正常读数范围内，如图 9-14 所示。

以 ΔA 为纵坐标、Δc 为横坐标作标准曲线，根据测得的 ΔA 查得 Δc，则有：$c_{\text{x}}=c_{\text{s}}+\Delta c$。

如果以空白溶液做参比溶液，该标溶液的透射比为 10%，用示差分光光度法，将刻度调至 100%，就意味着将仪器透射比标尺扩展了 10 倍。如待测试液在空白溶液做参比时为 5%，则用示差分光光度法测量时透射比将是 50%，正好落在适宜读数范围内，从而提高了

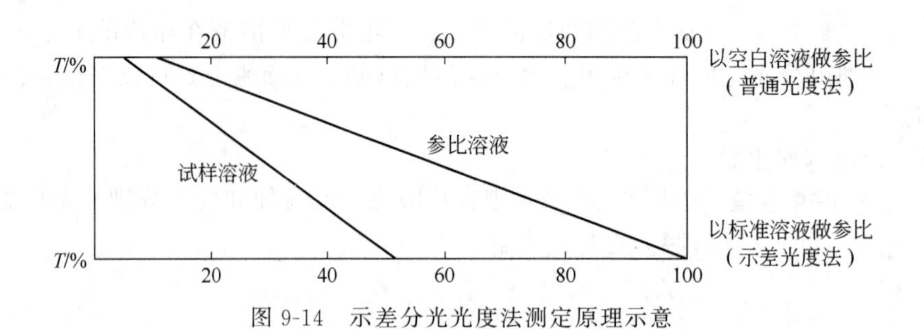

图 9-14 示差分光光度法测定原理示意

测量准确度。另一方面，在示差分光光度法中，即使 Δc 很小，如果测量误差为 dc，虽然 dc/Δc 会很大，但最后测定结果的相对误差 $dc/(c_s+\Delta c)$ 因为 c_s 相当大，而且非常准确，所以测定的结果准确度仍然很高。

从仪器构造上讲，示差分光光度法需要一个大发射强度的光源，才能用高浓度的参比溶液调节吸光度零点，因此必须采用专门设计的示差分光光度计，这使它的应用受到一定限制。

三、应用实例

吸光光度法是一种普遍应用的分析方法。现举例如下。

（一）微量铁的测定

1. 反应原理

亚铁离子与邻菲罗啉在 pH＝2～9 时生成稳定的橙红色配合物。溶液中 Fe^{3+} 在显色前用盐酸羟胺或对苯二酚还原。

2. 操作步骤

用吸量管吸取 5mL 10μg・mL^{-1}铁标准溶液，加入 50mL 容量瓶中，显色后，在分光光度计上从波长 420～600nm，每隔 10nm 测定一次吸光度，以波长为横坐标，以吸光度为纵坐标，绘制邻菲罗啉亚铁曲线，并找出最大吸收波长 λ_{max}。然后吸取铁标准溶液显色，配成标准系列，测量吸光度，以标准溶液浓度为横坐标，以吸光度为纵坐标绘制工作曲线，再用同样方法测量被测试液的吸光度，从工作曲线上找出铁的含量。最后通过计算求出试样中铁的含量。

（二）微量磷的测定

1. 反应原理

酸性条件下，磷酸盐与钼酸铵反应，生成黄色的钼磷酸。再加还原剂 $SnCl_2$ 或抗坏血酸，钼磷酸被还原生成磷钼蓝，使溶液变为蓝色。蓝色的深浅在一定浓度范围内与磷的含量成正比。其反应式为：

$$H_3PO_4+12H_2MoO_4 = H_3P(Mo_3O_{10})_4+12H_2O$$

$$H_3P(Mo_3O_{10})_4+SnCl_2+2HCl = H_3PO_4\cdot 10MoO_3\cdot Mo_2O_5+SnCl_4+H_2O$$

2. 操作步骤

先移取磷的标准溶液显色，配成标准系列，进行比色，测量吸光度，绘制标准曲线，再用同样方法测量试液的吸光度，从标准曲线上查出相应的浓度，最后通过计算求出试样中磷的含量。

原试液中含磷的浓度＝标准曲线上查得的浓度×试液的稀释倍数

（三）混合液中 Co^{2+} 和 Cr^{3+} 含量的测定

1. 实验原理

如果样品中只含有一种吸光物质，可根据测定出该物质的吸收光谱曲线，选择适当的吸收波长。根据光的吸收定律，做出标准曲线，可求出未知液中分析物质的含量。如果样品中含有多种吸光物质，一定条件下分光光度法不经分离即可对混合物进行多组分分析。这是因为吸光度具有加和性。在某一波长下总吸光度等于各个组分吸光度的总和。测定各组分摩尔吸光系数可采用标准曲线法，以标准曲线的斜率作为摩尔吸光系数较为准确。对二组分混合液的测定，可根据具体情况分别测定出各个成分含量。

如实验中测定 Co^{2+} 和 Cr^{3+} 有色混合物的组成。Co^{2+} 和 Cr^{3+} 吸收曲线相互重叠，则选择 Co^{2+} 和 Cr^{3+} 的最大吸收波长根据：

$$A(\lambda_1)=\varepsilon_{Co^{2+}}^{\lambda_1}bc_{Co^{2+}}+\varepsilon_{Cr^{3+}}^{\lambda_1}bc_{Cr^{3+}}$$

$$A(\lambda_2)=\varepsilon_{Co^{2+}}^{\lambda_2}bc_{Co^{2+}}+\varepsilon_{Cr^{3+}}^{\lambda_2}bc_{Cr^{3+}}$$

解这个联立方程，即可求出 Co^{2+} 和 Cr^{3+} 含量。

2. 实验步骤

(1) 先配制标准溶液，除 $Co(NO_3)_2$ 和 $Cr(NO_3)_3$ 标准溶液外，还要配 $K_2Cr_2O_7$ 标准溶液，用来检验所用的比色皿是否合格，要求所用比色皿间透光率之差不超过 0.5%。

(2) $Co(NO_3)_2$ 标准溶液和 $Cr(NO_3)_3$ 标准溶液分别绘制吸收曲线，选择适当的波长。

(3) 以蒸馏水为参比，使用检验合格的比色皿，在波长 λ_1 和 λ_2 处分别测量配制好溶液的吸光度。

(4) 数据记录与处理　根据测定数据，分别绘制 $Co(NO_3)_2$ 标准溶液和 $Cr(NO_3)_3$ 标准溶液的吸收曲线。选择定量测定的 λ_1 和 λ_2。

绘制 $Co(NO_3)_2$ 标准溶液和标准溶液 $Cr(NO_3)_3$ λ_1 和 λ_2 处测得的标准曲线（共 4 条）。绘制时坐标分度的选择应使标准曲线的倾斜度在 45°左右。求出 $Co(NO_3)_2$ 和 $Cr(NO_3)_3$ 在 λ_1 和 λ_2 处的摩尔吸光系数。

根据解方程，计算出未知混合样品溶液中 $Co(NO_3)_2$ 和 $Cr(NO_3)_3$ 各自的浓度。

阅读材料　现代光学时期

从 20 世纪 60 年代起，特别在激光问世以后，由于光学与许多科学技术领域紧密结合、相互渗透，一度沉寂的光学又焕发了青春，以空前的规模和速度飞速发展，它已成为现代物理学和现代科学技术一块重要的前沿阵地，同时又派生了许多崭新的分支学科。1958 年肖络（A. L. Schawlow）和汤斯（C. H. Townes）等提出把微波量子放大器的原理推广到光频率段中去；1960 年，梅曼首先成功地制成了红宝石激光器。

自此以后，激光科学技术的发展突飞猛进，在激光物理、激光技术和激光应用等各方面都取得了巨大的进展。同时全息摄影术已在全息显微术、信息存储、像差平衡、信息编码、全息干涉量度、声波全息和红外全息等方面获得了越来越广泛的应用。光学纤维已发展成为一种新型的光学元件，为光学窥视（传光传像）和光通讯的实现创造了条件，它已成为某些新型光学系统和某些特殊激光器的组成部分。可以预期光计算机将成为新一代的计算机，想象中的光计算机，由于采取了光信息存储，并充分吸收了光并行处理的特点，它的运算速度将会成千倍地增加，信息存储能力可望获得极大的提高，甚至可能代替人脑的部分功能。总之，现代光学与其他科学和技术的结合，已在人们的生产和生活中发挥着日益重大的作用和影响，正在成为人们认识自然、改造自然以及提高劳动生产率的越来越强有力的武器。

习　题

1. 什么叫吸光光度法？光的吸收定律的内容是什么？

2. 什么叫吸光度、透光度和摩尔吸光系数？吸光度和透光度之间有什么关系？

3. 有色物质的溶液为什么会有颜色？物质对光选择性吸收的本质是什么？简要说明之。

4. 简述吸光光度法对显色反应的要求及影响显色反应的因素。

5. 如何选择合适的测定条件？

6. 偏离光的吸收定律的主要原因有哪些？

7. 分光光度计和光电比色计的主要不同点是什么？

8. 标准系列法如何进行？它的优缺点是什么？

9. 简述721型分光光度计的基本结构？

10. 有一标准 Fe^{2+} 溶液，浓度为 $7.80\mu g \cdot mL^{-1}$，其吸光度为0.430，有一待测液在同一条件下测得吸光度为0.660，求待测液中铁的含量（$mg \cdot L^{-1}$）。

（$11.97mg \cdot L^{-1}$）

11. 0.44mg Fe^{3+} 以硫氰酸盐显色后，用水稀释到250mL，用1cm比色皿在波长480nm处测得吸光度为0.74，摩尔吸光系数是多少？

（$2.35\times10^4 L \cdot mol^{-1} \cdot cm^{-1}$）

12. 用邻二氮菲分光光度法测铁。标准Fe(Ⅲ)溶液的质量浓度为 $1.00\times10^{-3}\mu g \cdot mL^{-1}$，取不同体积的该溶液于50.0mL容量瓶中，加显色剂和还原剂后定容，配成一系列标准溶液。测定这些溶液的吸光度，数据如下：

$V(Fe)/mL$	1.00	2.00	3.00	4.00	5.00
A	0.097	0.200	0.304	0.398	0.505

再取含Fe(Ⅲ)试液5.00mL于50.0mL容量瓶中，在相同条件下还原显色并定容，测得吸光度为0.350。试用工作曲线法计算试液中Fe(Ⅲ)的质量浓度。

（$7.0\times10^{-4}\mu g \cdot mL^{-1}$）

13. 用光电比色法测定土壤试样中磷的含量。已知一种土壤含 P_2O_5 0.4%，它的溶液显色后，其吸光度为0.32。现测得土壤试样溶液的吸光度为0.20，求该土壤试样中 P_2O_5 的含量是多少？

（0.25%）

14. 用磺基水杨酸比色法测定铁的含量，加入标准铁溶液及有关试剂后，在50mL容量瓶中稀释至刻度，测得一系列数据，见下表。在相同条件下测得试样溶液的吸光度为0.413，求试样溶液中铁的含量（以 $mg \cdot L^{-1}$ 表示）。

（$8.2mg \cdot L^{-1}$）

标准铁溶液浓度/$\mu g \cdot mL^{-1}$	2.0	4.0	6.0	8.0	10.0	12.0
吸光度	0.097	0.200	0.304	0.408	0.510	0.613

15. 某有色化合物的水溶液在525nm处的摩尔吸光系数为 $3200L \cdot mol^{-1} \cdot cm^{-1}$，当浓度为 $3.4\times10^{-4}mol \cdot L^{-1}$ 时，比色皿厚度为1cm，其吸光度和透光度各是多少？

（1.088；8.16%）

16. 有一 $KMnO_4$ 溶液盛于1cm比色皿中，在252nm波长下测得透光度为0.60，如将其浓度增加一倍，而其他条件不变，吸光度是多少？

（0.44）

17. 某组分A溶液的浓度为 $5.00\times10^{-4}mol \cdot L^{-1}$，选定波长440nm和590nm，在1cm比色皿中，测得吸光度分别为0.638和0.139；另一组分B溶液的浓度为 $8.00\times10^{-4}mol \cdot L^{-1}$，同样在440nm和590nm，在1cm比色皿中，测得吸光度分别为0.106和0.470；选波长440nm和590nm，将A和B组分混合液在1cm比色皿中，测得吸光度分别为1.022和0.414，计算混合液中A和B组分的浓度。

（$7.65\times10^{-4}mol \cdot L^{-1}$；$3.42\times10^{-4}mol \cdot L^{-1}$）

第十章　分析化学中常用的分离和富集方法

知识与技能目标

1. 理解萃取分离法、沉淀分离法、离子交换分离法、色谱分离法的基本原理以及萃取分离法条件选择。

2. 学会萃取分离法、色谱分离法和离子交换分离法的操作方法。

第一节　概　　述

在分析化学中，当用化学分析法或仪器分析法对样品中的被测组分进行含量测定时，往往遇到样品中含有多种组分，它们常常彼此发生干扰，不仅影响分析结果，甚至达到无法进行测定的程度，为了除去干扰物质，采用控制分析条件或加入适当掩蔽剂是比较简单的方法。但是很多情况下，只用控制反应条件或加入掩蔽剂还是不能解决问题，这就需要将被测组分与干扰组分进行分离，所以定量分离是分析化学的重要内容之一。

在分析微量组分（0.01%～1%）或痕量组分（<0.01%）时，往往由于分析方法灵敏度所限，使测定结果误差太大，甚至难以测定，此时，不仅要对干扰成分进行分离，而且还要对被测组分进行富集，以保证分析结果的准确性。

在分析化学中，常用的分离方法有沉淀分离法、萃取分离法、离子交换分离法和液相色谱分离法。

沉淀分离法是利用沉淀反应使被测离子与干扰离子分离的一种方法。在待测的试液中，加入适当的沉淀剂，使被测组分沉淀出来，或将干扰组分沉淀除去，从而达到分离的目的。常用的沉淀分离法包括无机沉淀剂分离、有机沉淀剂分离和共沉淀分离等方式。

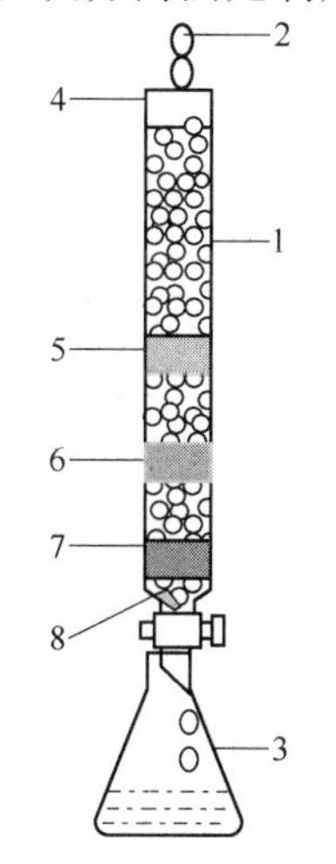

图 10-1　茨维特吸附色谱分离示意

1—装有碳酸钙的色谱柱；2—石油醚；3—接收洗脱液的锥形瓶；4—色谱柱顶端的石油醚；5—绿色叶绿素；6—黄色叶绿素；7—黄色胡萝卜素；8—色谱柱低端填充的棉花

萃取是利用物质在两种不相溶（或微溶）溶剂中溶解度或分配比的不同来达到分离、提取或纯化目的的一种操作。萃取分离法包括液相-液相、固相-液相和气相-液相等几种方法，其中应用最广泛的是液相-液相萃取分离法。在液相-液相萃取时，物质在水相中和有机相中都有一定的溶解度，有的在水相中溶解度大，有的在有机相中溶解度大；有的则相反。但是不论哪一种情况，在萃取分离达到平衡时，被萃取的物质在有机相、水相中都有一定的浓度。如将 CCl_4 溶剂和含碘的 H_2O 溶液同放在一个容器中，由于密度的关系，碘的 H_2O 溶液在上层，CCl_4 在下层，实验证明，碘易溶于 CCl_4，经振荡达平衡时，可以观察到 CCl_4 层颜色加深，水层颜色变浅，经测定碘在 CCl_4 中的溶解度比在水中大 85 倍。

离子交换分离法是利用离子交换树脂与溶液中阳离子或阴离子之间所发生的交换反应来进行分离的。离子交换法已有一个世纪的历史，20 世纪初期，工业上就开始用天然的无机离子交换剂泡沸石来软化硬水，泡沸石的化学成分为硅铝酸的钠盐，当它与水接触时，其中的 Na^+ 便与硬水中的 Ca^{2+} 和 Mg^{2+} 发生交换，从而使水软化，但这类无机离子交换剂的交换能力低，化学稳定性和机械强度差。后来，人工合成的有机离子交换剂——离子交换树脂基本上克服了无机离子交换剂的缺点。离子交换树脂不仅可用于带相反电荷的离子之间的分离，还可以用于带相同电荷或性质相近的离子之间的分离，并且还广泛地应用于微量组分的富集和高纯物质的制备。

色谱分离法又称为层析分离法，是由俄国的植物学家茨维特创立的。1906 年，茨维特在研究植物绿叶的色素成分时，把干燥的碳酸钙颗粒（称为固定相）填充在直立的玻璃管（称为填充色谱柱）内。将绿叶的萃取物倒在碳酸钙颗粒的顶端，然后连续地加入石油醚（称为流动相或洗脱液），自上而下洗脱被吸附的色素，结果，植物绿叶的几种色素得到了分离展开：留在最上面的是叶绿素，绿色层下接着是两种黄色的叶绿素，随着溶剂吸附跑到最下面的黄色是胡萝卜素（图 10-1）。这样，在管内碳酸钙上形成一个有规则的、与光谱相似的色带，这种色带叫色谱。随着社会的发展，色谱分离的方法已不再仅仅分离有色物质，即使无色物质也可以分离，只不过仍然沿用这个名词而已。

色谱分离法有多种类型，按操作形式不同，可分为柱色谱、纸色谱、薄层色谱。

阅读材料　分离技术

两种或多种物质的混合是一个自发的过程，而要将混合物分开或将其变成产物，必须采用适当的分离手段（技术）并耗费一定的能量或分离剂。待分离的混合物可以是原料、中间产物或废弃物料，制得产物的组成依需求而定，仍然可以是混合物，也可以为纯度极高的单体。分离工程通常贯穿在整个生产工艺过程中，是获得最终产品必不可少的一个重要环节。

1. 分离技术在工业中的地位与角色

分离技术广泛应用于石油、化工、医药、食品、冶金、原子能等许多工业领域，其所需的装备和能量消耗在整个过程中常占有主要地位。

以化工生产过程为例，分离方面的基建投资通常占 50%～90%，所消耗的能量也往往占绝大部分。在化工过程工业中，反应通常是过程的中心，但如果没有有效纯化产物和去除废物的过程相结合，工厂就不可能生存。

2. 分离技术在日常生活中的作用

人们的日常生活离不开分离技术，每天用于洗脸、刷牙的自来水，饮用的纯净水大多通过来自江河湖海的水处理获得的；每天食用的果汁、生啤、白糖、食盐等分别通过蒸发、膜滤、结晶等方法制得；每天开车所用的汽油、煤油等都是通过对原油加氢反应除去硫黄并经分馏制得。

3. 分离技术在环境保护中的作用

普通居民家庭生活污水所含成分十分复杂，直接排入江河湖泊，将会严重污染环境，目前大部分城市已经开展生活污水集中统一的生化处理，有效地将污染物分离出来或转化为无毒物质。然而对于广大农村的生活污水，如何利用湿地或氧化塘等生物处理方法，及时将有毒、有害污染物通过富集、吸收、降解或转化等手段去除已十分迫切。

4. 分离技术在人类健康与保健中的作用

分离技术在医疗做出的贡献是有目共睹的，人工肾、人工肺、人工肝分别具有与人体肾、人体肺、人体肝等脏器功能一样的血液透析、血液氧化、脱毒作用。人工器官利用膜的筛分作用，通过透析、滤过方法净化血液、供氧和去除 CO_2，使血液氧合，或通过置换及吸附方法使血液脱毒等，达到调节人体平衡、维持生活、延长寿命的目的。

5. 分离技术在能源再生与利用方面的作用

化石燃烧难以持久，按当前消耗量计算，除煤可维持二三百年外，包括核能铀在内的其他能源，只有 60 年左右的用量，迫使人们不断开发新能源与提高利用率。

第二节　沉淀分离法

一、无机沉淀剂分离法

无机沉淀剂与金属离子作用，通常主要形成氢氧化物和硫化物沉淀，此外，还有一些沉淀为硫酸盐、磷酸盐、草酸盐和碳酸盐的沉淀。这里主要介绍氢氧化物沉淀和硫化物沉淀分离法。

1. 氢氧化物沉淀分离法

形成氢氧化物沉淀分离的方法是生产及分析工作中应用广泛的分离方法之一。碱金属氢氧化物和 $Ba(OH)_2$ 易溶于水，$Ca(OH)_2$ 和 $Sr(OH)_2$ 溶解度较小，其余金属离子的氢氧化物几乎都是难溶的。某些非金属元素和某些略带酸性的金属元素如硅、钨、铌、钽等在一定条件下，常以水合氧化物的形式沉淀析出，例如：$SiO_2 \cdot nH_2O$、$WO_3 \cdot nH_2O$、$Nb_2O_5 \cdot nH_2O$、$Ta \cdot nH_2O$ 等，这些水合氧化物实际上就是它们的难溶含氧酸，即硅酸、钨酸、铌酸、钽酸等。

不同金属离子在溶液中沉淀完全（残留在溶液中的金属离子浓度$<10^{-5}mol \cdot L^{-1}$）时所需要的 pH 值各有不同。例如：$1mol \cdot L^{-1}$的 Al^{3+} 在 pH 值为 3.3 时，即产生沉淀，pH 值为 5.2 时，沉淀完全，在 pH 值为 7.3 时，沉淀开始溶解，当 pH 值为 10.8 时，沉淀完全溶解；$1mol \cdot L^{-1}$的 Mg^{2+} 在 pH 值为 9.4 时，产生沉淀，当 pH 值为 12.4 时，沉淀才完全。由于每种金属离子产生沉淀的 pH 值不同，所以可以控制溶液的 pH 值，使某些金属离子以氢氧化物沉淀析出。

常用控制溶液 pH 值的方法有：NaOH 法、氨水-氯化铵法、氧化锌悬浊液法，有时也采用有机碱法。不同分离方法的情况见表 10-1。

2. 硫化物沉淀分离法

化学反应中，约 40 多种金属能生成硫化物的沉淀，并且各种硫化物溶解度相差很大，所以可以通过控制溶液中硫离子的浓度，使硫化物达到分离。硫化物沉淀分离法在分析中主要用来除去重金属离子。其分离步骤见第一章。

表 10-1　NaOH 法、氨水-氯化铵法、氧化锌悬浊液法沉淀分离情况

控制溶液 pH 值的物质	定量沉淀的离子	部分沉淀的离子	溶液中存留的离子
NaOH 法（pH=12）	Mg^{2+}、Cu^{2+}、Ag^{+}、Cd^{2+}、Hg^{2+}、Ti^{4+}、Zr^{4+}、Hf^{4+}、Th^{4+}、Bi^{3+}、Fe^{3+}、Co^{2+}、Ni^{2+}、Mn^{2+}、Au^{+}、稀土	Ca^{2+}、Sr^{2+}、Ba^{2+}、Nb^{5+}、Ta^{5+}	AlO_2^{-}、CrO_2^{-}、ZnO_2^{2-}、PbO_2^{2-}、SnO_3^{2-}、GeO_3^{2-}、GaO_2^{-}、BeO_2^{2-}、WO_4^{2-}、MoO_4^{2-}、SiO_3^{2-}、VO_3^{-} 等
氨水-氯化铵法（pH=8～10）	Al^{3+}、Mn^{2+}、Fe^{3+}、Bi^{3+}、Hg^{2+}、Cr^{3+}、Zr^{4+}、Hf^{4+}、Ti^{4+}、Th^{4+}、Nb^{5+}、Ta^{5+}、U^{6+}、Sb^{3+}、Sn^{4+}、稀土	Fe^{2+}、Mn^{2+} 存在氧化剂时，可定量沉淀；Pb^{2+} 有 Fe^{3+}、Al^{3+} 共存时，将被共沉淀	$[Ag(NH_3)_2]^{+}$、$[Cu(NH_3)_4]^{2+}$、$[Cd(NH_3)_4]^{2+}$、$[Co(NH_3)_6]^{3+}$、$[Ni(NH_3)_4]^{2+}$、$[Zn(NH_3)_4]^{2+}$、Ca^{2+}、Sr^{2+}、Ba^{2+}、Mg^{2+} 等
氧化锌悬浊液法（pH=6 左右）	Fe^{3+}、Cr^{3+}、Sn^{4+}、Zr^{4+}、Hf^{4+}、U^{4+}、W^{6+}、Nb^{5+}、V^{4+}、Ta^{5+}、Ti^{4+}、Bi^{3+}、Ce^{4+}	Ag^{+}、Hg^{2+}、Cu^{2+}、Pb^{2+}、Sb^{3+}、Sn^{2+}、Mo^{6+}、V^{5+}、U^{6+}、Au^{3+}、Be^{2+}、稀土等	Co^{2+}、Ni^{2+}、Mn^{2+}、Mg^{2+} 等

二、有机沉淀剂沉淀分离法

利用有机沉淀剂与金属离子生成微溶有机化合物进行的沉淀分离法称为有机沉淀剂分离法。其特点是：选择性、灵敏度较高，有机沉淀剂沉淀分离法分为螯合物沉淀分离法、缔合物沉淀分离法、三元配合物沉淀法。

1. 螯合物沉淀分离法

所用沉淀剂常有下列官能团：—OH、—COOH、—SH、—SO_3H 等。其中 H^+ 可被金属离子置换，同时在沉淀中还含有一些能与金属离子形成配位键的原子，如氮原子，它们能与金属离子形成五、六元环的螯合物。如：

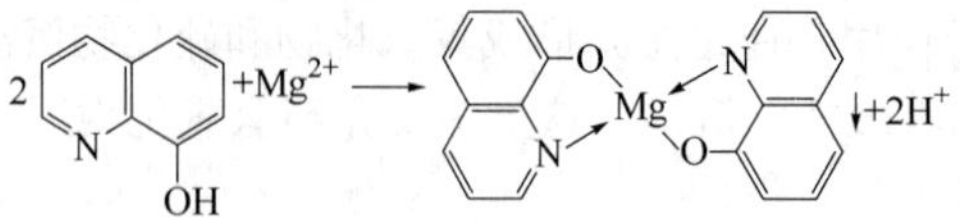

2. 缔合物沉淀分离法

沉淀剂在水中离解成带正荷或带负电荷的大体积离子，与带相反电荷的金属离子或金属配离子缔合，形成难溶于水的中性分子。如：四苯硼钠阴离子与 K^+ 反应：

$$K^+ + [B(C_6H_5)_4]^- \xlongequal{} K[B(C_6H_5)_4] \downarrow$$

$K[B(C_6H_5)_4]$ 的溶解度很小，组成恒定，沉淀经烘干后即可直接称量。它是测定 K^+ 的较好沉淀剂。

一种沉淀剂能与什么金属离子形成沉淀决定于沉淀的官能团。如含有—SH 的沉淀剂可能易与生成硫化物沉淀的金属离子形成沉淀；如含有—OH 的沉淀剂可能易与生成氢氧物沉淀的金属离子形成沉淀；如果含有—NH_2 的沉淀剂，可能易与金属离子形成螯合物沉淀。

3. 形成三元配合物沉淀

被沉淀组分与两种不同的配体形成三元配合物。这是泛指沉淀的组分和两种配体形成的三元配合物和三元离子缔合物。

三、微量组分的分离和富集

共沉淀现象是由于沉淀的表面吸附作用、混晶或固溶体的形成、吸留或包埋等原因引起的。在重量分析中由于共沉淀现象的发生，使所得沉淀混有杂质，因而应设法消除，但在分离中却正是利用共沉淀使微量和痕量组分来得以分离与富集，这种方法称为共沉淀法。如水中痕量 $0.02\mu g \cdot L^{-1}$ HgS，由于其浓度太小不能生成 HgS 沉淀，若加入适量 Cu^{2+}，再用 Cu^{2+} 作沉淀剂，则以 CuS（共沉淀剂）为载体，可使痕量 HgS 沉淀而富集。

根据共沉淀的性质，共沉淀分为无机共沉淀和有机共沉淀。

1. 无机共沉淀

（1）利用吸附作用进行共沉淀分离　利用一些微溶（常采用颗粒较小的无定形沉淀或凝乳状沉淀）沉淀的吸附作用，将痕量组分的沉淀富集起来，使其与共沉淀剂一起共沉淀下来的一种分离方法。如：铜中微量 Al^{3+}，氨水不能使 Al^{3+} 生成沉淀，若加入适量 Fe^{3+}，则利用生成的 $Fe(OH)_3$ 为载体，可使微量 $Al(OH)_3$ 共沉淀分离。

（2）利用生成混晶进行共沉淀分离　利用晶格相同，使之生成混晶而进行分离的一种分离方法。如：痕量镭，可用 $BaSO_4$ 作载体，生成 $RaSO_4$ 和 $BaSO_4$ 混晶。

2. 有机共沉淀

有机共沉淀分离是利用有机试剂来富集分离微量组分的一种共沉淀分离方法。有机共沉淀的作用机理与无机共沉淀剂不同，它不是利用共沉淀剂的表面吸附或混晶把微量元素带下来，而是利用“固体溶解”（固体萃取）的作用，即微量元素的沉淀溶解在共沉淀剂之中被带下来。如：富集痕量 Zn^{2+}，可在酸性条件下加入大量 SCN^- 和甲基紫。在此条件下，便生成含锌的有机盐，甲基紫发生质子化，可与 SCN^- 形成离子缔合物沉淀，该沉淀为载体，而与含锌的有机盐产生共沉淀。将沉淀过滤、洗涤、放入高温炉灼烧，SCN^- 及甲基紫均可除掉，得到的氧化锌再用酸溶解，便可对 Zn^{2+} 进行测定。

有机共沉淀具有选择性高、沉淀溶解度小、纯净、易灼烧除去的优点。

阅读材料　共沉淀分离技术与镭的提纯

为了得到镭，居里夫妇研究从沥青铀矿中分离出镭来。他们怎样才能得到足够的沥青铀矿呢？这种矿很稀少，矿中铀的含量极少，价格又很昂贵，他们根本买不起。后来，他们得到了奥地利政府赠送的一吨已提取过铀的沥青矿的残渣，开始了提取纯镭的实验。

在一间简陋的窝棚里，居里夫妇要把上千斤的沥青矿残渣，一锅锅地煮沸，还要用棍子在锅里不停地搅拌；要搬动很大的蒸馏瓶，把滚烫的溶液倒进倒出。就这样，经过3年零9个月锲而不舍的工作，1902年，居里夫妇终于从矿渣中提炼出0.1g镭盐，接着又初步测定了镭的原子量。

镭的化学分离方法主要有共沉淀法和离子交换法两种，共沉淀法应用较多，居里夫妇提纯镭使用的正是共沉淀分离法。在共沉淀法中，作为载体化合物的有硫酸钡、铬酸钡、碳酸钡、碳酸钙等。应用较广的是$BaSO_4$-$PbSO_4$共沉淀法。它是分离环境和生物样品中镭的一种常规方法。

$BaSO_4$-$PbSO_4$共沉淀法采用钡和铅的可溶性盐类作载体，硫酸溶液作沉淀积聚剂，使样品溶液生成$BaSO_4$-$PbSO_4$-$RaSO_4$共沉淀，镭得到初步的分离和浓集。然后将沉淀用EDTA的碱性溶液加热溶解，再加入冰醋酸，$BaSO_4$-$RaSO_4$因难溶于冰醋酸又重新沉淀，使镭得到进一步的纯化。这种方法的优点是镭的回收率高，对一部分杂质的净化效果好。但由于样品中钍、钋等杂质能随$BaSO_4$-$PbSO_4$一起沉淀下来，因而影响了镭的净化效果。因此，可加EDTA作掩蔽剂，在pH＝3的条件下进行沉淀，以防止钍、钋等金属离子的污染。或者，先采用带杂质较少的$CaCO_3$-$RaCO_3$共沉淀步骤，使镭与大部分杂质分离，然后将沉淀物溶于酸中，再用上述的方法进一步分离纯化镭。

第三节　萃取分离法

一、萃取分离法的基本原理

物质易溶于水而难溶于有机溶剂的性质叫亲水性，如$[Cu(NH_3)_4]^{2+}$、$[FeCl_6]^{3-}$等；物质易溶于有机溶剂而难溶于水的性质叫疏水性，如植物油易溶于甲苯。许多无机化合物在水溶液中受水分子极性作用，电离成带电荷的亲水性离子，并进一步结合成为水合离子而易溶于水，显然，如果要从水溶液中将水合离子萃取到有机溶剂中，必须设法将其亲水性转化为疏水性。如Ni^{2+}在水溶液中是亲水性的，以水合离子$[Ni(H_2O)_6]^{2+}$的状态存在，如果在氨性溶液中加入丁二酮肟试剂，生成疏水性的丁二酮肟镍螯合物，它不带电荷，水合离子中的水分子被疏水集团取代，成为亲有机溶剂的疏水化合物，可用$CHCl_3$萃取。因此，萃取的本质是将物质的亲水性转化为疏水性的过程。

（一）分配系数

当用有机溶剂从水相中萃取A时，A同时溶解在两相中，形成分配平衡：

$$A_{水} \rightleftharpoons A_{有}$$

$$K_D=[A]_{有}/[A]_{水}$$

$[A]_{有}$、$[A]_{水}$为达到平衡时，物质A在两相中的平衡浓度；K_D为分配系数，它与溶液特性及温度有关，在一定温度下为一常数。分配系数大的物质绝大部分进入有机相中；分配系数小的物质仍留在水相中，因而将物质彼此分离。人们把$K_D=[A]_{有}/[A]_{水}$称作分配定律，它是溶剂萃取的基本原理。

上述分配定律只适用于溶质在两相中存在形式相同、无解离、无缔合等副反应，且溶液浓度较低的情况下。

（二）分配比

分配系数 K_D 仅适用于溶质在萃取过程中只存在一种形态的情况，当溶质在水相和有机相中具有多种存在形式时，其分配定律应该用总浓度比值来表示：

$$D=c_{有}/c_{水}$$

其中，$c_{有}$、$c_{水}$ 为溶质分别在有机相和水相中的总浓度；D 为分配比，表示溶质在两相中的浓度之比。

（三）萃取效率

萃取效率也称萃取百分率，其含义为被萃取的物质在有机相中的总量占被萃取物质总量的百分数。用（E,%）表示。即：

$$E=\text{被萃取物质在有机相中的总量}/\text{被萃取物质的总量}\times 100\%$$

如果用分配系数表示，则有：

$$E=c_{有}V_{有}/(c_{有}V_{有}+c_{水}V_{水})\times 100\%$$

分子、分母同除以 $c_{水}V_{有}$ 得：

$$E=D/(D+V_{水}/V_{有})\times 100\%$$

如果 $V_{水}=V_{有}$，则上式变为：

$$E=D/(D+1)\times 100\%$$

如果 $D=18$，则萃取一次时的萃取效率为：

$$E=D/(D+1)\times 100\%=18/(18+1)\times 100\%=94.74\%$$

当萃取效率太低时（一般为 $D<10$），一次萃取不能满足分离的要求，此时，可采用多次连续萃取以提高萃取效率。

M_0（g）物质经 n 次萃取后，在水相中剩余的 $M_{剩}$（g）物质可按下式计算：

$$M_{剩}=M_0[V_{水}/(DV_{有}+V_{水})]^n$$

例 有 100mL 含 I_2 10mg 的水溶液，用 90mL CCl_4 分别按下列情况萃取：

（1）全量一次萃取；

（2）每次用 30mL 分三次萃取。

问哪种情况进行得完全？已知 $D=85$。

解：（1）全量一次萃取，则

$$M_{剩}=M_0[V_{水}/(DV_{有}+V_{水})]^n=10\times[100/(85\times 90+100)]^1=0.129\ (\text{mg})$$

（2）每次用 30mL 分三次萃取，则

$$M_{剩}=M_0[V_{水}/(DV_{有}+V_{水})]^n=10\times[100/(85\times 30+100)]^3=5.37\times 10^{-4}\ (\text{mg})$$

通过计算可以看出：采用多次小体积萃取比用一次大体积萃取的效果好。

二、萃取的类型与条件

（一）萃取的类型

根据萃取反应类型，可将萃取体系分为两大类，一类是螯合物萃取体系，一类是离子缔合萃取体系。

螯合物萃取体系一般用于微量和痕量金属离子的分离或富集。常用的螯合萃取剂见表 10-2。

离子缔合物萃取体系常用于基体元素的萃取分离。

（二）萃取条件

萃取体系不同，对萃取条件的要求不同，选择萃取条件的原则如下。

1. 螯合物萃取体系条件的选择

表 10-2　萃取中常用的螯合萃取剂

萃取剂	被定量萃取元素
乙酰丙酮（又可作溶剂）	Al^{3+}、Be^{2+}、Fe^{3+}、Ga^{3+}、In^{3+}、Mn^{2+}、Mo(Ⅵ)、Pd^{2+}、Sc^{3+}、Th^{4+}、U^{4+}、V^{5+}
8-羟基喹啉	Al^{3+}、Bi^{3+}、Ca^{2+}、Cd^{2+}、Co^{2+}、Cr^{3+}、Cu^{2+}、Fe^{3+}、Ga^{3+}、Hg^{2+}、In^{3+}、La^{3+}、Mg^{2+}、Ni^{2+}、Pb^{2+}、Sn^{2+}、Zn^{2+}等 50 多种
铜铁试剂	Al^{3+}、Au^{3+}、Bi^{3+}、Co^{2+}、Cu^{2+}、Fe^{3+}、Mo^{6+}、Pb^{2+}、Pd^{2+}等
双硫腙	Ag^{+}、Au^{3+}、Bi^{3+}、Cd^{2+}、Co^{2+}、Fe^{2+}、Hg^{2+}、Ni^{2+}等
铜试剂(DDTC)	Ag^{+}、As^{3+}、Bi^{3+}、Cd^{2+}、Co^{2+}、Cr^{3+}、Cu^{2+}、Fe^{3+}、Hg^{2+}、Zn^{2+}等

（1）螯合剂的选择　所选择的螯合剂与被萃取的金属离子生成的螯合物越稳定，则萃取效率越高。螯合剂还必须有一定的亲水基团，易溶于水，才能与金属离子生成螯合物；但亲水基团不宜过多，否则生成的螯合物不易被萃取到有机相中。

（2）萃取溶剂的选择　金属螯合物在萃取溶剂中溶解度要大，最好采用惰性溶剂；萃取溶剂与水密度相差要大，黏度小，以便于分层；毒性小，挥发性小。

（3）溶液的酸度　溶液的酸度越小，越易分离，但太小可能引起金属离子的水解，或者其他干扰。因此应根据实际情况，选择合适的酸度。

（4）使用掩蔽剂　如果控制酸度还不能满足萃取要求，可以加入掩蔽剂，使干扰离子与水形成亲水性化合物，而不被萃取。

2. 离子缔合体系条件的选择

（1）萃取溶剂的选择　盐类型的离子缔合体系要求使用含氧有机溶剂，其他类型则选用惰性溶剂。

（2）酸度条件的选择　离子缔合物体系一般要在较高的酸度下进行。

（3）盐析作用　在离子缔合物的萃取体系中，如果加入某些与被萃取化合物具有相同的阴离子盐类或酸类，往往有助于提高萃取效率。这种作用称为盐析效应，所加的盐类称为盐析剂。常用的盐析剂有铵盐、镁盐、铝盐、铁盐等，其中离子价态越高，半径越小，盐析的作用越强。

三、萃取分离的操作方法

萃取方法一般分为间歇萃取法（又称单级萃取法）；多级萃取；连续萃取。在分析应用较广泛的是间歇萃取法，间歇萃取法是将一定体积的试样溶液放在分液漏斗中，加入互不混溶的溶剂，塞上塞子，剧烈振摇，使两种液体密切接触，发生分配过程直至达到平衡。静置1～2min，待溶液分层后，轻轻转动分液漏斗下面的活塞，使下层液体（水溶液层或有机溶剂层）流入另一容器中，这样两相就得以分离。

1. 分液漏斗的准备

进行萃取操作之前，首先要选择容积较溶液体积大 1～2 倍的分液漏斗。将分液漏斗的盖子和活塞用细绳或橡皮筋扎在漏斗上，但不要扎得太紧。还要检查分液漏斗的盖子和活塞是否严密，符合要求后，将分液漏斗置于固定在铁架的铁环中，关闭活塞。

2. 加入物质

取一定体积的被萃取溶液，加入适当的萃取剂，调节到应控制的酸度。然后移入分液漏斗，加入一定体积的溶剂。

3. 振荡

塞好盖子。塞好后应再旋紧一下，要注意错开盖子的凹缝与漏斗上口颈部小孔的位置，以免漏液。振荡时应先取下分液漏斗，然后进行振荡，使两液充分接触，以提高洗涤效率，振荡分液漏斗的操作如图 10-2。先将分液漏斗倾斜，使分液漏斗上口略朝下，分液漏斗的

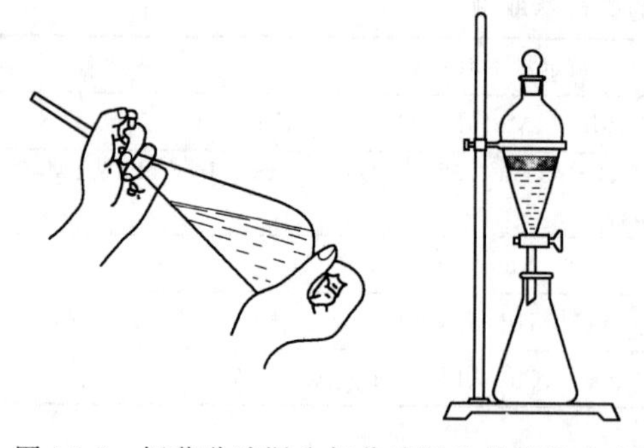

图 10-2　振荡分液漏斗与分液漏斗的静置分离

活塞部分向上，并朝向无人处，右手握住漏斗上口颈部，用食指根部压紧盖子，左手握住活塞。握持活塞的方式既能防止振荡时活塞转动或脱落，又能便于灵活地旋开活塞。

开始振荡时要慢，每摇几次以后打开活塞使过量的蒸气逸出（放气），如不经常放气，漏斗内蒸气压增大，盖子就可能被顶开而造成漏液（用低沸点易挥发溶剂如乙醚时，在振荡前即应放气）。放气后将活塞关闭再行振荡。

4. 分层，放液

充分振荡达到平衡后。将分液漏斗放在铁环内静置。待两层液体完全分开后，旋转盖子，使盖子凹缝与漏斗上口颈部小孔的位置对准，以便与大气相通。把分液漏斗的下端靠在接受器的壁上，旋开活塞，静置片刻或适当振摇，这时下层液体往往会增多一些，再把下层液体仔细放出。然后将上层液体从分液漏斗上口倒到另一个容器中。如果上层液体也经活塞放出，则漏斗颈部所附着的残液就会把上层液体弄脏。

有时在分层时，在两相的交界处会出现一层乳浊液，这是因振荡过于激烈或反应中形成某种微溶化合物造成的。采用增大萃取剂用量、加入电解质、改变溶液酸度、振荡不过于激烈的方法即可消除。

5. 重复萃取

如果被萃取物质的分配比足够大时，则一次萃取即可达到定量分离的要求；如果被萃取物质的分配比不够大，经第一次分离之后，再加入新鲜溶剂，重复操作，进行二次或三次萃取。但注意萃取次数不宜过多，否则既麻烦又易带入杂质或损失被萃取的组分。

萃取分离法具有设备简单、操作快速、分离效果好的特点。已成为应用广泛的一种分离和富集方法。其缺点为费时，工作量较大；萃取溶剂常是易挥发、易燃和有毒的物质，而且价格较贵。

阅读材料　萃取分离法

信息科学、材料科学和生物工程被誉为当今三大前沿科学，新材料还被誉为现代文明的支柱之一。这是因为没有花样繁多、品种齐全、功能奇特、高纯度的新材料，所有的高新技术只能是空中楼阁，电脑、机器人、宇宙飞船等都只能是天方夜谭，所以高新技术都是要以开发和利用自然资源，进而分离或合成出高纯的材料为基础的。

分离纯化技术作为科学技术的一个组成部分，为人类的各种需求变成现实提供了可靠的保证。现代分离技术已经可以使产品的杂质含量低于十亿分之一，被誉为现代分离能手的溶剂萃取（液液萃取）就是现代分离技术中的一种。例如在核燃料的后处理中，用萃取分离技术对被辐照过的核燃料进行处理，提取人工核素钚 239，其中铀和钚的收率均可以达到 99.9%，去除强放射性物质的效果（去污系数）可以达到 10^6～10^8。

“溶剂萃取”作为一个名词，也许很多人不太熟悉，但作为一种实用的分离方法，却早已被人们应用于实践中。溶剂萃取用于无机化合物分离的历史是有案可查的。1842年，皮尔哥德（Peligot）首先发现用二乙醚可以从硝酸溶液中萃取硝酸铀酰。随后人们又在实践中发现了其他一些无机物也能被某些有机物所萃取，并据此初步建立了半经验的液-液平衡的定量关系。

到19世纪末，能斯特（Nernst）利用热力学基本原理对液-液平衡关系进行了进一步阐述，提出了著名的能斯特分配定律，该定律为萃取化学和化工的发展奠定了早期的理论基础。19世纪末到20世纪初，人们开始将萃取分离技术应用于有机化工和石油化工领域中，如用酯类萃取剂萃取乙酸，用液态二氧化硫作为萃取剂从煤油中去除芳烃。20世纪30年代，人们试图将萃取分离技术应用于稀土元素的分离，但由于当时条件的限制，没有取得实质性的进展。20世纪40年代，原子能工业在战火中诞生，基于生产核燃料的需要，萃取分离技术无论在理论上还是在实际应用中均得到了迅速的发展，特别是磷酸三丁酯作为核燃料的萃取剂得到应用后，萃取分离技术进入了一个崭新的阶段。随后，萃取分离技术在稀土的分离、湿法冶金、无机化工、有机化工、医药、食品、环境等领域不断得到应用，并取得了很好的效果。到现在，萃取分离技术几乎可以涉及元素周期表中的所有元素，已成为分离技术中的主要成员之一。

因此，只要认真了解一下萃取分离技术的辉煌历史，就会被其优异的功能所吸引。

第四节　离子交换分离法

一、离子交换树脂

离子交换树脂是具有网状结构的复杂有机高分子聚合物，网状结构的骨架部分一般很稳定，不溶于酸、碱和一般溶剂。在网的各处都有许多可被交换的活性基团。常用的离子交换树脂以苯乙烯和二乙烯基苯共聚物为基体，经化学改性后带有不同的活性基团。

1. 阳离子交换树脂

阳离子交换树脂含有的活性基团为酸性，如磺酸基（$—SO_3H$）为强酸性阳离子交换树脂，羧基（—COOH）和酚基（—OH）为弱酸性阳离子交换树脂，用于交换溶液中的阳离子，其交换反应为：

$$nR—SO_3H+M^{n+}\underset{再生}{\overset{交换}{\rightleftharpoons}}(R—SO_3)_nM+nH^+$$

$$nR—COOH+M^{n+}\underset{再生}{\overset{交换}{\rightleftharpoons}}(R—COO)_nM+nH^+$$

式中，M^{n+}为阳离子。此交换反应是可逆的，已交换的树脂用酸处理，可逆向进行，称再生过程或洗脱过程。

强酸性阳离子交换树脂应用广泛，在酸性、中性和碱性溶液中都可使用；弱酸性阳离子交换树脂对H^+的亲和能力强，不适用于强酸溶液，只适用于pH>4的溶液，但它的选择性高，同时易被酸洗脱。

2. 阴离子交换树脂

阴离子交换树脂的活性交换基团为碱性，如$R—N^+(CH_3)_3$为强碱性阴离子交换树脂，$R—NH_2$、$R—NHCH_3$、$R—N(CH_3)_2$为弱碱性阴离子交换树脂。这些树脂水化后分别形成$R—NH_3OH$、$R—NH_2CH_3OH$、$R—NH(CH_3)_2OH$、$R—N(CH_3)_3OH$等氢氧型阴离子交换树脂，用于交换溶液中的阴离子，其交换反应为：

$$nR—N(CH_3)_3OH+X^{n-}\underset{再生}{\overset{交换}{\rightleftharpoons}}[R—N(CH_3)_3]_nX+n\ OH^-$$

由苯乙烯-二乙烯基苯共聚物作基体的离子交换树脂中，二乙烯基苯可以把链状的聚苯乙烯连接成网状结构，被称为交联剂，在离子交换树脂中含二乙烯基苯的质量分数称为交联度。树脂的交联度越大，则孔径越小；交换时体积大的离子进入树脂受到限制，但提高了选择性，另外，交联度大时，树脂机械强度高。但是如果交联度过大，则树脂对水的膨胀性能差，导致交换的速度慢。所以一般要求交联度为8%～12%。

交换容量表示单位质量或单位体积的树脂所能交换离子相当于一价离子的物质的量。离子交换树脂的交换容量表示了它的离子交换能力的大小，取决于树脂所含活性基团的多少，通常以每克干树脂所能交换能力的毫物质的量来表示（$mmol \cdot g^{-1}$）。

二、离子交换平衡和选择性

（一）离子交换平衡

当溶液中的离子和树脂中的离子进行交换达到平衡时，可近似地用质量作用定律来表示离子交换过程。如：

$$\underset{（树脂）}{RH} + \underset{（溶液）}{M^+} \rightleftharpoons \underset{（树脂）}{RM} + \underset{（溶液）}{H^+}$$

$$K_H^M = [RM][H^+]/[RH][M^+]$$

K_H^M 是平衡常数，在此为交换常数，K_H^M 的大小反映了 H^+ 与 M^+ 两种离子的相对交换能力，K_H^M 越大，说明该金属离子越容易与树脂交换。反之，该金属离子就不容易与树脂进行交换。不同金属离子对同一种树脂的交换能力不同。

（二）离子交换的选择性

离子交换的选择性是指离子交换剂吸收离子的性能。交换常数反映出指定交换剂对某金属离子的亲和能力。即能反映出哪些离子易被吸收，哪些离子不易被吸收。

实验证明，树脂对离子亲和力的大小与离子的水合半径大小和带电荷的多少有关。在低浓度常温下，离子交换树脂对不同离子的亲和力顺序有如下规律。

1. 强酸性阳离子交换树脂

（1）不同价态离子电荷越高，亲和力越大。

例如：$Na^+ < Ca^{2+} < Al^{3+} < Th^{4+}$。

（2）当离子价态相同时．亲和力随着水合离子半径的增大而增大。

例如；$Li^+ < H^+ < Na^+ < NH_4{}^+ < K^+ < Rb^+ < Cs^+ < Ag^+$。

二价离子的亲和力顺序：$Mg^{2+} < Zn^{2+} < Co^{2+} < Cu^{2+} < Cd^{2+} < Ni^{2+} < Ca^{2+} < Sr^{2+} < Pb^{2+} < Ba^{2+}$。

（3）稀土元素的亲和力随着原子序数的增大而减小。如：$La^{3+} > Ce^{3+} > Pr^{3+} > Eu^{3+} > Y^{3+} > Se^{3+}$。

2. 弱酸性阳离子交换树脂

与强酸性阳离子相同，只是对于 H^+ 的亲和力大于其他阳离子。

3. 强碱性阴离子交换树脂

$F^- < OH^- < HCO_3{}^- < Cl^- < CN^- < Br^- < CrO_4^{2-} < NO_3^- < I^- < SO_4^{2-} <$ 柠檬酸根离子。

4. 弱碱性阴离子交换树脂

$F^- < Cl^- < Br^- < I^- < CH_3COO^- < PO_4^{3-} < AsO_4^{3-} < NO_3^- < CrO_4^{2-} < SO_4^{2-} < OH^-$。

三、离子交换分离法的操作方法

1. 树脂的处理

先用蒸馏水浸洗，再用盐酸浸泡1～2天，最后用蒸馏水洗至中性。

2. 装柱

装交换柱时，在交换柱的下端垫上一层润湿的玻璃棉，然后使交换柱充满水，把处理好的树脂倒入柱中。树脂高度应为柱高的90%，然后再在树脂上面覆盖一层玻璃棉，使液面高于树脂层。装交换柱时，树脂层不要留有气泡，以免交换时阻碍溶液与树脂接触。

3. 交换

在交换柱上面慢慢注入待分离的溶液，使其以一定速度由上向下经柱交换，“交界层”下移，几种离子中亲和力大的在上层，每种离子集中在柱的某一区域。

4. 洗脱

洗脱（即淋洗）就是将交换到树脂上的离子用洗脱剂（或淋洗剂）置换下来的过程，是交换过程的逆过程。对于阳离子交换树脂，常以 HCl 溶液作洗脱液；对于阴离子交换树脂，常用 HCl、NaCl 或者 NaOH 作洗脱剂。

5. 树脂的再生

使树脂恢复到交换前形式的过程叫树脂的再生。有时洗脱过程就是再生过程。阳离子交换树脂的再生一般用 HCl 或 H_2SO_4；阴离子交换树脂一般用 NaOH 作再生液。

四、离子交换分离法的应用

离子交换分离法操作简单，目前在水的净化、微量组分的富集、阴阳离子的分离、相同电荷离子的分离、环境保护等方面得到广泛的应用。

阅读材料　离子交换分离法的发展历史

离子交换是自然界中广泛存在的现象，人类在长时期中都在应用着这一过程，但真正确认离子交换现象的，通常都认为是两位英国农业科学家 Tompson 和 Way。1850 年他们报道，用硫酸铵或碳酸铵处理土壤时，铵离子被吸收而析出钙，土壤即为有显著离子交换效应的离子交换剂。其他无机离子交换剂，如硅酸盐等，到 19 世纪初已经在水的软化、糖的净化等许多方面有了工业规模的应用。但无机离子交换剂往往不能在酸性条件下使用。

1935 年，Adams 和 Holmes 研究合成了具有离子交换功能的高分子材料聚酚醛系强酸性阳离子交换树脂和聚苯胺醛系弱碱性阴离子交换树脂，为人类获得性质优良的离子交换剂开辟了新的途径，这一成就被认为是离子交换发展进程中最重要的事件。

1945 年，美国 Alelio 成功地合成了聚苯乙烯系阳离子交换树脂，此后又合成了其他性能良好的聚苯乙烯系、聚苯烯酸系树脂，使离子交换成为在许多方面表现出优势的低能耗、高效率的分离技术。后来离子交换树脂的发展取得重要突破，Kunin 等人合成了一种兼具离子交换和吸附两种功能的大孔离子交换树脂。离子交换树脂的合成和它的应用技术互相推动，迅速发展，在化工、冶金、环保、生物、医药、食品等许多领域取得了巨大成就和效益。

离子交换过程能得以如此广泛的应用，主要是由于离子交换分离法具有以下优点。

（1）吸附的选择性高　可以选择合适的离子交换树脂和操作条件，使对所处理的离子具有较高的吸附选择性。因而可以从稀溶液中把他们提取出来，或根据所带电荷性质、电离程度的不同，将离子混合物加以分离。

（2）适用范围广　处理对象从痕量物质到工业规模，范围极其广泛，尤其适用于从大量物质中富集微量组分。

（3）多相操作，分离容易　由于离子交换是在固相和液相之间操作，通过交换树脂后，固相和液相已实现分离，故易于操作。

第五节　色谱分离法

一、柱色谱法

柱色谱法是最早建立起来的色谱分析法。它是把吸附剂（如氧化铝、硅胶等）装在一支玻璃管中，制成色谱柱。然后将含不同组分的试液加在柱子上，则试液被吸附剂（固定相）吸附在柱的上端。再用一种洗脱剂（展开剂）进行冲洗。由于各种组分在吸附剂表面上具有不同的吸附选择性和吸附度，所以在展开剂冲洗过程中，色谱柱内就连续地发生溶解、吸附、再溶解、再吸附的过程。由于展开剂与吸附剂二者对各组分的溶解能力不同，则试液中各组分的移动距离不相同，当冲洗到一定程度时，试液可以完全分开，再继续冲洗，各种组分依次流出色谱柱，承接在不同的容器中。

色谱分离法的平衡状态可用吸附平衡常数（吸附系数）K 表示，低浓度和一定温度下：

$$K=c_s/c_m$$

式中，c_s 为组分在固定相中的浓度；c_m 为组分在流动相中的浓度。K 值实际上是溶质分子在固定相和流动相中达到平衡时的浓度之比。在低浓度和一定温度时，K 值的大小决定于试液中各溶质的性质。K 值大的组分被吸附得牢固，移动速度慢，在冲洗时最后洗脱下来，K 等于零的组分不被吸附，将随同流动相迅速流出。各组分之间 K 值差别越大，越容易使它们彼此分离。各种组分对于不同的吸附剂和展开剂有不同的 K 值，为了达到完全分离的目的，必须根据被分离组分的结构和性质（极性）选择适宜的吸附剂。

对吸附剂的要求：(1) 有较大的表面积和足够的吸附力；(2) 对不同的化学成分有不同的吸附能力，与洗脱剂、溶剂及试样中各组分不起化学反应；(3) 吸附剂的颗粒应有一定的粒度，颗粒要均匀；(4) 吸附剂要具有较强的活性。吸附剂的吸附活性大小与其含水量有一定的关系，含水量越高，则活性越低，吸附能力越差。因此，吸附剂使用前需在一定温度下烘干，以除去水分，此过程称为活化。常用的吸附剂有氧化铝、硅胶、聚酰胺等。

展开剂的选择与吸附剂吸附能力的强弱和被分离物质的极性大小有关，应用吸附性弱的吸附剂分离极性较大的物质时，则选用极性较大的展开剂容易洗脱；应用吸附性强的吸附剂分离极性较小的物质时，则选用极性较小的展开剂容易洗脱。

常用展开剂的极性由小到大的顺序是：石油醚＜环己烷＜四氯化碳＜苯＜甲苯＜乙醚＜氯仿＜乙酸乙酯＜正丁醇＜丙酮＜乙醇＜甲醇＜水。

二、纸色谱法

1. 原理

纸色谱法是一种微量分离的方法，先将滤纸放在用展开剂饱和的空气中，滤纸吸收水分或其他溶剂，固定在滤纸上作固定相，滤纸作载体。用与水或其溶剂不相溶的有机溶剂或者是和水相混溶的有机溶剂作流动相（展开剂）。如图 10-3，将试液点样在滤纸的原点处，然后使流动相从试液原点的一端靠滤纸的毛细管作用向另一端扩散，当流动相经过斑点时，试液中的各组分便随着流动相向前流动，此时，组分在固定相和流动相之间进行分配，由于各种组分的分配系数不同，移动速度不同，便可以彼此分离开。

各组分在滤纸上移动的位置用比移值 R_f 表示，如图 10-4。

R_f＝原点至斑点中心的距离/原点至溶剂前沿的距离

试样 A：　　　　$R_f=a/c$

试样 B：　　　　$R_f=b/c$

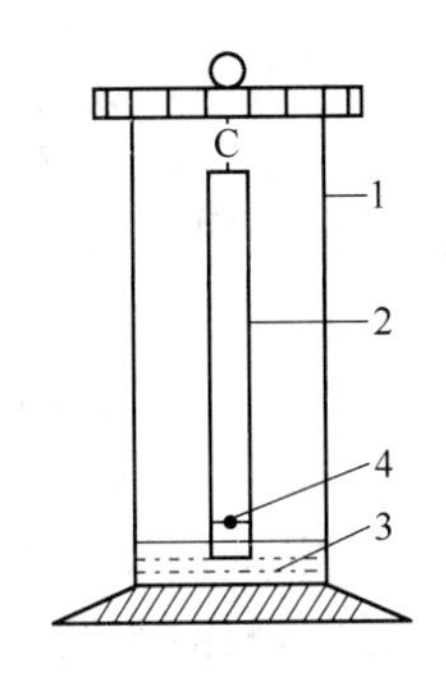

图 10-3　纸色谱分离法

1—色谱筒；2—滤纸；3—展开剂；4—原点

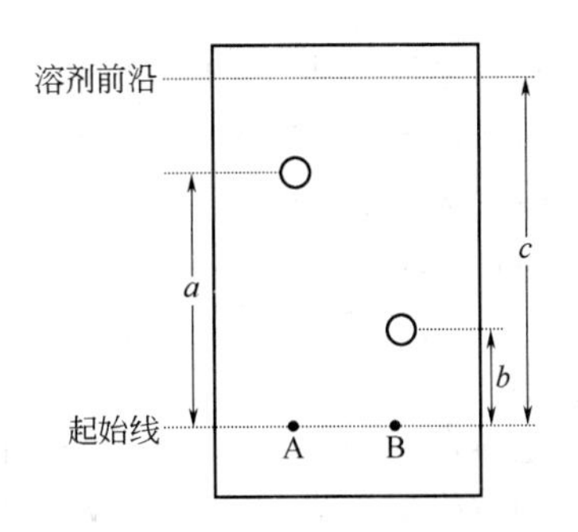

图 10-4　R_f 值测量示意

R_f 值最大等于 1，即该组分随溶剂上升到前沿；最小等于 0，即该组分不随溶剂移动而留在原点。如 $R_f=0.3$，则表示该组分从原点移动到溶剂前沿的 3/10，试样各组分 R_f 相差越大，表示分离得越开，在一般情况下，如果斑点比较集中，则 R_f 相差 0.02 以上，即可互相分离。R_f 与分配系数有关，分配系数越大，R_f 越小。

2. 纸色谱实验条件的选择

（1）色谱滤纸的选择　滤纸质地必须均匀，平整无折痕，边沿整齐；纸质要纯，杂质少，无明显的荧光斑点；疏松度适当，过于疏松，易使斑点扩散，过于紧密，则流速太慢；强度大，不易破裂。

（2）固定相的选择　滤纸纤维吸湿性较强，通常可含 20%～25%的水分，其中 6%～7%的水是以氢键缔合的形式与纤维素上的羟基结合在一起，在一般情况下较难脱去，所以吸附在纤维上的水作固定相。在分离一些极性较小的物质或酸、碱性物质时，为了增加其在固定相中的溶解度，常在滤纸上吸留一些甲酰胺或二甲基甲酰胺、丙二醇或缓冲溶液等作为固定相。

（3）展开剂的选择　常用的展开剂是用有机溶剂、酸和水混合配制成的。如果被分离的物质各组分间的 R_f 值之差小于 0.02，无法分开时，可以改变展开剂的极性大小，以增大 R_f 值之差。如增大展开剂中极性溶剂的比例，可以增大极性物质的 R_f 值，同时减小非极性物质的 R_f 值。溶剂极性的大小见柱色谱法。

3. 纸色谱法的操作步骤

纸色谱法的操作步骤分为点样、展开、显色、定性定量分析几个步骤，与薄层色谱法相似，可参考薄层色谱法的有关知识。

三、薄层色谱法

（一）原理

薄层色谱法是在纸色谱法的基础上发展起来的。在薄层色谱分离过程中，是利用不相溶的两个相中分布的不同达到分离目的的。这两个相一个是涂布在薄层板上的吸附剂，叫固定相，另一个是在展开过程中流过固定相的展开剂（有机溶剂），叫流动相。将待分离的样品溶液点在薄层板的一端，在密闭的容器中用适宜的溶剂（展开剂）展开，由于固定相相对不同的物质的吸附能力不同，组分在吸附剂与展开剂之间不断地进行吸附与解吸过程。易被吸附的组分迁移速度较慢，难被吸附的组分迁移速度较快，一段时间后，形成相互分开的斑点。不同组分彼此分开，各组分的分离情况用值 R_f 表示。

（二）薄层色谱的操作方法

薄层色谱的操作方法分为薄层板的制备、点样、展开、斑点定位、定性定量分析。

1. 薄层板的制备

分软板和硬板两种。软板易吹散，多用硬板。硬板的制取一般取一份吸附剂加两份水，在研钵中朝同一方向研磨成稀糊状，当浓度均一后（即呈胶状物，色泽洁白为佳），立即倾入玻璃板上，用玻璃棒涂布成一均匀薄层，再稍加振动，使整板薄层均匀，表面平坦、光滑、无水层，一块 5cm×20cm 板约需 3g 吸附剂。铺好的薄板置水平台上晾干，再在烘箱中于 105～110℃活化 1h，然后置干燥器中备用。一般 1 周内可使用，超出 1 周，用前需再次活化。

2. 点样

点样量器可用内径约 0.5～1mm 的毛细管，管口应平整；定量点样可使用平头微量注射器或自动点样器。当点样量器吸取试样后，轻轻接触用铅笔做好标记的薄层上的起始线，点成圆形，每次点样后，可借助红外线或电吹风使溶剂迅速挥发。点样的操作要迅速，避免薄板暴露在空气中时间过长而吸水降低活性。

点样量一般不超过 10μL，点样时不要损伤薄层板表面，宜分次点加，直径不要超过 4mm，点样起始线距底边为 1.0～1.5cm，距两边不少于 1.0cm，两个样点距离可视斑点扩散以不影响检出为宜，一般为 1.5～2.0cm，点样起始线与薄层板底边平行。

3. 展开

将点好样的薄板与流动相接触，使两相相对运动并带动试样组分迁移的过程称为展开。

（1）展开装置　常用的展开装置有直立型的单槽色谱缸、双槽色谱缸、圆形色谱缸和卧式色谱槽。可根据需要和薄层板的性质来选择不同的展开装置，如图 10-5。

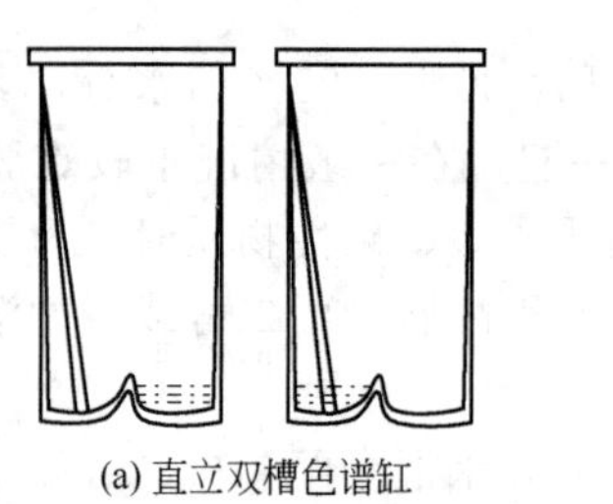

(a) 直立双槽色谱缸

(b) 圆形色谱缸

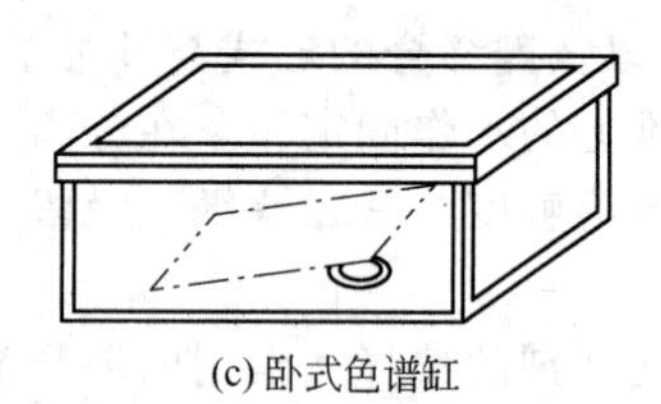

(c) 卧式色谱缸

图 10-5　各种色谱缸

（2）色谱缸的饱和　为使 R_f 值重现性良好，展开剂置于色谱缸中，缸壁贴上两条高、宽适宜的滤纸条，一端浸入展开剂中，密封色谱缸顶的盖，室温放置 1h 左右，让展开剂挥发，使系统平衡。

（3）薄层板的预饱和　在展开之前，通常将点好样的薄板置于盛有展开剂的展开装置内饱和约 15min（此时薄板不浸入展开剂中），克服边缘效应（同一物质的斑点在同一薄板上出现的两边缘部分 R_f 大于中间部分 R_f 的现象）以及改善分离效果，使 R_f 值重现性良好。

（4）展开方式　薄层色谱有多种展开方式，如近水平展开、上行展开，还有多次展开、双向展开和径向展开（薄板为圆形）等方式。自动多次展开仪可进行程序化多次展开。

目前最常用的是上行展开的一种展开方式。将点好样的薄板放入已盛有展开剂的直立型色谱槽中（试样原点绝对不能浸入到展开剂中），斜靠于色谱槽的一边壁上，展开剂沿薄层下端借毛细管作用缓慢上升。待展开距离达 10～20cm 时，取出薄板，在前沿做好标记，待溶剂挥发干后显色。如果展开距离过大，斑点扩散，精确度差；展开距离过小，分离效果差。该方式适合于含黏合剂硬板的展开。

4. 斑点定位

（1）显色　直接定位法，即薄层色谱展开后，有色物质可直接在日光下观察，划出色斑；蒸气显色法，即常用挥发性的酸、碱，如盐酸、硝酸、浓氨、二乙胺等蒸气显色；试剂显色法，即常用喷雾法或浸渍法处理，显色试剂常用硫酸、碘的氯仿溶液、碱性高锰酸钾溶液、磷钼酸等。

(2) 色谱的检视　有色物质可在日光下直接观察或在紫外灯下观察荧光斑点；无色物质：①在紫外灯下（指定波长）观察化合物本身不同颜色的暗斑或荧光斑点，或显色后按有色物质进行检视；②在可见光、紫外线下均不显示，也没有合适的显色方法的物质，可在紫外线灯 254nm 下观察荧光薄层板上黄色荧光背景上的紫蓝色斑点，这是由于化合物减弱了吸附剂中荧光物质的紫外吸收强度引起了荧光的熄灭所致。

（三）定性、定量分析

1. 定性分析方法

在斑点定位后，测出斑点的 R_f，与同块板上的已知对照品斑点的 R_f 对比，即可初步定性该斑点与标准品为同一物质。然后再更换几种展开系统，如果 R_f 仍然一致，则可得到较为肯定的定性结论。这种定性方法适用于已知范围的未知物。

2. 定量分析方法

薄层色谱法很难控制色谱条件的一致性，致使定量分析工作处于“半定量”或进行限量检查阶段。

(1) 目视比较法　目视比较法是简易的半定量方法。将不同量的对照品配成系列溶液和试样溶液，定量地点在同一块薄层上展开，点样时要严格控制点样量，可使微量点样器。显色后以目视法比较色斑的颜色深度和面积的大小，求出试样的近似含量。在严格控制操作条件下，色斑颜色和面积随溶质量的变化而变化。目视比较法分析的精密度可达±10%。

(2) 洗脱法　洗脱法进行定量分析是在薄板的起始线上，定量地点上试样溶液，定位后，可用工具将试样区带定量取下，再以适当的溶剂洗脱后用其他化学或仪器方法如重量法、分光光度法、荧光法等进行定量。在用洗脱法定量时，注意同时收集洗脱空白作为对照。

（四）薄层色谱法的特点及应用

薄层色谱法的特点是：展开时间短，一般十至几十分钟；分离能力强，斑点集中；灵敏度高，通常几至几十微克的物质即可被检出；显色方便，可直接喷洒腐蚀性的显色剂，如浓硫酸等；所用仪器简单，操作方便，可以普及；薄层板价格低廉，一块板可同时检测多个样品；色谱直观性强。因此常用于有机物的分离和鉴定，在食品分析、药物分析、卫生监测、环境保护、氨基酸及其衍生物的分析等方面都被广泛应用，如：用硅胶 G（含煅石膏作黏合剂）薄层，适当展开剂分离各种有机磷农药；用硅胶 G 薄层，以丙酮：氯仿为 6：94 为展开剂，分离和测定食品中黄曲霉毒素 B_1 等致癌物质；用硅胶 G 薄层，以苯：丙酮：石油醚为2：1：2 为展开剂，分离菠菜叶色素等。

阅读材料　色谱分离法的发展历史

(1) 起源　色谱法起源于 20 世纪初，1906 年，俄罗斯植物学家米哈伊尔·茨维特用碳酸钙填充竖立的玻璃管，以石油醚洗脱植物色素的提取液，经过一段时间洗脱后，植物色素在碳酸钙柱中实现分离，由一条色带分散为数条平行的色带。由于这一实验将混合的植物色素分离为不同的色带，因此茨维特将这种方法命名为 Хроматография，这个单词最终被英语等语言接受，成为色谱法的名称。汉语中的色谱也是对这个单词的意译。

茨维特并非著名科学家，他对色谱的研究以俄语发表在俄罗斯的学术杂志之后不久，第一次世界大战爆发，欧洲正常的学术交流被迫终止。这些因素使得色谱法问世后十余年间不为学术界所知，直到 1931 年，德国柏林威廉皇帝研究所的库恩将茨维特的方法应用于叶红素和叶黄素的研究，库恩的研究获得了广泛的承认，也让科学界接受了色谱法，此后的一段时间内，以氧化铝为固定相的色谱法在有色物质的分离中取得了广泛的应用，这就是今天的吸附色谱。

（2）分配色谱的出现和色谱方法的普及　1938年阿切尔·约翰·波特·马丁和理查德·劳伦斯·米林顿·辛格准备利用氨基酸在水和有机溶剂中的溶解度差异分离不同种类的氨基酸，马丁早期曾经设计了逆流萃取系统以分离维生素，马丁和辛格准备用两种逆向流动的溶剂分离氨基酸，但是没有获得成功。后来他们将水吸附在固相的硅胶上，以氯仿冲洗，成功地分离了氨基酸，这就是现在常用的分配色谱。在获得成功之后，马丁和辛格的方法被广泛应用于各种有机物的分离。1943年，马丁以及辛格又发明了在蒸汽饱和环境下进行的纸色谱法。

（3）气相色谱和色谱理论的出现　1952年，马丁和詹姆斯提出用气体作为流动相进行色谱分离的想法，他们用硅藻土吸附的硅酮油作为固定相，用氮气作为流动相分离了若干种小分子量挥发性有机酸。气相色谱的出现使色谱技术从最初的定性分离手段进一步演化为具有分离功能的定量测定手段，并且极大地刺激了色谱技术和理论的发展。相比于早期的液相色谱，以气体为流动相的色谱对设备的要求更高，这促进了色谱技术的机械化、标准化和自动化；气相色谱需要特殊和更灵敏的检测装置，这促进了检测器的开发；而气相色谱的标准化又使得色谱学理论得以形成色谱学理论中有着重要地位的塔板理论和Van Deemter方程，以及保留时间、保留指数、峰宽等概念都是在研究气相色谱行为的过程中形成的。

（4）高效液相色谱仪　1960年，为了分离蛋白质、核酸等不易汽化的大分子物质，气相色谱的理论和方法被重新引入经典液相色谱。1960年末，科克兰、哈伯、荷瓦斯、莆黑斯、里普斯克等人研发了世界上第一台高效液相色谱仪，开启了高效液相色谱的时代。高效液相色谱仪使用粒径更细的固定相填充色谱柱，提高色谱柱的塔板数，以高压驱动流动相，使得经典液相色谱需要数日乃至数月完成的分离工作得以在几个小时甚至几十分钟内完成。1971年，科克兰等人出版了《液相色谱的现代实践》一书，标志着高效液相色谱法（HPLC）正式建立。在此后的时间里，高效液相色谱成为最为常用的分离和检测手段，在有机化学、生物化学、医学、药物开发与检测、化工、食品科学、环境监测、商检和法检等方面都有广泛的应用。高效液相色谱同时还极大地刺激了固定相材料、检测技术、数据处理技术以及色谱理论的发展。

习　题

1. 解释下列名词：交换容量　交联度　比移值
2. 常用的分离方法有哪几种？
3. 何谓沉淀分离法、萃取分离法、色谱分离法、离子交换分离法？
4. 简述萃取分离法的操作方法。
5. 简述离子交换分离法的操作方法。
6. 简述薄层色谱法的操作方法。
7. 简述纸色谱的原理。
8. 如何选择纸色谱的条件？
9. 某试样经过薄层色谱后，试样斑点中心距原点9.0cm，标准品斑点中心距离原点7.5cm，展开剂前沿距原点15cm，试求试样及标准样品的R_f。

（0.6；0.5）

第十一章　定量分析的一般步骤及复杂物质分析示例

知识与技能目标

1. 了解试样的采取与制备，重点是固体试样的粉碎和制备。

2. 了解无机试样和有机试样的一般分解方法（溶解法、熔融法、干式灰化法和湿式消化法）。

3. 了解测定方法选择的主要要求。

第一节　试样的采集与制备

在前面的章节中，通过一些具体的试样分析讲述了化学分析及仪器分析的一些主要方法。为分析工作解决实际问题打下了一定的基础。而实际工作中，试样是多种多样的，对分析的要求也各不相同，因此，这就需要综合运用学习过的知识，并对分析过程有一个比较全面的了解，并通过生成配合物的掩蔽作用，利用氧化还原反应预先改变共存离子的价态，严格控制特定的测定条件等方法消除各种干扰，从而高效、快速、准确地完成定量分析任务。

定量分析工作一般包括以下几个步骤：试样的采集和制备、试样的称量和分解、干扰组分的掩蔽和分离、定量测定和分析结果的计算与评价等。本章将对试样的采集和制备、试样的分解和测定方法的选择等方面进行讨论。

定量分析的结果常常要代表数吨甚至数千万吨物料的真实情况。而我们在进行定量分析之前，称取的试样只有零点几克至几克，这就要求所使用的分析试样必须具有高度的代表性，否则分析做得如何认真，结果如何准确，也都是毫无意义的。

通常实际工作中遇到的样品是多种多样，各有特点的。必须根据具体情况，做好试样的采取和制备工作。首先从大批物料中采取最初试样，再制备成最终的分析试样。最后，在已经比较均匀的试样中取少量进行定量分析。

一、气体、液体样品的采集

气体和液体大都是均匀的，在采集样品时，主要考虑样品的流动以及在贮存和预处理时可能发生的性质变化。

对于气体试样的采取，要按具体情况，采用相应的方法。一般常采用减压法、真空法等，将气体样品直接导入适当的容器；也可以用适当的液体溶剂吸收或固体吸附剂吸附富集气体等。例如大气样品的采取，通常选择距地面 50～180cm 的高度用抽气泵采样，使所采气体样品与人呼吸的空气相同。对于烟道气、废气中某些有毒污染物的分析，可将气体样品采入空瓶或大型注射器中。

对于液体样品，例如管道中、河流中、湖泊中的液体样品，采用不同出水点、不同深度、不同位置、多点取样，以便得到有充分代表性的样品。而装在大容器里的液体，只要在容器的不同深度取样后混合均匀便可作为分析试样。分装在小容器中的液体，可从每个容器中取样后混合均匀作为分析样品。

二、固体样品的采集与制备

1. 平均试样的采集

固体试样种类繁多，经常遇到的样品有矿石、土壤、合金、化工产品、粮食、饲料等。对于组成较为均匀的，如化工产品、面粉、盐类等，可在不同部位取样，混匀，即可作为分析试样。怎样采集有代表性的平均试样并制备成分析试样，各有关部门都制定了严格的操作规程。

对于组成极不均匀、颗粒大小不一、成分混杂不齐的固体样品，选取具有代表性的均匀试样并不简单。必须按一定的程序，从物料的各个不同部位取出一定数量大小不同的颗粒，取出的份数越多，则试样的组成与被分析物料的平均组成越接近。一般来说，取样数量由下列两个因素决定。

① 对采样准确度的要求。准确度要求越高，误差越小，采样数量越多。

② 物料越不均匀，采样数量越多。所谓不均匀性既表现为颗粒的大小不一方面，又表现为组分在颗粒中的集中程度上。

因此采样数量的多少实际上是一个统计学问题。当然也要兼顾到其他各个方面。根据经验，平均试样选取量与试样的均匀度、粒度、易破碎度等有关，究竟取多少试样才有代表性呢？人们总结了一个经验取样公式：

$$Q=Kd^{\alpha}$$

式中 Q——采取试样的最低质量，kg；

K——经验常数，通常在0.02～1之间；

d——试样中最大颗粒的直径，mm；

α——经验常数，通常在1.8～2.5之间，地质部门规定α值为2，即$Q=Kd^2$。

2. 分析试样的准备

平均试样的量很大，要从几千克到几十千克处理成100～300g左右的分析试样，要经过多次破碎和缩分。

(1) 破碎　采用机械或人工方法把样品逐步破碎至所需细度。大致可分为粗碎、中碎和细碎等阶段。破碎时要注意避免混入杂质。在破碎过程中，试样颗粒的大小变动很大，应在破碎前按照所需颗粒的大小，以相应的筛先过筛一次，将大于筛号的样品破碎至全部过筛为止，不可将粗粒随便丢掉。

(2) 缩分　缩分的方法很多，常用的是所谓四分法：将已破碎的样品充分混匀后，堆成圆锥形，略为压平，用分样器或人工方法通过中心切成四等份，把任意对角的两份弃去，其余对角的两份收集在一起混匀，则将试样缩减一半。由于样品中不同粒度、不同比重的颗粒大体上分布均匀，因此缩分后的试样仍能代表原样成分。

值得注意的是，缩分的次数不是任意的。每次缩分时，试样粒度与保留的试样量之间都应符合取样公式。根据$Q=Kd^{\alpha}$，可计算出不同K值、不同粒度时所需试样的最低质量。

阅读材料　试样采集的基本术语

(1) 采样单元　具有界限的一定数量物料（界限可以是有形的也可以是无形的）。

(2) 份样（子样）　用采样器从一个采样单元中一次取得的一定量的物料。

(3) 原始样品（送检样）　合并所采集的所有份样所得的样品。

(4) 实验室样品　为送往实验室供分析检验用的样品。

(5) 参考样品（备检样品）　与实验室样品同时制备的样品，是实验室样品的备份。

(6) 试样（test sample）　由实验室样品制备，用于分析检验的样品。采样的原则是对于均匀的物料，可以在物料的任意部位进行采样；非均匀的物料应随机采样，对所得的样品分别进行测定。采样过程中不应带进任何杂质，尽量避免引起物料的变化（如吸水、氧化等）。

第二节　试样的分解

在一般的分析工作中，除干法分析外，最主要的是先将试样分解，使待测组分定量转入溶液状态后再进行测定，因此试样的分解是分析工作的重要步骤之一，也是快速而准确地进行定量分析的基础。

分解试样要注意：首先试样要分解完全；其次是分解过程中待测组分不应挥发而损失；再次溶解过程中不能引入被测组分或干扰物质。

常用的分解试样方法很多，主要有溶解、熔融和烧结等。下面按无机试样及有机试样分别进行介绍。

一、无机试样的分解

（一）溶解法

将试样用适当的溶剂溶解制成溶液的方法称为溶解法，它简单、快速。常用的溶剂有水、酸和碱等。一般溶于水的试样称为可溶性盐类。不溶于水的试样则采用酸或碱作溶剂进行溶解，以制备分析试液。

1. 水溶法

对于可溶性的无机盐，可直接用蒸馏水溶解制成溶液。

2. 酸溶法

（1）盐酸　盐酸是分解试样的重要强酸之一，除银、铅等少数金属外，绝大多数金属氯化物都是可溶的；多数金属的氧化物和碳酸盐也能被盐酸分解；盐酸中 Cl^- 能与许多金属离子生成稳定的配合物，因此，盐酸是这些金属矿石的良好溶剂；Cl^- 具有弱还原性，有利于一些氧化性矿物如软锰矿（MnO_2）的溶解。$HCl+H_2O_2$、$HCl+Br_2$ 常用于分解铜合金及硫化物矿石等试样。

（2）硝酸　硝酸既有酸性，又有较强的氧化作用。几乎所有的硝酸盐都溶于水，除铂、金和某些稀有金属外，浓硝酸几乎能溶解所有的金属及其合金；而铁、铝、铬等会被硝酸“钝化”而难以继续溶解，可加入非氧化性酸，如盐酸除去氧化膜便可很好地溶解。

几乎所有的硫化物也都可被硝酸溶解，但是应先加入盐酸，使硫以 H_2S 的形式挥发出去，以免单质硫将试样包裹，影响分解。

在钢铁分析中，若对有机物干扰分析测定，常常在试样溶解后，加入硝酸用来破坏碳化物。$HNO_3+H_2O_2$ 可用来溶解毛发、肉类等有机物。王水（3 体积 HCl＋1 体积 HNO_3）、逆王水（3 体积 HNO_3＋1 体积 HCl）是溶解金属及矿石最常用的混合溶剂。

（3）硫酸　稀硫酸没有氧化性，但热的浓硫酸是一种很强的氧化剂和脱水剂。除钙、锶、钡、铅外，其他金属的硫酸盐都溶于水，但是其溶解度比相应的氯化物或硝酸盐小。热的浓硫酸可用于分解铁、钴、镍、锌等金属及其合金和铝、铍、锰、钍、钛、铀等矿石。由于硫酸的沸点高（338℃），常加入硫酸并加热蒸发至冒出三氧化硫白烟，以除去低沸点酸，同时破坏试样中的有机物。

（4）磷酸　磷酸是一种中等强度酸，磷酸根具有很强的配位能力，几乎 90％的矿石都能溶于磷酸。包括许多其他酸不溶的铬铁矿、钛铁矿、铌铁矿、金红石等，而对于含有高碳、高铬、高钨的合金也能很好地溶解。

磷酸在高温时形成焦磷酸和聚磷酸，单独使用磷酸溶解样品时，一般控制在 500～600℃，时间在 5min 以内。若温度过高、时间过长，会析出焦磷酸盐难溶物，生成聚硅磷酸黏结于器皿底部而腐蚀玻璃。

（5）高氯酸　除 K^+、NH_4^+ 等少数离子外，一般地，金属高氯酸盐都易溶于水。热的浓高氯酸具有强氧化性，可迅速溶解铁合金和各种铝合金。由于它的强氧化性，分解试样时，可将铬氧化为$Cr_2O_7^{2-}$、钒氧化为VO_3^-、硫氧化为SO_4^{2-}等。

高氯酸的沸点为203℃，蒸发至冒烟时，可除去低沸点酸。同时，残渣加水后易溶解。而用硫酸蒸发后的残渣较难溶解。

热的高氯酸遇有机物会发生爆炸，使用时要注意安全。当试样中存在有机物时，应先用浓硝酸蒸发破坏有机物，然后再加入高氯酸，并且在通风橱中操作。

(6) 氢氟酸　氢氟酸酸性较弱，但F^-具有强的配位能力，特别是对一些高价态的元素有很强的配位作用。HF能腐蚀玻璃、陶瓷器皿。HF与H_2SO_4、HNO_3或$HClO_4$混合后作为溶剂，可分解硅铁、硅酸盐以及含钨的合金钢等试样。

用氢氟酸分解试样通常需要用铂皿，而使用聚四氟乙烯烧杯和坩埚分解样品时，温度必须低于250℃，否则聚四氟乙烯将分解产生有毒的全氟异丁烯气体。

氢氟酸对人体有毒性、腐蚀性，使用时要注意安全。

3. 碱溶法

主要溶剂为NaOH、KOH，常用来溶解两性金属铝、锌及合金，以及它们的氧化物和氢氧化物，还有酸性氧化物等。例如：20%～30%的NaOH溶液能分解铝合金。

$$2Al+2NaOH+2H_2O \longrightarrow 2NaAlO_2+3H_2$$

反应要在银或聚四氟乙烯器皿中进行。

（二）熔融法

熔融法是将试样与酸性或碱性熔剂在高温下进行复分解反应，是分解试样的“干法”。熔融法分解能力强，但熔融时需要加入大量熔剂（一般为试样重的6～12倍），当然熔剂的离子和其中的杂质也随之带入，而熔融时坩埚材料的腐蚀还会引入其他组分。一般地，常用熔剂有以下几种。

1. $K_2S_2O_7$（焦硫酸钾）

$K_2S_2O_7$在420℃以上分解产生SO_3，对矿石试样有分解作用：

$$K_2S_2O_7 \longrightarrow K_2SO_4+SO_3\uparrow$$

若使用$KHSO_4$其作用是一样的，因为它灼烧时也生成$K_2S_2O_7$。此类熔剂与碱性或中性氧化物混合熔融时，在300℃左右发生复分解反应，生成可溶性硫酸盐。因此，常用作分解Al_2O_3、Cr_2O_3、Fe_3O_4、ZrO_2、钛、铌、钽的氧化物矿石，中性和碱性耐火材料等的熔剂。

$K_2S_2O_7$熔融样品时，温度不宜过高，时间不可太长，以防止SO_3过多、过早地挥发损失掉以及硫酸盐分解为难溶性氧化物。

2. Na_2CO_3和K_2CO_3

Na_2CO_3和K_2CO_3都是碱性熔剂，熔点分别850℃和890℃。用于酸性试样的分解，实际中广泛应用的是Na_2CO_3与K_2CO_3形成1∶1的混合物，其熔点为700℃左右，它常用作分解矿样如钠长石($NaAlSi_3O_8$)和重晶石($BaSO_4$)：

$$NaAlSi_3O_8+3Na_2CO_3 \longrightarrow NaAlO_2+3Na_2SiO_3+3CO_2\uparrow$$

$$BaSO_4+Na_2CO_3 = BaCO_3+Na_2SO_4$$

Na_2CO_3+S是一种硫化熔剂，可将含砷、锑、锡的矿石转化为可溶性的硫代酸盐。例如，分解锡石(SnO_2)的反应为：

$$2SnO_2+2Na_2CO_3+9S \longrightarrow 2Na_2SnS_3+3SO_2\uparrow+2CO_2\uparrow$$

为了分解含硫、砷、铬的矿样，可在900℃左右熔融时（此时空气中的O_2可起氧化作用），再加入少量KNO_3或$KClO_3$，使矿样氧化为含氧酸根SO_4^{2-}、AsO_4^{3-}、CrO_4^{2-}。

用Na_2CO_3或$KNaCO_3$作熔剂时，宜在铂皿中进行，但含硫的混合熔剂会腐蚀铂皿，因此常在瓷坩埚中分解试样。

3. NaOH 和 KOH

NaOH（熔点：321℃）和 KOH（熔点：404℃）都是低熔点的强碱性熔剂。常用于分解铝土矿、硅酸盐等试样，可在铁、银或镍坩埚中进行分解。用 Na_2CO_3 作熔剂时，加入少量 NaOH，可提高其分解能力并降低熔点。分解难溶性物质时，NaOH 与少量 Na_2O_2（或少量 KNO_3）混合，可作为氧化性碱性熔剂，NaOH 与锌粉混合，也可以分解锡石：

$$SnO_2 + Zn + 4NaOH \longrightarrow Na_2SnO_2 + Na_2ZnO_2 + 2H_2O$$

用 HCl 溶液浸取熔块后，可用碘量法直接滴定 Sn^{2+}。As^{3+}、Sb^{3+} 在熔融时已挥发逸出，不干扰锡的测定。

4. Na_2O_2

Na_2O_2 是一种强氧化性、强腐蚀性的碱性熔剂。它可以分解许多难溶性物质。如铬铁、硅铁、绿柱石、锡石、独居石、铬铁矿、黑钨矿、辉钼矿和硅砖等，由于 Na_2O_2 是强氧化剂，能把其中大部分元素氧化成高价状态。例如铬铁矿的分解反应为：

$$2FeO \cdot Cr_2O_3 + 7Na_2O_2 = 2NaFeO_2 + 4Na_2CrO_4 + 2Na_2O$$

熔块用水处理，溶出 Na_2CrO_4，同时 $NaFeO_2$ 水解而生成 $Fe(OH)_3$ 沉淀：

$$NaFeO_2 + 2H_2O = NaOH + Fe(OH)_3 \downarrow$$

然后再利用 Na_2CrO_4 溶液和 $Fe(OH)_3$ 沉淀分别测定铬和铁的含量。

Na_2O_2 对坩埚腐蚀严重，如果将 Na_2O_2 与 Na_2CO_3 混合使用，可以减缓其氧化作用的剧烈程度。一般常使用铁、镍或刚玉坩埚。

另外，使用 Na_2O_2 作熔剂时，不宜与有机物混合，以免发生爆炸。

（三）烧结法

烧结法又叫做半熔法，就是让试样与固体试剂在低于熔点的温度下发生反应。与熔融法相比，烧结法温度较低，加热时间较长，但不易损坏坩埚，可以在一定程度上改善对器皿的侵蚀作用。烧结法通常在瓷坩埚中进行。

1. Na_2CO_3-ZnO 烧结法

在 800℃左右时，用 Na_2CO_3-ZnO 烧结法分解试样，常用于矿石或煤中全硫量的测定。ZnO 起疏松通气的作用，使空气中的氧气将硫化物氧化生成硫酸盐。熔块用水浸取时，由于析出 $ZnSiO_3$ 沉淀，所以能除去大部分硅酸。

若试样中含有游离硫，为避免加热时挥发损失，可缓慢升温，并加入少量 $KMnO_4$ 粉末，使之氧化生成硫酸盐。

2. $CaCO_3$-NH_4Cl 烧结法

若测定硅酸盐中的 K^+、Na^+ 时，则不能用含有 K^+、Na^+ 的熔剂，可用 $CaCO_3$-NH_4Cl 的混合物烧结。例如分解钾长石：

$$2KAlSi_3O_8 + 6CaCO_3 + 2NH_4Cl = 6CaSiO_3 + Al_2O_3 + 2KCl + 6CO_2 \uparrow + 2NH_3 \uparrow + H_2O$$

烧结温度是 750～800℃，反应产物仍为粉末状，但 K^+、Na^+ 已转化为可用水浸取的氯化物。

二、有机试样的分解

对有机试样中某些元素含量进行测定，必须先将其分解。在不引入干扰物质的前提下，待测元素要能定量回收，并转变为易于测定的某一价态。而有机试样的分解一般有以下两类方法。

1. 干式灰化法

将试样置于马弗炉中加热（400～700℃），以大气中的氧作为氧化剂使其分解，然后加入少量浓盐酸或浓硝酸浸取燃烧后的无机残余物。在干式灰化时，若把少量某种氧化性物质

（助剂）加入试样中，可提高灰化效率，例如硝酸镁是常用的助剂之一。

氧气瓶燃烧法是将试样包裹在定量滤纸内，用铂片夹牢，放入充满氧气并盛有少量吸收液的锥形烧瓶中进行燃烧，试样中的硫、磷、卤素及金属元素可分别形成硫酸根、磷酸根、卤素离子及金属氧化物或盐类等而溶解在吸收液中。

对于有机物中碳、氢元素的测定，通常用燃烧法。把有机试样置于铂皿内，在适量金属氧化物作催化剂的条件下，于氧气流中充分燃烧，将其碳、氢定量转变为 CO_2 和 H_2O。并使用烧碱石棉吸收二氧化碳，高氯酸镁吸收水，最后用质量的增加计算出有机试样中碳、氢的含量。

干式灰化法的最大优点是不加入试剂，从而避免了由外部引入杂质，同时方法比较简便。但是少数元素挥发或金属附着在器壁上会造成一定的损失。

2. 湿式消化法

在一定温度下，将硝酸和硫酸的混合物与试样一起置于烧瓶内进行煮解，用硝酸来破坏大部分有机物。煮解时，硝酸逐渐挥发，最后剩余硫酸。继续加热产生浓厚的 SO_3 白烟，并在烧瓶内回流，直到溶液变得透明为止。这个过程叫做消化。其中酸将有机物氧化为二氧化碳、水及其他挥发性产物，留下无机的酸或盐。湿式消化法速度快，但由于加入试剂可能会引入杂质，所以要使用高纯度的试剂。

著名的凯式定氮法是测定有机化合物中氮含量的重要方法。它是将硫酸和硫酸钾溶液加入到有机试样中进行消化，并用硒粉作催化剂以提高消化效率。当试样中的氮定量转化为 NH_4HSO_4 或 $(NH_4)_2SO_4$ 后，向铵盐中加入过量的浓 NaOH 溶液使 NH_4^+ 转化为 NH_3，加热蒸馏，用过量的 H_3BO_3 溶液吸收 NH_3，再用盐酸标准溶液滴定生成的 $H_2BO_3^-$，选用甲基红作指示剂（pH≈5）。此方法只需要盐酸一种标准溶液。只要保证吸收剂 H_3BO_3 过量，其浓度和体积均无需准确值。因此，给试样含氮量的测定带来了方便。

$$NH_4^+ + OH^- = NH_3\uparrow + H_2O$$

$$NH_3 + H_3BO_3 = NH_4^+ + H_2BO_3^-$$

$$H^+ + H_2BO_3^- = H_3BO_3$$

阅读材料　微波加热分解方法

利用微波对玻璃、陶瓷、塑料的穿透性和被水、含水或脂肪等物质的吸收性，使样品与酸（水）的混合物通过吸收微波能产生瞬时深层加热，同时，微波产生的变磁场使介质分子极化，极化分子在交变高频磁场中迅速转向和定向排列，导致分子高速振荡。由于分子与相邻分子间的相互作用使这种振荡受到干扰和阻碍，从而产生高速摩擦，迅速产生很高的热量。高速振荡与高速摩擦这两种作用，使样品表面层不断搅动破坏，不断产生新鲜表面与溶剂反应，促使样品迅速溶解。

因此，微波溶解技术具有如下突出优点。

① 微波加热避免了热传导，并且里外一起加热，瞬时可达高温，热损耗少，能量利用率高、快速、节能。

② 加热从介质本身开始，设备基本上不辐射能量，避免了环境高温，改善了劳动条件。

③ 微波穿透能力强，加热均匀，对某些难溶样品尤为有效。

④ 采用封闭容器微波溶解，因所用试剂量小，空白值显著降低，且避免了痕量元素的挥发损失和样品的污染，提高了分析的准确度。

⑤ 易于与其他设备联用实现自动化。

第三节　测定方法的选择

经过采样、制样和溶解试样后，便可以用适当的分析方法对待测组分进行分析了。而一种元素可用几种方法测定，例如铁的测定可用配位滴定法、氧化还原法、重量分析法及一些仪器分析法。那么究竟选用哪种分析方法要根据具体情况来选择。由于试样的种类繁多，测定要求又不尽相同，因此，只能从以下几个方面原则性地进行讨论。

一、测定的具体要求

当遇到分析任务时，首先要根据测定的对象明确分析目的和要求，主要包括需要测定的组分、准确度以及要求完成的时间。如原子量的测定、标样分析和成品分析，准确度是主要的；高纯度物质中微量组分的分析，灵敏度是主要的；而生产过程中的控制分析，测定速度便成了主要问题。所以应根据分析的目的要求选择适宜的分析方法。在能满足所要求准确度的前提下，尽量在较短时间内完成测定。

二、被测组分的含量

在选择测定方法时，应首先考虑待测组分的含量范围。一般来说，测定微量组分的方法不适宜常量组分的测定，而测定常量组分的方法也不适用于测定微量组分或更低浓度的物质。对于常量组分的测定，多采用其相对误差可达千分之几的滴定分析法或重量分析法。由于滴定分析方法快速、简便。因此，当上述两种方法均可采用时，一般多选用有标准溶液的滴定法；但是当准确度要求更高时，可考虑选用操作较为费事的重量分析法；而对于微量、痕量组分的分析，则要考虑选用灵敏度高的仪器分析法。如分光光度法、原子吸收分光光度法、色谱分析等。例如，测定磷矿粉中磷的含量时，采用重量分析法或滴定分析法，而测定钢铁中磷的含量时，则采用比色法。

三、待测组分的性质

分析方法是依据被测组分的性质而建立起来的，了解待测组分的性质常有助于选择测定方法。例如，试样具有酸、碱或氧化还原性质，可考虑酸碱滴定或氧化还原滴定分析法；而大部分金属离子均可与EDTA形成稳定的螯合物，因此配位滴定是测定金属离子的重要方法，如Mn^{2+}在pH>6时可与EDTA定量配合形成配合物。当然测定其含量也可以利用直接或间接的光学、电学等方面的性质选择仪器分析方法。如MnO_4^-呈现紫红色，可用比色法进行测定。对于碱金属，尤其是钠离子等，由于它们的配合物一般很不稳定，大部分盐类的溶解度较大，且不具有氧化还原性质，但却具有焰色反应，所以火焰光度法及原子吸收分光光度法是较好的测定方法。

四、共存组分的影响

在选择分析方法时，必须同时考虑共存组分对测定的影响。一般总是希望应用选择性较好的方法，这样对测定的准确度和速度都是有利的。但实际上在分析复杂物质时，其他组分的存在往往影响测定，要尽量选择共存组分不干扰或通过改变测定条件、加入掩蔽剂等方式即能消除干扰的分析方法。必要时可分离除去干扰组分之后，再进行测定。但分离操作一般比较麻烦，并且易引入其他的干扰。

以上从原则上讨论了选择分析方法应考虑的几个问题。由于样品的种类繁多，分析要求不尽相同，分析方法各异，灵敏度、准确度、选择性等都有很大的差别。因此，必须根据样品的组成、含量、性质、测定要求、干扰情况及实验室实际条件等因素，综合考虑，选择出准确、灵敏、快速、简便、选择性好的分析方法。

阅读材料　测定方法的选择示例

司可巴比妥钠的分析。下图为司可巴比妥钠的结构式。

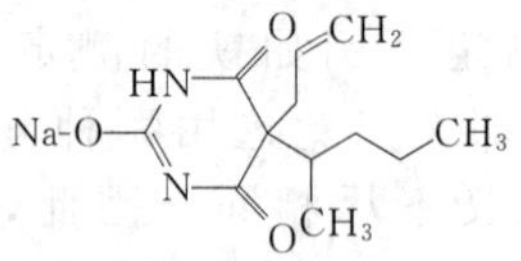

司可巴比妥钠由丙二酸乙酯先与2-溴戊烷缩合，再与尿素环合，然后经丙烯化和碱化而成。根据其分子结构分析，有多种测定方法。

（1）溴量法　司可巴比妥钠含碳碳双键可与溴发生加成反应。向司可巴比妥钠溶液中加入定量且过量的溴，完全反应后，剩余的溴加入过量的碘化钾后，用淀粉作指示剂，用硫代硫酸钠标准溶液滴定置换出来的碘，就可以测定司可巴比妥钠的含量。

（2）银量法　司可巴比妥钠亚胺部分的氢较易电离，可被银离子置换，生成白色沉淀，用硝酸银标准溶液滴定，就可以测定司可巴比妥钠的含量。

（3）紫外分光光度法　司可巴比妥钠具有共轭体系，在紫外波长下有吸收，可用紫外分光光度法测定。

（4）荧光分光光度法　司可巴比妥钠分子中具有较大刚性平面共轭体系，有可能采用荧光分光光度法。因为戊巴比妥与其结构相似，后者在碱性条件下激发光波长为253nm，荧光波长为415nm。

高效液相色谱、薄层扫描等方法均可用于对司可巴比妥钠进行测定。

以上方法中，仪器分析法（尤其是荧光分光光度法）灵敏度很高，但准确度较低；银量法虽简单方便但由于副产物等干扰成分的影响，准确度也降低；溴量法除了有简便、快速、价廉等特点外，专属性也很好，因而精密度和准确度高，是以上方法中最好的，因此被《中华人民共和国药典》所采用。但这种方法的缺点是灵敏度较差。

总之，样品的种类繁多，测定方法各异，分析要求又各不相同，应根据准确、专属、灵敏、快速和节约的原则，针对待测组分的含量、性质、共存成分的影响和对测定的要求及现有设备、技术条件，选取适当的分析测定方法，以求获得预期的效果。

第四节　复杂物质的分析示例——硅酸盐的分析

生产中遇到的分析样品，如合金、矿石和各种自然资源等，都含有多种组分，即使纯的化学试剂也含有一定量的杂质。因此，为了掌握资源情况和产品质量，必须经常进行样品的全分析。现以硅酸盐全分析为例进行较详细的讨论。

硅酸盐在地壳中占75%以上。硅酸盐是水泥、玻璃、陶瓷等许多工业制品的原料，天然硅酸盐矿物有石英、石棉、云母、滑石、长石和白云石等，其主要成分是SiO_2、Fe_2O_3、Al_2O_3、TiO_2、CaO和MgO等。其具体分析步骤如下。

一、试样的分解

根据试样中SiO_2含量多少的不同，一般分解硅酸盐试样有碱熔融和酸分解两种方法。若SiO_2含量低，金属氧化物的含量高、碱性强，可用酸溶法分解试样；如果SiO_2含量高，而金属氧化物的碱性较弱，则采用碱熔法分解试样。酸溶法常用HCl或HF-H_2SO_4为溶剂，后者对SiO_2的测定必须另取试样进行分析。碱熔法常用Na_2CO_3或$Na_2CO_3+K_2CO_3$作熔剂，如果试样中含有还原性组分如黄铁矿、铬铁矿时，则于熔剂中加入一些Na_2O_2以分解试样。

试样先在低温熔化，然后升高温度至试样完全分解（一般约需 20min），放冷，用热水浸取熔块，加 HCl 酸化。制备成一定体积的溶液。

二、SiO_2 的测定

1. 重量法

重量法测定 SiO_2 是利用硅酸在酸性溶液中析出沉淀。试样经碱熔法分解，SiO_2 转变为硅酸盐，加 HCl 之后形成含有大量水分的无定形硅酸沉淀，但沉淀不定全，可采用两次脱水法或动物胶凝聚法。

（1）两次脱水法　把试样的 HCl 溶液在水浴上加热蒸干，于 105～110℃焙烤 1h，使无定形的硅酸脱水。但此时仍有部分以溶胶形式存在，所以在溶解可溶性盐类时，有 1%～2%的硅酸残留在溶液中。此时，可再加入浓 HCl 在水浴上蒸发，并焙烤（105～110℃）1h。一般经两次脱水处理后，可认为已脱水完全。再溶出可溶性盐类，经过滤、灼烧并称重后，计算 SiO_2 百分含量。要严格控制焙烤温度和时间，否则硅酸脱水不完全或转化为能被酸分解的硅酸盐。

（2）动物胶凝聚法　为了使硅酸沉淀完全并脱去所含水分，把试样的 HCl 溶液在水浴上蒸发至湿盐状（或称砂糖状），加入 HCl 和动物胶，充分搅拌，在 60～70℃保温 10min，使硅酸凝聚，加水溶解其他可溶性盐类后，趁热采用快速滤纸过滤、洗涤，灼烧后称至恒重，计算 SiO_2 的百分含量。但必须严格控制条件，一般应使用 $8mol \cdot L^{-1}$ 以上 HCl 溶液，温度控制在 60～70℃，动物胶用量为 25～100mg。否则会出现硅酸不易凝聚或凝聚不完全，也可能引起胶溶现象而使过滤困难。

上述得到的 SiO_2 中往往含有少量被硅酸吸附的杂质如 Al^{3+}、Ti^{4+} 等，经灼烧之后变成对应的氧化物与 SiO_2 一起被称重，造成结果偏高。为了消除这种误差，可将称量过的不纯的 SiO_2 沉淀用 HF-H_2SO_4 处理，则 SiO_2 转变成 SiF_4 挥发逸去。

$$SiO_2 + 4HF = SiF_4 \uparrow + 2H_2O$$

再将残渣灼烧后称量，处理前后质量之差即为 SiO_2 的准确质量。所得残渣用 $K_2S_2O_7$ 熔融、水浸取后与滤液合并，供测定其他组分之用。

2. 氟硅酸钾容量法

硅酸盐中的 SiO_2 含量可通过上述重量法准确测定，但是费时太长，方法繁杂，所以在生产过程的控制分析中常采用氟硅酸钾容量法。

一般地，硅酸盐试样难溶于酸，可用 KOH 熔融，使之转化为可溶性硅酸盐，如 K_2SiO_3。然后在 KCl（降低沉淀溶解度）存在下，硅酸钾在强酸溶液中与 KF 作用生成难溶的氟硅酸钾沉淀。

$$K_2SiO_3 + 6F^- + 6H^+ = K_2SiF_6 \downarrow + 3H_2O$$

沉淀过滤后，再把沉淀放入原烧杯中，加入氯化钾-乙醇溶液，以 NaOH 中和其吸附的游离酸至酚酞指示剂变红，然后加入沸水使其水解并释放出 HF。

$$K_2SiF_6 + 3H_2O = 2KF + H_2SiO_3 + 4HF$$

生成的 HF 用 NaOH 标准溶液滴定，再由消耗 NaOH 标准溶液物质的量计算试样中 SiO_2 的含量。

$$w_{SiO_2} = \frac{c_{NaOH}V_{NaOH} \times \frac{60.09}{4000}}{\text{试样重(g)}} \times 100\%$$

三、Fe_2O_3、Al_2O_3、TiO_2 的测定

把重量法测定 SiO_2 的滤液和浸出液加热至沸，用甲基红作指示剂，以氨水中和至微碱性，则 Fe^{3+}、Al^{3+}、Ti^{4+} 生成氢氧化物沉淀。过滤、洗涤后，沉淀用稀 HCl 溶解，供 Fe^{3+}、Al^{3+}、Ti^{4+} 的测定，而滤液则用于测定 Ca^{2+}、Mg^{2+}。

（一）Fe_2O_3 的测定

1. EDTA 滴定法

在 pH=2～2.5 溶液中，以磺基水杨酸作指示剂，控制温度为 40～50℃时，用 EDTA 标准溶液滴定试液至淡黄色为终点。此时，Al^{3+}、Ti^{4+}、Mn^{2+}、Ca^{2+}、Mg^{2+}、Cu^{2+}、Ni^{2+}、Zn^{2+} 等都不干扰测定，但是由于 Fe-EDTA 配合物呈黄色，所以若 Fe_2O_3 的量较大（300mg 以上）时，则影响终点的判断。

2. 光度法

在 pH=8～11 的氨性溶液中，Fe^{3+} 与磺基水杨酸生成黄色配合物，即可用光度法测定微量铁的含量。Ca^{2+}、Mg^{2+} 等不干扰测定。Al^{3+}、Ti^{4+} 与试剂生成无色配合物也不影响 Fe^{3+} 的测定，但溶液酸度对颜色影响较大，所以必须严格控制显色时溶液的 pH 值。

（二）Al_2O_3 和 TiO_2 的测定

1. EDTA 滴定法

用 EDTA 滴定 Al^{3+} 时，Ti^{4+} 也同时被滴定，因此常得到的是 Al_2O_3 和 TiO_2 的含量。在滴定 Fe^{3+} 后的溶液中加入过量 EDTA，用氨水调节 pH 值约为 3，加热煮沸，促使 Al^{3+}、Ti^{4+} 与 EDTA 完全配合，再调节 pH 值为 4.2，以 PAN 为指示剂，用 $CuSO_4$ 标准溶液返滴过量的 EDTA 至紫红色即为终点，从而得到 Al_2O_3 和 TiO_2 的总量。

在滴定 Al^{3+}、Ti^{4+} 后的溶液中加入苦杏仁酸（进行置换滴定）加热煮沸，只有 Ti-EDTA 配合物中的 EDTA 被置换出来，而铝的 EDTA 配合物不作用。释放出来的 EDTA 用标准硫酸铜滴定，即可测出 TiO_2 的含量。

由返滴定得出 Al^{3+}、Ti^{4+} 消耗 EDTA 的总体积，再减去置换滴定 Ti^{4+} 用去的 EDTA 体积，则得出 Al^{3+} 与 EDTA 配合时用去的体积，从而算出 $A1_2O_3$ 的含量。由此可见，在同一份溶液中可连续滴定 Fe^{3+}、Al^{3+} 和 Ti^{4+}。

2. 光度法

在 5%～10%的硫酸介质中，Ti^{4+} 与 H_2O_2 作用生成黄色配合物，可以进行测定。

$$TiO^{2+} + H_2O_2 \longrightarrow [TiO(H_2O_2)]^{2+}$$

可加入 H_3PO_4 以掩蔽 Fe^{3+} 的干扰，但是 H_3PO_4 对钛配合物的黄色有减弱作用，为此，试液与标准溶液中应加入同样量的 H_3PO_4。F^- 有严重影响，应事先除去。

四、CaO、MgO 的测定

已将 Fe^{3+}、Al^{3+}、Ti^{4+} 分离的滤液可用来测定 CaO 和 MgO 的含量，目前大多采用 EDTA 配位滴定法。

（一）不经分离的 EDTA 滴定法

通常在 pH=10 时，用酸性铬蓝 K-萘酚绿 B 为指示剂，以 EDTA 滴定 Mg^{2+}、Ca^{2+} 总含量，直至溶液由红色变为蓝色为终点。再调节 pH 为 12～12.5 时，用 EDTA 滴定 Ca^{2+}，用差减法求出 MgO 的含量。

滴定时，可用三乙醇胺掩蔽 Fe^{3+}、Al^{3+}、Ti^{4+} 和 Mn^{2+} 的干扰。而重金属离子可用 KCN 来掩蔽。

（二）分离后的 EDTA 滴定法

当掩蔽作用不能消除干扰时，则需要采用分离的方法。

1. 氨水沉淀分离法

在铵盐存在下，用氨水调节 pH 值为 8～9，可使高价金属离子形成沉淀并与 Ca^{2+}、Mg^{2+} 分离，但 Cu^{2+}、Ni^{2+} 等重金属离子仍会留在溶液中，可加 KCN 将其掩蔽。然后再用 EDTA 滴定 Ca^{2+}、Mg^{2+}。为避免形成无定形沉淀对 Ca^{2+}、Mg^{2+} 的吸附，可采用小体积沉淀分离法。

2. 铜试剂沉淀分离法

六亚甲基四胺-铜试剂沉淀法可除去 Fe^{3+}、Al^{3+}、Cu^{2+}、Ni^{2+}、Ti^{4+} 等多种离子，但通常采用小体积沉淀的方法，以减少沉淀对 Ca^{2+}、Mg^{2+} 的吸附。即把试液蒸发至湿盐状后，加入适量的六亚甲基四胺，搅匀，冷却至室温，加入铜试剂溶液，再搅拌，加水以溶解可溶性盐类，放置、过滤。如果试液中 Mn^{2+} 含量较高时，可加入 H_2O_2 和 KCN 掩蔽，便可在滤液中直接用 EDTA 滴定 Ca^{2+} 和 Mg^{2+}。

另外，当 Mg^{2+} 量大而 Ca^{2+} 量少时，要单独滴定 Ca^{2+}，需调 pH 值为 12～12.5 用沉淀法掩蔽 Mg^{2+}，由于析出的 $Mg(OH)_2$ 沉淀易吸附 Ca^{2+}，造成 CaO 结果偏低。因此，通常加入保护胶，如糊精、甘油、聚乙烯醇等，以减少对 Ca^{2+} 的吸附。

阅读材料 水泥的历史

真正具有现代水泥基本特性的水泥是由漂泊到英国利兹城的泥水匠阿斯谱丁发明。1824 年 10 月 21 日，阿斯谱丁获得英国第 5022 号的“波特兰水泥”专利证书，从而一举成为流芳百世的水泥发明人。

“波特兰水泥”水化硬化后的颜色类似英国波特兰地区建筑用石料的颜色，所以被称为“波特兰水泥”。

阿斯谱丁和他的儿子长期对“波特兰水泥”生产方法保密，采取了各种保密措施：在工厂周围建筑高墙，未经他们父子许可，任何人不得进入工厂；工人不准到自己工作岗位以外的地段走动；为制造假象，经常用盘子盛着硫酸铜或其他粉料，在装窑时将其撒在干料上。

阿斯谱丁专利证书上所叙述的“波特兰水泥”制造方法，与福斯特的“英国水泥”并无根本差别，煅烧温度都是以物料中碳酸完全挥发为准。根据水泥生产一般常识，在该温度条件下制成的“波特兰水泥”，其质量不可能优于“英国水泥”。然而在市场上“波特兰水泥”的竞争力大于“英国水泥”。1838 年，重建泰晤士河隧道工程时，“波特兰水泥”价格比“英国水泥”要高很多，但业主还是选用了“波特兰水泥”。很明显，阿斯谱丁出于保密原因在专利证书上并未把“波特兰水泥”生产技术都写出来，他实际掌握的水泥生产知识比专利证书上标明的要多。阿斯谱丁在工程生产中一定采用过较高煅烧温度，否则水泥硬化后不会具有波特兰地区石料那样的颜色，其产品也不可能有那样高的竞争力。

不过，根据专利证书所载内容和有关资料，阿斯谱丁未能掌握“波特兰水泥”确切的烧成温度和正确的原料配比。因此他的工厂生产出的产品质量很不稳定，甚至造成有些建筑物因水泥质量问题而倒塌。

在英国，与阿斯谱丁同一时代的另一位水泥研究天才是强生。他是英国天鹅谷怀特公司经理，专门研究“罗马水泥”和“英国水泥”。1845 年，强生在实验中一次偶然的机会发现，煅烧到含有一定数量玻璃体的水泥烧块，经磨细后具有非常好的水硬性。另外还发现，在烧成物中含有石灰会使水泥硬化后开裂。根据这些意外的发现，强生确定了水泥制造的两个基本条件：第一是烧窑的温度必须高到足以使烧块含一定量玻璃体并呈黑绿色；第二是原料比例必须正确而固定，烧成物内部不能含过量石灰，水泥硬化后不能开裂。这些条件确保了“波特兰水泥”质量，解决了阿斯谱丁无法解决的质量不稳定问题。从此，现代水泥生产的基本参数已被发现。

1909 年，强生 98 岁高龄时，向英国政府提出申诉，说他于 1845 年制成的水泥才是真正的“波特兰水泥”，阿斯谱丁并未做出质量稳定的水泥，不能称他为“波特兰水泥”的发明者。然而，英国政府没有同意强生的申诉，仍旧维持阿斯谱丁具有“波特兰水泥”专利权的决定。英国和德国的同行们对强生的工作有很高评价，认为他对“波特兰水泥”的发明做出了不可磨灭的重要贡献。

习　题

1. 简述固体平均试样的采集和制备。
2. 一般用哪些酸、碱对无机试样进行溶解？
3. 何谓烧结法？通常用什么方法分解有机试样？
4. 应从哪几个方面对试样测定的方法进行选择？
5. 简述硅酸盐系统具体分析步骤？
6. 已知铝锌矿的 $K=0.1$，$\alpha=2$。

（1）若原始试样最大颗粒直径为 30mm，问最少应采取多少千克试样才具有代表性？

（90kg）

（2）把原始试样破碎并通过直径为 3.36mm 的筛孔，再用四分法进行缩分，最多应缩分几次？

（6 次）

（3）如果要求最后所得分析试样不超过 100g，问试样通过筛孔的直径应为几毫米？

（1mm）

实验部分

第一章 实验课的目的及要求

一、实验课目的

作为一门实践性很强的学科，分析化学实验的重要性是不言而喻的。离开了实验，实际问题无从解决，更谈不上分析化学的发展。分析化学实验作为一门独立的实验课程，是食品、化学、化工及质检类专业的学生必须学习掌握的，它与分析化学理论课程一起构成分析化学学科的完整内容。

通过该课程学习，主要达到以下目的。

① 验证理论知识，加深对分析化学理论的理解和掌握。

② 确立准确的“量”的概念，训练学生正确、熟练地掌握分析化学的基本操作。

③ 培养学生细致、整洁等良好的科学习惯，实事求是的科学精神。

④ 在上述基础上，培养学生独立处理问题、解决问题的能力。

二、实验课要求

实验是一门独立课程，必须认真对待。首先要端正学习态度，其次要掌握正确方法，并注意以下环节。

1. 认真预习

预习是实验成败的关键之一，实验前要认真预习实验教材，要根据实验目的、原理，了解实验步骤，对于涉及的疑点，应随时查阅有关资料，做到心中有数。

实验前可以先写好实验报告中的部分内容，包括实验目的、原理（主反应和重要副反应）、步骤，仪器可用示意图代替，标出操作中的关键步骤，并留出相应表格和空格，记录实验现象及数据。

2. 做好实验

在实验过程中，必须仔细、认真，根据预习时已确定的方案，有步骤地进行实验操作，应做到以下几点。

① 实验前清点仪器，未经老师同意不得动用他人仪器。

② 熟悉实验室的水、电、煤气开关，实验完毕后关闭阀门。操作中要注意安全。

③ 实验过程中保持肃静，严格按操作步骤进行。保持实验台面及周围环境整洁，火柴头及碎纸屑扔入垃圾桶，有毒废液倒入老师指定的回收瓶中。

④ 公用仪器、药品、工具用毕后归还原处。

⑤ 认真、细心地观察实验现象，如气体产生、沉淀、颜色变化、温度、pH 值变化等。

⑥ 用所学化学理论解释实验现象，若有不符，应检查原因，细心重做，并可用空白实验校正。

⑦ 将观察到的现象、数据记录在预习报告所留空格内，数据记录要真实、有效、规范。

3. 写好实验报告

实验报告是实验的最后一项工作，是实验总结，是一个把感性认识上升到理性认识的重要环节，对培养学生的分析归纳能力、书写能力具有重要作用。实验报告要求整洁、条理清晰。

实验报告一般应包括以下内容。

① 实验名称、日期、环境温度、实验者及班级。

② 实验目的。

③ 实验原理。尽量用化学语言表达。

④ 实验步骤及操作重点。通过简图、表格、化学反应方程式等简洁明了地表示出实验的过程。

⑤ 实验结果。根据实验现象、数据进行整理、归纳和计算。

⑥ 结果讨论。对实验的小结，包括对实验条件与误差的讨论，定量分析应讨论误差产生的原因，也可以提出自己的想法和意见。

三、实验课成绩考核

应重视学生实验能力的培养和考核，学生的实验能力一般可概括为基本操作能力、分析问题和解决问题的能力以及总结表达能力。因此，成绩的评定可考虑以下几种因素。

① 实验态度。

② 实验基本操作。

③ 实验结果，包括准确度和精密度。

④ 实验报告表达。

⑤ 操作过程中整洁情况。

第二章　分析化学实验室基础知识

一、化学实验用水

在分析实验中，玻璃仪器的洗涤、溶液的配制等经常要用到水。水可分为自来水和纯化水两种，玻璃仪器洗涤时，可先用自来水冲洗，最后还要用纯水涮洗内壁2～3次方可使用。溶液的配制、稀释等必须使用纯水。根据分析任务和要求的不同，对水质的要求也不同，一般情况下，可用一次蒸馏水或去离子水；超纯分析中，需用水质更高的二次蒸馏水、三次蒸馏水等。

1. 纯水的等级

纯水有不同的规格，我国已建立了实验用水的国家标准《分析实验室用水规格和试验方法》（GB/T 6682—2008）。参看表2-1。

表2-1　纯水的不同规格

技术指标	一　级	二　级	三　级
pH值(25℃)	—	—	5.2～7.5
电导率(R)(25℃)/$\mu S \cdot cm^{-1}$	≤0.1	≤1.0	≤5.0

对于一般的分析工作，采用蒸馏水或去离子水（三级纯水）即可，而对于超纯物质的分析，则要求纯度很高的“高纯水”。

由于空气中CO_2可溶于水中，故纯水的pH值常小于7.0，一般为5.0～6.0。

随着制备纯水方法的不同，纯水中所含杂质也不同。用铜蒸馏器制备的纯水含有少量的Cu^{2+}，玻璃蒸馏器制备的纯水则常含有少量Na^+、SiO_3^{2-}，离子交换法和电渗析法制备的纯水常含有少量微生物和某些有机物。

2. 纯水的制备方法

制备纯水的原料水应当是饮用水或比较干净的水，如有污染，必须进行预处理。

（1）蒸馏法　使用的蒸馏器由玻璃、铜、石英等材料制成。该法设备成本低，操作简单，但能量消耗大，只能除去水中非挥发性杂质，不能除去溶解在水中的气体。

（2）离子交换法　用离子交换树脂分离出水中杂质离子的方法。用这种方法制得的水称去离子水，此法易制大量水，成本低，但操作复杂，不能除去非电解质（如有机物），而且会有微量离子交换树脂溶在水中。

（3）电渗析法　这是在离子交换技术基础上发展起来的一种方法，此法制备的水纯度很高，但成本也高。

3. 纯水的检验

（1）电导率　电导率是指水的导电能力，数值越小，表明杂质越少、水的纯度越高。一般分析用水电导率≤5.0$\mu S \cdot cm^{-1}$，高纯水≤1.0$\mu S \cdot cm^{-1}$。

（2）pH值　一般纯水pH值为6.0左右，可用酸度计测定。

（3）硅酸盐　取30mL水于小烧杯中，加入4$mol \cdot L^{-1}$ HNO_3 5mL、5%钼酸铵5mL，室温放置5min，加入10% Na_2SO_3 5mL，观察，若出现蓝色，则不合格。

（4）氯离子　取20mL水于试管中，用4$mol \cdot L^{-1}$ HNO_3酸化，加入0.1$mol \cdot L^{-1}$ $AgNO_3$溶液1～2滴，摇匀，如有白色乳状物（衬黑色背景观察），则不合格。

(5) 阳离子（Fe^{3+}、Zn^{2+}、Pb^{2+}、Ca^{2+}、Mg^{2+}等） 取水 25mL，加入铬黑 T 指示剂 1 滴、氨缓冲溶液 5mL，如为蓝色，说明阳离子含量很小，水质合格；若出现紫红色，则不合格。

根据用水的目的，有时还要作一些其他专项检验。

二、化学试剂

化学试剂等级标志的对照见表 2-2。

表 2-2　化学试剂等级标志的对照

质量次序	1	2	3	4
级别	一级品	二级品	三级品	
中文标志	优级纯	分析纯	化学纯	生化试剂
符号	GR	AR	CP	BR、CR
标签颜色	绿	红	蓝	黄色等

化学试剂中，指示剂的纯度往往不明确，级别不明的，只可作为“化学纯”使用。生物化学中使用的特殊试剂纯度含义与一般的化学试剂不同，如蛋白质类、酶等，纯度是以活度来表示的。此外，还有一些特殊用途的试剂，如“色谱纯”试剂是光谱分析使用的，不能认为是化学分析基准试剂；“MOS”试剂是“金属-氧化物-半导体”试剂的简称，是电子工业专用的化学试剂。

一般分析工作中，通常使用 AR 分析纯试剂。分析工作者必须对化学试剂的标准有明确认识，既不超规格使用造成浪费，也不随意降低标准，影响分析结果的准确性。

三、溶液及其配制

1. 溶液浓度的表示法

在分析实验中，有一类溶液只具有大致浓度，如一般用的酸、碱、盐溶液，缓冲溶液，沉淀剂、洗涤剂和显色剂等，这类溶液可称为一般溶液；还有一类溶液具有准确的浓度，如各种标准溶液等，可称作标准溶液。

溶液的浓度有下列几种表示方法。

(1) 物质的量浓度（简称浓度） 其定义为：

$$c(\mathrm{A})=\frac{n(\mathrm{A})}{V}$$

式中　$c(\mathrm{A})$——A 溶液物质的量浓度，$mol \cdot L^{-1}$，如 $0.1mol \cdot L^{-1}NaOH$；

$n(\mathrm{A})$——A 物质的量，mol；

V——A 溶液所具有的体积，L（升）。

在分析化学中，应用最多的是物质的量浓度。

(2) 物质的质量浓度　其定义为

$$\rho(\mathrm{A})=m(\mathrm{A})/V$$

式中　$\rho(\mathrm{A})$——A 溶液的质量浓度，$g \cdot L^{-1}$、$mg \cdot L^{-1}$、$mg \cdot mL^{-1}$等；

$m(\mathrm{A})$——A 的质量，g、mg 等；

V——A 溶液具有的体积，L、mL。

(3) 质量分数　其定义为：

$$w(\mathrm{A})=m(\mathrm{A})/m$$

式中　$w(\mathrm{A})$——A 的质量分数，%，如 36%的浓 HCl；

$m(\mathrm{A})$——样品中 A 组分的质量，g；

m——含有 A 组分的样品的总质量，g。

(4) 体积比浓度　以 A+B 表示，是指 A 体积液体（溶质）和 B 体积液体混合所得溶液浓度。如 (1+3)HCl，是指 1 体积的浓 HCl 与 3 体积的水配制而得的 HCl 溶液。

2. 一般溶液的配制

对于一些易溶于水而不易水解的固体试剂如 KNO_3、NaCl 等，先计算所需的量，用台秤或分析天平称取，放入烧杯中，以少量的蒸馏水搅拌，待溶解后再稀释至所需的体积。若有加热使其溶解的，则应使其冷却至室温后，再移至试剂瓶中，贴上标签备用；对于易水解的固体试剂如 $FeCl_3$、$SbCl_3$、$BiCl_3$、$SnCl_2$ 等，配制溶液时，称取一定量的固体，加入适量的稀酸溶液使其溶解，以防止水解，再以蒸馏水稀释至所需体积，摇匀后转入试剂瓶中；对于液态试剂，如 HCl、H_2SO_4 等，配制溶液时，用量筒量取所需浓酸的量于烧杯中，再用适量的蒸馏水稀释。配制硫酸溶液时，需特别注意，应在不断搅拌下将浓硫酸缓缓倒入盛水的烧杯中，切不可颠倒操作次序。见光易分解的要注意避光保存，如 $AgNO_3$、$KMnO_4$、KI 等溶液应贮存于棕色试剂瓶中。

3. 标准物质

标准物质（reference　material，RM）的定义可表述为：已确定其一种或几种特性，用于校准测量器具、评价测量方法或确定材料特性量值的物质。目前，在我国的化学试剂中，只有滴定分析基准试剂（参看附录三）和 pH 基准试剂属于标准物质，基准试剂可用于直接配制标准溶液或用于标定某溶液的浓度。

4. 标准溶液的配制

标准溶液是已确定其主体物质浓度的溶液。分析实验中常用的标准溶液有滴定分析用的标准溶液、仪器分析用的标准溶液和 pH 测量用的标准缓冲溶液。常见的标准溶液配制方法如下。

(1) 直接配制　用分析天平准确称取一定量的标准物质，溶于少量的纯水中，再定量转移至容量瓶中，稀释至刻度。根据质量和体积，计算它的准确浓度。

(2) 标定法（间接配制）　很多试剂不适宜直接配制标准溶液，此时可以用间接的方法，先配制出近似浓度的溶液，再用标准物质或已知浓度的标准溶液标定其准确浓度。

在实际工作中，特别是在工厂实验室，常采用“标准试样”来标定标准溶液的浓度。“标准试样”的含量已知，它的组成与被测物质相近，这样标定与被测物质的条件相同，分析过程中的系统误差可以抵消，结果准确度较高。

四、玻璃仪器的洗涤

1. 玻璃器皿的洗涤

常用的定性分析实验玻璃器皿有离心试管、滴定管和毛细吸管等，在定性分析实验中，离子的鉴定反应非常灵敏，所用试液浓度及用量都较小，玻璃器皿内壁少量的杂质也会影响鉴定的结果。而在定量分析实验中，常使用有刻度的容量玻璃仪器，如容量瓶、滴定管、吸量管等，若器皿内壁不洁净，则会引入测量误差。为了保证分析结果的准确性和良好的精密度，在分析实验中，必须保持玻璃仪器的洁净。

洗净的玻璃器皿内外清洁透明，水沿内壁流下后，均匀润湿，不挂水珠。可根据实验要求、污物的性质及程度选用洗涤剂。一般而言，附着在玻璃器皿上的污物有尘土、不溶性物质、可溶性物质和有机物等，用自来水和刷子可除去仪器上的尘土、不溶性物质、可溶性物质，用去污粉、合成洗涤剂可除去油污和有机物质。也就是说，一般的器皿如烧杯、离心试管等，可先用自来水冲洗，再用去污粉刷洗，接着用自来水冲洗，最后用洗瓶的纯水涮洗 2～3 次。如仍不洁净，可用洗液洗净。通常选用铬酸洗液。有刻度的容量器皿如容量瓶、滴定管、吸量管等，为了保证容积的准确性，不宜用刷子刷洗，应选用铬酸洗液洗涤，方法如下。

（1）移液管和吸量管的洗涤　先用自来水冲洗，再用洗耳球吹出管内残留的水，然后将移液管或吸量管插入铬酸洗液瓶内，用洗耳球将洗液缓缓吸入移液管的球部或吸量管的 1/3 处，用右手食指堵住移液管上口，横置移液管，左手拖住没沾洗液的下端，右手食指松开，平转移液管，使洗液完全润湿内壁，稍停片刻，再将洗液由上口放入洗液瓶内，用自来水充分冲洗，最后用少量的纯水涮洗 2～3 次即可。

（2）容量瓶的洗涤　先用自来水涮洗内壁，将残留的水倒出，装入适量洗液，转动容量瓶，使洗液润湿内壁后，稍停片刻，倒回洗液瓶内，用自来水冲洗，最后用纯水涮洗即可。

（3）滴定管的洗涤　滴定管分酸式和碱式两种。一般用自来水冲洗，零刻度以上部位可用刷子蘸洗涤剂刷洗，零刻度以下部位可用洗液洗涤，注意，洗涤碱式滴定管时，必须先除去乳胶管，用乳帽封住下口，以下方法相同。若滴定管太脏，可将洗液装满，放置一段时间。

（4）比色皿的洗涤　光度法中的比色皿是用光学玻璃制成，不能用毛刷刷洗，通常用 (1＋1)HNO_3 洗涤，自来水冲洗后，最后用纯水润湿 2～3 次。

2. 铬酸洗液的配制

铬酸洗液常用来洗涤不宜用毛刷刷洗的器皿，可除去油脂及还原性污垢。其配制方法如下：称取 10g$K_2Cr_2O_7$ 固体于烧杯中，加入 20mL 水，搅拌下缓慢加入 180mL 浓 H_2SO_4，溶液呈暗红色，贮存于磨口玻璃瓶中备用，因浓 H_2SO_4 易吸水，需用磨砂玻璃塞盖好。铬酸洗液是酸性很强的强氧化剂，腐蚀性很大，易烫伤皮肤，烧毁衣服，且铬有毒，因此，使用时一定要注意安全。当铬酸洗液使用多次后，颜色会慢慢改变，当变为绿色时（$K_2Cr_2O_7$ 被还原为 Cr^{3+}），洗液失效，需重新配制。值得注意的是，不管洗液在使用过程中还是失效后，都不能倒入下水道，以免造成环境污染，只能倒入废液回收瓶内，另行处理。

五、实验室安全

分析化学实验中，经常用到具有腐蚀性、有毒有害或易燃易爆的试剂，易损的玻璃仪器、精密仪器、电器等，为保证实验安全，避免人身伤害事故的发生，必须严格遵守以下实验室规则。

① 学生应接受教师指导，按照教材上规定的内容进行实验，并严格按照实验规范操作，应用性实验的方案必须经教师审定后才能进行操作。

② 在实验开始前，要根据实验说明所列的仪器和试剂进行检查核对，如发现缺少和破损，应立即报告教师补领。如自己损坏了仪器，应及时说明情况，进行登记。要小心使用和爱护实验室里的一切设备。

③ 做实验时要保持安静，动作要轻，不要忙乱和急躁，严禁大声喧哗、推搡打闹。

④ 必须保持试剂纯净和仪器干净，移取试剂后，瓶盖要立即盖好，不要错盖。

⑤ 取用试剂时，应该用多少取多少！如果试剂用量没有明确规定，应取少量：液体一般 1～2mL，固体刚能盖住试管底部。用剩的试剂应交还实验室管理员，不要随便抛弃或倒回原瓶。

⑥ 实验时要注意安全，严格遵守实验规则。不要乱动实验室里的电器设备、煤气阀和消防器材。

⑦ 谨慎处理腐蚀性药品和易燃物品，不得乱抛。有毒物品要按规定使用。在实验室中严禁饮食。

⑧ 实验完毕后，要拆开实验装置，把仪器里的剩余物品都倒入指定的容器中，再用水冲洗干净，然后把实验台整理干净。必须拔掉电源插头并关闭水龙头，不得私自带走任何实验用品和产物。

⑨ 如实做好实验记录，按时认真地完成实验报告。

第三章　常用仪器及基本操作

一、分析实验常用仪器简介

见表 3-1。

表 3-1　分析实验常用仪器

仪器名称	规格	用途	备注
 试管 　离心试管	有硬质、软质试管之分。其规格以管口外径×长度(mm)表示。离心试管以体积(mL)表示	作小型演示实验时用，便于操作和观察。离心试管可用于沉淀分离	硬质试管可直接用火加热，不可骤冷，离心试管只能用水浴加热
 滴瓶 　广口瓶	一般为玻璃质。规格以体积(mL)表示	滴瓶用于盛放液体样品，广口瓶可盛放固体，不带磨口的广口瓶可作集气瓶	不可直接用火加热。不能盛放碱，以免腐蚀瓶塞
 胶头滴管 　毛细滴管	玻璃质	胶头滴管常在定性分析时使用，观察方便，而毛细滴管在称量分析中使用	
 烧杯	玻璃质。有硬质、软质，有刻度和无刻度。规格按容量大小表示(mL)	可作反应容器用。反应物容易混合均匀。可加热	放置在石棉网上加热，可使受热均匀
 圆底烧瓶 　平底烧瓶	玻璃质。有平底、圆底、长颈、短颈之分，有标准磨口烧瓶。规格以体积(mL)表示	作为反应容器用。尤其在反应物较多、需长时间加热时使用	放置在石棉网上加热

续表

仪器名称	规　格	用　途	备　注
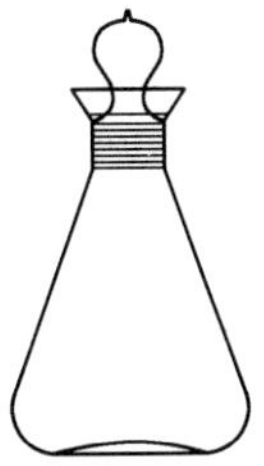 碘量瓶 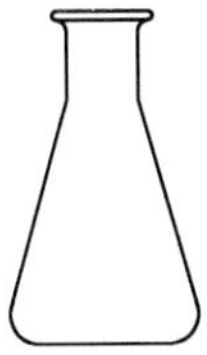　锥形瓶	玻璃质。有标准磨口碘量瓶	反应容器，常用作滴定操作，振荡方便。碘量瓶常用在碘量法滴定中。可加热	放置在石棉网上加热
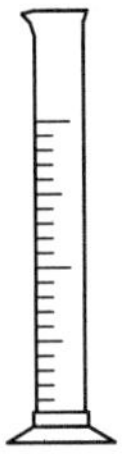 ml 20℃ 50 25 5 量筒 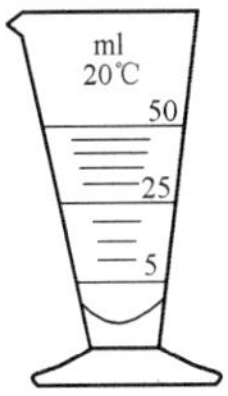　量杯	玻璃质。规格以容量表示	用于定量液体体积时用	不可加热，也不能用作反应容器，热溶液忌用
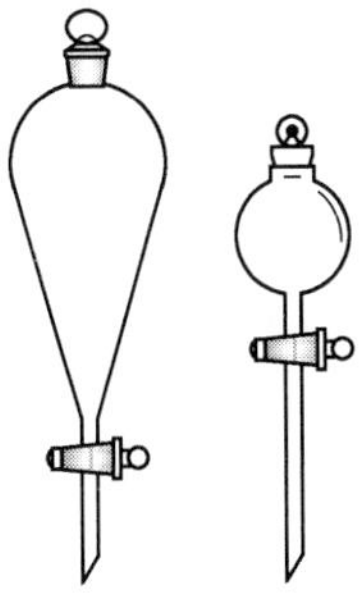 分液漏斗 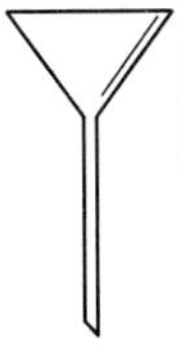　漏斗	玻璃质。分液漏斗的规格以容量大小表示。漏斗以口径大小表示	分液漏斗用于互不相溶的两种液体的分离，漏斗用于过滤等操作	不能用火加热
 坩埚钳	坩埚钳为铁制品	称量分析取坩埚时用	
 坩埚 　表面皿	可用瓷、石英、铁、镍或铂制造。规格以容量大小表示。表面皿为玻璃质，以口径大小表示	坩埚可灼烧，称量分析时用。表面皿可盖在烧杯上，防止液体迸溅	表面皿不能用火直接加热
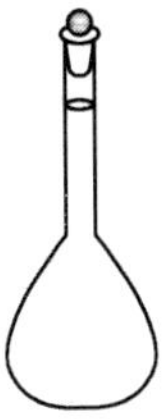 容量瓶	玻璃质。规格以容积大小表示。具磨口塞	用来准确量度液体，配制准确浓度的溶液	配制时应注意液体弯月面与刻度线相切。瓶塞不可互换

续表

仪器名称	规　格	用　途	备　注
酸式滴定管　碱式滴定管	均为玻璃质。分酸式和碱式两种。规格以容量大小表示	用于酸碱滴定式。也可以用来准确量取液体的体积	不能加热或量取热溶液，酸式滴定管的活塞是配套的，不能互换
干燥器	玻璃质。规格以外径大小表示（mm）	内放干燥剂，可保持样品干燥	预防盖子滑动打碎，灼热的样品待稍冷后放入
铁架台	铁制品	用来固定或放置反应容器	
吸滤瓶和布氏漏斗	布氏漏斗为瓷质，规格以口径大小表示；吸滤瓶为玻璃质，规格以容量大小表示	二者配套用于沉淀的减压过滤	不能用火加热，滤纸应贴紧漏斗的内径

续表

仪器名称	规　格	用　途	备　注
蒸发皿	用瓷、石英或铂制作。规格以口径大小表示	蒸发浓缩液体时用	不宜骤冷
石棉网	铁丝编成，中间有石棉	可使物体均匀受热，不造成局部高温	忌与水接触
研钵	可用瓷、玻璃、玛瑙或铁制成	用于研磨固体物质	
三角架		可放置较大或较重的加热容器	
移液管　吸量管	玻璃质。规格以容量大小表示	准确移取液体时用，可量取一定体积的溶液	注意液面和刻度线。不能当玻璃棒使用

续表

仪器名称	规格	用途	备注
离心机		称量分析时用，通过高速转动，使离心管中的沉淀迅速沉积于底部	
称量瓶	玻璃质。有“扁型”和“高型”之分	可准确称量固体样品	不能加热，瓶塞不可互换
点滴板	瓷质	定性分析时用	

二、常用仪器的操作

1. 容量瓶

容量瓶是一个细颈梨形的平底瓶，带有磨口塞。由棕色或无色玻璃制成，瓶颈上有一刻度线，表示在所指温度下（一般为20℃）当液体充满到弯月面与标线相切时，瓶内溶液体积恰好与瓶上所标示的体积相等。容量瓶用来配制准确浓度或稀释溶液，通常有5mL、10mL、25mL、50mL、100mL、500mL、1000mL等各种规格。使用容量瓶时要注意以下各点。

① 首先检查容量瓶口是否漏水。

② 配制一定浓度的溶液时，先将固体溶解在烧杯中，然后用玻璃棒作导引，缓缓将液体转入容量瓶中，转入完毕后，应仔细用洗瓶冲洗玻璃棒、烧杯及容量瓶径内壁，最后定容至标线，摇匀即可。

③ 对容量瓶有腐蚀作用的溶液，尤其是碱溶液，不可长久存放于容量瓶中。

2. 滴定管

滴定管可分为酸式滴定管（具塞）和碱式滴定管（无塞），是一根具有精密刻度、内径均匀的细长玻璃管。管壁的刻度是按“放出”溶液体积表示的，它可以连续地放出不同体积的液体。实验室常用25.00mL和50.00mL容量的滴定管。使用滴定管时应注意以下各点。

① 洗净。可用洗涤剂刷洗，不要用去污粉，以免损伤内壁，油污大时，也可以用铬酸洗液清洗，最后分别用自来水、纯水冲洗。

② 在瓶塞上涂抹凡士林（密封和润滑作用），检查是否漏水、渗水。

③ 滴定时，用滴定液润洗3次，装满滴定管后，排出管内的空气（观察滴定管末端是否有气泡），对于碱式滴定管的气泡，需小心排除，另外，在滴定过程中，要把握好捏胶管的位置。最后调节零点，使液体弯月面与零线相切。

3. 移液管和吸量管

移液管是一根细长而中间有一膨大部分（称为球部）的玻璃管，管颈上端刻有标线。常用的移液管有 5mL、10mL、20mL、25mL、50mL 等规格（20℃）。吸量管是一支具有多刻度的玻璃管，用于移取非固定量的溶液。一般情况下，吸量管是为了量取小体积或非整数体积的溶液，例如量取 0.1mL、1mL、2mL、3mL 等溶液。常用的吸量管的规格有 1mL、2mL、5mL、10mL 等。使用移液管和吸量管时应注意以下各点。

① 首先将其洗净。移取溶液前，用待测溶液润洗 3 次。

② 移取时，将其插入液面以下，左（右）手拿洗耳球，排空空气后紧按在管口上，借助吸力使液面慢慢上升，待升至标线以上时，迅速用右手（左手）食指按住管口，左（右）手持烧杯使其倾斜，将移液管或吸量管的流液口贴紧烧杯的内壁，稍松食指并用拇指及中指捻转管身，使液面缓缓下降，直到确定的终点，最后将移液管或吸量管插入准备接收溶液的容器中，使其流液口贴紧内壁，松开食指，让溶液自由流下，稍待片刻，再拿出移液管或吸量管。参看图 3-1、图 3-2。

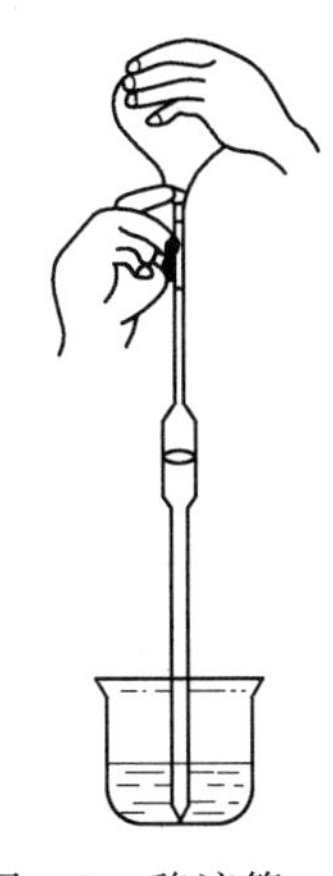

图 3-1　移液管

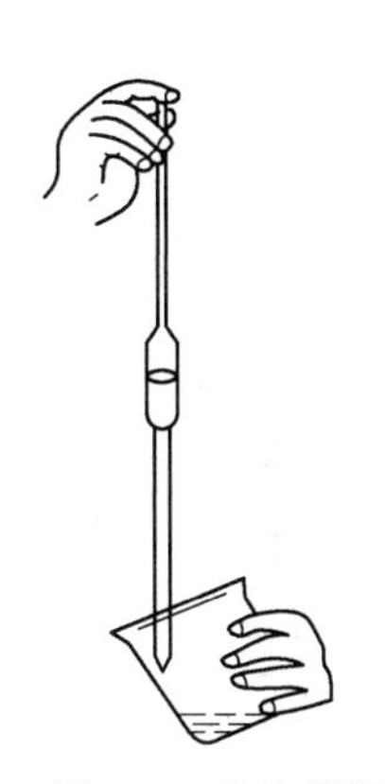

图 3-2　移液管操作

三、分析天平

分析天平是定量分析最重要的仪器之一，称量的准确度直接影响测定结果。因此，了解分析天平、掌握正确的操作方法至关重要。

1. 分析天平的分类

分析天平有多种分类方法，具体见表 3-2。

表 3-2　分析天平的分类

分类特点	分析天平	举　　例
根据天平的结构	等臂（双盘）机械天平 不等臂（单盘）机械天平 电子天平	TG328B 半机械加码电光天平 MA110 型电子天平
根据分度值大小	常量天平(0.1mg) 半微量天平(0.01mg) 微量天平(0.001mg)	TG328B 半机械加码电光天平 TG332A 微量天平
根据天平的平衡原理	杠杆式天平 弹力式天平 电磁力式天平	TG328B 半机械加码电光天平

2. 等臂天平（双盘）称量原理

分析工作中最为常用的分析天平是常量分析天平，它是一种等臂双盘天平。它是根据杠杆原理制造的，如图 3-3 所示。

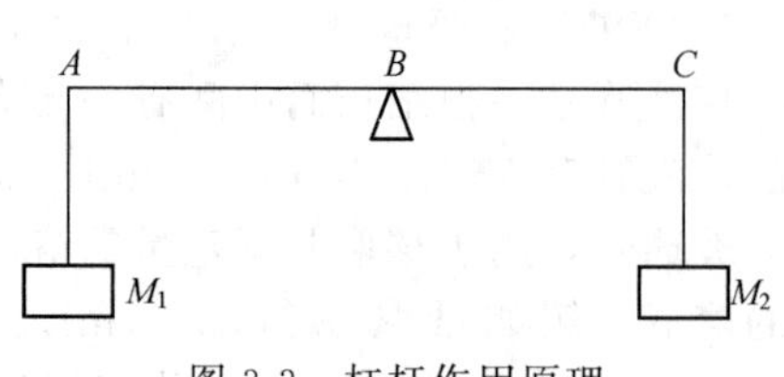

图 3-3 杠杆作用原理

由杠杆原理：$M_1\ \overline{AB}=M_2\ \overline{BC}$

若等臂，则$\overline{AB}=\overline{BC}$

所以，$M_1=M_2$ 也即是被称物体的质量等于砝码的质量。

3. 分析天平的结构

各种型号的双盘等臂天平构造和使用方法大同小异，现以 TG328B 型半机械加码电光天平为例，介绍其构造。参看图 3-4。

从图 3-4 可以看出，天平的结构由以下几部分组成。

（1）天平横梁　是天平的主要部件，一般用铝合金制成。三个玛瑙刀等距安装在横梁上，梁的两端各安装有一个平衡铊，可用来粗调零点，梁的中间装有垂直向下的指针，用以指示平衡位置。支点刀的后上方装有重心螺丝，可调整天平的灵敏度。

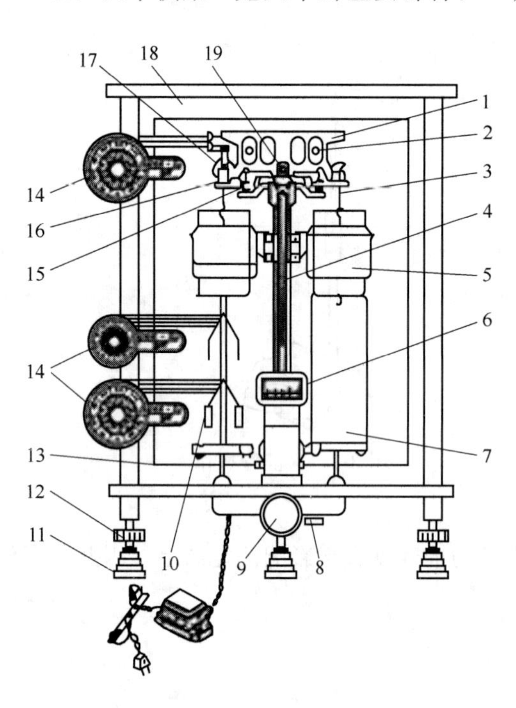

图 3-4 TG328B 型分析天平

1—横梁；2—平衡铊；3—吊耳；4—指针；5—阻尼筒；6—投影屏；7—秤盘；8—投影屏调节杆；9—升降旋钮；10—砝码；11—垫脚；12—支脚螺旋；13—盘托；14—指数盘；15—折叶；16—支力销；17—圈形砝码；18—框罩；19—支点刀

（2）天平立柱　位于天平的正中，安装在天平底板上。柱的上方嵌有一块玛瑙平板，与支点刀口相接触。柱的上部装有能升降的托梁架，关闭天平时能托住横梁，使刀口脱离接触，以减少磨损。柱的中部装有空气阻尼器的外筒。

（3）悬挂系统　将吊耳、空气阻尼器以及秤盘等悬挂在相应位置。

（4）读数系统　指针下端装有缩微标尺，光源系统缩微标尺上的分度线放大，再反射到光屏上，便于观察。零刻度居中，中间为零，左负右正。光屏中央有一条垂直刻线，光标尺投影与该线重合时，表明天平达到平衡，就可以读数了。天平箱下的调屏拉杆可将光屏在小范围内移动，用于细调天平的零点。

（5）升降旋钮　位于天平底板正中，它连接托翼、盘托和光源。开启天平时，顺时针旋转，托翼即下降，梁上的三个刀口与相应的玛瑙平板接触，吊钩及秤盘自由摆动，同时接通了光源，屏幕上显出标尺的投影，天平进入工作状态。称量完毕，要关闭旋钮，刀口与玛瑙平板脱离，光源切断，屏幕黑暗，天平进入休止状态。

（6）机械加码　转动圈码指数盘，可加上相应质量的砝码。

4. 分析天平的灵敏度、分度值、感量

天平的灵敏度是指在天平的一个盘上增加 1mg 质量时所引起指针偏转的程度，以分度/mg 表示。偏转程度愈大，天平的灵敏度愈高。例如常用的分析天平，在盘上增加 1mg 的质量，指针偏转 10 格，所以其灵敏度为 10 格/mg。

分度值是指天平平衡位置在光屏上产生 1 个分度变化所需的质量值。分度值也称作感量。有下面的关系：

$$分度值=感量=\frac{1}{灵敏度}$$

再如常用的分析天平，其灵敏度为 10 格/mg，分度值为 0.1mg/格，也即 1/10000g，所以又称作“万分之一”天平。最大称量质量为 200g，因此，常用的分析天平的规格：200g/0.1mg。

5. 分析天平的使用方法

分析天平是精密仪器，使用时要认真、细心。否则容易出错，使得称量不准确或损坏天平。应注意以下几点。

（1）检查　取下防尘罩，逐一检查分析天平是否水平；秤盘是否洁净；圈码指数盘是否在“000”位；圈码是否脱位；吊耳是否错位等。

（2）调节零点　接通电源，打开旋钮，可看到标尺的投影在移动，待平衡后，观察中央刻线是否与标尺上的 0.0 位置重合，可拨动旋钮下的调节杆，使其重合，若仍然不能重合，先关闭天平，再调节横梁上的平衡螺丝。重新开启天平，观察是否能调定零点。

（3）称量　要求准确、快速称量。初学者可以先在台秤上粗称，熟练后，可直接称量。一般不提倡粗称。将盛放有待测物质的容器放入秤盘中（不可用手直接取放待测物，可用镊子或垫纸条等方法），慢慢开启天平，观察光标的移动方向，立即关闭天平。根据光标移动方向，确定加减砝码。光标总是向重盘方向移动！加减砝码时，按照“从大到小，中间截取，逐级试重”的原则进行。最后加上 10mg 砝码后，可完全开启天平，准备读数。

6. 分析天平的称量方法

常用的称量方法有直接称量法和减量称量法（间接）两种。

（1）直接称量法　将盛放有待测物质的容器放入盘中直接称量的方法。如称量分析法中称量坩埚的质量等。再如，配制标准溶液时，称量基准物质可直接称量指定的质量。注意，在空气中不稳定、容易吸湿的物质不适合此法。

（2）减量称量法　若样品在称量过程中易吸水、与 CO_2 反应等情况，可适宜此法。首先准确称量内装有试剂的称量瓶的质量，从称量瓶中小心倾出试剂于洁净的小烧杯中，然后再称称量瓶的质量，两次质量之差即为倾出试剂的质量。可参看图 3-5、图 3-6。

图 3-5　称量瓶

图 3-6　减量法称量倒样操作

第四章　分析化学实验项目

实验一　常用仪器的洗涤和干燥

一、实验目的

1. 熟悉实验室内的水、电、气的排布和开关。
2. 了解、熟悉常用分析仪器的主要用途及使用方法。
3. 掌握常用玻璃仪器的洗涤、干燥方法。
4. 了解实验室“三废”的处理方法，树立环保意识。

二、仪器与试剂

仪器：常用分析仪器（参看表4-1），毛刷，洗瓶，酒精灯等。

表4-1　常用分析仪器参考清单

仪器名称	规格	数量	仪器名称	规格	数量
滴管、毛细滴管		各4个	洗瓶	500mL	1个
点滴板	白瓷	1个	坩埚	18mL	2个
试管、离心试管	3～5mL	各5～15个	量筒	10mL	1个
玻璃棒		3个		25mL	1个
烧杯	50mL	2个		100mL	1个
	100mL	2个	洗耳球		1个
	250mL	2个	滴定管	50mL(酸式)	1支
	500mL	1个		50mL(碱式)	1支
锥形瓶	250mL	3个			
碘量瓶	250mL	3个			
容量瓶	100mL	2个	公用仪器		
	250mL	2个	移液管	25mL	3支
	500mL	1个	干燥器		5个
称量瓶		2个	坩埚钳		2个
吸量管	5mL	1个	滴瓶		适量
	10mL	1个	托盘天平	200g/0.1g	适量
长颈漏斗		2个	分析天平	200g/0.1mg	适量
表面皿	ϕ9cm	2块	电烘箱		适量
	ϕ5cm	2块			
牛角匙		1把			
试剂瓶	500mL	1个			
	500mL(棕)	1个			
	1000mL	2个			

试剂：铬酸洗液，去污粉，乙醇（AR）。

三、实验步骤

1. 检查仪器

对照表4-1，根据自己实验台面上的常用仪器，逐一检查、认识，并填写仪器清单，包括名称、规格、数量。

2. 洗涤练习

① 用自来水洗刷全部玻璃仪器。

② 用去污粉洗刷一个表面皿、100mL 的烧杯，自来水冲洗干净，是否符合要求？最后用装有纯水的洗瓶冲洗三次。

③ 用洗液洗两个称量瓶和两支试管（注意，洗液用后倒回洗液瓶），用自来水冲洗，然后用洗瓶冲洗三次。

3. 仪器的干燥

① 将前面洗干净的 100mL 烧杯放在石棉网上用酒精灯烤干。

② 将洗净的两支试管尽量倾出水，用少量酒精润湿后倒出，晾干或吹干。

③ 将洗净的称量瓶和瓶盖倒置于一个干净的表面皿上放入柜内，备用。

四、思考题

1. 如何判断玻璃器皿是否洁净？

2. 铬酸洗液何以能去污？怎样使用？如何判断失效？

3. 能否用去污粉刷洗吸量管？

实验二　第四组（钙组）阳离子的分析

一、实验目的

1. 了解钙组离子的主要性质。

2. 掌握钙组离子的鉴定反应。

3. 了解钙组混合物的分析方法。

二、仪器与试剂

仪器：离心机，点滴板，萃取瓶，酒精灯，瓷坩埚，电炉，水浴锅等。

试剂：Ba^{2+}、Sr^{2+}、Ca^{2+}、Mg^{2+} 练习试液，$(NH_4)_2CO_3$，NH_4Cl，HAc，NaAc，K_2CrO_4，$(NH_4)_2SO_4$，玫瑰红酸钠，Zn 末，NH_4F，$(NH_4)_2C_2O_4$，NaOH，Na_2CO_3，$CHCl_3$。

三、实验步骤

（一）钙组离子的主要性质

1. 与组试剂 $(NH_4)_2CO_3$ 的反应

① 分别取 Ba^{2+}、Sr^{2+}、Ca^{2+}、Mg^{2+} 练习试液各 2 滴于 4 支离心管中，各加入 $(NH_4)_2CO_3$（已含 $3mol \cdot L^{-1} NH_3$）1 滴，加热，观察沉淀的生成。

② 将上述 4 支离心管内的物质离心沉降，吸出离心液后，分别向沉淀上加入 NH_4Cl 1～2 滴，加热，观察哪一种沉淀溶解？由此可以得出什么结论？

2. 碳酸盐沉淀与 HAc 的反应

将上述②中剩有沉淀的离心管内物质离心分离，沉淀以水洗涤后加 $6mol \cdot L^{-1}$ HAc 1～2 滴，观察沉淀是否溶解。

3. 与 K_2CrO_4 的反应

由 2 所得溶液中分别加 NaAc 1 滴、K_2CrO_4 1 滴，观察何者生成沉淀，其颜色及性状各如何，由此可得出什么结论？

4. 与 $(NH_4)_2SO_4$ 的反应

取 Ba^{2+}、Sr^{2+}、Ca^{2+} 练习试液各 2 滴，分别置于离心管中。向每支离心管加入 $(NH_4)_2SO_4$ 4～5 滴，搅拌、加热 10min，观察何者生成沉淀，何者不生成，由此可得出什么结论？

（二）钙组离子的鉴定反应

1. Ba^{2+}的鉴定

（1）玫瑰红酸钠法　取Ba^{2+}的中性或微酸性试液1滴于滤纸上，加新配制的玫瑰红酸钠1滴，如出现红棕色斑点，加0.5mol·L^{-1} HCl后转为鲜红色，示有Ba^{2+}。

在分析混合离子试液时，为消除干扰离子，可将试液转为氨性，以Zn末除去。Fe^{3+}的干扰可加NH_4F掩蔽。

（2）K_2CrO_4法　取Ba^{2+}试液1滴于黑色点滴板上，以6mol·L^{-1} HAc 1滴酸化，加NaAc 1滴、K_2CrO_4 1滴，如生成黄色结晶型$BaCrO_4$沉淀，示有Ba^{2+}。

以铂丝蘸取沉淀及浓HCl，在无色火焰上灼烧，火焰显黄绿色，进一步证实Ba^{2+}的存在。

其他干扰离子可在氨性条件下以Zn末除去。

2. Sr^{2+}的鉴定

（1）玫瑰红酸钠法　在滤纸上取Sr^{2+}中性试液1滴，加玫瑰红酸钠1滴，如出现红棕色斑点，加0.5mol·L^{-1} HCl又消失，示有Sr^{2+}。

另取滤纸一小块，以K_2CrO_4浸泡并晾干，滴加Ba^{2+}、Sr^{2+}混合试液1滴，稍干，在斑点边缘处加滴玫瑰红酸钠1滴，如生成红棕色斑点，或边缘变为红棕色，示有Sr^{2+}。

其他干扰离子可在氨性条件下以Zn末除去

（2）火焰法　以铂丝反复蘸取Sr^{2+}的试样及浓HCl，火焰显猩红色示有Sr^{2+}。

3. 钙的鉴定

（1）$(NH_4)_2C_2O_4$法　在离心管中放试液数滴，加$(NH_4)_2C_2O_4$ 2～3滴，生成CaC_2O_4沉淀，此沉淀能溶于强酸，但不溶于醋酸，示有Ca^{2+}。以铂丝蘸取CaC_2O_4及浓HCl，焰色反应为砖红色，进一步证实Ca^{2+}的存在。

（2）乙二醛双缩[2-羟基苯胺]（GBHA）法　取试液一滴于离心管中，加试剂4滴、6mol·L^{-1} NaOH 1滴、3mol·L^{-1} Na_2CO_3 1滴，然后以3～4滴$CHCl_3$萃取。为加速分层，可补加几滴水。如$CHCl_3$层显红色，示有Ca^{2+}。

（三）钙组混合物的分析

1. 钙组的沉淀

取Ba^{2+}、Sr^{2+}、Ca^{2+}贮备试液各5滴混合，加NH_4Cl 5滴，在水浴上加热至50～70℃，然后加$(NH_4)_2CO_3$（含3mol·$L^{-1}NH_3$）5滴，搅拌、再加热，稍稍放置使沉淀陈化后，离心沉降。在上层清液中加$(NH_4)_2CO_3$ 1滴，证实沉淀确已完全，然后吸出离心液，沉淀按2研究。

在系统分析中，本组试液是由分出前三组后得到的，已经积累了大量的铵盐，故应将试液转入坩埚中，加浓HAc至酸性，小心蒸发至干，然后灼烧除去铵盐（不冒白烟为止，但NH_4NO_3例外），冷却后，以10滴3mol·L^{-1} HCl溶解残渣。由于残渣往往难溶，此时应充分搅拌并微热。最后转入离心管，按前述手续进行本组沉淀，沉淀按2研究，离心液留作第五组阳离子分析。

2. 钙组沉淀的溶解

由1所得沉淀以热水洗涤2次，然后以6mol·L^{-1} HAc溶解，再多加3滴，溶液按3研究。

3. 钡的鉴定和分离

取2的溶液1滴于黑色点滴板上，加NaAc 1滴、K_2CrO_4 1滴，黄色$BaCrO_4$沉淀示有Ba^{2+}。

以铂丝蘸取沉淀和浓 HCl，在无色火焰上灼烧，焰色反应显黄绿色，进一步证实 Ba^{2+} 的存在。

Ba^{2+} 存在时，取 2 的全部溶液加 NaAc 5 滴，K_2CrO_4 加至沉淀完全后再多加 1～2 滴。若 Ba^{2+} 不存在，可省去加 K_2CrO_4 分离的手续，直接按 5 研究。

4. 锶和钙的沉淀和溶解

在 3 的溶液中加入固体 Na_2CO_3 至呈碱性，在水浴上加热 2～3min，促使锶、钙的碳酸盐沉淀生成。稍稍放置后，离心沉降，以含 $(NH_4)_2CO_3$ 的水洗涤沉淀，再加 3mol·L^{-1} HAc 溶解，按 5 研究。

5. 锶的鉴定

取 4 的溶液 1 滴于滤纸上，加玫瑰红酸钠 1 滴，Sr^{2+} 存在时生成红棕色斑点，加 0.5mol·L^{-1} HCl 则消失。

另以铂丝反复蘸取试液并烘干，然后蘸取浓 HCl，在无色火焰上灼烧，火焰显猩红色，进一步证实有 Sr^{2+}。

6. 钙和锶的分离及钙的鉴定

Sr^{2+} 存在时，向 4 的溶液中加入饱和 $(NH_4)_2SO_4$ 4～6 滴，在沸水浴上加热 10～15min，促使 $SrSO_4$ 沉淀的生成。离心沉降，离心液中加 $(NH_4)_2C_2O_4$ 4～5 滴，生成白色 CaC_2O_4 沉淀，此沉淀能溶于强酸，但不溶于醋酸。示有 Ca^{2+}。

以浓 HCl 润湿 CaC_2O_4，作焰色反应，Ca^{2+} 存在时火焰显砖红色。

四、思考题

1. 在系统分析中，引起第四组阳离子丢失的可能原因有哪些？
2. 作焰色反应时，为何在试样中常要加浓 HCl？
3. 试以一种试剂即能将下列各对物质分离。

$CaCO_3$-BaC_2O_4、$SrSO_4$-$BaCrO_4$、$CaSO_4$-$BaSO_4$

$BaSO_4$-$PbSO_4$、$PbCrO_4$-$BaCrO_4$、$CaCO_3$-$MgCO_3$

实验三 阴离子的分别鉴定

一、实验目的

1. 掌握 SO_4^{2-}、SiO_3^{2-}、PO_4^{3-} 的鉴定。
2. 掌握 S^{2-}、$S_2O_3^{2-}$、SO_3^{2-} 的鉴定。
3. 掌握 CO_3^{2-}、NO_2^-、NO_3^-、Ac^-、CN^- 的鉴定。
4. 掌握 F^-、Cl^-、Br^-、I^- 的鉴定。

二、仪器与试剂

仪器：离心机，点滴板，验气装置等。

试剂：$BaCl_2$，HCl，$(NH_4)_2MoO_4$，HNO_3，酒石酸，联苯胺，$Na_2[Fe(CN)_5NO]$，$CdCO_3$ 固体，$Sr(NO_3)_2$，KIO_3-淀粉溶液，$AgNO_3$，$(NH_4)_2CO_3$，KBr，Zn 粉，H_2SO_4，苯，氯水，氨基苯磺酸，α-萘胺，二苯胺，固体尿素，KI-淀粉溶液，NaAc，$La(NO_3)_3$、I_2 水溶液，戊醇，氨性 $CuSO_4$，H_2S，锆-茜素试剂，$Zr(NO_3)_2$，SO_4^{2-}、SiO_3^{2-}、PO_4^{3-}、S^{2-}、$S_2O_3^{2-}$、SO_3^{2-}、CO_3^{2-}、NO_2^-、NO_3^-、Ac^-、CN^-、F^-、Cl^-、Br^-、I^- 溶液。

三、实验步骤

（一）SO_4^{2-} 的鉴定

取试液 1 滴于离心管中，加 $BaCl_2$ 1 滴、6mol·L^{-1} HCl 2 滴，搅拌，如有白色 $BaSO_4$

晶型沉淀生成，示有 SO_4^{2-}。

（二）SiO_3^{2-} 的鉴定

取试液 2 滴置于离心管中，加 $(NH_4)_2MoO_4$ 2～3 滴、浓 HNO_3 2～3 滴，在水浴上加热（勿沸）。离心沉降，取离心液置于离心管中，以 6mol·L^{-1} NaOH 调节pH=5～6，然后加 2～3 滴 $H_2C_2O_4$ 溶液、1～2 滴联苯胺，如溶液变为蓝色，示有 SiO_3^{2-}。

（三）PO_4^{3-} 的鉴定

在反应纸上，取经 HNO_3 酸化的试液 1 滴，加 $(NH_4)_2MoO_4$ 试液 1 滴、酒石酸 1 滴，微干，加联苯胺 1 滴，在氨气上熏，蓝色斑点示有 PO_4^{3-}。

（四）S^{2-}、$S_2O_3^{2-}$、SO_3^{2-} 的鉴定

在一支离心管中，放 S^{2-} 试液 1 滴及 $S_2O_3^{2-}$、SO_3^{2-} 试液各 3 滴混合，按下述步骤分析。

1. S^{2-}的鉴定

在点滴板上放混合试液（碱性）1 滴，加新配的 $Na_2[Fe(CN)_5NO]$ 1 滴，紫色示有 S^{2-}。

2. S^{2-}的去除

向其余混合试液中加固体 $CdCO_3$ 数毫克，搅拌，离心沉降，取 1 滴离心液，按上法证实 S^{2-}已被完全除去后，再按下述步骤鉴定 $S_2O_3^{2-}$、SO_3^{2-}。

3. $S_2O_3^{2-}$ 的鉴定

取 2 的离心液 2 滴于离心管中，加 HCl 2 滴，加热，白色浑浊示有 $S_2O_3^{2-}$。

4. SO_3^{2-} 的鉴定

在验气装置的下部离心管中取 2 的离心液 3 滴，调至中性或微酸性，加饱和 $Sr(NO_3)_2$ 两滴，搅拌，等候 10min，离心沉降，以水洗涤 $SrSO_3$ 沉淀。另取上部离心管，使管尖外部悬 1 滴 KIO_3-淀粉溶液，准备插于下管之上，以构成验气装置。插入前先在 $SrSO_3$ 沉淀上加 3mol·L^{-1} HCl 一滴，然后迅速插入，液滴首先变蓝然后蓝色褪去，示有 SO_3^{2-}。

（五）CO_3^{2-} 的鉴定

在验气装置中，放试液（最好是固体原试样）2～3 滴，加 6mol·L^{-1} HCl 2～3 滴，验气装置的上离心管尖保持住少许 $Ba(OH)_2$插入下离心管中，上管尖溶液变浑，示有 CO_3^{2-}。当 SO_3^{2-} 或 $S_2O_3^{2-}$ 存在时，事先在试液中加 3% H_2O_2 两滴，加热使氧化，然后按上述手续鉴定 CO_3^{2-}。

（六）Cl^-、Br^-、I^-的鉴定

取 1 滴 I^-试液和 Cl^-、Br^-试液各 2 滴于离心管中，配成混合试液。

1. 卤离子的沉淀

向混合试液中加 1 滴 6mol·L^{-1} HNO_3 酸化，加 $AgNO_3$ 至沉淀完全，加热，离心沉降，将离心液吸出弃去，沉淀以水洗 2～3 次，按 2 处理。

2. Cl^-的分离和鉴定

在沉淀上加 20～30 滴 12% $(NH_4)_2CO_3$，充分搅拌，离心沉降，吸出离心液，滴加 KBr，出现浓厚的浑浊，示出 Cl^-。

3. 将溴和碘转入溶液

在沉淀上加 5 滴水和少许 Zn 粉，充分搅拌，离心沉淀，取离心液按 4 处理。

4. I^-和 Br^-的鉴定

取 3 的离心液，以 3mol·L^{-1} H_2SO_4 酸化，加苯（或 CCl_4）3～4 滴，然后滴加氯水，

边加边摇，观察苯层颜色，呈紫色示有 I^-，继续滴加氯水，如紫色消失后出现红棕色或黄色，示有 Br^-。

（七）NO_2^- 的鉴定

依次置氨基苯磺酸及 α-萘胺试剂各一滴于反应纸上，然后再加经用 6mol·L^{-1} HCl 酸化过的试液 1 滴，稍停，若有红色斑生成示有 NO_2^- 存在。

（八）NO_3^- 的鉴定

1. NO_2^- 不存在时

在点滴板上放 2 滴二苯胺的浓 H_2SO_4 溶液，然后加试液 1～2 滴，出现深蓝色，示有 NO_3^-。

2. NO_2^- 存在时

(1) NO_2^- 的除去　取试液 2～3 滴于离心管中，加固体尿素约 0.1g，然后逐滴加入 3mol·L^{-1} H_2SO_4 搅拌，每加 1 滴，等到剧烈反应停止后，再加第二滴至不反应为止，稍停，取 1 滴试液，以 KI-淀粉溶液检查是否已完全除净，如未除净，继续以上手续进行。

(2) NO_3^- 的鉴定　取除去 NO_2^- 的试液，按 1 的方法鉴定。

也可以按 3 先将 NO_3^- 还原为 NO_2^-，然后鉴定 NO_2^-。

(3) 将 NO_3^- 还原为 NO_2^-　取 2～3 滴除去 NO_2^- 的试液，以 3mol·L^{-1} NaAc 中和过量的 H_2SO_4，加 Zn 粉少许，搅拌，离心沉降，取离心液鉴定 NO_2^-（见前）。

（九）Ac^- 的鉴定

1. $La(NO_3)_3$ 试法

取 1 滴试液于点滴板上，加 5% $La(NO_3)_3$、5×10^{-3}mol·L^{-1} I_2 水溶液各 1 滴，稍后加 1mol·L^{-1}氨水 1 滴，不加搅拌，放置 1～2min，在氨水液滴周围生成暗蓝色沉淀，示有 Ac^-。

2. 生成乙酸戊酯试法

在离心管中取试液 5 滴（最好取少许固体试样），加戊醇 5 滴、浓 H_2SO_4 20 滴，微热，出现乙酸戊酯的香气示有 Ac^-。如戊醇味浓，可将离心管的内容物倒在一个装有水的小烧杯中，因酯类浮在水面，其香气更易辨别。

（十）CN^- 的鉴别

将滤纸浸于 0.1%氨性 $CuSO_4$ 溶液，干燥，临用前在 H_2S 气氛中放片刻使滤纸显均匀的棕色，加 1 滴试液，若出现白色痕迹或棕色环褪去，示有 CN^-。

（十一）F^- 的鉴别

在 1 滴试液中加 1 滴 0.1%的 HCl 和 1 滴锆-茜素试剂 [等体积 0.17%茜素 S 和 0.87% $Zr(NO_3)_2$ 溶液混合，并用水稀释 5 倍]，若粉红色褪至黄色，示有 F^-。

四、思考题

1. 试说明为什么用 $CdCO_3$ 可以除去 S^{2-}？

2. 某学生就未知试液所作的阴离子分析实验报告如下，试指出其报告中不合理之处。

(1) 未知试液为酸性；

(2) 挥发性实验有气体产生；

(3) 氧化性实验得负结果；

(4) 还原性实验中，I^{2-} 淀粉实验得正结果，$KMnO_4$ 实验得负结果；

(5) 个别鉴定结果有：S^{2-}、$S_2O_3^{2-}$、Cl^-，Ac^-。

实验四　分析天平的称量练习

一、实验目的

1. 了解分析天平的构造。

2. 学会测定天平的零点和灵敏度。

3. 学习掌握分析天平的称量操作技术。

二、仪器与试剂

全自动机械加码电光分析天平、称量瓶、表面皿、托盘天平。

铜片、固体试样（$K_2Cr_2O_7$）。

三、实验步骤

1. 了解与调整天平

了解天平的构造、规格，指出天平各部件的名称，了解其作用及注意事项。检查天平是否水平，并进行调整。

2. 调节天平的零点

缓慢打开升降枢，待天平稳定后，观察标尺零点与刻度线零点是否重合。当二者相差不大时，可调节拨杆；若相差较大，首先关闭天平，再调节横梁上的平衡螺丝，使其重合。连续测定两次。

3. 测定天平的灵敏度

加 10mg 砝码于称量盘上，打开天平，记下读数，计算空载灵敏度。

4. 称量铜片（增重法）

按照上述方法调节好分析天平的零点，关闭天平。将洁净的表面皿放在右盘上，缓缓打开旋钮（不可完全打开，只需看出光标的移动方向即可），此时，光标应向右移动，说明右盘重，应在左盘加砝码，关闭天平，准备加砝码。注意，光标总是向重盘方向移动！加砝码应按照“从大到小，中间截取，逐级试重”的原则进行。例如，先加 100g 砝码，缓缓打开天平，观察光标移动方向，若向左移动，说明左盘重，随手关闭天平，转动圈码将 100g 换成 50g 砝码，仍按前述方法观察，若光标向右移动，说明此时右盘重，表面皿的质量应在 100～50g 之间，将砝码换成 75g 再按前面方法判断试重，就这样，不断缩小范围，直至加砝码范围在 10mg 以下时，可完全打开分析天平，待平衡后，记录读数。然后将铜片放在表面皿上，称量其总质量。两次称量的质量之差即为铜片的质量。

5. 称量固体试样（差减法）

将盛有样品的称量瓶于托盘天平上粗称其质量（可以省略此步骤，直接在天平上试重、称量），然后按差减法在分析天平上精确称取 2.0g 左右的三份样品。

6. 称取 0.5000g 样品（指定质量法）

准确称量一个空称量瓶的质量，然后将砝码增加 0.5000g，先在称量瓶中加入少于 0.5g 的样品，打开天平，若重量差距较大，则关闭天平，再加少量样品。至重量差距较小时，不关闭天平，用药匙取少量样品，在称量瓶上方轻轻振动，直到预定读数。

7. 复核

取下称量瓶，开启天平，零点变动若在 2 小格以内，可调节拨杆，使其重合，若变动大时，必须调零后重称。

四、思考题

1. 为什么在称量过程中取、放样品和加、减砝码时一定要关闭天平?

2. 在什么情况下用差减法称量，如何操作?

实验五　容量仪器的校准

一、实验目的

1. 了解容量仪器校准的意义。

2. 学习容量仪器校准的方法。

二、实验原理

滴定管、移液管和容量瓶等分析实验室常用的玻璃量器都具有刻度和标称容量（量器上所示的量值)，其容量都可能有一定的误差，即实际容量与其标称容量之差。量器产品都允许有一定的容量误差（允差)，量器的容量允差见表4-2。

表4-2　量器的容量允差表　　单位：mL

名　称	滴　定　管		无分度吸管		容　量　瓶	
标称容量/mL	A级	B级	A级	B级	A级	B级
500					±0.25	±0.50
250					±0.15	±0.30
100	±0.10	±0.20	±0.08	±0.16	±0.10	±0.20
50	±0.050	±0.100	±0.050	±0.10	±0.05	±0.10
25	±0.04	±0.080	±0.080	±0.060	±0.03	±0.06
10	±0.025	±0.050	±0.02	±0.040	±0.02	±0.04
5	±0.010	±0.020	±0.015	±0.030	±0.02	±0.04

合格的产品其容量误差往往小于允差，但也常有质量不合格的产品流入市场，如果不预先进行校准，就可能给实验结果带来误差。因此，在滴定分析中，特别是在准确度要求较高的测定中，对自己使用的一套量器进行校准是十分必要的。

校准的方法有称量法（绝对校准）和相对校准法。

称量法的原理是：称量被校量器中量入或量出的纯水质量，再根据纯水的密度计算出被校量器的实际容量。

测量液体体积的基本单位是升（L)。1L是指在真空中，1kg的水在最大密度时(3.98℃）所占的体积。换句话说，就是在3.98℃真空中称量所得水的质量（g)，在数值上就等于它的体积（mL)。

由于玻璃的热胀冷缩，所以在不同温度下，量器的容积也不同。因此，规定使用玻璃量器的标准温度为20℃。各种量器上标出的刻度和容量称为在标准温度20℃时量器的标称容量。

但是在实际校准工作中，容器中水的质量是在室温下和空气中称量的。因此必须考虑如下三个方面的影响。

① 由于空气浮力使质量改变的校正。

② 由于水的密度随温度而改变的校正。

③ 由于玻璃容器本身容积随温度而改变的校正。

考虑了上述的影响，可得出20℃容量为1L的玻璃容器在不同温度时所盛水的质量（表4-3)。据此计算量器的校正值十分方便。

表 4-3 不同温度下 1L 水的质量 m（在空气中用黄铜砝码称量）

t/℃	m/g	t/℃	m/g	t/℃	m/g
10	998.39	19	997.34	28	995.44
11	998.33	20	997.18	29	995.18
12	998.24	21	997.00	30	994.91
13	998.15	22	996.80	31	994.64
14	998.04	23	996.60	32	994.34
15	997.92	24	996.38	33	994.06
16	997.78	25	996.17	34	993.75
17	997.64	26	995.93	35	993.45
18	997.51	27	995.69		

如某支 25mL 移液管在 25℃放出的纯水质量为 24.921g，计算该移液管在 20℃时的实际容积。

$$V_{20}=\frac{24.921}{0.99617}=25.02\ (\text{mL})$$

即这支移液管的校正值为 25.02－25.00＝＋0.02（mL）。

值得一提的是，校准不当和使用不当一样都是产生容量误差的主要原因，其误差有时可能超过允差或量器本身固有的误差。所以，校准时必须仔细、正确地进行操作，使校准误差减至最小。凡要使用校准值的，其校准次数不可少于 2 次。两次校准数据的偏差应不超过该量器容量允许的 1/4，并以其平均值为校准结果。

在某些情况下，人们只要求两种容器之间有一定的比例关系，而无需知道它们的准确体积。这时可用容量相对校准法。经常配套使用的移液管和容量瓶采用相对校准法更为重要。例如，用 25mL 移液管移取蒸馏水于干净且倒立晾干的 100mL 容量瓶中，到第 4 次后，观察瓶颈处水的弯月面下缘是否刚好与刻线上缘相切。若不相切，应重新作一记号为标线，以后此移液管和容量瓶配套使用时就用校准的标线。

三、仪器与试剂

仪器：分析天平，滴定管（50mL），容量瓶（100mL），移液管（25mL），锥形瓶（50mL，带磨口玻璃塞）。

试剂：纯水。

四、实验步骤

1. 滴定管的校准（称量法）

将已洗净且外表干燥的带磨口玻璃塞的锥形瓶放在分析天平上准确称量，得空瓶质量 m（瓶），记录至 0.001g。

再将已洗净的滴定管盛满纯水，调至 0mL 刻度处，从滴定管中放出一定体积（记为 V_0），如放出 5mL 的纯水于已称量的锥形瓶中，盖紧塞子，称出“瓶＋水”的质量 m（瓶＋水），两次质量之差即为放出之水的质量 m（水）。用同法称量滴定管从 0～10mL、0～15mL、0～20mL、0～25mL 等刻度间的 m（水），用实验水温时水的密度去除每次的 m（水），即可得到滴定管各部分的实际容量 V_{20}。重复校准一次，两次相应区间的水质量相差应小于 0.02g（为什么?），求出平均值，并计算校准值 $\Delta V(V_{20}-V_0)$。以 V_0 为横坐标、ΔV 为纵坐标，绘制滴定管校准曲线

现举例说明，将一支 50mL 滴定管在水温 21℃校准的部分实验数据列于表 4-4。

表 4-4　50mL 滴定管校正表（水温 21℃　1mL 水质量=0.99700g）

V_0 滴定管读数/mL	m (瓶+水)/g	m (瓶)/g	m (水)/g	V_{20} /mL	ΔV (校正值)/mL
0～5.00	34.148	29.207	4.941	4.96	−0.04
0～10.00	39.317	29.315	10.002	10.03	+0.03
0～15.00	44.304	29.350	14.954	15.00	0
0～20.00	49.395	29.434	19.961	20.02	+0.02
0～25.00	54.286	29.383	24.903	24.98	−0.02

移液管和容量瓶也可用称量法进行校准。校准容量瓶时，当然不必用锥形瓶，且称准至0.01g 即可。

2. 移液管和容量瓶的相对校准

用洁净的 25mL 移液管移取纯水于干净且晾干的 100mL 容量瓶中，重复四次后，观察液面的弯月面下缘是否恰好与标线上缘相切，若不相切，则用胶布在瓶颈上另作标记，以后实验中，此移液管和容量瓶配套使用时，应以新标记为准。

五、思考题

1. 校准滴定管时，锥形瓶和水的质量只需称准到 0.001g，为什么？
2. 容量瓶校准时为什么需要晾干？在用容量瓶配制标准溶液时是否也要晾干？
3. 在实际分析工作中如何应用滴定管的校准值？

实验六　滴定分析基本操作练习

一、实验目的

1. 掌握酸、碱溶液的配制方法。
2. 掌握酸、碱滴定管的使用方法。
3. 熟悉甲基橙、酚酞指示剂滴定终点的判断。
4. 熟练掌握滴定操作技术。

二、实验原理

本次实验以强碱 NaOH 溶液滴定强酸 HCl 溶液。

$$NaOH + HCl \longrightarrow NaCl + H_2O$$

为了训练滴定分析基本操作，现选用酚酞和甲基橙指示剂指示终点，测定 NaOH 和 HCl 溶液的体积比。

三、仪器与试剂

仪器：50mL 酸、碱式滴定管，250mL 锥形瓶，烧杯，10mL 和 100mL 量筒，500mL 试剂瓶和塑料瓶，托盘天平。

试剂：NaOH(AR)、浓 HCl(AR)、0.1%酚酞乙醇溶液、0.1%甲基橙水溶液。

四、实验步骤

1. 配制 1000mL0.1mol・L^{-1}NaOH 溶液

先计算配制 1000mL0.1mol・L^{-1}NaOH 溶液需用固体 NaOH 多少克。在托盘天平上称取计算量的固体 NaOH，置于烧杯中，用少量蒸馏水溶解，再加蒸馏水稀释至 1000mL。倒入塑料瓶中，密塞摇匀，贴上标签。

2. 配制 1000mL0.1mol・L^{-1}HCl 溶液

计算配制 1000mL0.1mol・L^{-1} 盐酸溶液需用盐酸（密度为 1.19g・mL^{-1}，浓度为 12mol・L^{-1}）的体积，在通风橱中用量筒量取该体积的浓盐酸，再用蒸馏水稀释至

1000mL，盖上玻璃塞，摇匀，贴上标签。

新配制的溶液要立即贴上标签，标签上注明试剂名称、浓度、配制日期和标定者。如下。

NaOH 标准溶液		
浓度	标定日期	标定者

3. 酸（碱）式滴定管的准备

洗净酸、碱滴定管各一支，涂油、试漏等。

酸式（或碱式）滴定管各用0.1mol・L^{-1}的 HCl 溶液（NaOH 溶液）洗涤 3 次（每次约 10mL 左右），再分别装入 0.1mol・L^{-1} HCl（或 0.1mol・L^{-1} NaOH）溶液到刻度“零”线以上，排除滴定管下端的气泡，调节溶液的弯月面下缘与刻度“0.00”mL 线相切即为起点。

4. 滴定练习

（1）酚酞作指示剂　用 0.1mol・L^{-1} NaOH 溶液滴定 0.1mol・L^{-1} HCl 溶液。

从酸式滴定管准确放出 20.00mL HCl 溶液于 250mL 锥形瓶中。放溶液时，滴定管口下端伸入瓶口约 2cm 处，右手拿锥形瓶颈，左手控制滴定管旋塞。向瓶内加 2 滴 0.1%酚酞指示剂。用 0.1mol・L^{-1} NaOH 溶液进行滴定，滴定时左手控制玻璃珠部位的胶皮管，右手拿锥形瓶颈，向瓶内滴加 NaOH 溶液，手腕放轻，边滴定边摇锥形瓶。注意滴落点周围溶液颜色的变化。若滴落点周围出现暂时性的颜色变化（呈粉红色）时，应一滴一滴放出 NaOH 溶液，随后颜色消失减慢，表示离终点越来越近，此时要更缓慢地滴加，接近终点时颜色扩散到整个溶液，摇动 1～2 次后才消失，此时再加一滴，摇几下，最后加入半滴溶液（可用锥形瓶内壁接触滴定管口挂的半滴溶液，使它沿瓶壁流入锥形瓶中，再用洗瓶吹洗，摇动锥形瓶）。如此重复操作直到溶液由无色突然变为粉红色，并在半分钟内不消失为止。记下所消耗的 NaOH 溶液体积，然后再滴加半滴 NaOH 溶液，若溶液的红色加深，即表示上面的终点判断正确。

本实验要求学会判断终点和准确读数，故达到终点时，继续在此锥形瓶中加入 2.00mL HCl溶液，这时红色褪去，按上述方法再用 NaOH 溶液滴定到终点，记下 NaOH 溶液的体积，如此反复、多次练习，直到连续三次体积比 V_{HCl}/V_{NaOH} 的相对平均偏差不超过 0.2%为止。

（2）甲基橙作指示剂　与上面实验相类似，在锥形瓶中加入 20.00mL0.1mol・L^{-1} NaOH 溶液，加 1 滴甲基橙指示剂，用 0.1mol・L^{-1} HCl 溶液滴定至溶液由黄色变为橙色，记录所消耗的 HCl 溶液的体积。继续在此锥形瓶中加 2.00mL NaOH 溶液，再用 0.1mol・L^{-1} HCl 溶液滴定，记下 HCl 溶液的体积，如此反复多次练习，直到连续三次体积比 V_{HCl}/V_{NaOH} 的相对平均偏差不超过 0.2%为止。

滴定结束后，把滴定管中的剩余溶液倒出，用水充分冲洗干净后，装满蒸馏水，用小试管套在管口上，以保持滴定管洁净。

五、思考题

1. 为什么 HCl 和 NaOH 标准溶液不用直接法配制？用间接法配制时所用蒸馏水的体积是否要准确量取？配制后它们的准确浓度怎样知道？

2. 上述实验中，采用两种不同的指示剂，滴定的结果是否相同？为什么？

3. 用 HCl 溶液滴定 NaOH 溶液是否可用酚酞指示剂?

实验七　酸碱标准溶液的标定

一、实验目的

1. 学习掌握标准溶液的标定方法。
2. 练习滴定操作技术。

二、实验原理

氢氧化钠和盐酸标准溶液均不能用直接法配制，只能采用间接法。配制的酸、碱标准溶液的浓度还必须用“基准物”来标定，从而求得它们的标准浓度。为标定 NaOH 溶液的浓度，可选用邻苯二甲酸氢钾（$KHC_8H_4O_4$，可缩写为 KHP），$M_{KHP}=204.16$。KHP 的纯度高，稳定，不吸水且具有较大的摩尔质量，是较理想的基准试剂。进行滴定时，可选用酚酞作指示剂。标定反应为：

$$KHP+NaOH \xlongequal{} KNaP+H_2O$$

标定酸的基准物常用硼砂（或无水碳酸钠）。用硼砂标定 HCl 的反应如下：

$$Na_2B_4O_7 \cdot 10H_2O+2HCl \xlongequal{} 2NaCl+4H_3BO_3+5H_2O$$

若用标定好的 NaOH 标准溶液滴定盐酸溶液，也可求出盐酸溶液的标准浓度。一般情况下只要标定出酸、碱溶液中任何一方，就可以根据它们之间的体积比计算另一种溶液的标准浓度。

三、仪器与试剂

仪器：分析天平，50mL 酸式、碱式滴定管，250mL 锥形瓶，称量瓶，50mL 量筒，托盘天平（公用），水浴锅。

试剂：浓 HCl(AR)、NaOH(AR)、邻苯二甲酸氢钾（基准试剂）、1%酚酞乙醇溶液。

四、实验步骤

1. $0.1mol \cdot L^{-1}$ NaOH 溶液的标定

在分析天平上准确称取两份 KHP，每份重约 0.4～0.6g，分别置于已编号的 250mL 锥形瓶中，各加入约 25mL 蒸馏水，温热使之溶解，冷却。取其中一份，加 2 滴 0.1%酚酞指示剂，用待标定的 NaOH 溶液滴定至呈微红色，30s 不褪色即为终点。记录消耗 NaOH 溶液的体积。用同样方法滴定第二份 KHP 溶液。

滴定结束后，把滴定管中剩余的溶液放出，用水充分洗净后装满蒸馏水，用一小试管套在管口上，以保持滴定管的洁净。

根据 KHP 的质量（W）和所用 NaOH 标准溶液的体积（V_{NaOH}）及 KHP 的摩尔质量（M_{KHP}），按下式计算 NaOH 标准溶液的浓度（c_{NaOH}）：

$$c_{NaOH}V_{NaOH}=\frac{W_{KHP}}{M_{KHP}}\times 1000$$

$$c_{NaOH}=\frac{W_{KHP}\times 1000}{M_{KHP}V_{NaOH}}$$

2. 酸、碱溶液的相互滴定

由酸式滴定管准确放出 HCl 溶液 25.00mL 于 250mL 锥形瓶中，加 2 滴 0.1%酚酞指示剂，再由碱式滴定管滴入 NaOH 溶液，同时不停地摇动锥形瓶，直至加入半滴 NaOH 溶液，锥形瓶中的溶液由无色变为粉红色，在半分钟内不褪色为止。记录消耗碱溶液的体积（mL）。通过三次平行滴定计算平均结果，要求相对平均偏差小于 0.2%，并求出酸、碱溶液的体积比 V_{HCl}/V_{NaOH}。根据上述已标定的 NaOH 溶液的浓度，便可计算出 HCl 溶液浓度。

五、思考题

1. 在溶解试样或稀释试样溶液时，对加水量有何要求，是否可无限量地加入？

2. 用 KHP 标定 NaOH 溶液时，为什么选用酚酞作指示剂，而不用甲基橙作指示剂？

实验八　食醋中总酸量的测定

一、实验目的

1. 掌握食醋中总酸量的测定方法。

2. 掌握容量瓶、移液管的准备和使用方法。

二、实验原理

食醋的主要成分是醋酸，此外还含有少量其他的弱酸如乳酸等，以酚酞作指示剂，用 NaOH 标准溶液滴定，可测出酸的总量，其反应为：

$$NaOH + HAc = NaAc + H_2O$$

食醋与碱的反应近似地认为醋酸与碱的反应。

食醋中醋酸的含量一般为 3%～5%，浓度较大，滴定前要适当稀释，同时也使食醋本身颜色变浅，便于观察终点颜色的变化。

CO_2 的存在干扰测定，因此，稀释食醋试样用的蒸馏水必须经煮沸并冷却。

三、仪器与试剂

仪器：50mL 碱式滴定管，250mL 容量瓶，250mL 锥形瓶，10mL 和 25mL 移液管。

试剂：食醋试样、0.1mol·L^{-1}NaOH 标准溶液、0.1%酚酞乙醇溶液。

四、实验步骤

用移液管准确移取 10.00mL 食醋试液于 250mL 容量瓶中，用新煮沸并冷却的蒸馏水稀释至刻度，摇匀。

用移液管准确移取 25.00mL 上述已稀释的试液于 250mL 锥形瓶中，加入约 80mL 不含二氧化碳的蒸馏水及 2 滴 0.1%酚酞指示剂，用 NaOH 标准溶液滴定至终点。如果稀释后的食醋呈浅黄色且浑浊，则终点颜色略暗。

平行测定三份。计算食醋的总酸量，用每 100mL 食醋中含 HAc 的质量（g）表示。

五、结果结算

$$W_{HAc} = \frac{(cV)_{NaOH} \times \frac{M_{HAc}}{1000}}{10 \times \frac{25}{250}} \times 100$$

六、思考题

1. 由 NaOH 标准溶液测定食醋的总酸量时，选用酚酞作指示剂的依据是什么？

2. 测定醋酸含量时，所用的蒸馏水不能含二氧化碳，为什么？NaOH 标准溶液能否含有二氧化碳，为什么？

3. 用 NaOH 标准溶液滴定稀释后的食醋试液以前，还要加入较大量的不含二氧化碳的蒸馏水，为什么？

实验九　混合碱的测定（双指示剂法）

一、实验目的

1. 了解双指示剂法测定混合碱液中 NaOH 和 Na_2CO_3 或 Na_2CO_3 与 $NaHCO_3$ 含量的

原理。

2. 了解双指示剂的特点和使用方法。

二、实验原理

混合碱是 Na_2CO_3 与 NaOH 或 Na_2CO_3 与 $NaHCO_3$ 的混合物。欲测定同一份试样中各组分的含量，可用 HCl 标准溶液滴定，根据滴定过程中 pH 变化的情况，选用两种不同的指示剂分别指示第一、第二化学计量点的到达，即常称为“双指示剂法”。此法简便、快速，在生产实际中应用广泛。

在混合碱试液中加入酚酞指示剂，此时呈现红色。用盐酸标准溶液滴定时，滴定溶液由红色恰变为无色，则试液中所含 NaOH 完全被中和，所含 Na_2CO_3 被中和一半，反应式如下。

$$NaOH + HCl \xlongequal{\text{酚酞}} NaCl + H_2O$$

$$Na_2CO_3 + HCl \xlongequal{\text{酚酞}} NaCl + NaHCO_3$$

设称取固体试样质量为 m(g)，滴定体积为 V_1(mL)，再加入甲基橙指示剂（变色 pH 范围为 3.1～4.4），继续用盐酸标准溶液滴定，使溶液由黄色转变为橙色即为终点。设此时所消耗盐酸溶液的体积为 V_2(mL)，反应式为：

$$NaHCO_3 + HCl \xlongequal{\text{甲基橙}} NaCl + CO_2\uparrow + H_2O$$

根据 V_1、V_2 分析混合碱的成分和计算相应的含量。

当 $V_1 > V_2$ 时，试样为 Na_2CO_3 与 NaOH 的混合物。中和 Na_2CO_3 所需 HCl 是由两次滴定加入的，两次用量应该相等，而中和 NaOH 时所消耗的 HCl 量应为 $V_1 - V_2$，故计算 NaOH 和 Na_2CO_3 组分的含量应为：

$$w(NaOH) = \frac{(V_1 - V_2)c_{HCl}M_{NaOH}}{m}$$

$$w(Na_2CO_3) = \frac{2V_2c_{HCl} \times \frac{1}{2}M_{Na_2CO_3}}{m}$$

将 w 乘 100%即为百分含量。

当 $V_1 < V_2$ 时，试样为 Na_2CO_3 与 $NaHCO_3$ 的混合物，此时 V_1 为中和 Na_2CO_3 至 $NaHCO_3$ 时所消耗的 HCl 溶液体积，故 Na_2CO_3 所消耗 HCl 溶液体积为 $2V_1$，中和 $NaHCO_3$ 所用 HCl 的量应为 $V_2 - V_1$，计算式为：

$$w(Na_2CO_3) = \frac{2V_1c_{HCl} \times \frac{1}{2}M_{Na_2CO_3}}{m}$$

$$w(NaHCO_3) = \frac{(V_2 - V_1)c_{HCl}M_{NaHCO_3}}{m}$$

将 w 乘 100%即为百分含量。

三、仪器与试剂

仪器：酸式滴定管、容量瓶、锥形瓶、移液管等。

试剂：Na_2CO_3(AR)、HCl(AR)、0.2%甲基橙指示剂、酚酞指示剂。

四、实验步骤

1. 0.1mol・L^{-1} HCl 溶液的标定

用称量瓶准确称取 0.15～0.20g 无水 Na_2CO_3 3 份，分别倒入 250mL 锥形瓶中。然后加入 20～30mL 水使之溶解，加入 0.2%甲基橙指示剂 1～2 滴，用待标定的 HCl 溶液滴定至溶液由黄色恰变为橙色，即为终点。

2. 混合碱的分析

准确称取试样 2.0～2.5g 于 100mL 烧杯中，加水使之溶解后，定量转入 100mL 容量瓶中，用水稀释至刻度，充分摇匀。

平行移取试液 25.00mL 3 份于 250mL 锥形瓶中，加酚酞 2～3 滴，用盐酸溶液滴定溶液由红色恰好褪至无色，记下所消耗 HCl 标液的体积 V_1，再加入甲基橙指示剂 1～2 滴，继续用盐酸溶液滴定溶液由黄色恰变为橙色，消耗 HCl 的体积记为 V_2。然后按原理部分所述公式计算混合碱中各组分的浓度（$mol \cdot L^{-1}$）和含量。

五、思考题

欲测定混合碱中总碱度，应选用何种指示剂？

实验十　水的总硬度的测定

一、实验目的

1. 掌握 EDTA 标准溶液的配制和标定方法。
2. 掌握水的总硬度测定的基本原理、方法和计算。
3. 通过水的总硬度的测定，了解金属指示剂的应用条件和终点颜色的变化。

二、实验原理

Ca^{2+}、Mg^{2+} 是自来水中的主要金属离子（还含有少量的 Fe^{3+}、Al^{3+}、Cu^{2+}），通常以钙镁含量来表示水的硬度。水硬度可分为总硬度和钙镁硬度两种，前者是测定钙镁总量，以 CaO 含量表示，后者是分别测定钙和镁的含量。世界各国有不同表示水硬度的方法，我国以含 Ca^{2+}、Mg^{2+} 量折合成 CaO 的量来表示水的硬度。如 1L 含有 10mg 的 CaO 时，则该水的硬度即为 1°，$1° = 10mg \cdot L^{-1}$ CaO。一般自来水的硬度小于 25°。测定水的总硬度一般采用配位滴定法。

EDTA 分子中含有氨基氮和羧基氧配位原子，几乎能与所有金属离子形成配合物。由于 EDTA 难溶于水，常用易溶于水的乙二胺四乙酸的二钠盐（也称 EDTA，用 $Na_2H_2Y \cdot 2H_2O$ 表示）代替。EDTA 标准溶液通常采用间接法配制，浓度为 $0.01 \sim 0.05 mol \cdot L^{-1}$。

标定 EDTA 溶液的基准试剂有金属锌、铜、铅或 ZnO、$CaCO_3$、$MgSO_4 \cdot 7H_2O$ 等。由于金属锌纯度高，达 99.99%以上，且在空气中稳定，容易保存，当 pH＝4～12，Zn^{2+} 均能与 EDTA 定量配位。实验室常用金属锌作基准试剂，铬黑 T 为指示剂进行标定。

用 EDTA 测定水的硬度是一个准确而又快速的方法。在 pH＝10 的缓冲溶液中，以铬黑 T 为指示剂，用 EDTA 标准溶液直接滴定水中的 Ca^{2+} 和 Mg^{2+}。

在 pH＝10 时，Ca^{2+} 和 Mg^{2+} 与 EDTA 生成无色配合物，铬黑 T 则与 Ca^{2+}、Mg^{2+} 生成鲜红色配合物，从它们的配合物和 $\lg K_{稳}$ 值来看，$\lg K_{CaIn^-} < \lg K_{MgIn^-}$，当溶液中加入铬黑 T 指示剂时，铬黑 T 先于 Mg^{2+} 配合生成 $MgIn^-$，溶液呈鲜红色，反应如下：

$$\underset{}{Mg^{2+}} + \underset{(蓝色)}{HIn^{2-}} = \underset{(鲜红色)}{MgIn^-} + H^+$$

由于 $\lg K_{CaY^{2-}} > \lg K_{MgY^{2-}}$，当用 EDTA 滴定时，EDTA 首先和溶液中的 Ca^{2+} 配合，然后再与 Mg^{2+} 配合，反应如下：

$$Ca^{2+} + H_2Y^{2-} = CaY^{2-} + 2H^+$$

$$Mg^{2+} + H_2Y^{2-} = MgY^{2-} + 2H^+$$

由于 $\lg K_{MgY^{2-}} > \lg K_{MgIn^-}$，稍过量的 EDTA 将夺取 $MgIn^-$ 中的 Mg^{2+}，使指示剂释

放出来，显示指示剂的纯蓝色，从而指示滴定终点的到达。反应如下：

$$MgIn^{-} + H_2Y^{2-} \longrightarrow MgY^{2-} + HIn^{2-} + H^{+}$$

如果水中含有微量的 Fe^{3+}、Al^{3+} 等，可用三乙醇胺加以掩蔽。

三、仪器与试剂

仪器：50mL、25mL 酸式滴定管，100mL、250mL 容量瓶，250mL 锥形瓶，10mL、50mL 移液管，150mL、400mL 烧杯，称量瓶，10mL、100mL 量筒，500mL 塑料瓶，分析天平。

试剂：基准试剂纯锌、$Na_2H_2Y \cdot 2H_2O$（固体）、1∶2HCl、1∶1$NH_3 \cdot H_2O$、NH_3-NH_4Cl 缓冲溶液（pH=10）、铬黑 T、10%KOH 溶液、20%三乙醇胺。

四、实验步骤

1. 0.02mol·L^{-1}EDTA 溶液的配制

计算配制 500mL 0.02mol·L^{-1} EDTA 溶液所需的 EDTA 二钠盐（$Na_2H_2Y \cdot 2H_2O$，摩尔质量 372.2g·mol^{-1}）的质量。按量称取倒入 400mL 烧杯中，加入 300mL 蒸馏水，加热溶解，待溶液冷却后转移至塑料瓶中，稀释至约 500mL，充分摇匀。

EDTA 溶液若贮存在软质玻璃器中，EDTA 将与玻璃中的 Ca^{2+}、Mg^{2+} 等作用，使 EDTA 的浓度不断减低。因此，应贮存在硬质玻璃瓶或聚乙烯塑料瓶中。

2. 用金属 Zn 标定 EDTA 溶液

(1) 0.02mol·$L^{-1}$$Zn^{2+}$ 标准溶液的配制　准确称取配制 100mL 0.02mol·$L^{-1}$$Zn^{2+}$ 标准溶液所需的金属锌。放入 150mL 烧杯中，盖上表面皿，沿着烧杯嘴逐滴加入约 5～6mL 1∶2 HCl（HCl 不宜过多），可在水浴上温热使其完全溶解，以少量蒸馏水冲洗表面皿，冷后，定量转移至 100mL 容量瓶中，加水稀释到刻度、摇匀。

(2) EDTA 溶液的标定　用移液管准确移取 10.00mL Zn^{2+} 标准溶液于 250mL 锥形瓶中，用约 20mL 蒸馏水稀释，逐滴加入 1∶1 氨水至刚出现浑浊，再加入 10mL NH_3-NH_4Cl 缓冲溶液和两滴铬黑 T 指示剂，用待标定的 EDTA 溶液滴定至溶液由红色变成纯蓝色，记下消耗的 EDTA 的体积 V_{EDTA}。

重复测定两次，计算 EDTA 溶液的浓度，取其平均值。

3. 水的总硬度的测定

用移液管准确移取水样 50.00mL 于 250mL 锥形瓶中，加入 5mL pH=10 的 NH_3-NH_4Cl 缓冲溶液，加入 3mL 20%三乙醇胺、1～2 滴铬黑 T 指示剂，用 0.02mol·L^{-1} EDTA 标准溶液滴定至溶液由红色变成纯蓝色，即为终点。记下消耗 EDTA 的体积（V_1）。平行测定两份。计算水的总硬度。

五、结果计算

$$c_{EDTA} = \frac{W_{Zn} \times \frac{10}{100}}{\frac{M_{Zn}}{1000} V_{EDTA}} = \frac{100 W_{Zn}}{M_{Zn} V_{EDTA}}$$

$$\text{总硬度} = \frac{(cV)_{EDTA} M_{CaO}}{V_{水}} (mg \cdot L^{-1})$$

六、思考题

1. 试拟出用基准试剂 $CaCO_3$ 标定 EDTA 溶液的步骤。

2. 能否用 EDTA 标准溶液分别滴定混合液中 Ca^{2+} 和 Mg^{2+} 的含量，为什么？

实验十一　铅、铋混合溶液中铅、铋含量的连续测定

一、实验目的

1. 了解用控制酸度法进行铋和铅的连续配位滴定原理。

2. 了解二甲酚橙指示剂的作用原理和使用条件。

3. 掌握铋和铅的连续配位滴定的分析方法。

二、实验原理

混合离子的滴定常采用控制酸度法、掩蔽法进行，可根据副反应系数原理进行计算，论证它们能否被分别滴定的可能性。

Pb^{2+}、Bi^{3+}均能与 EDTA 形成稳定的 1∶1 配合物，$\lg K_{MY}^{\ominus}$值分别为 18.04 和 27.94。由于两者的$\lg K_{MY}^{\ominus}$值相差很大，$\Delta pK_{MY}^{\ominus}=9.90>6$。故可利用酸效应，用控制酸度的方法在一份溶液中连续滴定 Bi^{3+} 和 Pb^{2+}。在测定中，均以二甲酚橙（XO）作指示剂，XO 在 pH<6.3 时呈黄色，在 pH>6.3 时呈红色；而它与 Bi^{3+}、Pb^{2+} 所形成的络合物呈紫红色，它们的稳定性与 Bi^{3+}、Pb^{2+} 和 EDTA 所形成的络合物相比要低；而 $K_{MY}^{\ominus}$（Bi-XO）$>K_{MY}^{\ominus}$（Pb-XO）。通常在 pH≈1 时滴定 Bi^{3+}，在 pH≈5～6 时滴定 Pb^{2+}。

在 Pb^{2+}、Bi^{3+} 混合溶液中，首先调节溶液的 pH≈1，以二甲酚橙为指示剂，用 EDTA 标准溶液滴定 Bi^{3+}。此时 Bi^{3+} 与指示剂形成紫红色配合物（Pb^{2+} 在此条件下不形成紫红色配合物），然后用 EDTA 标准溶液滴定 Bi^{3+}，至溶液由紫红色变为亮黄色，即为滴定 Bi^{3+} 的终点。

在滴定 Bi^{3+} 的溶液中，加入六次甲基四胺溶液，调节溶液 pH≈5～6，此时 Pb^{2+} 与二甲酚橙形成紫红色配合物，溶液再次呈现紫红色，然后用 EDTA 标准溶液继续滴定，至溶液由紫红色变为亮黄色时，即为滴定 Pb^{2+} 的终点。反应如下。

pH=1.0 时：

滴定前 $XO+Bi^{3+} \xlongequal{} Bi\text{-}XO$
（紫红色）

滴定时 $EDTA+Bi^{3+} \xlongequal{} Bi\text{-}EDTA$
（无色）

终点时 $EDTA+Bi^{3+}\text{-}XO^{+} \xlongequal{} Bi\text{-}EDTA+XO$
（紫红色）　　　（黄色）

pH=5～6 时：

滴定前 $XO+Pb^{2+} \xlongequal{} Pb\text{-}XO$
（紫红色）

滴定时 $EDTA+Pb^{2+} \xlongequal{} Pb\text{-}EDTA$
（无色）

终点时 $EDTA+Pb^{2+}\text{-}XO \xlongequal{} Pb\text{-}EDTA+XO$
（紫红色）　　　（黄色）

Pb^{2+}、Bi^{3+} 与 EDTA 反应完全时的化学计量关系为：

$$n_{Pb^{2+}}=n_{EDTA} \qquad n_{Bi^{3+}}=n_{EDTA}$$

Pb^{2+}、Bi^{3+} 混合溶液中 Pb^{2+}、Bi^{3+} 离子含量的计算公式为：

$$c_{Bi^{3+}}=\frac{c_{EDTA} \cdot V_1 \cdot M_{Bi}}{V_{试样}}$$

$$c_{Pb^{2+}}=\frac{c_{EDTA}\cdot V_2\cdot M_{Pb}}{V_{试样}}$$

三、仪器与试剂

仪器：酸式滴定管（50 mL），移液管（25 mL），容量瓶（250 mL），锥形瓶（250 mL），烧杯（100 mL），洗耳球，滴定台等。

试剂：EDTA 标准溶液（0.01mol·L^{-1}，学生已配制并标定），六次甲基四胺溶液（20%）、二甲酚橙指示剂（0.2%），Pb^{2+}、Bi^{3+}混合溶液［用 Bi（NO_3）$_3$、Pb（NO_3）$_2$和浓 HNO_3配制，使混合溶液中 Pb^{2+}、Bi^{3+}浓度均约为 0.1 mol·L^{-1}，c_{H^+} =1.0 mol·L^{-1}］。

四、实验步骤

1. 试样稀释溶液的制备

用公用移液管移取 25.00 mL Bi^{3+}、Pb^{2+}混合液于 250 mL 容量瓶中，加水稀释至标线，充分摇匀。

2. Pb^{2+}、Bi^{3+}混合溶液的连续测定

移取 3 份 25.00 mL 试样稀释溶液于 250 mL 锥形瓶中，加入 2 滴二甲酚橙指示剂，用 EDTA 标准溶液滴定由紫红色突然变为亮黄色，即为终点，记录 EDTA 消耗体积 V_1。补加 1～2 滴二甲酚橙指示剂，然后滴加六次甲基四胺溶液至溶液呈稳定的紫红色，再过量 3 mL，继续用 EDTA 标准溶液滴定至溶液呈亮黄色为终点，记录 EDTA 消耗体积 $V_{总}$，$V_2=V_{总}-V_1$。平行测定 3 次。

3. 提示与备注

① 指示剂一定不要加多，否则颜色深，终点判断困难。

② 近终点时要摇动锥形瓶，防滴过，边滴边摇。

③ 第一个终点不易读准。由紫红色变为橙红后，改为半滴加入，变为亮黄色为 V_1，V_1 会影响 V_2。

五、思考题

1. 滴定 Bi^{3+}时要控制溶液 pH=1，酸度过低或过高对测定结果有何影响？实验中是如何控制这个酸度的？

2. 滴定 Pb^{2+}以前要调节 pH=5，为什么用六次甲基四胺而不用强碱或氨水、乙酸钠等弱碱？

3. 能否在同一份试样溶液中先滴定 Pb^{2+}再滴定 Bi^{3+}？

实验十二　“胃舒平”药片中主要成分的定性鉴定及定量测定

一、实验目的

1. 了解成品药剂中组分含量测定的前处理方法。

2. 了解掌握组分的定性鉴定方法。

3. 熟练掌握配位滴定中的返滴定法。

二、实验原理

“胃舒平”药片的主要成分为 $Al(OH)_3$、三硅酸镁（$Mg_2Si_3O_8\cdot 5H_2O$）及少量中药颠茄流浸膏，此外，药片成型时还加入了糊精（淀粉）等辅料。

1. 定性鉴定

药片用酸溶解后，分离去不溶物质，制成试液。此试液主要含有 Al^{3+}、Mg^{2+}以及淀粉。

Al^{3+}：加入 NaOH 溶液，pH＝5～6 时，形成 $Al(OH)_3$ 沉淀，继续滴加，则沉淀溶解，反应过程可示意为：$Al(OH)_3 \rightarrow Al^{3+} \rightarrow Al(OH)_3 \rightarrow AlO_2^-$。

Mg^{2+}：取 2 滴试液于点滴板上，加 2 滴镁试剂Ⅰ（对硝基苯偶氮间苯二酚），再用 NaOH 溶液碱化，溶液变蓝示有 Mg^{2+}。

淀粉：遇碘液变成蓝色，确定有淀粉。

2. 定量测定（Al^{3+}、Mg^{2+}）

药片中铝和镁含量可用配位滴定法测定，其他成分不干扰测定。药片溶解后，分离去不溶物质，制成试液。取部分试液准确加入已知过量的 EDTA，并调节溶液 pH 为 3～4，煮沸使 EDTA 与 Al^{3+} 反应完全。冷却后再调节 pH 为 5～6，以二甲酚橙为指示剂，用锌标准溶液返滴过量的 EDTA，即可测出铝含量。

另取试液调节 pH 值，使铝沉淀并予以分离后，于 pH＝10 的条件下，以铬黑 T 为指示剂，用 EDTA 溶液滴定滤液中的镁，测得镁含量。

三、仪器与试剂

仪器：酸式滴定管（50mL）、滴管、试管、酒精灯、研钵、点滴板、容量瓶、锥形瓶、吸量管、分析天平等。

试剂：$6mol \cdot L^{-1}$ NaOH 溶液、镁试剂、碘液（I_2＋KI）、$0.02mol \cdot L^{-1}$ 锌标准溶液、$0.02mol \cdot L^{-1}$ EDTA 标准溶液、20％六亚甲基四胺、1∶1HCl、1∶2 三乙醇胺、1∶1 氨水、NH_4Cl（固体），甲基红（0.2％乙醇溶液）、0.2％二甲酚橙、铬黑 T 指示剂、氨水-氯化铵缓冲溶液（pH＝10）。

四、实验步骤

在研钵里把 30 片胃舒平药片磨成细粉，将该细粉分为 2 份，一份用于定性鉴定，另一份用于定量测定 Al^{3+}、Mg^{2+}。

1. 定性鉴定

（1）取少量粉末于试管中，加入 4mL 水，加热煮沸，冷至室温后，向试管中滴加碘液，观察有什么现象。

（2）大约取粉末 1.5g 左右，加入 HCl(1∶1) 10～15mL，振荡，使粉末大部分溶解，然后过滤，得到滤液，将滤液分装在 2 支试管。在其中 1 支试管里逐滴加入 NaOH 溶液，并不断用 pH 试纸测量 pH 值，出现沉淀时，pH 为多少？继续滴加 NaOH 溶液并振荡，有什么现象？写出反应方程式。

（3）将另一支加热、浓缩，取 2 滴浓缩液于点滴板上，加 2 滴镁试剂Ⅰ（对硝基苯偶氮间苯二酚），再用 NaOH 溶液碱化，仔细观察有什么现象？说明什么？

2. 定量测定

（1）样品的前处理　准确称出药粉 1.0g 左右，加入 HCl(1∶1) 10mL，加水至 50mL，煮沸。冷却后过滤，并用水洗涤沉淀。收集滤液及洗涤液于 100mL 容量瓶中，用水稀释至标线，摇匀，制成试液。

（2）铝的测定　准确移取上述试液 5.00mL 于 250mL 锥形瓶中，加水至 25mL 左右。准确加入 $0.02mol \cdot L^{-1}$ EDTA 溶液 30mL，摇匀。加入二甲酚橙指示剂 2 滴，滴加氨水(1∶1)至溶液恰呈紫红色，然后滴加 HCl(1∶1) 2 滴。将溶液煮沸 3min 左右，冷却。再加入 20％六亚甲基四胺溶液 10mL，使溶液 pH 为 5～6。再加入二甲酚橙指示剂 2 滴，用锌标准溶液滴定至黄色突变为红色。根据 EDTA 加入量与锌标准溶液滴定体积计算铝含量，以 $w_{Al_2O_3}$,％表示。

（3）镁的测定　另取试液 10mL 于 100mL 烧杯中，滴加氨水（1∶1）至刚出现沉淀，再加入 HCl（1∶1）至沉淀恰好溶解。加入固体 NH_4Cl 0.8g，溶解后，滴加 20%六亚甲基四胺至沉淀出现并过量 6mL。加热至 80℃并维持此温度 10～15min。冷却后过滤，以少量水洗涤沉淀 3 次。收集滤液及洗涤液于 250mL 锥形瓶中，加入三乙醇胺 4mL、氨水-氯化铵缓冲溶液 4mL 及甲基红指示剂 1 滴、铬黑 T 指示剂少许，用 EDTA 溶液滴定至溶液由暗红色转变为蓝绿色。计算镁含量，以 w_{MgO}，%表示。

五、思考题

1. 能否用 EDTA 标准溶液直接滴定铝？

2. 在分离铝后的滤液中测定镁，为什么要加入三乙醇胺溶液？

六、说明

1. 胃舒平药片中各组分含量可能不十分均匀，为使测定结果具有代表性，本实验应多一些样品，研细混匀后再取部分进行分析。

2. 以六亚甲基四胺溶液调节 pH 值以分离铝，其结果比用氨水好，因为这样可以减少 $Al(OH)_3$ 沉淀对 Mg^{2+} 的吸附。

3. 测定镁时，加入甲基红 1 滴，会使终点更为灵敏。

实验十三　$KMnO_4$ 标准溶液的配制和标定

一、实验目的

1. 掌握 $KMnO_4$ 标准溶液的配制和标定方法。

2. 了解 Mn^{2+} 对氧化还原反应的催化作用。

3. 了解自身指示剂确定滴定终点的颜色变化。

二、实验原理

$KMnO_4$ 是氧化还原滴定法中常用的氧化剂。由于市售的高锰酸钾中常含有二氧化锰、硫酸盐、硝酸盐等杂质，稳定性差，所以 $KMnO_4$ 标准溶液应使用基准物标定。

标定 $KMnO_4$ 标准溶液可用 $Na_2C_2O_4$ 作基准物，在酸性溶液中发生如下反应：

$$2MnO_4^- + 5C_2O_4^{2-} + 16H^+ \xrightarrow[\triangle]{\text{催化剂}} 2Mn^{2+} + 10CO_2\uparrow + 8H_2O$$

化学计量点后，稍过量的 $KMnO_4$ 使溶液呈淡红色，以指示终点。$KMnO_4$ 标准溶液的浓度可根据下式计算：

$$c_{KMnO_4} = \frac{\frac{2}{5}W_{Na_2C_2O_4}}{M_{Na_2C_2O_4}V_{KMnO_4}} \times 1000$$

三、仪器与试剂

仪器：烧杯、玻璃砂芯漏斗、吸滤瓶、锥形瓶、棕色酸式滴定管、称量瓶、温度计、电炉、水浴锅、分析天平、抽气泵。

试剂：固体 $KMnO_4$(AR)、基准 $Na_2C_2O_4$(AR)、3mol·L^{-1} H_2SO_4 溶液。

四、实验步骤

1. $KMnO_4$ 标准溶液的配制

称取固体 $KMnO_4$ 0.8g，放入 100mL 烧杯中，以少量蒸馏水溶解，溶解部分转入 500mL 烧杯中，待全部溶解后，用蒸馏水稀释至 250mL。加热并保持微沸 20～30min（随时加水以补充蒸发损失），冷却后于暗处放置 7～10 天，然后用玻璃砂芯漏斗过滤，除去 MnO_2 等杂质，滤液用棕色试剂瓶保存。若将 $KMnO_4$ 溶液煮沸并在水浴上保温 1h，冷却后过滤，不必放置就可标定其浓度。

2. 标定

准确称取3份在105～110℃下烘至恒重的基准$Na_2C_2O_4$ 0.14～0.16g，放入250mL锥形瓶中，加蒸馏水50mL使之溶解。加入10mL 3mol·L^{-1} H_2SO_4后加热至75～85℃，趁热用$KMnO_4$溶液滴定。滴定速度要慢，待前一滴溶液褪色后再加入第二滴，至溶液呈淡红色并保持半分钟不褪即为终点。

五、思考题

1. 用$Na_2C_2O_4$标定$KMnO_4$溶液时，为什么要将$Na_2C_2O_4$溶液加热后再滴定？

2. 为什么要将$KMnO_4$溶液煮沸、过滤后再标定？

实验十四　双氧水含量的测定

一、实验目的

掌握用$KMnO_4$标准溶液测定H_2O_2的方法。

二、实验原理

在酸性溶液中，$KMnO_4$将H_2O_2氧化为氧气，自身被还原为Mn^{2+}，反应如下：

$$2MnO_4^- + 5H_2O_2 + 6H^+ = 2Mn^{2+} + 5O_2\uparrow + 8H_2O$$

滴定至溶液呈淡红色并保持半分钟不褪色即为终点。H_2O_2的含量按下式计算。

$$c_{H_2O_2}(g\cdot L^{-1}) = \frac{c_{KMnO_4}V_{KMnO_4}M_{H_2O_2}}{V}\times\frac{5}{2}$$

三、仪器与试剂

仪器：250mL容量瓶、250mL锥形瓶、50mL棕色酸式滴定管、25mL移液管、量筒。

试剂：3% H_2O_2、0.02mol·L^{-1} $KMnO_4$标准溶液、1mol·L^{-1} $MnSO_4$溶液、3mol·L^{-1} H_2SO_4溶液。

四、实验步骤

用移液管移取3% H_2O_2溶液25.00mL于250mL容量瓶中，加水稀释到刻度后摇匀。用移液管取前液25mL于250mL锥形瓶中，加3mol·L^{-1}的H_2SO_4溶液5mL及1mol·L^{-1}的$MnSO_4$ 2～3滴。用$KMnO_4$标准溶液滴定至溶液呈淡红色且保持半分钟不褪色即为终点。

平行测定三次。

五、思考题

1. 滴定前为什么要加入$MnSO_4$？

2. 能否将H_2O_2加热后再滴定？

实验十五　褐铁矿中铁含量的测定

一、实验目的

1. 学习用酸分解矿石试样的方法。

2. 掌握不用汞盐的重铬酸钾法测定铁的原理和方法。

3. 了解预氧化还原的目的和方法。

二、实验原理

用$K_2Cr_2O_7$溶液滴定Fe^{2+}的方法在测定合金、矿石、金属盐类及硅酸盐等的含铁量时，有很大的实用价值。

褐铁矿的主要成分是 $Fe_2O_3 \cdot xH_2O$。对铁矿来说，盐酸是很好的溶剂，溶解后生成 Fe^{3+}，必须用还原剂将它预先还原，才能用氧化剂 $K_2Cr_2O_7$ 溶液滴定。一般常用 $SnCl_2$ 做还原剂：

$$2Fe^{3+} + Sn^{2+} = 2Fe^{2+} + Sn^{4+}$$

多余的 $SnCl_2$ 用 $HgCl_2$ 予以除去：

$$SnCl_2 + 2HgCl_2 = SnCl_4 + Hg_2Cl_2 \downarrow$$

然后在酸性介质中用 $K_2Cr_2O_7$ 溶液滴定生成的 Fe^{2+}，这是测定铁的经典方法。这个方法操作简便，结果准确。但是 $HgCl_2$ 有剧毒，为了避免汞盐对环境的污染，近年来采用了各种不用汞盐的测定铁的方法。下面采用三氧化钛（$TiCl_3$）还原铁的方法。即先用 $SnCl_2$ 将大部分 Fe^{3+} 还原，以钨酸钠为指示剂，再用 $TiCl_3$ 溶液还原剩余的 Fe^{3+}，反应如下：

$$Fe^{3+} + Ti^{3+} = Fe^{2+} + Ti^{4+}$$

过量的 $TiCl_3$ 用 $K_2Cr_2O_7$ 氧化。以二苯胺酸钠为指示剂，用 $K_2Cr_2O_7$ 标准溶液滴定 Fe^{2+}。

$$6Fe^{2+} + Cr_2O_7^{2-} + 14H^+ = 6Fe^{3+} + 2Cr^{3+} + 7H_2O$$

由于滴定过程中生成黄色的 Fe^{3+}，影响终点的正确判断，故加入 H_3PO_4 使之与 Fe^{3+} 结合成无色的 $[Fe(HPO_4)_2]^-$ 配离子，这样既消除了 Fe^{3+} 的黄色影响，又减少了 Fe^{3+} 浓度，从而降低了 Fe^{3+}/Fe^{2+} 电对的电极电位，使滴定时电位突跃增大，终点判断正确，反应也更完全。

三、仪器与试剂

1. 仪器

容量瓶、烧杯、锥形瓶、量筒、酸式滴定管、托盘天平、分析天平。

2. 试剂

（1）6% $SnCl_2$ 溶液　称取 6g $SnCl_2 \cdot 2H_2O$ 溶于 20mL 盐酸中，用水稀释至 100mL。

（2）硫磷混酸　将 200mL 浓硫酸（市售）在搅拌下缓慢注入 500mL 水中，再加 300mL 浓磷酸（市售）。

（3）25%钨酸钠溶液　称取 25g Na_2WO_4 溶于适量水中（若浑浊，需过滤），加 5mL 浓磷酸，用水稀释至 100mL。

（4）1∶19$TiCl_3$ 溶液　取 15%～20% $TiCl_3$ 溶液，用 1∶9 盐酸稀释 20 倍，加一层液体石蜡加以保护。

（5）0.2%二苯胺磺酸钠溶液。

（6）浓盐酸（AR）。

（7）0.05000mol·L^{-1} $K_2Cr_2O_7$ 标准溶液　按计算量称取在 150℃烘干 1h 的 $K_2Cr_2O_7$（AR 或基准试剂），溶于水，然后移入 1L 容量瓶中，用水稀释至刻度，摇匀。

四、实验步骤

称取 0.2g 试样，置于 250mL 锥形瓶中，加 10～20mL 浓盐酸，低温加热 10～20min，滴加 $SnCl_2$ 溶液至呈浅黄色，继续加热 10～20min（此时体积约为 10L）至剩余残渣为白色或浅色时表示溶解完全。调整溶液至 150～200mL，加 15 滴 Na_2WO_4 溶液，用 $TiCl_3$ 溶液至溶液呈蓝色，再滴加 $K_2Cr_2O_7$ 标准溶液至无色（不计读数），立即加 10mL 硫磷混酸、5 滴二苯胺磺酸钠，用 $K_2Cr_2O_7$ 标准溶液滴定至呈稳定的紫色。

根据滴定结果，计算铁矿中铁的百分含量。

五、思考题

1. 先后用 $SnCl_2$ 和 $TiCl_3$ 作还原剂的目的何在？如果不慎加入了过多的 $SnCl_2$ 或 $TiCl_3$，应怎么办？

2. 加入硫磷混酸的目的何在？

实验十六 I_2 和 $Na_2S_2O_3$ 标准溶液的配制和标定

一、实验目的

1. 掌握 I_2 和 $Na_2S_2O_3$ 标准溶液的配制和标定方法。

2. 掌握碘量瓶的使用方法。

二、实验原理

在酸性溶液中，$K_2Cr_2O_7$ 与 KI 作用生成碘，以淀粉为指示剂，利用生成的 I_2 与 $Na_2S_2O_3$ 的定量反应，即可测得 $Na_2S_2O_3$ 溶液的浓度。标定反应如下：

$$K_2Cr_2O_7+6KI+14HCl \xlongequal{} 2CrCl_3+8KCl+7H_2O+3I_2$$

$$I_2+2Na_2S_2O_3 \xlongequal{} Na_2S_4O_6+2NaI$$

$Na_2S_2O_3$ 溶液的浓度按下式计算：

$$c=\frac{W_{K_2Cr_2O_7}}{V_{Na_2S_2O_3}\times\frac{M_{K_2Cr_2O_7}}{1000}}\times 6$$

I_2 溶液可用 $Na_2S_2O_3$ 标准溶液标定：

$$I_2+2S_2O_3^{2-} \xlongequal{} 2I^-+S_4O_6^{2-}$$

溶液的浓度按下式计算：

$$c=\frac{c_{Na_2S_2O_3}V_{Na_2S_2O_3}}{V_{I_2}}\times\frac{1}{2}$$

三、仪器与试剂

仪器：棕色酸式滴定器、碘量瓶、量筒、移液管、烧杯、棕色试剂瓶、锥形瓶、电炉、称量瓶、分析天平。

试剂：基准 $K_2Cr_2O_7$(AR)、$Na_2S_2O_3$(AR)、KI(AR)、I_2(AR)、Na_2CO_3(AR)、2mol・L^{-1} H_2SO_4、0.5%淀粉溶液（新配制）。

四、实验步骤

1. $Na_2S_2O_3$ 溶液的配制

称取 $Na_2S_2O_3\cdot 5H_2O$ 约 6.2g，溶于刚煮沸经冷却的蒸馏水中。加入 0.05g Na_2CO_3，稀释至 500mL，缓缓煮沸 10min，冷却后，贮于棕色试剂瓶中，置于暗处，8～10 天后再标定。

2. I_2 溶液的配制

称取 3.2g I_2 和 6g KI，放入 500mL 烧杯中，溶解后稀释至 500mL，贮于棕色试剂瓶中，置于暗处。

3. $Na_2S_2O_3$ 溶液的标定

准确称取 0.05～0.75g 于 120～130℃烘至恒重的 $K_2Cr_2O_7$，放入 250mL 碘量瓶中，加入 25～30mL 水使之溶解。加 10mL 2mol・L^{-1} H_2SO_4 溶液和 2g KI，摇匀后于暗处放置 5min，

然后加 50mL 不含 CO_2 的蒸馏水稀释，用 $Na_2S_2O_3$ 溶液滴定至溶液呈浅黄色，加 2mL 淀粉溶液，继续滴入 $Na_2S_2O_3$ 溶液，直至蓝色刚刚消失而呈亮绿色为止。平行标定 3 次。

4. I_2 溶液的标定

准确移取 $Na_2S_2O_3$ 溶液 25.00mL 于锥形瓶中，加水 50mL、淀粉指示剂 2mL，用 I_2 溶液滴定至溶液呈蓝色即为终点。

五、思考题

1. 配制好的 $Na_2S_2O_3$ 溶液能否立即进行标定？若发现溶液浑浊，需要新配制吗？
2. 标定 $Na_2S_2O_3$ 溶液时，加入 KI 的量很精确吗？
3. 还能用其他的方法标定 I_2 溶液吗？如何标定？

实验十七　$CuSO_4 \cdot 5H_2O$ 中铜含量的测定

一、实验目的

掌握用碘量法测定铜含量的原理和方法。

二、实验原理

在弱酸性溶液中，$CuSO_4$ 与 KI 发生反应：

$$2Cu^{2+} + 4I^- \xlongequal{} 2CuI \downarrow + I_2$$

生成的 I_2 再用 $Na_2S_2O_3$ 标准溶液滴定，即可求出 $CuSO_4$ 的含量。

$$w(CuSO_4) = \frac{(cV)_{Na_2S_2O_3} \times \frac{M_{CuSO_4 \cdot 5H_2O}}{1000}}{W_{样}} \times 100\%$$

三、仪器与试剂

仪器：棕色酸式滴定管、碘量瓶、量筒、移液管、称量瓶、分析天平。

试剂：$2mol \cdot L^{-1}$ H_2SO_4、0.5% 淀粉溶液（新配制）、10% KI、10% KSCN、$Na_2S_2O_3$ 标准溶液、结晶 $CuSO_4$。

四、实验步骤

准确称取 $CuSO_4 \cdot 5H_2O$ 试样 0.5～0.6g，置于 250mL 碘量瓶中，加 4mL $2mol \cdot L^{-1}$ H_2SO_4 和 50mL 水使之溶解，再加入 10mL 10%KI 溶液。摇匀后放置 3min，用 $Na_2S_2O_3$ 溶液滴定至溶液呈浅黄色，加入 3mL 淀粉后，继续滴定至浅蓝色，然后再加入 10%KSCN 溶液 10mL，摇匀，溶液的颜色转深，再继续用 $Na_2S_2O_3$ 标准溶液滴定至蓝色刚刚消失即为终点。

五、说明

1. 加入 KSCN 的目的是使 CuI 转化为 CuSCN，以减少对 I_2 的吸附。
2. 终点时 CuSCN 呈米黄色悬浮状。

六、思考题

测定 $CuSO_4 \cdot 5H_2O$ 的含量时，滴定为什么在弱酸性条件下进行？

实验十八　工业苯酚纯度的测定

一、实验目的

1. 了解和掌握以溴酸钾法与碘法配合使用来间接测定苯酚的原理和方法。
2. 学会直接配制精确浓度溴酸钾标准溶液的方法，掌握碘量瓶的使用方法。

3. 了解“空白实验”的意义和作用，学会“空白实验”的方法和应用。

二、实验原理

工业苯酚一般含有杂质，可用滴定分析法测定其准确含量。苯酚的测定是基于苯酚与 Br_2 作用生成稳定的三溴苯酚。由于此反应进行较慢，而且 Br_2 极易挥发，因此不能用 Br_2 液直接滴定，而应用过量 Br_2 与苯酚进行溴代反应。由于 Br_2 液浓度不稳定，一般使用 $KBrO_3$（含有 KBr）标准溶液在酸性介质中反应以产生相当量的游离 Br_2：

$$BrO_3^- + 5Br^- + 6H^+ = 3Br_2 + 3H_2O$$

溴代反应完毕后，过量的 Br_2 再用还原剂标准溶液滴定。但是一般常用的还原性滴定剂 $Na_2S_2O_3$ 易为 Br_2、Cl_2 等较强氧化剂非定量地氧化为 SO_4^{2-}，因而不能用 $Na_2S_2O_3$ 直接滴定 Br_2（而且 Br_2 易挥发损失）。因此过量的 Br_2 应与过量 KI 作用，置换出 I_2：

$$Br_2 + 2KI = I_2 + 2KBr$$

析出的 I_2 再用 $Na_2S_2O_3$ 标准溶液滴定：

$$I_2 + 2Na_2S_2O_3 = 2NaI + Na_2S_4O_6$$

在这个测定中，$Na_2S_2O_3$ 溶液的浓度是在与测定苯酚相同条件下进行标定的，这样可以减少由于 Br_2 的挥发损失等因素而引起的误差。

三、仪器与试剂

仪器：碘量瓶（250mL 或 500mL）3 只、量筒、容量瓶、烧杯、吸量管、棕色酸式滴定管、洗瓶、托盘天平、分析天平等。

试剂：工业苯酚试样、$KBrO_3$（AR 或基准试剂）、KBr（AR）、6mol·L^{-1} HCl 溶液、10% KI 溶液、1%淀粉溶液、10%NaOH 溶液、0.1mol·L^{-1} $Na_2S_2O_3$ 标准溶液。

四、实验步骤

1. 0.02000mol·L^{-1} $KBrO_3$-KBr 标准溶液的配制

$KBrO_3$ 很容易从水溶液中再结晶而提纯，可直接配制成精确浓度的标准溶液，勿需标定。若 $KBrO_3$ 试剂纯度不高，也可用 $Na_2S_2O_3$ 标准溶液标定 $KBrO_3$ 溶液的浓度。

称取干燥过的 $KBrO_3$（AR）试剂 3.3380g，置于 100mL 烧杯中，加入 16g KBr，用少量水溶解后，转入 1L 容量瓶中，用水冲洗烧杯数次，洗涤液一并转入容量瓶中，再用水稀释至刻度，混匀，此溶液浓度即为 0.02000mol·L^{-1}。

2. 苯酚含量的测定

准确称取约 0.2～0.3g 工业苯酚于盛有 5mL 10%NaOH 溶液的 100mL 烧杯中，再加少量水溶解，然后转入 250mL 容量瓶中，再用水稀释至刻度，混匀，准确吸取此试液 10mL 于 250mL 碘量瓶中，再吸取 10mL 0.02000mol·L^{-1} $KBrO_3$-KBr 标准溶液加入碘量瓶中，并加入 12mL 6mol·L^{-1} HCl 溶液，迅速加塞振摇 1～2min，再静置 5～10min。此时生成白色三溴苯酚沉淀和 Br_2。加入 10%KI 溶液 12mL，摇匀，静置 5～10min。用少量水冲洗瓶塞及瓶颈上附着物，再加水 25mL，最后用 0.1mol·L^{-1} $Na_2S_2O_3$ 标准溶液滴定至呈淡黄色。加 1mL 1%淀粉溶液，继续滴定至蓝色消失，即为终点。记下消耗的 $Na_2S_2O_3$ 标准溶液体积，并同时作空白实验。根据实验结果计算苯酚含量。

五、思考题

1. 以溴酸钾法与碘量法配合使用来测定苯酚的原理是什么？各步反应式怎样写？
2. 什么叫“空白实验”？它的作用是什么？
3. 为什么测定苯酚要在碘量瓶中进行？若用锥形瓶代替碘量瓶，会产生什么影响？
4. 为什么加入 HCl 和 KI 溶液时，都不能把塞子打开，而只能稍松开瓶塞，沿瓶塞迅速加入，随即塞紧瓶塞？

实验十九 氯化钡中钡的测定

一、实验目的

熟悉沉淀重量法的实验原理，掌握重量分析的基本操作技术。

二、实验原理

$BaCl_2$ 溶于水后，用稀盐酸酸化，加热至近沸，在不断搅拌下缓慢地加入热的稀硫酸溶液。Ba^{2+} 与 SO_4^{2-} 作用，形成 $BaSO_4$ 沉淀，反应如下：

$$BaCl_2 + H_2SO_4 \xlongequal{\quad} BaSO_4 \downarrow + 2HCl$$

$BaSO_4$ 沉淀溶解度较小（$K_{sp}=1.1\times10^{-10}$），化学性质稳定，灼烧后组成不变，因此，可根据试样称取量及称量形式 $BaSO_4$ 的重量，计算氯化钡中的钡含量。

$BaSO_4$ 是典型的晶体沉淀，但 $BaSO_4$ 沉淀容易形成细小的晶体，因此应特别注意选择有利于形成粗大晶型沉淀的条件。

在 0.05mol·L^{-1}左右的盐酸介质中进行沉淀是为了防止产生碳酸钡、磷酸钡以及氢氧化钡的沉淀，降低 SO_4^{2-} 浓度，以便获得纯净、粗大的晶型沉淀。

用稀 H_2SO_4 作沉淀剂，可过量 50%～100%，因高温下 H_2SO_4 可挥发除去，不至于引起误差。

氯化钡中钡的含量可用下式计算：

$$w(\mathrm{Ba})=\frac{W_{BaSO_4}\times\dfrac{M_{Ba}}{M_{BaSO_4}}}{W_{试样}}\times100\%$$

三、仪器与试剂

仪器：烧杯、表面皿、漏斗、漏斗架、玻璃棒、慢速定量滤纸、试管、坩埚、坩埚钳、干燥器、水浴锅、马福炉。

试剂：化学纯 $BaCl_2\cdot2H_2O$、2mol·L^{-1} HCl、0.1% $AgNO_3$、6mol·L^{-1} HNO_3、1mol·L^{-1} H_2SO_4。

洗涤液：200mL 水中加入 3mL 1mol·L^{-1} H_2SO_4 溶液。

四、实验步骤

1. 沉淀的生成、过滤和洗涤

准确称取 $BaCl_2\cdot2H_2O$ 试样 0.5g 左右，放在 200mL 烧杯中用 70mL 水溶解，加入 2mol·L^{-1}的 HCl 4mL（目的在于使 SO_4^{2-} 部分转变为 HSO_4^-，降低溶液的过饱和度），然后盖上表面皿将溶液加热至近沸。

另取 3～4mL 1mol·L^{-1}的 H_2SO_4，稀释至 30mL，并加热近沸，趁热将稀 H_2SO_4 溶液在不断搅拌下慢慢地加入到试样溶液中，沉淀反应后待 $BaSO_4$ 沉降下来，再沿烧杯壁小心地滴入 2 滴稀 H_2SO_4，观察是否仍有沉淀生成，若无浑浊现象发生，则表明已沉淀完全，否则应继续加稀 H_2SO_4，直至沉淀完全为止。

将盛有沉淀的烧杯置于水浴上加热，陈化大约 45min（或室温下放置过夜）。冷却后，用慢速定量滤纸配合长颈漏斗作滤器，采用倾泻法过滤，并用“洗涤液”洗涤沉淀。洗涤时根据“少量多次”的原则进行，直到最后滤液中不含 Cl^- 为止。检查方法是：用干净的小试管承接数滴滤液，加 6mol·L^{-1}的 HNO_3 溶液 2 滴和 0.1%$AgNO_3$ 溶液 2 滴，如没有浑浊现象，则表明无 Cl^- 存在。洗涤液总用量最好控制在 100mL 以内。

2. 准备恒重的坩埚

利用实验操作的间隙时间，将坩埚洗净、烘干，然后高温灼烧至恒重。即将空坩埚放入马弗炉内灼热 25min，停止加热，稍冷后用坩埚钳夹取放入干燥器中，冷却 45～50min，取出称重，然后重复灼烧、冷却、称重，两次称重的结果相差不超过 0.2mg，即认为已恒重，将坩埚放在干燥器中备用。

3. 烘干灼烧沉淀

将沉淀用滤纸折卷包好，放入已恒重的空坩埚内，在酒精灯或电炉上烘干、炭化和灰化，然后移入马弗炉内灼烧 25min，灼烧时，坩埚盖不可盖严，否则因空气不足，少量碳素与 $BaSO_4$ 会发生氧化还原反应：

$$BaSO_4 + 4C \xlongequal{} BaS + 4CO$$

使测定结果偏低。一般灼烧温度控制在 800～850℃，温度太高，会受热分解：

$$BaSO_4 \xlongequal{} BaO + SO_3 \quad (1000℃以上)$$

也使结果偏低。沉淀经灼烧后先在炉外冷却片刻，再移入干燥器中冷却半小时左右，称重。再重复灼烧 20min 后，按同样操作方法使之冷却，称重，直到恒重为止。

五、思考题

1. 为什么要在稀 HCl 介质中沉淀硫酸钡？

2. 所用沉淀剂 H_2SO_4 的量是根据什么来确定的？沉淀剂多用些、少用些对沉淀反应有何影响？

3. 空坩埚及盛有沉淀的坩埚为什么要反复灼烧和称重至恒重？盛放试样的称量瓶是否需要重复干燥和称量至恒重？为什么？

实验二十　高锰酸钾溶液最大吸收波长的测定

一、实验目的

1. 了解掌握 721 型分光光度计的构造和使用方法。

2. 学会绘制有色溶液的吸收曲线，并根据吸收曲线确定最大吸收波长。

二、实验原理

有色溶液对不同波长的光吸收能力不同，将不同波长的单色光分别通过厚度相同、浓度一样的有色溶液，测定其相应的吸光度。以波长为横坐标，以吸光度为纵坐标用描点法作图，即得吸收曲线。曲线上凸起的部分即为吸收峰，吸收峰最高处对应的波长就是该溶液的最大吸收波长。

三、仪器与试剂

仪器：721 型分光光度计、医用卫生纸。

试剂：0.125mg·mL^{-1}高锰酸钾标准溶液、丙酮。

四、实验步骤

① 取两只 10mm 比色皿，一只装高锰酸钾标准溶液，另一只装蒸馏水作参比溶液。用医用卫生纸小心吸尽受光面上水珠，放到样品室架上，紧贴出光口一侧，盖好箱盖。

② 转动波长调节旋钮至 420nm 处。

③ 按仪器的使用说明书操作，测定并记录高锰酸钾溶液的吸光度。

④ 分别选择入射光波长为 460nm、480nm、500nm、…、680nm、700nm，测定并记录相应的吸光度（吸收峰附近可间隔 5nm 再测定几个数值）。

⑤ 测定完毕，关闭电源，取出比色皿，倒掉废液，洗净比色皿后再用丙酮洗涤一遍，

晾干，收入比色皿盒中。

⑥ 以波长为横坐标，以吸光度为纵坐标，用描点法绘制吸收曲线，找出最大吸收波长。

五、思考题

如果改变高锰酸钾溶液的浓度，相应的吸光度会不会改变？最大吸收波长会不会改变？

实验二十一　邻菲罗啉分光光度法测定铁

一、实验目的

1. 通过测定铁的条件实验，掌握分光光度法测定铁的条件及方案的拟订方法。

2. 通过铁含量及邻菲罗啉铁配合物中邻菲罗啉与铁的摩尔比测定，学习分光光度法的应用。

3. 了解 721 型分光光度计的构造和使用方法。

二、实验原理

邻菲罗啉是测定微量铁的一种较好试剂。在 pH=1.5～9.5 的条件下，Fe^{2+} 与邻菲罗啉生成极稳定的橘红色配合物，此配合物的 $\lg K=21.3$，摩尔消光系数 $\varepsilon_{510}=11000L \cdot mol^{-1} \cdot cm^{-1}$。

在显色前，首先用盐酸羟胺把 Fe^{3+} 还原为 Fe^{2+}，其反应式如下：

$$4Fe^{3+}+2NH_2OH \longrightarrow 4Fe^{2+}+N_2O+H_2O+4H^+$$

测定时，控制溶液酸度 pH3～9 较为适宜。酸度高时，反应进行较慢；酸度太低，则 Fe^{2+} 水解，影响显色。

Bi^{3+}、Cd^{2+}、Hg^{2+}、Ag^+ 等与显色剂生成沉淀，Ca^{2+}、Cu^{2+}、Ni^{2+} 等则形成有色配合物。因此这些离子共存时，应注意它们的干扰作用。

三、仪器与试剂

1. 仪器

721 分光光度计、容量瓶、烧杯、吸量管等。

2. 试剂

（1）$100\mu g \cdot mL^{-1}$ 的铁标准溶液　准确称取 0.864g 分析纯 $NH_4Fe(SO_4)_2 \cdot 12H_2O$，置于一烧杯中，以 30mL $2mol \cdot L^{-1}$ HCl 溶液溶解后移入 1000mL 容量瓶中，以水稀释至刻度，摇匀。

（2）$10\mu g \cdot mL^{-1}$ 的铁标准溶液　由 $100\mu g \cdot mL^{-1}$ 的铁标准溶液准确稀释 10 倍而成。

（3）$0.0001mol \cdot L^{-1}$ 铁标准溶液　准确称取 0.0482g $NH_4Fe(SO_4)_2 \cdot 12H_2O$ 于烧杯中，用 30mL $2mol \cdot L^{-1}$ HCl 溶解，然后转移至 1000mL 容量瓶中，用水稀释至刻度，摇匀（供测摩尔比用）。

（4）10%盐酸羟胺溶液（因其不稳定，需临用时配制），0.1%邻菲罗啉溶液（新近配制），0.02%（$\approx 0.001mol \cdot L^{-1}$）邻菲罗啉溶液（新近配制），$1mol \cdot L^{-1}$ NaAc 溶液，$2mol \cdot L^{-1}$ HCl 溶液，$0.4mol \cdot L^{-1}$ NaOH 溶液。

四、实验步骤

1. 条件试验

（1）吸收曲线的绘制　准确移取 $10\mu g \cdot mL^{-1}$ 标准溶液 5mL 于 50mL 容量瓶中，加入 10%盐酸羟胺溶液 1mL，摇匀，稍停，加入溶液 $1mol \cdot L^{-1}$ NaAc 5mL 和 0.1%邻菲罗啉溶液 3mL，以水稀释至刻度。在 721 型分光光度计上，用 2cm 比色皿，以水为空白溶液，用不同的波长，从 430～570nm 隔 20nm 测定一次吸光度 A。然后以波长为横坐标、吸光度为纵坐标绘制出吸收曲线，从吸收曲线上确定进行测定的适宜波长。

（2）邻菲罗啉铁配合物的稳定性　用上面的溶液继续进行测定，其方法是，在最大吸收波长（510nm）处，每隔一定时间测定其吸光度，即在加入显色剂后立即测定一次吸光度，经30min、60min、120min后，各测一次吸光度，然后以时间（t）为横坐标、吸光度为纵坐标，绘制A-t曲线。此曲线即表示有色配合物的稳定性。

（3）显色剂浓度的实验　取50mL容量瓶7个，用5mL移液管准确移取$10\mu g\cdot mL^{-1}$铁标准溶液5mL于各容量瓶中，加入1mL10%盐酸羟胺溶液，经2min后，再加入5mL $1mol\cdot L^{-1}$ NaAc溶液。然后分别加入0.1%邻菲罗啉溶液0.3mL、0.6mL、1.0mL、1.5mL、2.0mL、3.0mL和4.0mL，用水稀释至刻度，摇匀。在721型分光光度计上，用适宜波长（例如510nm）、2cm比色皿、以水为空白测定上述溶液的吸光度。然后以邻菲罗啉试剂加入体积（mL）为横坐标、吸光度为纵坐标，绘制A-c曲线，从中找出显色剂的最适宜加入量。

（4）溶液酸度对配合物的影响　取100mL容量瓶1只，准确移取$100\mu g\cdot mL^{-1}$铁标准溶液5mL，加入5mL $2mol\cdot L^{-1}$ HCl溶液和10mL 10%盐酸羟胺溶液，经2min后加入0.1%邻菲罗啉溶液30mL，以水稀释至刻度，摇匀，备用。取50mL容量瓶7只，编号，用移液管分别准确移取上述溶液10mL于各容量瓶中。在滴定管中装$0.4mol\cdot L^{-1}$ NaOH溶液，然后依次在容量瓶中加入$0.4mol\cdot L^{-1}$ NaOH溶液0、2.0mL、3.0mL、4.0mL、6.0mL、8.0mL及10.0mL，以水稀释至刻度，摇匀，使各溶液的pH从≤2开始逐步增加至12以上。测定各容量瓶溶液的pH，先用广泛pH试纸确定其粗略pH，然后进一步用精密pH试纸确定其较准确的pH。同时在分光光度计上适宜之波长（例如510nm）、2cm厚液槽、蒸馏水为空白测定各溶液的吸光度。最后以pH值为横坐标、吸光度为纵坐标，绘制A-pH曲线。从曲线上找出适宜的pH范围。

（5）根据上面条件实验的结果，拟出邻菲罗啉分光光度法测定铁的分析步骤并讨论之。

2. 铁含量的测定

（1）标准曲线的绘制　取50mL容量瓶6只，分别准确吸取$10\mu g\cdot mL^{-1}$铁标准溶液0mL、2.0mL、4.0mL、6.0mL、8.0mL和10.0mL于各容量瓶中，各加1mL 10%盐酸羟胺溶液，摇匀，经2min后再各加5mL $1mol\cdot L^{-1}$ NaAc溶液及3mL 0.1%邻菲罗啉溶液，以水稀释至刻度，摇匀。在721型分光光度计上，用2cm比色皿，在最大吸收波长（510nm）测定各溶液的吸光度。以铁含量为横坐标、吸光度为纵坐标，绘制标准曲线。

（2）测定吸光度　吸取未知液5mL代替标准溶液，其他步骤均同上，测定其吸光度。根据未知液的吸光度，在标准曲线上查出5mL未知液中的铁含量，并以每毫升未知液中含铁质量（μg）表示。

用最小二乘法求出线性方程，并计算未知液含量，并与标准曲线法作比较。

3. 邻菲罗啉与铁的摩尔比的测定

取50mL容量瓶8只，吸取$0.0001mol\cdot L^{-1}$铁标准溶液10mL于各容量瓶中，各加1mL 10%盐酸羟胺溶液、5mL $1mol\cdot L^{-1}$ NaAc溶液，然后依次加0.02%邻菲罗啉溶液0.5mL、1.0mL、2.0mL、2.5mL、3.0mL、3.5mL、4.0mL、5.0mL，以水稀释至刻度，摇匀。然后在510nm波长下，用2cm比色皿，以蒸馏水为空白液，测定各溶液的吸光度。最后以邻菲罗啉与铁的浓度比c_R/c_{Fe}为横坐标，对吸光度作图，根据曲线上前后两部分延长线的交点位置确定Fe^{2+}与邻菲罗啉反应的配合比。

五、记录及分析结果（供参考）

1. 记录

分光光度计型号______液槽厚______光源电压______

（1）吸收曲线的绘制

波长/nm	430	450	470	490	510	530	550	570
吸光度 A								

（2）邻菲罗啉铁配合物的稳定性

放置时间/min	0	30	60	120
吸光度 A				

（3）显色剂浓度的实验

容量瓶号	1	2	3	4	5	6	7
显色剂量/mL	0.3	0.6	1.0	1.5	2.0	3.0	4.0
吸光度 A							

（4）酸度的影响

容量瓶号	1	2	3	4	5	6	7
NaOH 溶液量/mL							
pH							
吸光度 A							

（5）标准曲线的绘制与铁含量的测定

试　液	标准溶液						未知液
吸取量/mL	0	2.0	4.0	6.0	8.0	10.0	5.0
总含铁量/mg							
吸光度 A							

（6）邻菲罗啉与铁的摩尔比测定

容量瓶号	1	2	3	4	5	6	7	8
邻菲罗啉量/mL	0.5	1.0	2.0	2.5	3.0	3.5	4.0	5.0
摩尔比 c_R/c_{Fe}								
吸光度 A								

2. 绘制以下曲线

（1）吸收曲线，（2）A-t 曲线，（3）A-c 曲线，（4）A-pH 曲线，（5）标准曲线，（6）A-摩尔比曲线。

3. 对各项测定结果进行分析并做出结论。

六、思考题

1. Fe^{3+} 标准溶液在显色前加盐酸羟胺的目的是什么？

2. 在溶液酸度对配合物影响的实验中，用 $100\mu g \cdot mL^{-1}$ 铁标准溶液稀释 10 倍后，移取 10mL，与不稀释而直接取用 1mL 进行比较，各有什么优缺点？为什么在这实验中选择稀释后再取 10mL 的方法？

3. 溶液的酸度对邻菲罗啉铁的吸光度影响如何？为什么？

4. 根据自己的实验数据，计算在最适宜波长下邻菲罗啉铁配合物的摩尔吸光系数。

实验二十二　钒-PAR-H_2O_2三元配合物的分光光度法测定水中钒

一、实验目的

1. 了解三元配合物的构成。

2. 掌握测定钒的方法。

二、实验原理

在酸性（pH0.75～4.0）介质中，钒与过氧化氢形成1∶1的阳离子配合物［$VO_2(H_2O_2)$］$^+$能进一步与PAR［4-（2-吡啶偶氮）间苯二酚］等阴离子形成1∶1∶1的混配三元配合物。其最大吸收在535nm（或540nm）处。大部分金属离子可用环己二胺四乙酸（GDTA）掩蔽，铀（Ⅵ）可被H_2O_2掩蔽，加入氟化钠可加速显色，并可为钴、钛、钍、铍等离子的掩蔽剂。钒量在2～120μg·50mL^{-1}时线性良好。

三、仪器与试剂

1. 仪器

721型分光光度计、1cm比色皿。

2. 试剂

（1）钒标准溶液　称取偏钒酸铵0.5742g，加1∶1硫酸2～3mL，加热至完全溶解后（参见实验提示①）转入250mL容量瓶中稀至刻度，摇匀。此液浓度为1.0mg·mL^{-1}。取1.0mL在100mL容量瓶中稀释至刻度为10μg钒·mL^{-1}。

（2）30%过氧化氢　分析纯。

（3）0.05%PAR　0.05g PAR的钠盐溶于100mL水中。

（4）3%氟化钠　3g氟化钠溶于100mL水中。

（5）盐酸　1∶1。

四、实验步骤

1. 工作曲线的制作和波长的选择

取含钒10μg·mL^{-1}液0、1mL、2mL、3mL、4mL、5mL于六个50mL容量瓶中，加1∶1盐酸0.5mL，加水至体积约为30mL，然后加3%NaF溶液2.0mL（参见实验提示②）、30% H_2O_2 2滴、0.05%PAR2.5mL，加水稀释至刻度，摇匀放置10min后比色。

首先以试剂为参比在520～560nm内，每隔5nm测定含5.0mL钒标液的吸光度（参见实验提示③）。选择最大吸收波长，测工作曲线的吸光度，作出工作曲线。

2. 试样的测定

在两个50mL容量瓶中分别移取10mL水样，加1∶1盐酸0.5mL，加纯水至体积约为30mL，加3%NaF 2.0mL（参见实验提示④）、30% H_2O_2 2滴、0.05%PAR 2.5mL，加水稀释至刻度，摇匀，放置10min后，测其吸光度，从工作曲线上查出钒的含量，计算样品中钒的含量，以mg·L^{-1}表示。

五、实验提示

① 酸度小时，偏钒酸铵水解，故溶解时需加入足够的酸，待溶解完以后，再以水溶解。

② 如果试样中有干扰离子，需要掩蔽剂时，在工作曲线中，也应同样加入。本实验水样干扰较小，故可以不加。

③ 钒-PAR-H_2O_2的最大吸光波长各资料报道不一（535nm或540nm），这与仪器的波

长校正是否正确有关，所以实验时针对每台仪器，应严格按照操作步骤，作出吸收曲线，从而选择溶液的最大吸收波长，再作工作曲线。

④ 此法在 NaF 存在下，显色比较快，如无 NaF，显色极慢，在沸水浴上加热 2～3min，才能发色完全，经发色后，可稳定 8h 不变。

显色溶液酸度在 pH0.75～4.0 之间吸光度不变，试剂量对三元配合物吸光度有影响。H_2O_2 既是配合剂，又是掩蔽剂。虽然加入量对吸光度无影响，但影响显色速度。H_2O_2 量增加，显色速度变慢，所以 30% H_2O_2 用量应控制一致。

六、思考题

三元配合物有什么特点?

实验二十三　分光光度法测定混合液中 Co^{2+} 和 Cr^{3+} 的含量

一、实验目的

通过本实验掌握分光光度法双组分测定的原理和方法，进一步熟练掌握紫外可见分光光度计的使用。

二、实验原理

如果样品中只含有一种吸光物质，可根据测定出该物质的吸收光谱曲线，选择适当的吸收波长，根据朗伯-比耳定律，做出标准曲线，可求出未知液中分析物质的含量。如果样品中含有多种吸光物质，一定条件下分光光度法不经分离即可对混合物进行多组分分析。这是因为吸光度具有加和性。在某一波长下总吸光度等于各个组分吸光度的总和。测定各组分摩尔吸光系数可采用标准曲线法，以标准曲线的斜率作为摩尔吸光系数较为准确。对两组分混合液的测定，可根据具体情况分别测定出各个成分含量。

① 各种吸光物质的吸收曲线不相互重叠是多组分同时测定的理想情况，可在各自最大吸收波长位置分别测定，与单组分测定无异。

② 如果各种吸光物质的吸收曲线相互重叠，根据吸光度可加性原理，在此场合下仍然可以测定出各个成分含量。如实验中测定 Co^{2+} 和 Cr^{3+} 有色混合物的组成。Co^{2+} 和 Cr^{3+} 吸收曲线相互重叠，但选择 Co^{2+} 和 Cr^{3+} 的最大吸收波长根据：

$$A(\lambda_1)=\varepsilon_{Co}^{\lambda_1}bc_{Co}+\varepsilon_{Cr}^{\lambda_1}bc_{Cr}$$

$$A(\lambda_2)=\varepsilon_{Co}^{\lambda_2}bc_{Co}+\varepsilon_{Cr}^{\lambda_2}bc_{Cr}$$

解这个联立方程，即可求出 Co^{2+} 和 Cr^{3+} 含量。

三、仪器与试剂

1. 仪器

分光光度计、25mL 容量瓶 9 只、50mL 容量瓶 3 只、10mL 吸量管 3 只。

2. 试剂

30μg·mL^{-1} $K_2Cr_2O_7$ 溶液、0.350mol·L^{-1} $Co(NO_3)_2$ 标准溶液、0.100mol·L^{-1} $Cr(NO_3)_3$标准溶液。

四、实验步骤

1. 学生自行配制

30μg·mL^{-1}$K_2Cr_2O_7$ 溶液、0.350mol·L^{-1} $Co(NO_3)_2$ 标准溶液、0.100mol·L^{-1} $Cr(NO_3)_3$标准溶液各 50mL。

2. 比色皿间读数误差的检验

在一组 1cm 玻璃比色皿中加入浓度为 $30\mu g \cdot mL^{-1}$ $K_2Cr_2O_7$ 溶液，在 550nm 波长下测定透光率。选择透光率最大的比色皿为参比，测定并记录其他比色皿的透光率值，要求所用比色皿间透光率之差不超过 0.5%。

3. 溶液的配制

取 4 只 25mL 容量瓶，分别加入 2.50mL、5.00mL、7.50mL、10.00mL 的 $0.350mol \cdot L^{-1}$ $Co(NO_3)_2$ 标准溶液。

另取 4 只 25mL 容量瓶，分别加入 2.50mL、5.00mL、7.50mL、10.00mL、$0.100mol \cdot L^{-1}$ $Cr(NO_3)_3$ 标准溶液。用蒸馏水稀释至刻度，摇匀。

另取 1 只 25mL 容量瓶，加入未知试样溶液 10mL，用蒸馏水稀释至刻度，摇匀。

4. 波长的选择

应用 $Co(NO_3)_2$ 标准溶液和 $Cr(NO_3)_3$ 标准溶液分别绘制吸收曲线。用 1cm 比色皿，以蒸馏水为参比液，在 420～700nm 范围内，每隔 20nm 测一次吸光度，最大吸收峰附近多测几点。将两种溶液的吸收曲线绘制在同一坐标系内。根据吸收曲线选择最大吸收波长 λ_1 和 λ_2。

5. 吸光度的测定

以蒸馏水为参比，使用检验合格的比色皿，在波长 λ_1 和 λ_2 处分别测量上述配好的 9 个溶液的吸光度。

五、数据记录与处理

1. 根据测定数据，分别绘制 $Co(NO_3)_2$ 标准溶液和 $Cr(NO_3)_3$ 标准溶液的吸收曲线。选择定量测定的 λ_1 和 λ_2。

2. 绘制 $Co(NO_3)_2$ 标准溶液和 $Cr(NO_3)_3$ 标准溶液在 λ_1 和 λ_2 处测得的标准曲线（共 4 条）。绘制时坐标分度的选择应使标准曲线的倾斜度在 45°左右。求出 $Co(NO_3)_2$ 和 $Cr(NO_3)_3$ 在 λ_1 和 λ_2 处的摩尔吸光系数。

3. 解方程，计算出未知混合样品溶液中 $Co(NO_3)_2$ 和 $Cr(NO_3)_3$ 各自的浓度。

实验二十四　紫外-可见分光光度法测定有机未知物

一、实验目的

1. 熟练掌握紫外-可见分光光度计的使用方法。

2. 掌握利用紫外-可见分光光度计确定未知物的方法。

3. 掌握利用紫外-可见分光光度计确定未知物浓度的方法。

二、实验原理

紫外分光光度法其比较重要的用途是用于有机化合物的定性和定量分析方面。因为很多有机化合物及其衍生物在紫外波段有强的吸收光谱，可以把未知试样的紫外吸收光谱图和标准试样（或与标准图谱）比较，当浓度和溶剂相同时，若两者的谱图相同（峰、极小值和拐点的 λ 相同），而且未知样品大体已知时，可以说明它们是同一个化合物。但是在紫外和可见光区域，这些特征的峰、极小值和拐点的数目往往是有限的，且紫外吸收光谱的吸收峰还较宽，两种不同的化合物可能有相同的紫外吸收光谱，对于完全未知的有机化合物，有时可以通过改换溶剂和适当的化学处理之后所得的未知标准光谱对照，不仅比较 λ，还要比较它们的 λ_{max} 和 A，来进一步确证，甚至还要进一步借助红外、核磁和质谱等手段才能最后得出结论。

紫外分光光度法进行定量分析有快速，灵敏度高及分析混合物中各组分有时不需要事前分离，不需要显色剂，因而，不受显色剂温度及显色时间等因素的影响，操作简便等优点。目前广泛用于微量或痕量分析中。但有一个局限性，就是待测试样必须在紫外区有吸收并且在测试浓度范围服从比耳定律才行。

利用紫外光度法测定试样中单组分含量时，通常先测定物质的吸收光谱，然后选择最大吸收峰的波长进行测定。其原理与一般比色分析相同。可用标准工作曲线法。如果通过实验证明，在测定条件下符合比耳定律，也可以不用标准曲线而与标准品的已知浓度溶液比较求出未知样品浓度。

三、仪器和试剂

仪器：①紫外可见分光光度计（UV-1800PC-DS2）；配 1cm 石英比色皿 2 个（比色皿可以自带）；②容量瓶：100mL，15 个；③吸量管：10mL，5 支；④烧杯：100mL，5 个。

试剂：①标准物质溶液：任选四种标准物质溶液（水杨酸、1,10-菲啰啉、磺基水杨酸、苯甲酸、维生素 C、山梨酸、对羟基苯磺酸、苯磺酸钠）；②未知液：所选四种标准物质溶液中的任何一种。

四、实验步骤

1. 吸收池配套性检查

石英吸收池在 220nm 装蒸馏水，以一个吸收池为参比，调节 τ 为 100%，测定其余吸收池的透射比，其偏差应小于 0.5%，可配成一套使用，记录其余比色皿的吸光度值。

2. 未知物的定性分析

将四种标准储备溶液和未知液配制成约为一定浓度的溶液。以蒸馏水为参比，于波长 200～350nm 范围内测定溶液吸光度，并绘制吸收曲线。根据吸收曲线的形状确定未知物，并从曲线上确定最大吸收波长作为定量测定时的测量波长。190～210nm 处的波长不能选择为最大吸收波长。

3. 标准曲线绘制

分别准确移取一定体积的标准溶液于 100mL 容量瓶中，以蒸馏水稀释至刻线，摇匀。(绘制标准曲线必须是七个点，七个点分布要合理)。根据未知液吸收曲线上最大吸收波长，以蒸馏水为参比，测定吸光度。然后以浓度为横坐标，以相应的吸光度为纵坐标绘制标准曲线。

4. 未知物的定量分析

确定未知液的稀释倍数，并配制待测溶液于 100mL 容量瓶中，以蒸馏水稀释至刻线，摇匀。根据未知液吸收曲线上最大吸收波长，以蒸馏水为参比，测定吸光度。根据待测溶液的吸光度，确定未知样品的浓度。未知样平行测定 3 次。

五、结果计算

根据未知溶液的稀释倍数，求出未知物的含量。

计算公式：
$$C_0 = C_X \times n$$

C_0——原始未知溶液浓度，μg/mL；

C_X——查得的未知溶液浓度，μg/mL；

n——未知溶液的稀释倍数。

六、数据记录及处理

1. 比色皿配套性检验

$A_1 = 0.000$　　　　$A_2 =$ ＿＿＿＿＿＿

2. 定性结果：未知物为＿＿＿＿＿＿＿＿＿＿

3. 未知试样的定量测量

(1) 标准溶液的配制

标准储备溶液浓度：__________标准溶液浓度：__________

稀释次数	吸取体积/mL	稀释后体积/mL	稀释倍数	
1				
2				
3				
4				
5				

(2) 标准曲线的绘制

测量波长：__________

溶液代号	吸取标液体积/mL	ρ/(μg/mL)	A
0			
1			
2			
3			
4			
5			
6			

(3) 未知液的配制

稀释次数	吸取体积/mL	稀释后体积/mL	稀释倍数
1			
2			
3			
4			
5			

(4) 未知物含量的测定

平行测定次数	1	2	3
A			
查得的浓度/(μg/mL)			
原始试液浓度/(μg/mL)			
原始试液的平均浓度/(μg/mL)			

实验二十五　水电导率的测定

一、实验目的

1. 了解水的电导率的概念及意义。

2. 掌握电导率仪的使用方法。

二、实验原理

电导率是物体传导电流的能力。电导率测量仪的测量原理是将两块平行的极板放到被测溶液中，在极板的两端加上一定的电势（通常为正弦波电压），然后测量极板间流过的电流。电导率的基本单位是西门子（S），原来被称为姆欧，取电阻单位欧姆倒数之意。因为电导池的几何形状影响电导率值，标准的测量中用单位电导率 $S \cdot cm^{-1}$、$\mu S \cdot cm^{-1}$来表示，以补偿各种电极尺寸造成的差别。电导率越大，则导电性能越强，反之越小。

水的电导率是衡量水质的一个很重要的指标，它能反映水中电解质的含量，或者说水的纯度。在化工、食品、医药等行业，对水质的要求很高。测量水的电导率是一个重要的、常规的检验项目。

三、仪器与试剂

仪器：DDS-11A 精密电导率仪、塑料烧杯。

试剂：陈蒸馏水、新鲜蒸馏水、自来水、饮用纯水（市售）。

四、实验步骤

1. 电导率仪的使用（参照说明书）

（1）电极架的安装。

（2）电极的配置及安装　小心玻璃电极易碎。

（3）面板旋钮与接口介绍　开机预热 15min。

（4）电极的选用（参照说明书）　DJS-IC 铂黑电极可全量程使用，电极常数的设置。

（5）测量　电极置于待测溶液中。选择开关置于 meas 挡，量程开关调至相应，数据稳定后记录。

2. 测定

（1）新鲜蒸馏水。

（2）陈蒸馏水。

（3）自来水。

（4）饮用纯水。

注意：换样时要用水样冲洗电极。

$1\mu S \cdot cm^{-1}$约相当 $0.5mg \cdot L^{-1}$的硬度。总硬度 $0 \sim 30mg \cdot L^{-1}$称软水；大于 $60mg \cdot L^{-1}$称硬水；高品质饮用水硬度不超过 $25mg \cdot L^{-1}$；超纯水$<0.10\mu S \cdot cm^{-1}$。

五、思考题

请比较四种水样的测定结果，并作出解释。

实验二十六　蛋壳中钙、镁含量的测定（设计实验）

一、实验目的

1. 初步掌握查找实验文献的基本方法。

2. 了解并掌握实际样品的预处理方法。

3. 了解蛋壳中 Ca、Mg 含量的多种测定方法。

二、实验内容

1. 查阅相关实验文献资料，结合实际，自拟定蛋壳的预处理过程及定量分析方法。

2. 写出详细步骤。

3. 选择所需的仪器。

4. 列出所需原料、数量并配制有关试剂。

5. 按拟定计划进行测定，并随时修正。

6. 实验结束，以小论文的形式写出实验报告。

三、实验提示

1. 鸡蛋壳的主要成分为 $CaCO_3$，其次为 $MgCO_3$、蛋白质、色素以及少量 Fe 和 Al。

2. 蛋壳需要经过预处理，才能达到分析的要求。

3. 经过预处理的蛋壳可以设计三种方案进行测定。

(1) 配位滴定法测定蛋壳中 Ca 和 Mg 的总量　在 pH＝10，用铬黑 T 作指示剂，EDTA可直接测量 Ca^{2+}、Mg^{2+} 总量，为提高配位选择性，在 pH＝10 时，加入掩蔽剂三乙醇胺使之与 Fe^{3+}、Al^{3+} 等生成更稳定的配合物，以排除它们对 Ca^{2+}、Mg^{2+} 测定的干扰。

(2) 酸碱滴定法测定蛋壳中 CaO 的含量　蛋壳中的碳酸盐能与 HCl 发生反应，过量的酸可用标准 NaOH 溶液返滴，据实际与 $CaCO_3$ 反应的标准盐酸体积求得蛋壳中 CaO 含量，以 CaO 质量分数表示。

(3) 高锰酸钾法测定蛋壳中 CaO 的含量　利用蛋壳中的 Ca^{2+} 与草酸盐形成难溶的草酸盐沉淀，将沉淀经过滤、洗涤、分离后溶解，用高锰酸钾法测定 Ca^{2+} 含量，换算出 CaO 的含量。

4. 蛋壳中钙主要以 $CaCO_3$ 形式存在，同时也有 $MgCO_3$，因此以 CaO 含量表示 Ca＋Mg 总量。

5. 由于酸较稀，溶解时需加热一定时间，试样中有不溶物（如蛋白质之类）不影响测定。

实验二十七　茶叶中微量铁的测定（设计实验）

一、实验目的

1. 初步掌握查找实验文献的基本方法。

2. 了解并掌握实际样品的预处理方法。

3. 了解测定植物中微量元素的分析方法。

二、实验内容

1. 查阅有关资料，结合实际，确定样品的处理方法及定量分析方法。

2. 写出详细步骤。

3. 选择所需的仪器。

4. 列出所需原料、数量并配制有关试剂。

5. 按拟定计划进行测定，并随时修正。

6. 实验结束，以小论文的形式写出实验报告。

三、实验提示

1. 茶叶是有机体，主要由 C、H、O、N 等元素组成，此外还含有某些微量元素如 Ca、Mg、Al、Fe 等。对茶叶可先采用湿法消化或灰化后用酸浸溶的方法进行化学处理，获得含有 Fe^{3+} 的溶液后，再选择合适的分析方法测定铁。

2. 铁是茶叶中的微量元素，含量较少，不宜采用化学分析法，而要选用仪器分析法，如分光光度法。

3. 茶叶在处理前，需洗净并且干燥。

附　　录

附录一　弱酸和弱碱的解离常数

酸

名　称	温度/℃	解离常数 K_a	pK_a
砷酸(H_3AsO_4)	18	$K_{a1}=5.6\times10^{-3}$	2.25
		$K_{a2}=1.7\times10^{-7}$	6.77
		$K_{a3}=3.0\times10^{-12}$	11.50
硼酸(H_3BO_3)	20	$K_a=5.7\times10^{-10}$	9.24
氢氰酸(HCN)	25	$K_a=6.2\times10^{-10}$	9.21
碳酸(H_2CO_3)	25	$K_{a1}=4.2\times10^{-7}$	6.38
		$K_{a2}=5.6\times10^{-11}$	10.25
铬酸(H_2CrO_4)	25	$K_{a1}=1.8\times10^{-1}$	0.74
		$K_{a2}=3.2\times10^{-7}$	6.49
氢氟酸(HF)	25	$K_a=3.5\times10^{-4}$	3.46
亚硝酸(HNO_2)	25	$K_a=4.6\times10^{-4}$	3.37
磷酸(H_3PO_4)	25	$K_{a1}=7.6\times10^{-3}$	2.12
		$K_{a2}=6.3\times10^{-8}$	7.20
		$K_{a3}=4.4\times10^{-13}$	12.36
硫化氢(H_2S)	25	$K_{a1}=1.3\times10^{-7}$	6.89
		$K_{a2}=7.1\times10^{-15}$	14.15
亚硫酸(H_2SO_3)	18	$K_{a1}=1.5\times10^{-2}$	1.82
		$K_{a2}=1.0\times10^{-7}$	7.00
硫酸(H_2SO_4)	25	$K_{a2}=1.0\times10^{-2}$	1.99
甲酸(HCOOH)	20	$K_a=1.8\times10^{-4}$	3.74
醋酸(CH_3COOH)	20	$K_a=1.8\times10^{-5}$	4.74
一氯乙酸($CH_2ClCOOH$)	25	$K_a=1.4\times10^{-3}$	2.86
二氯乙酸($CHCl_2COOH$)	25	$K_a=5.0\times10^{-2}$	1.30
三氯乙酸(CCl_3COOH)	25	$K_a=0.23$	0.64
草酸($H_2C_2O_4$)	25	$K_{a1}=5.9\times10^{-2}$	1.23
		$K_{a2}=6.4\times10^{-5}$	4.19
琥珀酸[$(CH_2COOH)_2$]	25	$K_{a1}=6.4\times10^{-5}$	4.19
		$K_{a2}=2.7\times10^{-6}$	5.57
酒石酸[CH(OH)COOH | CH(OH)COOH]	25	$K_{a1}=9.1\times10^{-4}$	3.04
		$K_{a2}=4.3\times10^{-5}$	4.37
柠檬酸(CH_2COOH | C(OH)COOH | CH_2COOH)	18	$K_{a1}=7.4\times10^{-4}$	3.13
		$K_{a2}=1.7\times10^{-5}$	4.76
		$K_{a3}=4.0\times10^{-7}$	6.40
苯酚(C_6H_5OH)	20	$K_a=1.1\times10^{-10}$	9.95
苯甲酸(C_6H_5COOH)	25	$K_a=6.2\times10^{-5}$	4.21
水杨酸[$C_6H_4(OH)COOH$]	18	$K_{a1}=1.07\times10^{-3}$	2.97
		$K_{a2}=4\times10^{-14}$	13.40
邻苯二甲酸[$C_6H_4(COOH)_2$]	25	$K_{a1}=1.1\times10^{-3}$	2.95
		$K_{a2}=2.9\times10^{-6}$	5.54

碱

名　　称	温度/℃	解离常数 K_b	pK_b
氨水($NH_3 \cdot H_2O$)	25	$K_b=1.8\times10^{-5}$	4.74
羟胺(NH_2OH)	20	$K_b=9.1\times10^{-9}$	8.04
苯胺($C_6H_5NH_2$)	25	$K_b=4.6\times10^{-10}$	9.34
乙二胺($H_2NCH_2CH_2NH_2$)	25	$K_{b1}=8.5\times10^{-5}$	4.07
		$K_{b2}=7.1\times10^{-8}$	7.15
六亚甲基四胺[$(CH_2)_6N_4$]	25	$K_b=1.4\times10^{-9}$	8.85
N	25	$K_b=1.7\times10^{-9}$	8.77

附录二　常用的缓冲溶液

1. 几种常用缓冲溶液的配制

pH	配　制　方　法
0	$1mol \cdot L^{-1}$ HCl[①]
1	$0.1mol \cdot L^{-1}$ HCl
2	$0.01mol \cdot L^{-1}$ HCl
3.6	$NaAc \cdot 3H_2O$ 8g,溶于适量水中,加 $6mol \cdot L^{-1}$ HAc 134mL,稀释至 500mL
4.0	$NaAc \cdot 3H_2O$ 20g,溶于适量水中,加 $6mol \cdot L^{-1}$ HAc 134mL,稀释至 500mL
4.5	$NaAc \cdot 3H_2O$ 32g,溶于适量水中,加 $6mol \cdot L^{-1}$ HAc 68mL,稀释至 500mL
5.0	$NaAc \cdot 3H_2O$ 50g,溶于适量水中,加 $6mol \cdot L^{-1}$ HAc 34mL,稀释至 500mL
5.7	$NaAc \cdot 3H_2O$ 100g,溶于适量水中,加 $6mol \cdot L^{-1}$ HAc 13mL,稀释至 500mL
7	NH_4Ac 77g,用水溶解后,稀释至 500mL
7.5	NH_4Cl 60g,溶于适量水中,加 $15mol \cdot L^{-1}$ 氨水 1.4mL,稀释至 500mL
8.0	NH_4Cl 50g,溶于适量水中,加 $15mol \cdot L^{-1}$ 氨水 3.5mL,稀释至 500mL
8.5	NH_4Cl 40g,溶于适量水中,加 $15mol \cdot L^{-1}$ 氨水 8.8mL,稀释至 500mL
9.0	NH_4Cl 35g,溶于适量水中,加 $15mol \cdot L^{-1}$ 氨水 24mL,稀释至 500mL
9.5	NH_4Cl 30g,溶于适量水中,加 $15mol \cdot L^{-1}$ 氨水 65mL,稀释至 500mL
10.0	NH_4Cl 27g,溶于适量水中,加 $15mol \cdot L^{-1}$ 氨水 197mL,稀释至 500mL
10.5	NH_4Cl 9g,溶于适量水中,加 $15mol \cdot L^{-1}$ 氨水 175mL,稀释至 500mL
11	NH_4Cl 3g,溶于适量水中,加 $15mol \cdot L^{-1}$ 氨水 207mL,稀释至 500mL
12	$0.01mol \cdot L^{-1}$ NaOH[②]
13	$0.1mol \cdot L^{-1}$ NaOH

① Cl^- 对测定有妨碍时，可用 HNO_3。

② Na^+ 对测定有妨碍时，可用 KOH。

2. 不同温度下，标准缓冲溶液的 pH

温度/℃	$0.05mol \cdot L^{-1}$ 草酸三氢钾	25℃饱和酒石酸氢钾[①]	$0.05mol \cdot L^{-1}$ 邻苯二甲酸氢钾[①]	$0.025mol \cdot L^{-1}$ KH_2PO_4 + $0.025mol \cdot L^{-1}$ Na_2HPO_4[①]	$0.008695mol \cdot L^{-1}$ KH_2PO_4 + $0.03043mol \cdot L^{-1}$ Na_2HPO_4[①]	$0.01mol \cdot L^{-1}$ 硼砂[①]	25℃饱和氢氧化钙
10	1.670	—	3.998	6.923	7.472	9.332	13.011
15	1.672	—	3.999	6.900	7.448	9.276	12.820
20	1.675	—	4.002	6.881	7.429	9.225	12.637
25	1.679	3.559	4.008	6.865	7.413	9.180	12.460
30	1.683	3.551	4.015	6.853	7.400	9.139	12.292
40	1.694	3.547	4.035	6.838	7.380	9.068	11.975
50	1.707	3.555	4.060	6.833	7.367	9.011	11.697
60	1.723	3.573	4.091	6.836	—	8.962	11.426

①为国际上规定的标准缓冲溶液。

附录三 常用基准物质的干燥条件和应用

基准物质		干燥后组成	干燥条件/℃	标定对象
名称	分子式			
碳酸氢钠	$NaHCO_3$	Na_2CO_3	270～300	酸
十水合碳酸钠	$Na_2CO_3 \cdot 10H_2O$	Na_2CO_3	270～300	酸
硼砂	$Na_2B_4O_7 \cdot 10H_2O$	$Na_2B_4O_7 \cdot 10H_2O$	放在含NaCl和蔗糖饱和液的干燥器中	酸
碳酸氢钾	$KHCO_3$	K_2CO_3	270～300	酸
草酸	$H_2C_2O_4 \cdot 2H_2O$	$H_2C_2O_4 \cdot 2H_2O$	室温空气干燥	碱或$KMnO_4$
邻苯二甲酸氢钾	$KHC_8H_4O_4$	$KHC_8H_4O_4$	110～120	碱
重铬酸钾	$K_2Cr_2O_7$	$K_2Cr_2O_7$	140～150	还原剂
溴酸钾	$KBrO_3$	$KBrO_3$	130	还原剂
碘酸钾	KIO_3	KIO_3	130	还原剂
铜	Cu	Cu	室温干燥器中保存	还原剂
三氧化二砷	As_2O_3	As_2O_3	室温干燥器中保存	氧化剂
草酸钠	$Na_2C_2O_4$	$Na_2C_2O_4$	130	氧化剂
碳酸钙	$CaCO_3$	$CaCO_3$	110	EDTA
锌	Zn	Zn	室温干燥器中保存	EDTA
氧化锌	ZnO	ZnO	900～1000	EDTA
氯化钠	NaCl	NaCl	500～600	$AgNO_3$
氯化钾	KCl	KCl	500～600	$AgNO_3$
硝酸银	$AgNO_3$	$AgNO_3$	225～250	氯化物

附录四 金属配合物的稳定常数

金属离子	离子强度/$mol \cdot L^{-1}$	n	$\lg\beta_n$
氨配合物			
Ag^+	0.1	1,2	3.40,7.40
Cd^{2+}	0.1	1,…,6	2.60,4.65,6.04,6.92,6.6,4.9
Co^{2+}	0.1	1,…,6	2.05,3.62,4.61,5.31,5.43,4.75
Cu^{2+}	2	1,…,4	4.13,7.61,10.48,12.59
Ni^{2+}	0.1	1,…,6	2.75,4.95,6.64,7.79,8.50,8.49
Zn^{2+}	0.1	1,…,4	2.27,4.61,7.01,9.06
氟配合物			
Al^{3+}	0.53	1,…,6	6.1,11.15,15.0,17.7,19.4,19.7
Fe^{3+}	0.5	1,2,3	5.2,9.2,11.9
Th^{4+}	0.5	1,2,3	7.7,13.5,18.0
TiO^{2+}	3	1,…,4	5.4,9.8,13.7,17.4
Sn^{4+}	①	6	25
Zr^{4+}	2	1,2,3	8.8,16.1,21.9
氯配合物			
Ag^+	0.2	1,…,4	2.9,4.7,5.0,5.9
Hg^{2+}	0.5	1,…,4	6.7,13.2,14.1,15.1
碘配合物			
Cd^{2+}	①	1,…,4	2.4,3.4,5.0,6.15
Hg^{2+}	0.5	1,…,4	12.9,23.8,27.6,29.8

续表

金属离子	离子强度/mol·L^{-1}	n	$\lg\beta_n$
氰配合物			
Ag^+	0～0.3	1,…,4	—,21.1,21.8,20.7
Cd^{2+}	3	1,…,4	5.5,10.6,15.3,18.9
Cu^+	0	1,…,4	—,24.0,28.6,30.3
Fe^{2+}	0	6	35.4
Fe^{3+}	0	6	43.6
Hg^{2+}	0.1	1,…,4	18.0,34.7,38.5,41.5
Ni^{2+}	0.1	4	31.3
Zn^{2+}	0.1	4	16.7
硫氰酸配合物			
Fe^{3+}		1,…,5	2.3,4.2,5.6,6.4,6.4
Hg^{2+}	1	1,…,4	—,16.1,19.0,20.9
硫代硫酸配合物			
Ag^+	0	1,2	8.82,13.5
Hg^{2+}	0	1,2	29.86,32.26
柠檬酸配合物			
Al^{3+}	0.5	1	20.0
Cu^{2+}	0.5	1	18
Fe^{3+}	0.5	1	25
Ni^{2+}	0.5	1	14.3
Pb^{2+}	0.5	1	12.3
Zn^{2+}	0.5	1	11.4
磺基水杨酸配合物			
Al^{3+}	0.1	1,2,3	12.9,22.9,29.0
Fe^{3+}	3	1,2,3	14.4,25.2,32.2
乙酰丙酮配合物			
Al^{3+}	0.1	1,2,3	8.1,15.7,21.2
Cu^{2+}	0.1	1,2	7.8,14.3
Fe^{3+}	0.1	1,2,3	9.3,17.9,25.1
邻二氮菲配合物			
Ag^+	0.1	1,2	5.02,12.07
Cd^{2+}	0.1	1,2,3	6.4,11.6,15.8
Co^{2+}	0.1	1,2,3	7.0,13.7,20.1
Cu^{2+}	0.1	1,2,3	9.1,15.8,21.0
Fe^{2+}	0.1	1,2,3	5.9,11.1,21.3
Hg^{2+}	0.1	1,2,3	—,19.65,23.35
Ni^{2+}	0.1	1,2,3	8.8,17.1,24.8
Zn^{2+}	0.1	1,2,3	6.4,12.15,17.0
乙二胺配合物			
Ag^+	0.1	1,2	4.7,7.7
Cd^{2+}	0.1	1,2	5.47,10.02
Cu^{2+}	0.1	1,2	10.55,19.60
Co^{2+}	0.1	1,2,3	5.89,10.72,13.82
Hg^{2+}	0.1	2	23.42
Ni^{2+}	0.1	1,2,3	7.66,14.06,18.59
Zn^{2+}	0.1	1,2,3	5.71,10.37,12.08

① 离子强度不定。

附录五 标准电极电位（18～25℃）

半 反 应	$E^{\ominus}$/V
F_2(气)$+2H^++2e^- = 2HF$	3.06
$O_3+2H^++2e^- = O_2+H_2O$	2.07
$S_2O_8^{2-}+2e^- = 2SO_4^{2-}$	2.01
$H_2O_2+2H^++2e^- = 2H_2O$	1.77
$MnO_4^-+4H^++3e^- = MnO_2$(固)$+2H_2O$	1.695
PbO_2(固)$+SO_4^{2-}+4H^++2e^- = PbSO_4$(固)$+2H_2O$	1.685
$HClO_2+2H^++2e^- = HClO+H_2O$	1.64
$HClO+H^++e^- = \frac{1}{2}Cl_2+H_2O$	1.63
$Ce^{4+}+e^- = Ce^{3+}$	1.61
$H_5IO_6+H^++2e^- = IO_3^-+3H_2O$	1.60
$HBrO+H^++e^- = \frac{1}{2}Br_2+H_2O$	1.59
$BrO_3^-+6H^++5e^- = \frac{1}{2}Br_2+3H_2O$	1.52
$MnO_4^-+8H^++5e^- = Mn^{2+}+4H_2O$	1.51
Au(Ⅲ)$+3e^- = Au$	1.50
$HClO+H^++2e^- = Cl^-+H_2O$	1.49
$ClO_3^-+6H^++5e^- = \frac{1}{2}Cl_2+3H_2O$	1.47
PbO_2(固)$+4H^++2e^- = Pb^{2+}+2H_2O$	1.455
$HIO+H^++e^- = \frac{1}{2}I_2+H_2O$	1.45
$ClO_3^-+6H^++6e^- = Cl^-+3H_2O$	1.45
$BrO_3^-+6H^++6e^- = Br^-+3H_2O$	1.44
Au(Ⅲ)$+2e^- =$ Au(Ⅰ)	1.41
Cl_2(气)$+2e^- = 2Cl^-$	1.3595
$ClO_4^-+8H^++7e^- = \frac{1}{2}Cl_2+4H_2O$	1.34
$Cr_2O_7^{2-}+14H^++6e^- = 2Cr^{3+}+7H_2O$	1.33
MnO_2(固)$+4H^++2e^- = Mn^{2+}+2H_2O$	1.23
O_2(气)$+4H^++4e^- = 2H_2O$	1.229
$IO_3^-+6H^++5e^- = \frac{1}{2}I_2+3H_2O$	1.20

续表

半反应	$E^{\ominus}$/V
$ClO_4^- + 2H^+ + 2e^- = ClO_3^- + H_2O$	1.19
Br_2(水)$+2e^- = 2Br^-$	1.087
$NO_2 + H^+ + e^- = HNO_2$	1.07
$Br_3^- + 2e^- = 3Br^-$	1.05
$HNO_2 + H^+ + e^- =$ NO(气)$+ H_2O$	1.00
$VO_2^+ + 2H^+ + e^- = VO^{2+} + H_2O$	1.00
$HIO + H^+ + 2e^- = I^- + H_2O$	0.99
$NO_3^- + 3H^+ + 2e^- = HNO_2 + H_2O$	0.94
$ClO^- + H_2O + 2e^- = Cl^- + 2OH^-$	0.89
$H_2O_2 + 2e^- = 2OH^-$	0.88
$Cu^{2+} + I^- + e^- =$ CuI(固)	0.86
$Hg^{2+} + 2e^- = Hg$	0.845
$NO_3^- + 2H^+ + e^- = NO_2 + H_2O$	0.80
$Ag^+ + e^- = Ag$	0.7995
$Hg_2^{2+} + 2e^- = 2Hg$	0.793
$Fe^{3+} + e^- = Fe^{2+}$	0.771
$BrO^- + H_2O + 2e^- = Br^- + 2OH^-$	0.76
O_2(气)$+ 2H^+ + 2e^- = H_2O_2$	0.682
$AsO_2^- + 2H_2O + 3e^- = As + 4OH^-$	0.68
$2HgCl_2 + 2e^- = Hg_2Cl_2$(固)$+ 2Cl^-$	0.63
Hg_2SO_4(固)$+ 2e^- = 2Hg + SO_4^{2-}$	0.6151
$MnO_4^- + 2H_2O + 3e^- = MnO_2$(固)$+ 4OH^-$	0.588
$MnO_4^- + e^- = MnO_4^{2-}$	0.564
$H_3AsO_4 + 2H^+ + 2e^- = HAsO_2 + 2H_2O$	0.559
$I_3^- + 2e^- = 3I^-$	0.545
I_2(固)$+ 2e^- = 2I^-$	0.5345
Mo(Ⅵ)$+ e^- =$ Mo(Ⅴ)	0.53
$Cu^+ + e^- = Cu$	0.52
$4SO_2$(水)$+ 4H^+ + 6e^- = S_4O_6^{2-} + 2H_2O$	0.51
$HgCl_4^{2-} + 2e^- = Hg + 4Cl^-$	0.48
$2SO_2$(水)$+ 2H^+ + 4e^- = S_2O_3^{2-} + H_2O$	0.40
$[Fe(CN)_6]^{3-} + e^- = [Fe(CN)_6]^{4-}$	0.36

续表

半反应	$E^{\ominus}/V$
$Cu^{2+}+2e^{-} \rightleftharpoons Cu$	0.337
$VO^{2+}+2H^{+}+e^{-} \rightleftharpoons V^{3+}+H_2O$	0.337
$BiO^{+}+2H^{+}+3e^{-} \rightleftharpoons Bi+H_2O$	0.32
Hg_2Cl_2(固)$+2e^{-} \rightleftharpoons 2Hg+2Cl^{-}$	0.2676
$HAsO_2+3H^{+}+3e^{-} \rightleftharpoons As+2H_2O$	0.248
$AgCl$(固)$+e^{-} \rightleftharpoons Ag+Cl^{-}$	0.2223
$SbO^{+}+2H^{+}+3e^{-} \rightleftharpoons Sb+H_2O$	0.212
$SO_4^{2-}+4H^{+}+2e^{-} \rightleftharpoons SO_2$(水)$+2H_2O$	0.17
$Cu^{2+}+e^{-} \rightleftharpoons Cu^{+}$	0.159
$Sn^{4+}+2e^{-} \rightleftharpoons Sn^{2+}$	0.154
$S+2H^{+}+2e^{-} \rightleftharpoons H_2S$(气)	0.141
$Hg_2Br_2+2e^{-} \rightleftharpoons 2Hg+2Br^{-}$	0.1395
$TiO^{2+}+2H^{+}+e^{-} \rightleftharpoons Ti^{3+}+H_2O$	0.1
$S_4O_6^{2-}+2e^{-} \rightleftharpoons 2S_2O_3^{2-}$	0.08
$AgBr$(固)$+e^{-} \rightleftharpoons Ag+Br^{-}$	0.071
$2H^{+}+2e^{-} \rightleftharpoons H_2$	0.000
$O_2+H_2O+2e^{-} \rightleftharpoons HO_2^{-}+OH^{-}$	−0.067
$TiOCl^{+}+2H^{+}+3Cl^{-}+e^{-} \rightleftharpoons TiCl_4^{-}+H_2O$	−0.09
$Pb^{2+}+2e^{-} \rightleftharpoons Pb$	−0.126
$Sn^{2+}+2e^{-} \rightleftharpoons Sn$	−0.136
AgI(固)$+e^{-} \rightleftharpoons Ag+I^{-}$	−0.152
$Ni^{2+}+2e^{-} \rightleftharpoons Ni$	−0.246
$H_3PO_4+2H^{+}+2e^{-} \rightleftharpoons H_3PO_3+H_2O$	−0.276
$Co^{2+}+2e^{-} \rightleftharpoons Co$	−0.277
$Tl^{+}+e^{-} \rightleftharpoons Tl$	−0.3360
$In^{3+}+3e^{-} \rightleftharpoons In$	−0.345
$PbSO_4$(固)$+2e^{-} \rightleftharpoons Pb+SO_4^{2-}$	−0.3553
$SeO_3^{2-}+3H_2O+4e^{-} \rightleftharpoons Se+6OH^{-}$	−0.366
$As+3H^{+}+3e^{-} \rightleftharpoons AsH_3$	−0.38
$Se+2H^{+}+2e^{-} \rightleftharpoons H_2Se$	−0.40
$Cd^{2+}+2e^{-} \rightleftharpoons Cd$	−0.403
$Cr^{3+}+e^{-} \rightleftharpoons Cr^{2+}$	−0.41
$Fe^{2+}+2e^{-} \rightleftharpoons Fe$	−0.440
$S+2e^{-} \rightleftharpoons S^{2-}$	−0.48
$2CO_2+2H^{+}+2e^{-} \rightleftharpoons H_2C_2O_4$	−0.49

续表

半　反　应	$E^{\ominus}/V$
$H_3PO_3+2H^++2e^-=H_3PO_2+H_2O$	−0.50
$Sb+3H^++3e^-=SbH_3$	−0.51
$HPbO_2^-+H_2O+2e^-=Pb+3OH^-$	−0.54
$Ga^{3+}+3e^-=Ga$	−0.56
$TeO_3^{2-}+3H_2O+4e^-=Te+6OH^-$	−0.57
$2SO_3^{2-}+3H_2O+4e^-=S_2O_3^{2-}+6OH^-$	−0.58
$SO_3^{2-}+3H_2O+4e^-=S+6OH^-$	−0.66
$AsO_4^{3-}+2H_2O+2e^-=AsO_2^-+4OH^-$	−0.67
Ag_2S(固)$+2e^-=2Ag+S^{2-}$	−0.69
$Zn^{2+}+2e^-=Zn$	−0.763
$2H_2O+2e^-=H_2+2OH^-$	−0.828
$Cr^{2+}+2e^-=Cr$	−0.91
$HSnO_2^-+H_2O+2e^-=Sn+3OH^-$	−0.91
$Se+2e^-=Se^{2-}$	−0.92
$[Sn(OH)_6]^{2-}+2e^-=HSnO_2^-+H_2O+3OH^-$	−0.93
$CNO^-+H_2O+2e^-=CN^-+2OH^-$	−0.97
$Mn^{2+}+2e^-=Mn$	−1.182
$ZnO_2{}^{2-}+2H_2O+2e^-=Zn+4OH^-$	−1.216
$Al^{3+}+3e^-=Al$	−1.66
$H_2AlO_3+H_2O+3e^-=Al+4OH^-$	−2.35
$Mg^{2+}+2e^-=Mg$	−2.37
$Na^++e^-=Na$	−2.714
$Ca^{2+}+2e^-=Ca$	−2.87
$Sr^{2+}+2e^-=Sr$	−2.89
$Ba^{2+}+2e^-=Ba$	−2.90
$K^++e^-=K$	−2.925
$Li^++e^-=Li$	−3.042

附录六　一些氧化还原电对的条件电极电位

半　反　应	$E^{\ominus\prime}/V$	介　质
Ag(Ⅱ)$+e^-=Ag^+$	1.927	$4mol\cdot L^{-1}HNO_3$
Ce(Ⅳ)$+e^-=$Ce(Ⅲ)	1.74	$1mol\cdot L^{-1}HClO_4$
	1.44	$0.5mol\cdot L^{-1}H_2SO_4$
	1.28	$1mol\cdot L^{-1}HCl$
$Co^{3+}+e^-=Co^{2+}$	1.84	$3mol\cdot L^{-1}HNO_3$
$[Co(NH_2CH_2CH_2NH_2)_3]^{3+}+e^-=[Co(NH_2CH_2CH_2NH_2)_3]^{2+}$	−0.2	$0.1mol\cdot L^{-1}KNO_3+0.1mol\cdot L^{-1}NH_2CH_2CH_2NH_2$
Cr(Ⅲ)$+e^-=$Cr(Ⅱ)	−0.40	$5mol\cdot L^{-1}HCl$
$Cr_2O_7^{2-}+14H^++6e^-=2Cr^{3+}+7H_2O$	1.08	$3mol\cdot L^{-1}HCl$
	1.15	$4mol\cdot L^{-1}H_2SO_4$
	1.025	$1mol\cdot L^{-1}HClO_4$
$CrO_4^{2-}+2H_2O+3e^-=CrO_2^-+4OH^-$	−0.12	$1mol\cdot L^{-1}NaOH$

续表

半 反 应	$E^{\ominus\prime}$/V	介 质
Fe(Ⅲ)$+e^- \longrightarrow Fe^{2+}$	0.767	$1mol \cdot L^{-1}$ $HClO_4$
	0.71	$0.5mol \cdot L^{-1}$ HCl
	0.68	$1mol \cdot L^{-1}$ H_2SO_4
	0.68	$1mol \cdot L^{-1}$ HCl
	0.46	$2mol \cdot L^{-1}$ H_3PO_4
	0.51	$1mol \cdot L^{-1}$ HCl$+0.25mol \cdot L^{-1}$ H_3PO_4
$[Fe(EDTA)]^- + e^- \longrightarrow [Fe(EDTA)]^{2-}$	0.12	$0.1mol \cdot L^{-1}$ EDTA,pH=4～6
$[Fe(CN)_6]^{3-} + e^- \longrightarrow [Fe(CN)_6]^{4-}$	0.56	$0.1mol \cdot L^{-1}$ HCl
$FeO_4^{2-} + 2H_2O + 3e^- \longrightarrow FeO_2^- + 4OH^-$	0.55	$10mol \cdot L^{-1}$ NaOH
$I_3^- + 2e^- \longrightarrow 3I^-$	0.5446	$0.5mol \cdot L^{-1}$ H_2SO_4
I_2(水)$+2e^- \longrightarrow 2I^-$	0.6276	$0.5mol \cdot L^{-1}$ H_2SO_4
$MnO_4^- + 8H^+ + 5e^- \longrightarrow Mn^{2+} + 4H_2O$	1.45	$1mol \cdot L^{-1}$ $HClO_4$
$[SnCl_6]^{2-} + 2e^- \longrightarrow [SnCl_4]^{2-} + 2Cl^-$	0.14	$1mol \cdot L^{-1}$ HCl
Sb(Ⅴ)$+2e^- \longrightarrow$ Sb(Ⅲ)	0.75	$3.5mol \cdot L^{-1}$ HCl
$[Sb(OH)_6]^- + 2e^- \longrightarrow SbO_2^- + 2OH^- + 2H_2O$	−0.428	$3mol \cdot L^{-1}$ NaOH
$SbO_2^- + 2H_2O + 3e^- \longrightarrow Sb + 4OH^-$	−0.675	$10mol \cdot L^{-1}$ KOH
Ti(Ⅳ)$+e^- \longrightarrow$ Ti(Ⅲ)	−0.01	$0.2mol \cdot L^{-1}$ H_2SO_4
	0.12	$2mol \cdot L^{-1}$ H_2SO_4
	0.10	$3mol \cdot L^{-1}$ HCl
	−0.04	$1mol \cdot L^{-1}$ HCl
Pb(Ⅱ)$+2e^- \longrightarrow$ Pb	−0.05	$1mol \cdot L^{-1}$ H_3PO_4
	−0.32	$1mol \cdot L^{-1}$ NaOAc

附录七　难溶化合物的溶度积常数（298.15K）

难溶电解质	K_{sp}	难溶电解质	K_{sp}
AgCl	1.77×10^{-10}	$BaCrO_4$	1.17×10^{-10}
AgBr	5.35×10^{-13}	$Ba_3(PO_4)_2$	3.4×10^{-23}
AgI	8.52×10^{-17}	$Be(OH)_2$	6.92×10^{-22}
AgOH	2.0×10^{-8}	$B(OH)_3$	6.0×10^{-31}
Ag_2SO_4	1.20×10^{-5}	BiOCl	1.8×10^{-31}
Ag_2SO_3	1.50×10^{-1}	$BiO(NO_3)$	2.82×10^{-3}
Ag_2S	6.3×10^{-50}	Bi_2S_3	1×10^{-97}
Ag_2CO_3	8.46×10^{-12}	$CaSO_4$	4.93×10^{-5}
$Ag_2C_2O_4$	5.40×10^{-12}	$CaCO_3$	2.8×10^{-9}
Ag_2CrO_4	1.12×10^{-12}	$Ca(OH)_2$	5.5×10^{-6}
$Ag_2Cr_2O_7$	2.0×10^{-7}	CaF_2	5.2×10^{-9}
Ag_3PO_4	8.89×10^{-17}	$CaC_2O_4 \cdot H_2O$	2.32×10^{-9}
$Al(OH)_3$	1.3×10^{-33}	$Ca_3(PO_4)_2$	2.07×10^{-29}
As_2S_3	2.1×10^{-22}	$Cd(OH)_2$	7.2×10^{-15}
BaF_2	1.84×10^{-7}	CdS	8.0×10^{-27}
$Ba(OH)_2 \cdot 8H_2O$	2.55×10^{-4}	$Cr(OH)_3$	6.3×10^{-31}
$BaSO_4$	1.08×10^{-10}	$Co(OH)_2$	5.92×10^{-15}
$BaSO_3$	5.0×10^{-10}	$Co(OH)_3$	1.6×10^{-44}
$BaCO_3$	2.58×10^{-9}	$CoCO_3$	1.4×10^{-13}
BaC_2O_4	1.6×10^{-7}	α-CoS	4.0×10^{-21}

续表

难溶电解质	K_{sp}	难溶电解质	K_{sp}
β-CoS	2.0×10^{-25}	MnS(结晶)	2.5×10^{-13}
CuOH	1×10^{-14}	$MnCO_3$	2.34×10^{-11}
$Cu(OH)_2$	2.2×10^{-20}	$Ni(OH)_2$(新析出)	5.5×10^{-16}
CuCl	1.72×10^{-7}	$NiCO_3$	1.42×10^{-7}
CuBr	6.27×10^{-9}	α-NiS	3.2×10^{-19}
CuI	1.27×10^{-12}	$Pb(OH)_2$	1.43×10^{-15}
Cu_2S	2.5×10^{-48}	$Pb(OH)_4$	3.2×10^{-66}
CuS	6.3×10^{-36}	PbF_2	3.3×10^{-8}
$CuCO_3$	1.4×10^{-10}	$PbCl_2$	1.70×10^{-5}
$Fe(OH)_2$	4.87×10^{-17}	$PbBr_2$	6.60×10^{-6}
$Fe(OH)_3$	2.79×10^{-39}	PbI_2	9.8×10^{-9}
$FeCO_3$	3.13×10^{-11}	$PbSO_4$	2.53×10^{-8}
FeS	6.3×10^{-18}	$PbCO_3$	7.4×10^{-14}
$Hg(OH)_2$	3.0×10^{-26}	$PbCrO_4$	2.8×10^{-13}
Hg_2Cl_2	1.43×10^{-18}	PbS	8.0×10^{-28}
Hg_2Br_2	6.4×10^{-23}	$Sn(OH)_2$	5.45×10^{-28}
Hg_2I_2	5.2×10^{-29}	$Sn(OH)_4$	1.0×10^{-56}
Hg_2CO_3	3.6×10^{-17}	SnS	1.0×10^{-25}
$HgBr_2$	6.2×10^{-20}	$SrCO_3$	5.60×10^{-10}
HgI_2	2.8×10^{-29}	$SrCrO_4$	2.2×10^{-5}
Hg_2S	1.0×10^{-47}	$Zn(OH)_2$	3.0×10^{-17}
HgS(红)	4×10^{-53}	$ZnCO_3$	1.46×10^{-10}
HgS(黑)	1.6×10^{-52}	α-ZnS	1.6×10^{-24}
$K_2[PtCl_6]$	7.4×10^{-6}	β-ZnS	2.5×10^{-22}
$Mg(OH)_2$	5.61×10^{-12}	$CsClO_4$	3.95×10^{-3}
$MgCO_3$	6.82×10^{-6}	$Au(OH)_3$	5.5×10^{-46}
$Mn(OH)_2$	1.9×10^{-13}	$La(OH)_3$	2.0×10^{-19}
MnS(无定形)	2.5×10^{-10}	LiF	1.84×10^{-3}

附录八 国际相对原子质量表（IUPAC 2001 年）

元素		相对原子质量	元素		相对原子质量	元素		相对原子质量	元素		相对原子质量
符号	名称		符号	名称		符号	名称		符号	名称	
Ac	锕	227.03	C	碳	12.0107	Eu	铕	151.964	In	铟	114.818
Ag	银	107.8682	Ca	钙	40.078	F	氟	18.99840	Ir	铱	192.217
Al	铝	26.98154	Cd	镉	112.411	Fe	铁	55.845	K	钾	39.0983
Am	镅	243.06	Ce	铈	140.116	Fm	镄	257.1	Kr	氪	83.798
Ar	氩	39.948	Cf	锎	251.08	Fr	钫	223.02	La	镧	138.9055
As	砷	74.92160	Cl	氯	35.453	Ga	镓	69.723	Li	锂	6.941
At	砹	209.99	Cm	锔	247.07	Gd	钆	157.25	Lr	铹	260.11
Au	金	196.96655	Co	钴	58.93320	Ge	锗	72.64	Lu	镥	174.967
B	硼	10.811	Cr	铬	51.9961	H	氢	1.00794	Md	钔	258.10
Ba	钡	137.327	Cs	铯	132.90545	He	氦	4.002602	Mg	镁	24.3050
Be	铍	9.012182	Cu	铜	63.546	Hf	铪	178.49	Mn	锰	54.93805
Bi	铋	208.98038	Dy	镝	162.500	Hg	汞	200.59	Mo	钼	95.94
Bk	锫	247.07	Er	铒	167.259	Ho	钬	164.93032	N	氮	14.0067
Br	溴	79.904	Es	锿	252.08	I	碘	126.90447	Na	钠	22.98977

续表

元素		相对原子质量	元素		相对原子质量	元素		相对原子质量	元素		相对原子质量
符号	名称		符号	名称		符号	名称		符号	名称	
Nb	铌	92.90638	Pm	钷	144.91	Sb	锑	121.760	Ti	钛	47.867
Nd	钕	144.24	Po	钋	208.98	Sc	钪	44.95591	Tl	铊	204.3833
Ne	氖	20.1797	Pr	镨	140.90765	Se	硒	78.96	Tm	铥	168.93421
Ni	镍	58.6934	Pt	铂	195.078	Si	硅	28.0855	U	铀	238.02891
No	锘	259.10	Pu	钚	244.06	Sm	钐	150.36	V	钒	50.9415
Np	镎	237.05	Ra	镭	226.03	Sn	锡	118.710	W	钨	183.84
O	氧	15.9994	Rb	铷	85.4678	Sr	锶	87.62	Xe	氙	131.293
Os	锇	190.23	Re	铼	186.207	Ta	钽	180.9479	Y	钇	88.90585
P	磷	30.97376	Rh	铑	102.90550	Tb	铽	158.92534	Yb	镱	173.04
Pa	镤	231.03588	Rn	氡	222.02	Tc	锝	98.907	Zn	锌	65.409
Pb	铅	207.2	Ru	钌	101.07	Te	碲	127.60	Zr	锆	91.224
Pd	钯	106.42	S	硫	32.065	Th	钍	232.0381			

附录九　一些化合物的相对分子质量

化合物	相对分了质量	化合物	相对分子质量
AgBr	187.78	$C_6H_4COOHCOOK$（邻苯二甲酸氢钾）	204.23
AgCl	143.32	C_6H_5OH	94.11
AgI	234.77	$(C_9H_7N)_3H_3(PO_4 \cdot 12MoO_3)$（磷钼酸喹啉）	2212.74
$AgNO_3$	169.87	CCl_4	153.81
Al_2O_3	101.96	CO_2	44.01
$Al_2(SO_4)_3$	342.15	CuO	79.54
As_2O_3	197.84	Cu_2O	143.09
As_2O_5	229.84	$CuSO_4$	159.61
$BaCO_3$	197.34	$CuSO_4 \cdot 5H_2O$	249.69
BaC_2O_4	225.35	$FeCl_3$	162.21
$BaCl_2$	208.24	$FeCl_3 \cdot 6H_2O$	270.30
$BaCl_2 \cdot 2H_2O$	244.27	FeO	71.85
$BaCrO_4$	253.32	Fe_2O_3	159.69
$BaSO_4$	233.39	Fe_3O_4	231.54
$CaCO_3$	100.09	$FeSO_4 \cdot H_2O$	169.93
CaC_2O_4	128.10	$FeSO_4 \cdot 7H_2O$	278.02
$CaCl_2$	110.99	$Fe_2(SO_4)_3$	399.89
$CaCl_2 \cdot H_2O$	129.00	$FeSO_4 \cdot (NH_4)_2SO_4 \cdot 6H_2O$	392.14
CaO	56.08	H_3BO_3	61.83
$Ca(OH)_2$	74.09	HBr	80.91
$CaSO_4$	136.14	H_2CO_3	62.03
$Ca_3(PO_4)_2$	310.18	$H_2C_2O_4$	90.04
$Ce(SO_4)_2 \cdot 2(NH_4)_2SO_4 \cdot 2H_2O$	632.54	$H_2C_2O_4 \cdot 2H_2O$	126.07
CH_3COOH	60.05	HCOOH	46.03
CH_3OH	32.04	HCl	36.46
CH_3COCH_3	58.08	$HClO_4$	100.46
C_6H_5COOH	122.12		
CH_3COONa	82.03		

续表

化合物	相对分子质量	化合物	相对分子质量
HF	20.01	Na_2S	78.05
HI	127.91	$KIO_3 \cdot HIO_3$	389.92
HNO_2	47.01	$KMnO_4$	158.04
HNO_3	63.01	KNO_2	85.10
H_2O	18.02	KOH	56.11
H_2O_2	34.02	$KSCN$	97.18
H_3PO_4	98.00	K_2SO_4	174.26
H_2S	34.08	$MgCO_3$	84.32
H_2SO_3	82.08	$MgCl_2$	95.21
H_2SO_4	98.08	$MgNH_4PO_4$	137.33
$HgCl_2$	271.50	MgO	40.31
Hg_2Cl_2	472.09	$Mg_2P_2O_7$	222.60
$KAl(SO_4)_2 \cdot 12H_2O$	474.39	MnO_2	86.94
$K[B(C_6H_5)_4]$	358.33	$Na_2B_4O_7 \cdot 10H_2O$	381.37
KBr	119.01	$NaBiO_3$	279.97
$KBrO_3$	167.01	$NaBr$	102.90
K_2CO_3	138.21	Na_2CO_3	105.99
KCl	74.56	$Na_2C_2O_4$	134.00
$KClO_3$	122.55	$NaCl$	58.44
$KClO_4$	138.55	NaF	41.99
K_2CrO_4	194.20	$NaHCO_3$	84.01
$K_2Cr_2O_7$	294.19	NaH_2PO_4	119.98
$KHC_2O_4 \cdot H_2C_2O_4 \cdot 2H_2O$	254.19	Na_2HPO_4	141.96
KI	166.01	$Na_2H_2Y \cdot 2H_2O$(EDTA 二钠盐)	372.26
KIO_3	214.00	NaI	149.89
Na_2O	61.98	$NaNO_2$	69.00
$NaOH$	40.01	$Na_2S \cdot 9H_2O$	240.18
Na_3PO_4	163.94	P_2O_5	141.95
Na_2SO_3	126.04	$PbCrO_4$	323.19
Na_2SO_4	142.04	PbO	223.19
$Na_2SO_4 \cdot 10H_2O$	322.20	PbO_2	239.19
$Na_2S_2O_3$	158.11	Pb_3O_4	685.57
$Na_2S_2O_3 \cdot 5H_2O$	248.19	$PbSO_4$	303.26
$NH_2OH \cdot HCl$	69.49	SO_2	64.06
NH_3	17.03	SO_3	80.06
NH_4Cl	53.49	Sb_2O_3	291.52
$(NH_4)_2C_2O_4 \cdot H_2O$	142.11	Sb_2S_3	339.72
$NH_3 \cdot H_2O$	35.05	SiF_4	104.08
$NH_4Fe(SO_4)_2 \cdot 12H_2O$	482.20	SiO_2	60.08
$(NH_4)_2HPO_4$	132.05	$SnCl_2$	189.62
$(NH_4)_3PO_4 \cdot 12MoO_3$	1876.35	TiO_2	79.88
NH_4SCN	76.12	$ZnCl_2$	136.30
$(NH_4)_2SO_4$	132.14	ZnO	81.39
$NiC_8H_{14}O_4N_4$(丁二酮肟镍)	288.91	$ZnSO_4$	161.45

参 考 文 献

[1] 高职高专化学教材编写组编. 分析化学. 第2版. 北京：高等教育出版社，2005.
[2] 李龙泉等主编. 定量化学分析. 合肥：中国科学技术大学出版社，2002.
[3] 赵玉娥主编. 基础化学. 北京：化学工业出版社，2004.
[4] 汪小兰等主编. 基础化学. 北京：高等教育出版社，2003.
[5] 武汉大学主编. 分析化学. 北京：高等教育出版社，2004.
[6] 于世林，苗风琴主编. 分析化学. 北京：化学工业出版社，2004.
[7] 张铁垣主编. 化验工作实用手册. 北京：化学工业出版社，2004.
[8] 徐英岚主编. 无机与分析化学. 北京：中国农业出版社，2006.
[9] 刘斌主编. 无机及分析化学. 北京：高等教育出版社，2006.
[10] 胡运昌主编. 药用基础化学. 北京：化学工业出版社，2004.
[11] 黄一石主编. 仪器分析. 北京：化学工业出版社，2002.
[12] 司文会主编. 现代仪器分析. 北京：中国农业出版社，2005.
[13] 张金桐主编. 实验化学. 北京：中国农业出版社，2004.
[14] 温铁坚主编. 仪器分析. 北京：石油化工出版社，2004.
[15] 高俊杰，余萍，刘志江主编. 仪器分析. 北京：国防工业出版社，2005.
[16] 肖振平，潘求真主编. 分析化学. 哈尔滨：哈尔滨工程大学出版社，1998.
[17] 华中师范学院等编. 分析化学. 北京：高等教育出版社，1981.
[18] 呼世斌等编. 无机及分析化学. 北京：高等教育出版社，2001.
[19] 叶芬霞主编. 无机及分析化学. 北京：高等教育出版社，2004.
[20] 新世纪高等职业教育教材编审委员会. 分析化学. 大连：大连理工大学出版社，2006.
[21] 华中师范大学，东北师范大学，陕西师范大学，北京师范大学. 分析化学. 第3版. 北京：高等教育出版社，2001.
[22] 陈焕光，李焕然等编著. 分析化学实验. 第2版. 广州：中山大学出版社，1998.
[23] 王令今，王桂花编著. 分析化学计算基础. 第2版. 北京：化学工业出版社，2002.
[24] 王国惠主编 . 水分析化学 . 第3版 . 北京：化学工业出版社，2015.
[25] 石慧主编 . 分析化学 . 第2版 . 北京：化学工业出版社，2014.
[26] 王文渊主编 . 分析化学 . 北京：化学工业出版社，2013.